人工智能前沿实践丛书

AIGC

智能编程

大模型代码助手巧学巧用

云中江树　王照华　李松廉　著

清華大學出版社
北 京

内容简介

本书是全面探讨人工智能在编程领域应用的实用指南，旨在帮助读者深入了解 AI 代码助手的工作原理，并掌握如何有效利用这些工具来提高编程效率和代码质量。本书首先介绍了 AI 编程的发展趋势和主流 AI 代码助手工具，然后详细讲解了 AI 代码助手在代码生成、重构、注释、评审、测试、安全和优化等方面的应用技巧，最后探讨了 AI 代码助手在前端、后端、高并发、APP 开发、办公自动化和游戏开发等特定领域的实践。

本书适合各层次的程序员、软件工程师、项目经理及 AI 编程爱好者阅读。通过阅读本书，读者将了解 AI 如何改变传统的编程模式，学会利用 GitHub Copilot、CodeGeeX、文心快码、通义灵码等工具提高开发效率，并掌握在不同场景下选择和使用合适 AI 代码助手的技巧。无论是希望提升个人编程技能，还是在团队中引入 AI 工具辅助开发，本书都将提供宝贵的洞见和实用策略，帮助读者在 AI 驱动的编程新时代中保持竞争力。

图书在版编目（CIP）数据

AIGC智能编程：大模型代码助手巧学巧用 / 云中江树，王照华，李松廉著. --北京：清华大学出版社，2025. 7（2025.9重印）. --（人工智能前沿实践丛书）. -- ISBN 978-7-302-69867-8

Ⅰ. TP18

中国国家版本馆CIP数据核字第20256TK223号

责任编辑：贾旭龙
封面设计：秦　丽
版式设计：楠竹文化
责任校对：范文芳
责任印制：宋　林

出版发行：清华大学出版社
　　　　网　　　址：https://www.tup.com.cn，https://www.wqxuetang.com
　　　　地　　　址：北京清华大学学研大厦A座　　　　邮　　编：100084
　　　　社 总 机：010-83470000　　　　邮　　购：010-62786544
　　　　投稿与读者服务：010-62776969，c-service@tup.tsinghua.edu.cn
　　　　质量反馈：010-62772015，zhiliang@tup.tsinghua.edu.cn
印 装 者：三河市天利华印刷装订有限公司
经　　销：全国新华书店
开　　本：185mm×230mm　　　印　　张：26.25　　　字　　数：397千字
版　　次：2025年7月第1版　　　印　　次：2025年9月第2次印刷
定　　价：119.00元

产品编号：109603-01

本书特点

本书系统介绍了人工智能在编程领域的应用。大语言模型技术的快速发展正在重塑软件开发流程。本书详细阐述了AI代码助手的工作原理、主流工具及其在各类编程场景中的应用技巧，旨在帮助读者有效利用这些工具提升编程效率和代码质量。

本书内容

第1章 欢迎来到AI编程时代

介绍AI编程的兴起背景、未来趋势及对编程生态的影响，强调其降低门槛、改变开发流程的意义。

第2章 AI代码助手

聚焦主流AI代码助手工具（如GitHub Copilot、CodeGeeX等）的功能特点、安装使用及实战案例。

第3章 AI编辑器与编程智能体

探讨Cursor、Trae等AI编辑器的代码补全、多模态输入等功能，以及Devin等编程智能体的自动化能力。

第4章 代码生成

讲解AI代码生成的方法论，包括从零构建程序（如计算器）和基于模板生成标准化代码（如Web API模块）。

第5章 代码重构及风格统一

阐述AI如何辅助代码结构优化（重构）和风格统一（如命名规范），以提升代码的可维护性。

第6章 注释添加

演示AI自动生成代码注释的方法，以及结合代码上下文改进注释语义的实践。

第7章 代码评审

介绍AI辅助的代码审查流程（静态分析、逻辑检测等）及质量控制（编码规范、性能优化等）。

第8章 代码测试与安全

讲解AI自动生成测试用例、检测安全漏洞的应用，以及AI在网络安全领域的角色和它面临的挑战。

第9章 代码优化

分析AI如何识别性能瓶颈并提供自动化优化建议。

第10章 AI代码助手在前端开发中的应用

展示AI在前端开发中的实践，包括UI组件生成、响应式设计及天气应用实战。

第11章 使用AI代码助手开发后端接口

探讨AI快速实现后端逻辑（如框架搭建、数据库交互等）及自动生成API文档的流程。

第12章 使用AI代码助手进行高并发调优

讲解AI识别并发瓶颈（如死锁、负载不均等）并提供优化策略（如连接池、缓存等）的方法。

第13章 使用AI代码助手开发APP

介绍AI在跨平台APP开发中的应用，涵盖界面设计与用户体验优化。

第14章 AI助手在办公自动化中的应用

演示AI在文档处理（如成绩统计）和数据分析（如销售报告生成）中的非编程场景应用。

第15章 使用AI代码助手开发游戏

探讨AI在游戏逻辑构建（如角色行为）和玩家行为分析中的创新应用。

第16章 结语

总结AI代码助手对编程的颠覆性影响，展望AI编程的未来趋势。

目标读者

本书适合程序员、软件工程师、项目经理以及对AI编程感兴趣的读者阅读学习。

对于初学者，本书提供了AI代码助手的基础知识和使用方法。

对于有经验的开发者，本书展示了如何将AI工具融入现有的开发流程，以提高生产力和代码质量。

对于技术管理者，本书提供了在团队中引入和管理AI辅助开发的策略和最佳实践。

学习建议

建议按照书中的顺序逐章阅读，以全面了解AI代码助手的应用。每章的案例和案例分析有助于将所学知识应用到实际开发中。在阅读过程中，实际操作相关AI代码助手工具可以加深理解和掌握。对于特定领域的应用章节，可以根据个人需求选择性阅读。

致谢

本书的完成得益于多位同事、专家和开发者的支持和贡献。特别感谢清华大学出版社的编辑老师在写作过程中提供的宝贵建议和技术支持。同时，也要感谢读者对本书的关注和支持。希望本书能为读者在AI驱动的编程新时代提供有价值的指导和启发。

编者

CONTENTS 目 录

第1章

欢迎来到AI编程时代

欢迎来到AI编程的新纪元。随着大语言模型的出现，我们正站在一场彻底改变软件开发领域的革命前沿。AI不再是遥不可及的概念，而是已经深入我们的日常编程实践中，重新定义了人机交互的方式。

本章将带你深入探索AI编程的世界，揭示它如何改变传统开发模式，降低编程门槛，并为创新开辟无限可能。无论你是经验丰富的开发者，还是对编程充满好奇的新手，这里都有让你耳目一新的见解。让我们一同踏上这段激动人心的AI编程之旅，探讨它对软件开发生态的深远影响，以及它将如何塑造我们的数字未来。

1.1 AI编程的兴起与未来趋势

1.1.1 AI编程序幕拉开: 大语言模型的编程应用

大语言模型（large language models，LLMs）的出现标志着 AI 编程时代的序幕正式拉开。这些模型通过在海量文本和代码数据上进行训练，获得了理解和生成人类语言及编程语言的能力。只需要给 AI 一段提示词，AI 就能为我们编写代码、运行代码并展示运行结果，如图 1–1 所示。

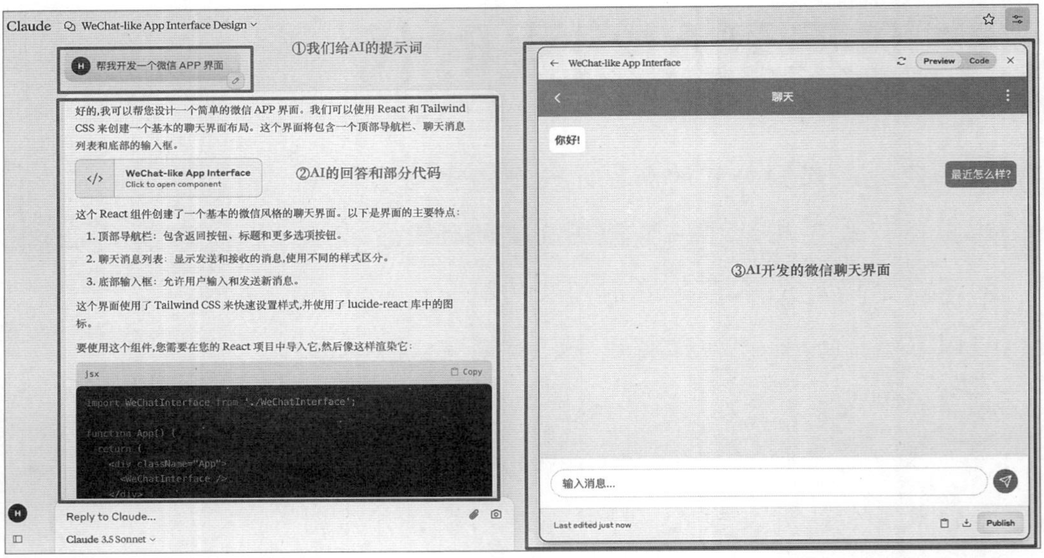

图 1–1　使用大模型开发简易的微信 APP 聊天界面

大语言模型在编程领域的主要应用包括:

◎ 代码补全: 大语言模型能根据上下文预测并提供合适的代码片段，以提高编程效率。例如，OpenAI 的 Codex 模型可在开发者输入注释或部分代码后，自动生成剩余代码。

◎ 从自然语言到代码转换: 开发者可使用自然语言描述需求，大语言模型能将这些描述转换为可执行代码。这一功能使编程变得更加直观，尤其对编程新手有益。

◎ 代码解释和文档生成: 大语言模型能理解复杂代码结构，并生成相应注释和文档。这不仅有助于代码维护，也便于团队成员之间的沟通协作。

◎ 代码重构和优化：通过分析现有代码，大语言模型可提出重构建议或直接生成优化后的代码版本，帮助提高代码质量和性能。

◎ 编程教育：大语言模型可作为智能导师，回答编程问题，解释复杂概念，甚至提供个性化学习路径，为编程教育带来创新，如图 1-2 所示。

◎ 跨语言转换：大语言模型具备在不同编程语言之间进行代码转换的能力，这对项目迁移和多语言开发环境具有重要意义。

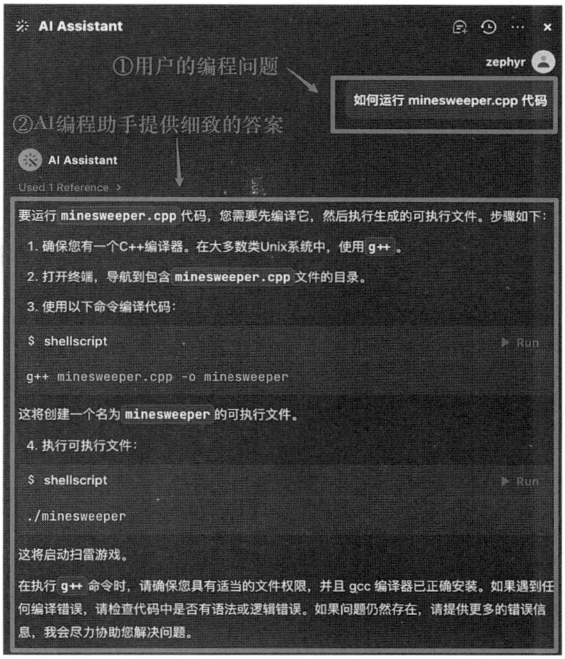

图 1-2　AI 编程助手回答编程问题

GPT-3、Codex 等模型的发布，以及 GitHub Copilot 等 AI 编程工具的出现，标志着 AI 编程开始进入开发者的日常工作流程。

随着 AI 技术的快速发展，编程领域甚至出现了专门针对代码生成和理解的大语言模型。这些模型在通用大语言模型的基础上，进行了针对性的优化和训练，以更好地适应编程任务的特殊需求。典型的编程专用大语言模型包括：

◎ OpenAI Codex：由 OpenAI 研发，为 GitHub Copilot 提供支持，能够理解自然语言指令并生成相应代码。

◎ DeepMind AlphaCode：由谷歌公司研发，专门用于解决编程竞赛问题，展示了在复杂算法任务中的卓越能力。

◎ Anthropic Claude：由 Anthropic 公司研发的通用模型，在代码生成和理解方面表现出色，尤其擅长解释复杂代码。

◎ CodeGeeX：由清华大学和智谱 AI 联合开发，支持多种编程语言，提供代码补全和生成功能。

这些工具为软件开发带来了显著的效率提升和创新可能。然而，当前阶段的 AI 编程工具仍存在一些局限性，如生成的代码可能存在错误或安全漏洞，以及对特定领域知识的理解有限等。因此，人类开发者的专业判断和监督仍然不可或缺。

大语言模型的出现不仅改变了代码的编写方式，也正在重塑整个软件开发行业。随着技术不断进步，AI 编程的应用范围和深度将持续扩大，为编程世界带来更多革新。

1.1.2 AI编程大众化：AI编程的产品化和普及

大语言模型的快速发展推动了 AI 编程工具的产品化和普及，使得更广泛的群体能够参与软件开发。这种大众化趋势主要体现在多样化 AI 编程产品的涌现，让人们能更好地利用 AI 加速编程过程。

1. 对话式AI编程助手

基于 ChatGPT、Claude 等大语言模型开发的对话式 AI 编程助手，使得用户可以通过自然语言对话获取编程帮助。这种方式特别适合编程新手和非技术背景的用户，降低了编程的入门门槛。

2. 专业领域AI编程助手

针对特定编程领域或技术栈的 AI 编程助手正在涌现。例如，以 v0.dev 为代表的 AI 编程平台专注前端开发，可以帮助开发者快速生成 HTML、CSS 和 JavaScript 代码；而数据科学领域的 AI 助手则可以辅助数据分析和可视化代码的编写。

3. 集成式AI编程助手

主流集成开发环境（integrated development environment，IDE）正在集成 AI 编程助手功能。GitHub Copilot、文心快码、通义灵码、CodeGeeX 等作为典型代表，可以直接集成在 Visual Studio Code 等编辑器中，为开发者提供实时的代码补全和生成建议。这类工具大大提高了编程效率，使得开发者能够更快地将想法转化为代码。

4. 原生AI编辑器

以 Cursor 为代表的原生 AI 编辑器将 AI 能力深度集成到开发环境中。这类工具不仅提供实时代码补全和生成功能，还能理解项目上下文，提供更智能的编程建议。Cursor 等工具的出现标志着 AI 编程正从辅助工具向核心开发平台演进。

5. AI编程平台。

豆包 MarsCode 等 AI 编程平台提供了更全面的 AI 辅助开发体验。这些平台整合了代码编辑、版本控制、部署等功能，并在各个环节中融入 AI 能力，不仅提高了开发效率，还为团队协作提供了新的可能性。

6. AI编程智能体

AI 编程智能体代表了更高级的 AI 编程形态。如 Replit Agent 这类编程智能体（如图 1-3 所示），不但能够理解复杂的项目需求，还能自主完成部分编程任务，甚至与人类开发者协同工作。虽然目前还处于早期阶段，但 AI 编程智能体展现了未来 AI 编程的发展方向。

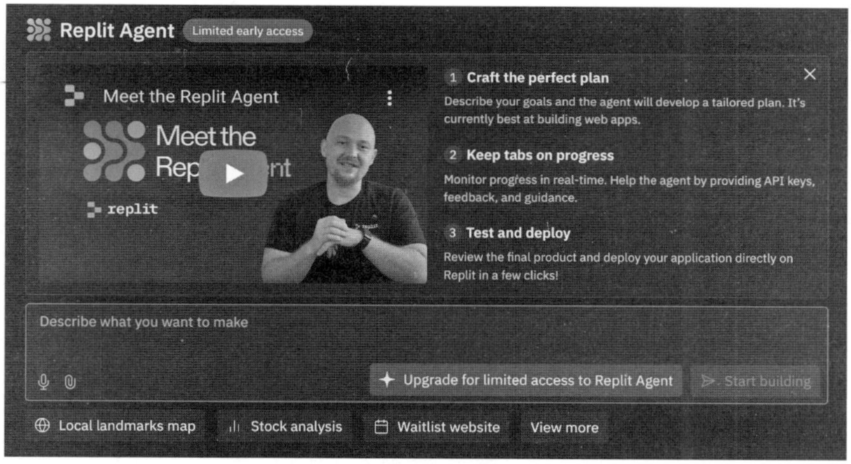

图 1-3   Replit Agent 编程智能体界面

这些多样化的 AI 编程产品显著提升了专业开发者的生产力，同时为非专业人士打开了软件创作的大门。AI 编程工具的普及正在淡化程序员和非程序员之间的传统界限，孕育出一个更具包容性和创新力的数字生态系统。

然而，尽管 AI 编程工具降低了编程门槛，深入理解编程原理和培养问题解决能力仍然是不可或缺的。AI 工具应被视为增强人类创造力的有力助手，而非取代人类思考的替代品。开发者需要学会如何有效利用这些工具，将其融入自己的工作流程中，以实现最大化的效率提升。

随着 AI 技术的不断进步和产品的持续迭代，AI 编程工具必将变得更加智能、直观和易用，进一步加速编程的大众化进程。这种变革不仅将重塑软件开发行业的格局，还可能对社会的数字化转型产生深远影响，推动创新型人才的培养和数字经济的蓬勃发展。

1.1.3　AI编程的智能化趋势

AI 编程工具的快速发展还呈现出明显的智能化趋势，这种趋势体现在 AI 辅助编程的能力范围不断扩大，从简单的代码片段生成逐步发展到更复杂的编程任务。以下将详细探讨 AI 编程智能化的 4 个主要阶段。

1. 从编写代码片段到生成完整的功能函数

AI 编程助手最初主要用于辅助编写简单的命令行指令或短小的代码片段。例如，GitHub Copilot 可以根据注释生成 Linux 命令，或者补全简单的变量、字符串、函数等短的代码字符，如图 1-4 所示。随着模型的改进，AI 助手现在能够理解更复杂的编程上下文，生成完整的功能函数。

这一进展极大地提高了开发效率，特别是在处理常见编程任务时。开发者只需提供简要的功能描述，AI 就能生成包含异常处理、输入验证等完整逻辑的函数。这不仅节省了时间，还有助于减少常见的编程错误。

```python
1  import matplotlib.pyplot as plt
2  import numpy as np
3  import pandas as pd
4
5  def plot_two_variables(data, col_a, col_b):
6      """
7      Plot a scatter plot of two variables.
8      """
9      plt.scatter(data[col_a], data[col_b])
10     plt.xlabel(col_a)
11     plt.ylabel(col_b)
```

图 1-4　AI 辅助编写短小的代码片段

2. 从编写功能函数到完整的小项目

随着 AI 模型的进一步发展，它们开始展现出构建完整小项目的能力。这包括生成多个相互关联的函数、类，甚至简单的用户界面。例如，AI 可以根据需求描述生成一个简单的网页爬虫程序，或者一个基本的待办事项应用，如图 1-5 所示。

这一阶段的进展使得快速原型开发成为可能。开发者可以利用 AI 快速构建概念验证或最小可行产品，大大缩短了从想法到实现的时间。对于初创企业和创新项目来说，这是一个重要的优势。

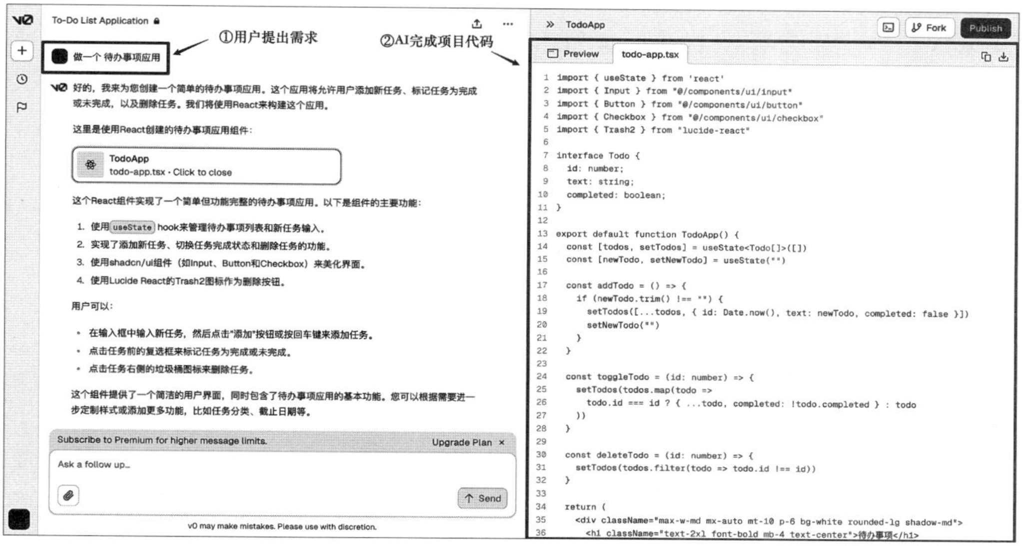

图 1-5　AI 实现一个待办事项应用

3. 从小项目到完成中大型项目

AI 编程工具正在朝着能够协助完成更大规模、更复杂项目的方向发展。虽然目前 AI 还无法独立完成大型项目，但它已经能够在项目的各个环节提供有力支持。例如，AI 可以生成项目框架、编写单元测试、生成文档，甚至提供架构建议。

在这个阶段，AI 更多地扮演高级编程助手的角色。它可以帮助开发者处理烦琐的编码任务，让开发者将更多精力集中在高层次的设计和问题解决上。这种协作模式正在改变软件开发的流程和效率。

4. 从人机协同到AI独立自主完成项目

尽管目前还处于早期阶段，但 AI 独立完成整个项目的前景已经开始显现。一些研究项目和实验性工具已经展示了 AI 在理解复杂需求、设计系统架构、编写和测试代码等方面的潜力。

这一趋势可能导致软件开发范式的根本性转变。在未来，开发者的角色可能更多地转向需求分析、系统设计和 AI 输出的审核与优化。这不仅会大幅提高软件开发的效率，还可能催生新的商业模式和职业机会。

AI 编程的智能化趋势正在快速推进，从简单的命令生成到独立完成项目。这一发展轨迹不仅提高了编程效率，还正在重新定义软件开发的过程和方法。随着 AI 能力的不断提升，开发者的角色可能会更多地转向高层次的系统设计和创新思考，而将更多常规编码任务交给 AI 助手。这种趋势预示着软件开发行业可能迎来一个全新的时代，其中人机协作将成为主导模式，推动编程效率和开发者的创新能力达到新的高度。

1.2 AI如何改变编程生态

1.2.1 编程门槛的降低和编程群体的扩大

人工智能技术的进步正在显著降低编程门槛，扩大参与编程的群体范围。AI 编程的发展模糊了"技术"和"非技术"岗位的界限，提高了整体工作效率，促进了跨部门协作。这种变革主要体现在两个方面。

（1）AI 编程工具首先影响了与技术部门紧密合作的非技术岗位。产品经理现可使用无代码平台（如 Bubble）快速构建产品原型，加速产品开发周期。运营人员借助 Jupyter Notebook 等工具，能更轻松地进行数据分析，实现数据驱动决策。设计师通过 Figma to React 等工具，可将设计直接转化为代码，缩小了设计和开发的差距。

（2）基本的编程能力正成为更多岗位的必备技能，类似于办公软件使用能力的普及。这种趋势体现在以下几个方面：

◎ 办公自动化：越来越多的职场人员开始使用 Python 脚本自动化日常任务，AI 助手进一步简化了这一过程。

◎ 数据素养：AI 辅助的数据分析工具使非专业人士也能进行复杂的数据处理和分析。

◎ 业务定制化：各行业特定需求推动了编程学习。例如，金融从业者开发交易算法、教育工作者创建交互式教学内容。

◎ 创业和副业领域：AI 编程工具降低了独立开发应用的门槛，使创意转化为现实变得更加容易。

AI 技术的发展使更多不同背景的人群能够参与到编程活动中，实现"人人皆程序员"。这些人群包括：

◎ 非技术背景的专业人士：营销、设计、金融等领域的专业人士能够创建简单的应用程序或自动化脚本。

◎ 学生和教育工作者：AI辅助的编程学习平台可提供更直观、交互式的学习体验。

◎ 创业者和小企业主：低代码和无代码平台使快速开发原型或简单的商业应用成为可能。

◎ 设计师和前端开发者：AI驱动的从设计到代码的转换工具减少了对前端开发技能的依赖。

◎ 领域专家：各行各业的专家可以将专业知识转化为实用的软件解决方案。

◎ 业余爱好者和创客：AI工具使编程成为一种更易接触的爱好。

◎ 转行人士：AI编程工具为希望进入IT行业的人提供了更平缓的学习曲线。

"人人皆程序员"的趋势将推动编程生态系统的进一步变革。未来需要采取多方面措施，包括开发新的最佳实践和管理框架以适应更广泛的编程参与者，重新定义编程教育体系以满足不同背景人群的需求，建立跨学科合作模式促进技术与各领域知识的融合，以及设计更智能、更直观的编程辅助工具以进一步降低编程门槛。

1.2.2 "所见即所得"的编程过程

AI技术的进步正在改变传统的编程范式，将复杂的编程过程隐藏在用户友好的界面之后。这种转变使得最终用户能够直接获取所需的结果，而无需深入了解底层的技术细节。

现代AI驱动的工具正在实现"所见即所得"的编程体验，这种体验主要体现在以下几个方面。

◎ 直接呈现结果：用户输入需求后，AI系统能够直接生成最终结果，而非提供中间步骤或代码。

◎ 自然语言交互：用户可以使用日常语言描述需求，无需学习特定的编程语法。

◎ 实时可视化：结果以直观的形式即时呈现，如图表、网页或可交互的界面。

◎ 迭代优化：用户可以通过简单的反馈和指令快速调整结果，无需修改底层代码。

AI驱动的"所见即所得"编程正在多个领域应用和发展，以下是几个典型的应用场景。

◎ 数据分析：使用智谱AI的大语言模型，用户可以直接获得数据分析结果和洞见，而无需编写复杂的统计代码。例如，用户可以直接询问"过去三个月的销售趋势如何，绘制趋势折线图"，AI将分析相关数据并生成报告，如图1-6所示。

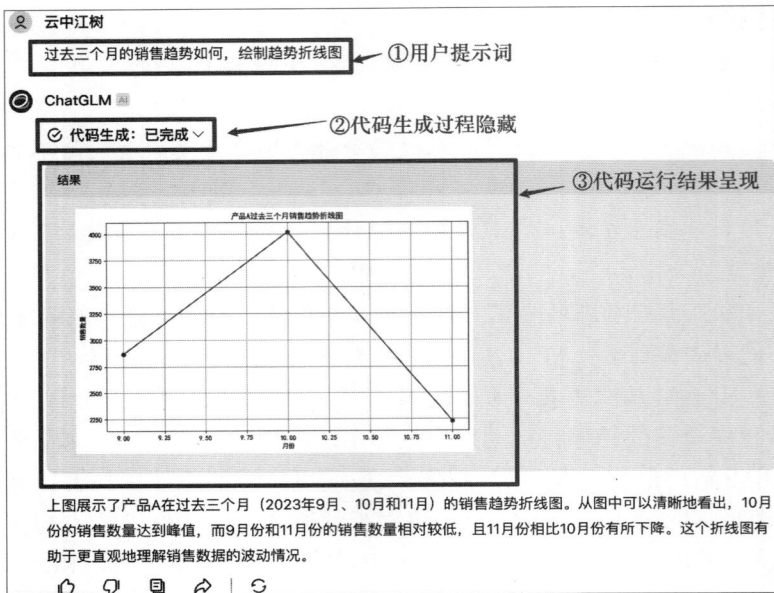

图 1-6 使用智谱 AI 数据分析

◎ 网页设计。通过 Claude 等 AI 助手，用户能够描述所需的网页布局和功能，系统直接渲染出完整的网页，无需手动编写 HTML 和 CSS。用户可以输入提示词"创建一个现代的美观大方的登录页面，包含用户名和密码输入框"，AI 就能生成相应的网页，如图 1-7 所示。

图 1-7 AI 生成登录页面

◎ 流程图绘制：使用 Kimi 等工具，用户只需描述业务流程，AI 就能自动生成相应的流程图，省去了学习专业绘图软件的需求。例如，描述"生成"客户订单处理流程"，直接生成一个包含订单接收、处理、发货等步骤的流程图"，如图 1-8 所示。

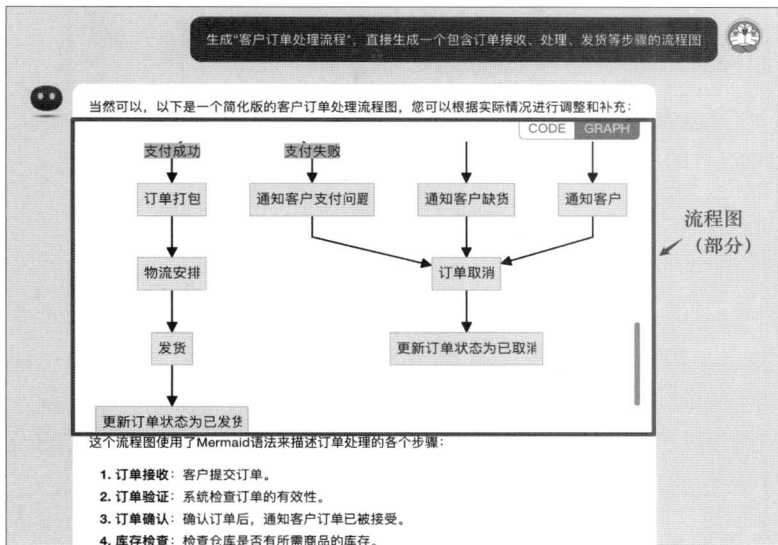

图 1-8　AI 绘制流程图

◎ 自动化脚本：用户描述日常重复任务，AI 能够生成并执行自动化脚本，无需用户了解具体的编程语言。如"15 点，推送有关财经新闻的最新消息"，AI 可以创建并设置相应的自动化任务，如图 1-9 所示。

图 1-9　使用文小言自动订阅信息

"所见即所得"的编程过程对技术行业和社会都产生了深远的影响。通过直接生成结果，大幅减少了从需求到实现的时间，加速了项目进度。更多人能够将创意快速转化为现实，有助于激发和实现更多创新想法。越来越多的岗位开始强调问题解决和创意思维，而非纯粹的编码技能。AI技术的不断进步预示着"所见即所得"的编程过程将变得更加普遍。可以预见，未来将出现更多直观、智能的创作工具。

1.2.3　提出问题和结果验收的能力更加重要

AI编程的快速发展正在重塑软件开发流程。随着编写代码成本的大幅降低，AI自主解决问题能力的提高，在软件开发流程中提出问题和结果验收的能力变得越来越重要。

1. 编写代码的成本大幅降低

AI编写代码的时间和成本花费已经接近于零。现代AI系统能够在几秒钟内生成复杂的代码段，这种速度远超人类程序员。例如，阿里的通义千问模型能够快速将自然语言描述转化为功能完整的代码。关于成本方面，一旦AI模型训练完成，生成代码的边际成本几乎可以忽略不计。这种高效率使得软件开发的瓶颈不再是代码编写本身，而是转移到了开发的其他环节。

2. AI自主解决问题能力的提高

AI系统在自主解决编程问题方面的能力正在不断提升。这种进步体现在以下3个方面。

（1）错误检测和修复。AI能够快速识别代码中的语法错误、逻辑漏洞，并提供修复建议。例如，百度推出的文心快码不仅可以生成代码，还能指出潜在的安全隐患。

（2）代码优化。AI系统能够分析现有代码，提出性能优化建议。如阿里的通义灵码可以使用AI大模型技术分析代码瓶颈，给出多种解决方案优化代码执行效率。

（3）自动化测试。AI可以生成全面的测试用例，并自动执行测试过程。这大大提高了软件质量保证的效率。

3. 新的关键能力需求

随着AI在编程中的应用日益广泛，人类在软件开发过程中的角色正在发生变化。问题定义、结果验收等能力变得越来越重要。

（1）问题定义能力：准确定义问题和需求成为关键技能。开发人员需要清晰地描述所需功能，向AI正确下达指令，以便AI系统能够准确理解并生成相应代码。

（2）结果验收能力：评估 AI 生成代码的正确性和适用性变得至关重要。这要求开发人员具备深入的领域知识和系统思维。

（3）创新思维：AI 擅长于已知问题的解决，而人类则需要专注创新性思维，提出新的问题和解决方案。

（4）跨学科整合能力：将不同领域的知识与编程需求相结合，成为人类开发者的独特优势。

这种趋势要求对软件开发人员的教育和培训进行调整。培养学生准确分析复杂问题和明确需求的能力。强化整体系统设计的能力，而不仅是编码技巧。加强对软件质量评估和测试方法的训练。

软件开发行业的实践也需要相应调整，开发流程可能更加注重需求分析和结果验证阶段。代码审查的重点可能从语法和风格转向更高层次的架构设计考量。项目管理方法也需要适应 AI 辅助开发的特点，变得更加灵活和迭代化。

1.3　本章小结

AI 编程技术的快速发展正在彻底改变软件开发的格局。大语言模型的出现推动了 AI 编程工具的产品化和普及，从简单的代码补全到复杂的项目生成，AI 正在逐步提升其在编程领域的能力。这一趋势不仅提高了专业开发者的效率，还降低了编程门槛，使得更广泛的群体能够参与软件开发。

随着 AI 编程的智能化程度不断提升，传统的编程范式正在发生转变。"所见即所得"的编程体验和 AI 自主解决问题的能力正在成为新的发展方向。然而，这也对开发者提出了新的要求，使得提出问题和结果验收的能力变得更加重要。未来的软件开发将更加注重创新思维、跨学科整合和系统设计，而编码本身的重要性可能相对降低。

第2章

AI代码助手

随着人工智能技术的迅猛发展，AI代码助手正逐渐成为开发者工作流程中不可或缺的重要工具。这些基于大语言模型的智能助手不仅能够提供实时的代码补全和生成建议，还能进行代码解释、重构优化、自动化测试等多维度的支持。从GitHub Copilot到谷歌的Project IDX，从亚马逊的Amazon Q开发者版到国内的文心快码、CodeGeeX和通义灵码，各大科技公司纷纷推出了各具特色的AI编程助手产品。这些工具通过深度学习技术，能够理解开发者的意图，将自然语言转化为功能完备的代码，显著提升了开发效率，降低了编程门槛。然而，在享受AI代码助手带来便利的同时，开发者也需要保持清醒认知，既要充分利用其提升效率的优势，也要避免过度依赖，始终保持对代码质量的把控。本章将深入探讨AI代码助手的发展现状、核心功能与应用实践，帮助读者全面了解和有效运用这一革命性的开发工具。

2.1　初识AI代码助手

近年来，人工智能技术的飞速发展推动了编程领域的革新，AI 代码助手因此成为一个重要的技术工具，极大地改变了开发者的工作方式。这些助手通过自然语言处理和机器学习技术，能够提供代码补全、错误检测、代码生成和重构等功能，从而加快开发者的编码速度，减少错误，优化代码质量，并提升整体的工作效率。

AI 代码助手不仅是简单的自动补全工具，它能够根据开发者的上下文智能推荐代码片段，理解开发者的意图，并在编写大量重复代码或处理不熟悉语言时显著减轻开发者的工作负担。这些助手的核心功能包括智能代码补全、错误检测与修复建议、代码重构、文档生成与注释，以及跨语言支持。例如，它们能够实时检测代码中的语法错误和潜在漏洞，并提供修复建议，同时还能建议更优化的代码结构，以提升代码的可维护性和效率。此外，AI 代码助手还能自动生成代码的注释或文档，帮助开发者更好地理解和维护代码。最重要的是，这些助手支持多种编程语言，从常见的 Java、Python 到新兴的语言（如 Go），都能提供有效的建议，使得开发者在不同的编程环境中都能获得支持。

AI 代码助手的起源可以追溯到最早的代码补全工具，但随着机器学习技术的进步，特别是深度学习模型（如 Transformer）的应用，AI 代码助手从简单的符号匹配发展为能够理解语义和上下文的复杂工具。早期的代码补全工具如 Eclipse 中的 JDT 提供了基本的符号匹配功能，但这些工具无法理解代码的复杂逻辑和业务需求。而现代的 AI 代码助手，如 GitHub Copilot、谷歌的 Project IDX、亚马逊的 Code Whisperer 等，不仅能够理解代码结构，还能够根据具体业务需求生成完整的函数和类。

随着开放 AI 平台的广泛应用，AI 代码助手的能力大幅提升。例如，GitHub Copilot 使用 OpenAI 的 GPT 模型进行代码生成，不仅能提供代码补全，还能理解自然语言描述，从而生成相应的代码。这种能力使得 AI 代码助手不仅适用于专业开发者，也成为初学者学习编程的重要工具。

AI 代码助手的主要优势在于提高开发效率和代码质量，其主要功能如图 2-1 所示。根据一项开发者调查显示，超过 70% 的开发者已经在使用或计划使用 AI 工具来辅助他们的开发工作。AI 代码助手可以帮助开发者减少重复的手动输入任务，从而节省了大量时间，并使他们专注于更高层次的逻辑设计和问题解决。

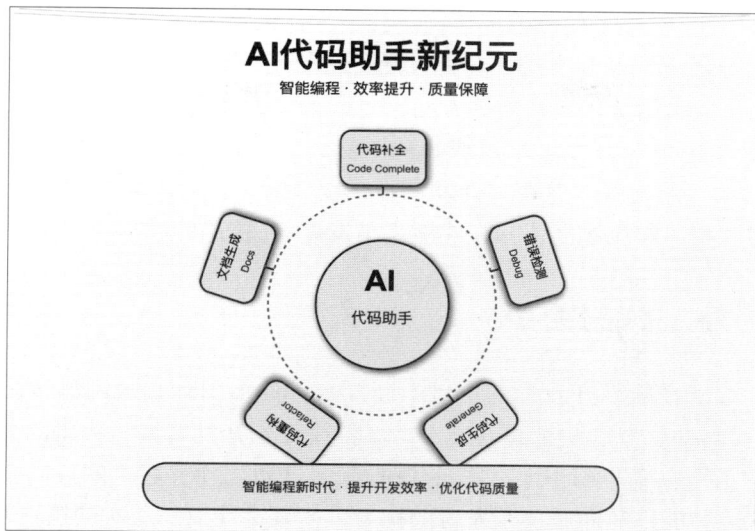

图 2-1　AI 代码助手主要功能

一方面，AI 代码助手可以提高开发速度。通过上下文感知的自动补全功能，开发者可以快速获得符合项目需求的代码建议，甚至能够生成整个函数或类的代码，大大加快开发速度。另一方面，AI 代码助手还可以减少错误与提高代码质量。AI 代码助手的实时错误检测和修复建议功能，能够帮助开发者在早期发现问题，避免代码在后期测试或部署中出现更严重的错误。此外，AI 代码助手还可以提供符合行业标准的代码重构建议，确保代码的效率和可维护性。同时，AI 代码助手也提升了学习效率。AI 代码助手不仅适用于经验丰富的开发者，也为初学者提供了极大的帮助。新手开发者在使用不熟悉的语言或框架时，可以通过 AI 助手生成代码示例，快速理解复杂概念。实时反馈功能可以帮助他们在编写代码时即时纠正错误，提升学习效率。

尽管 AI 代码助手带来了显著的效率提升，但它们并不是万能的工具。在实际使用中，开发者依然需要保持谨慎，避免完全依赖 AI 生成的代码。AI 代码助手虽然能生成功能性代码，但在某些情况下，生成的代码可能并非最优。特别是在复杂的业务场景下，AI 生成的代码可能过于冗长或缺乏效率。因此，开发者在使用 AI 建议时，仍需对代码进行审查和优化，以确保最终产品的质量。长时间使用 AI 代码助手可能导致开发者过于依赖其生成的代码，从而削弱自身的编程能力。特别是对于新手开发者，虽然 AI 助手可以加速学习过程，但对其过度依赖可能会阻碍他们对编程基础知识的深入理解。

AI 代码助手正处于快速发展阶段，随着技术的进步，其功能将更加智能化和多样化。未来的 AI 代码助手不仅能够提供代码建议，还可能在项目管理、测试自动化、代码安全等方面提供更深度的支持。此外，随着自然语言处理技术的进步，AI 代码助手在理解复杂语义、跨语言代码转换等方面也将取得重大突破。

AI 代码助手已成为开发者不可或缺的工具，它不仅改变了软件开发的工作流程，还推动了编程教育的发展。然而，开发者在享受其带来的便利的同时，依然需要保持对代码质量的控制，避免过度依赖，才能真正发挥 AI 技术的潜力。

2.2 国外AI代码助手

随着人工智能在软件开发中的应用不断深入，许多国际知名的科技公司纷纷推出了自己的 AI 代码助手。这些工具的推出，不仅改变了开发者编写代码的方式，还大大提高了他们的工作效率。AI 代码助手的核心在于自动化和智能化的代码生成、错误检测、重构建议等功能，从而解放开发者的精力，使其专注更高层次的逻辑设计和创新。

2.2.1 GitHub Copilot

GitHub Copilot（官网如图 2-2 所示），作为由 GitHub 和 OpenAI 联合开发的人工智能代码助手，自 2021 年推出以来，迅速占据了 AI 代码助手领域的主导地位。它是首个将大语言模型（LLM）广泛应用于代码生成的工具，依托 OpenAI 的 GPT-3 和 GPT-4 模型进行驱动。GitHub Copilot 的问世不仅改变了传统的编程方式，还为提高开发效率和代码质量开辟了全新的路径。

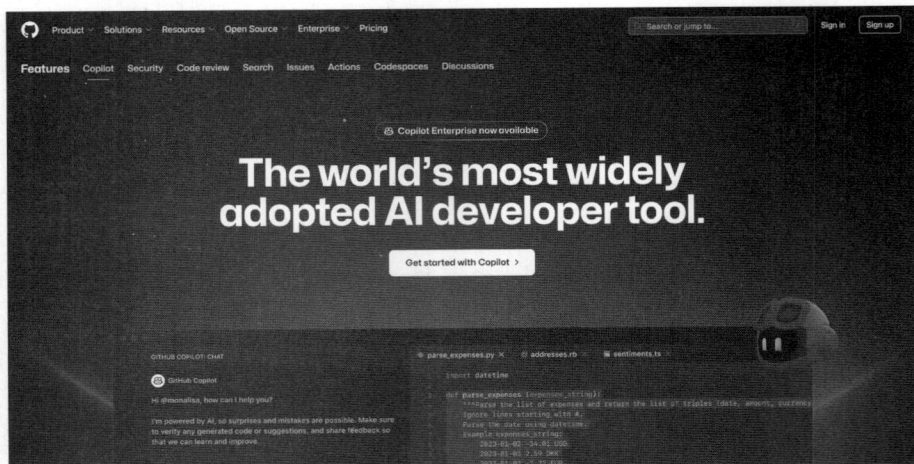

图 2-2　GitHub Copilot 官网

　　GitHub Copilot 的主要功能集中在代码补全和代码生成上。其智能代码建议系统能够根据开发者在编辑器中的操作和代码上下文，生成符合逻辑的代码片段。这不仅是简单的语法提示，Copilot 还能生成完整的函数、类，甚至是复杂的算法。例如，当开发者需要创建一个处理用户输入的函数时，只需在注释中写下相关描述，Copilot 就会基于这一描述生成完整的代码。这种智能化的代码生成方式，极大地减轻了开发者的编程负担。此外，Copilot 还能够检测代码中的潜在错误，并提供修复建议。与传统的静态分析工具不同，Copilot 通过对代码意图的理解，提出更符合上下文的建议。这一功能不仅有助于提高代码质量，还能够帮助开发者避免一些常见的编程错误。

　　要使用 GitHub Copilot，开发者需要在兼容的 IDE 中安装插件。GitHub Copilot 目前支持的 IDE 包括 Visual Studio Code（简称 VS Code）和 JetBrains 系列（如 PyCharm、IntelliJ IDEA）。在 VS Code 扩展商店中搜索 GitHub Copilot，然后安装即可，如图 2-3 所示。下面简单介绍一下 GitHub Copilot 的主要功能和优势。

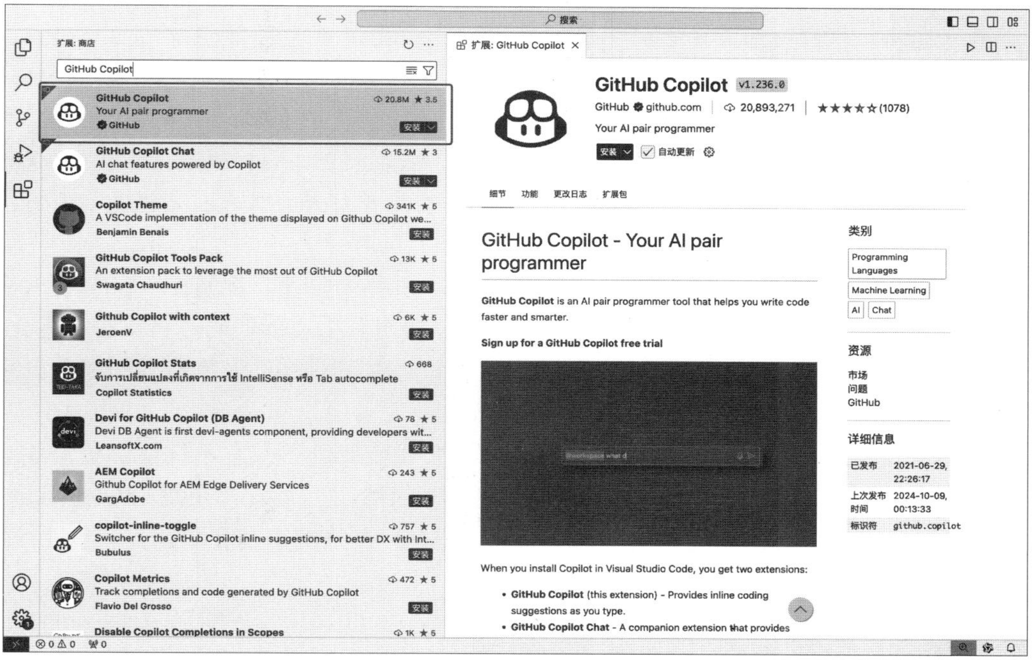

图 2-3　在 VS Code 中搜索 GitHub Copilot 插件

　　Github Copilot 安装后，可以通过在 GitHub 中授权来使用它。登录后可以看到 Github Copilot 只有 30 天的免费试用期，也可以直接购买使用来激活 Copilot 的功能。

　　回到 VS Code，开始使用 Github Copilot 的一些主要功能。

◎ 自动化代码生成：Copilot 能够分析上下文并生成适合的代码片段。它不仅可以为常见的代码片段提供建议，还能够根据开发者的函数命名或描述生成完整的函数体。例如，开发者输入"快速排序"或"连接数据库的函数"时，Copilot 会自动生成相应的代码实现。

◎ 跨编程语言支持：GitHub Copilot 支持超过 50 种编程语言，包括主流的 Java、Python、Go 以及相对小众的 Rust 等，能够满足不同开发者的需求。这一优势使得它可以广泛应用于各种项目和不同的技术栈中。

◎ 代码优化与错误检测：除了代码补全和生成，Copilot 还能帮助开发者检测代码中的潜在错误。它与传统的静态分析工具不同，能够基于代码的上下文提供更加智能化的修复建议，并帮助避免常见的编程错误。例如，Copilot 能够在函数中检测到未处理的异常或可能的边界问题，并生成相关的修复代码。

GitHub Copilot 的优势主要体现在以下几个方面。

◎ 大幅提升开发效率：GitHub Copilot 能够帮助开发者快速生成代码，大大减少重复劳动。根据一些开发者的反馈，Copilot 可以生成多达 30% ～ 50% 的代码。

◎ 降低学习曲线：对于初学者来说，Copilot 能够帮助他们理解代码结构，并通过自动生成的代码来学习编程逻辑和最佳实践。

◎ 跨语言支持：Copilot 支持多种编程语言，从主流的 Java、Python 到 Go、Rust 等，覆盖面非常广。这使得 Copilot 能够满足不同开发者的需求，无论是在哪种编程语言下工作。

尽管 Copilot 带来了显著的效率提升，但它也有一些局限性。例如，Copilot 有时会生成重复代码或质量欠佳的代码片段，开发者仍需要对其生成的代码进行审查和优化。此外，Copilot 对数据隐私的处理也曾引发一些争议，尤其是在涉及专有代码时，开发者需要谨慎使用。

总体而言，GitHub Copilot 是一款极具潜力的 AI 代码助手。它不仅能够提高编程效率和质量，还能够帮助开发者学习新的编程技能。然而，开发者在使用 Copilot 时，也需要注意保持自己的编程能力，并对生成的代码进行严格的审查和测试。

2.2.2 谷歌的Project IDX

谷歌作为全球领先的科技公司，近年来在人工智能领域的布局日益加深，推出了一系列具有前瞻性和创新性的 AI 技术工具。其中，Project IDX 是谷歌为开发者社区提供的一款基于 AI 的代码助手，它主要面向云原生开发，并且与谷歌的其他云服务平台紧密集成，旨在提升开发者的编程效率和工作流程的自动化程度。谷歌的 Project IDX 官网，如图 2-4 所示。

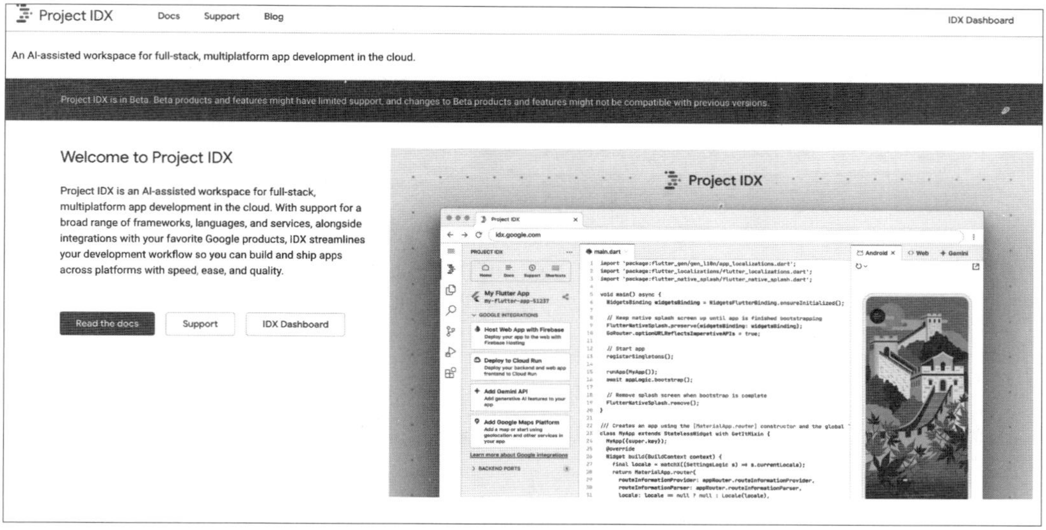

图 2-4　谷歌的 Project IDX 官网

　　Project IDX 是谷歌针对云开发者推出的 IDE，通过将 AI 融入开发流程，提供一系列智能化的代码生成和自动化功能。该项目的核心技术基于谷歌多年在人工智能领域的积累，特别是 LLMs，如 BERT 和 PaLM 的进展，以及与谷歌云服务（如 Google Cloud Run、Google Kubernetes Engine 等）深度集成的能力。与 GitHub Copilot 相似，Project IDX 使用了自然语言处理技术来理解开发者输入的代码或自然语言描述，并生成相应的代码片段。其独特之处在于 Project IDX 的云原生特性，使得开发者能够在云端环境中快速构建、部署和管理应用程序。

　　Project IDX 的主要核心功能包括：

　　◎ 代码生成与自动补全：与传统 IDE 不同，Project IDX 能够通过智能补全功能，预测开发者编写的下一行代码并提供相关建议。这不仅限于简单的函数补全，Project IDX 能够理解复杂的代码逻辑，生成完整的模块或函数。

　　◎ 多语言支持：Project IDX 支持多种编程语言，如 Python、JavaScript、Go 和 Dart，覆盖了现代云开发中广泛使用的技术栈。这种多语言支持使得开发者能够轻松切换项目，无需担心不同语言之间的适配问题。

　　◎ 自动化部署与管理：通过与 Google Cloud 平台的集成，Project IDX 不仅是一个代码助手，还能自动化处理从代码编写到部署的全流程。开发者可以通过一键部署功能，将应用程序快速发布到云端，省去了烦琐的手动配置工作。

　　◎ AI 驱动的调试和错误检测：Project IDX 的另一个亮点是调试和错误检测功能。

它能够通过机器学习模型分析代码中的潜在错误，并提出修复建议，帮助开发者在早期阶段发现并解决问题。

Project IDX 的优势主要体现在以下几方面。

◎ 云原生开发的强大支持：Project IDX 通过与谷歌云服务的集成，为开发者提供了强大的云原生开发支持。开发者可以直接在云环境中进行开发、测试和部署，减少了本地环境搭建的复杂性，极大地提升了开发的灵活性和效率。

◎ 从自然语言到代码的流畅转换：Project IDX 能够理解开发者输入的自然语言描述，自动生成相应的代码片段。这一功能使得开发者能够更专注于业务逻辑，而不必过多关注代码实现的细节。

◎ 实时协作与远程开发：作为一款云端工具，Project IDX 允许多个开发者同时在同一个项目中进行协作。它不仅支持代码的实时编辑，还能够提供不同团队成员之间的实时反馈，极大地优化了远程开发团队的协作体验。

虽然 Project IDX 为云原生开发者提供了许多便利，但它仍然面临一些挑战。首先，Project IDX 的云端特性可能不适合所有类型的开发者，特别是那些对数据隐私要求较高或习惯于本地开发的用户。此外，虽然谷歌在云计算领域占据重要地位，但其服务的复杂性也让一些初学者望而却步。

Project IDX 是谷歌在 AI 代码助手领域的重要尝试，它代表了未来云原生开发与 AI 融合的趋势。随着 AI 技术的进一步发展，Project IDX 的能力将会进一步提升。例如，它可能会更深入地融入其他谷歌服务，提供更智能化的项目管理、测试自动化等功能。此外，随着更多开发者的反馈和使用数据的积累，Project IDX 的推荐算法和代码生成模型也会不断优化，从而为开发者提供更精确、更个性化的支持。

2.2.3 亚马逊的Amazon Q开发者版

亚马逊，作为全球科技巨头之一，也在 AI 编程助手领域展开了竞争。2022 年，亚马逊推出了自己的 AI 代码助手产品——CodeWhisperer，现已更名为 Amazon Q 开发者版，如图 2-5 所示。作为亚马逊云计算服务（AWS）生态系统的一部分，Amazon Q 开发者版的出现旨在为开发者提供高效的代码编写体验，特别是在使用 AWS 服务进行开发时，它能够显著提升生产力。

Amazon Q 开发者版是亚马逊为云开发者提供的智能代码建议工具，它紧密集成在 AWS 开发环境中，如 AWS Lambda 和 Amazon EC2 等。与其他 AI 代码助手不同的是，Amazon Q 开发者版专注于支持开发者在 AWS 平台上进行云原生开发，因此其优势在于能与 AWS 的各种服务无缝结合。

图 2-5　亚马逊的 Amazon Q 开发者版

　　从技术角度看，Amazon Q 开发者版使用了大规模的自然语言处理（natural language processing，NLP）模型，基于开发者过去的代码、上下文信息和输入的自然语言描述，提供实时的代码补全和生成。它能够理解不同编程语言的语法和结构，目前支持多种编程语言，包括 Python、Java、JavaScript 和 TypeScript。

Amazon Q 开发者版目前主要的核心功能包括：

◎　智能代码补全与生成：Amazon Q 开发者版的主要功能在于根据上下文提供智能化的代码建议，无论是函数名、参数，还是整个代码片段。它不仅可以生成常用代码，还能够根据开发者的指令生成特定的代码逻辑。例如，开发者可以通过输入一句简单的自然语言指令，如"创建一个 S3 存储桶"，Amazon Q 开发者版会自动生成相应的 AWS S3 代码。

◎　错误检测与安全性分析：除了代码补全，Amazon Q 开发者版还具备检测潜在错误的功能。它能够实时检测代码中的常见错误，如语法错误、潜在的逻辑漏洞等，并提供修改建议。同时，它还会自动进行安全性分析，标识代码中的潜在安全风险，如信息泄露和未授权访问，从而帮助开发者在开发过程中提高代码的安全性。

◎　与 AWS 深度集成：Amazon Q 开发者版的一大特色是与 AWS 服务的深度集成。开发者可以在 AWS Lambda、Amazon EC2 和其他服务中使用 Amazon Q 开发者版生成和优化代码。这种与 AWS 平台的无缝连接使得开发者能够快速部署和测试代码，从而提升整个开发生命周期的效率。

◎ 多语言支持：目前，Amazon Q 开发者版支持多种常见的编程语言，包括 Python、Java、JavaScript 和 TypeScript。随着它的发展，未来可能会支持更多的编程语言，使得更多开发者能够受益。

Amazon Q 开发者版的核心优势主要体现在以下几个方面。

◎ 提高云原生开发效率：Amazon Q 开发者版的最大优势之一在于它能显著提高开发者在 AWS 环境中的开发效率。开发者不需要记住每一个 AWS API 的详细参数和调用方法，因为 Amazon Q 开发者版能够自动生成这些代码片段，极大地减少了开发者的工作量。

◎ 增强代码安全性：在安全性日益受到关注的当下，Amazon Q 开发者版的安全分析功能为开发者提供了额外的保护层。它能够检测代码中的潜在安全漏洞，并提出修复建议，从而帮助开发者更好地遵守最佳实践和安全标准。

◎ 易用性与灵活性：Amazon Q 开发者版可以无缝集成到常用的 IDE 中，如 JetBrains 和 VS Code，使开发者能够在熟悉的开发环境中使用这款工具。同时，它的多语言支持也使得不同技术栈的开发者都能够使用这一工具来提升生产力。

Amazon Q 开发者版拥有许多强大的功能，但它仍然面临一些局限性。首先，Amazon Q 开发者版的主要优势在于与 AWS 的集成，这意味着对于不使用 AWS 平台的开发者来说，它的吸引力和功能可能有限。而且，由于 Amazon Q 开发者版 仍然是相对较新的工具，其代码建议有时可能不够精确，尤其是在处理复杂的业务逻辑时，生成的代码可能需要进一步调整和优化。此外，Amazon Q 开发者版目前的语言支持范围有限，虽然支持常用的编程语言，但对于使用其他语言（如 Go、Rust 等）的开发者来说，可能需要等待进一步的语言扩展。

根据亚马逊对外公布的情况，Amazon Q 开发者版后续的功能和性能也在不断提升。未来，它有望在以下几个方面进一步扩展。

◎ 更广泛的语言支持：Amazon Q 开发者版目前只支持部分常用语言，未来可能会扩展到更多编程语言，满足更广泛开发者的需求。

◎ 更深入的安全检测功能：随着网络安全问题的日益复杂化，Amazon Q 开发者版可能会增强其安全检测功能，帮助开发者更好地识别和修复潜在的安全漏洞。

◎ 与更多平台集成：尽管 Amazon Q 开发者版目前主要为 AWS 平台开发，但未来它可能会扩展到其他云服务平台，帮助非 AWS 用户同样受益于其代码生成和优化功能。

  Amazon Q 开发者版是亚马逊在 AI 驱动的代码助手领域的一项重要创新，它为云原生开发者提供了强大的代码生成和错误检测功能。特别是在 AWS 平台上，Amazon Q 开发者版无缝集成了 AWS 的多项服务，使开发者能够更高效地进行云端开发。我们相信，它未来的进一步发展将会带来更大的功能扩展和更广泛的应用场景。

2.3 智谱CodeGeeX

2.3.1 智谱CodeGeeX简介与安装

  智谱 CodeGeeX（官网如图 2-6 所示），这款由清华大学和智谱 AI 联合打造的多语言代码生成预训练模型，正逐渐成为编程领域的一颗璀璨明星。它不仅是一款多语言代码生成模型，更是一款拥有 130 亿参数的强大 AI 工具。

图 2-6 智谱 CodeGeeX 官网

  基于华为 MindSpore 框架实现，CodeGeeX 在鹏城实验室的"鹏城云脑Ⅱ"上进行了大规模训练，这一过程使用了 192 个节点，每个节点配备了国产昇腾 910 AI 处理器，共计 1536 个处理器，这样的硬件配置为 CodeGeeX 的卓越性能奠定了坚实的基础。这个项目始于 2024 年 7 月 4 日，当时智谱 AI 在 2024 年世界人工智能大会上发布了 CodeGeeX 的第 4 代模型——CodeGeeX4-ALL-9B。这一模型在 GLM-4 语言能力的基础上进行了迭代，显著提升了代码生成能力。它的性能甚至超过了参数规模更大的通用模型，实现了推理性能和模型效果的最佳平衡。

CodeGeeX 的主要特点是其强大的代码生成和补全功能。它能够支持超过 100 种编程语言，并适配多种主流 IDE，如 VS Code、Eclipse 等，这使得它在编程界具有极高的兼容性和通用性。它涵盖了 Python、C++、Java、JavaScript 和 Go 等主流编程语言，满足了不同开发者的多样化需求。通过 IDE 中的插件实现"无缝自然语言编程"。CodeGeeX 提供的 VS Code 插件支持自动模式、交互模式和提示模式等多种使用方式，极大地丰富了开发者的编程体验。

CodeGeeX4-ALL-9B 模型如图 2-7 所示，它不仅支持代码补全和生成，还具备代码解释器、联网搜索、工具调用、仓库级长代码问答及生成等功能。这使得它能够覆盖编程开发的多种场景，显著提高了开发效率，能够帮助开发者更深入地理解和优化代码。

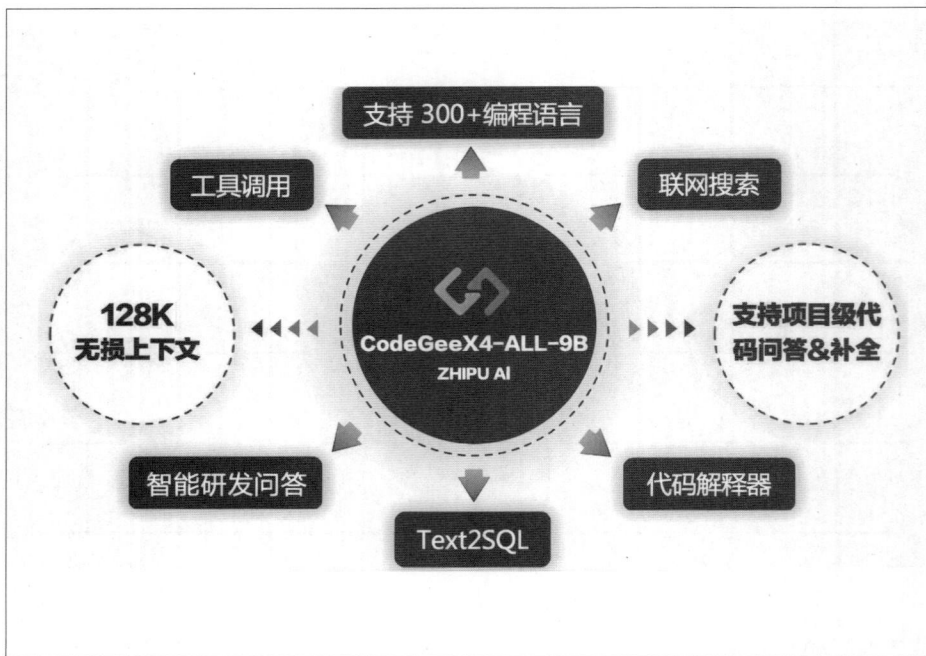

图 2-7 智谱 CodeGeeX4-ALL-9B 模型

值得一提的是，CodeGeeX 对个人用户是完全免费的，并且可以在各种主流 IDE 中免费下载和使用。目前，CodeGeeX 的个人用户数量已经超过 100 万，显示出其在开发者社区中的广泛受欢迎程度。

　　CodeGeeX 不仅是一款革命性的 AI 编程助手，更是一个能够显著提高工作效率的智能伙伴。它以其强大的功能、高度的用户友好性和广泛的兼容性，正在改变国内编程界的传统工作方式，引领 AI 编程的新潮流。

　　CodeGeeX 支持超过 100 种编程语言，并适配多种主流 IDE，如 VS Code、Eclipse、JetBrains IDE 中安装 CodeGeeX 扩展。接下来，我们将以 VS Code 为例，详细介绍如何在 IDE 中安装 CodeGeeX 插件。

　　（1）启动 VS Code，打开 VS Code 编辑器。

　　（2）访问扩展市场。在 VS Code 的左侧活动栏中，单击最后一个图标，即"扩展"图标，打开 VS Code 的扩展商店，如图 2-8 所示。

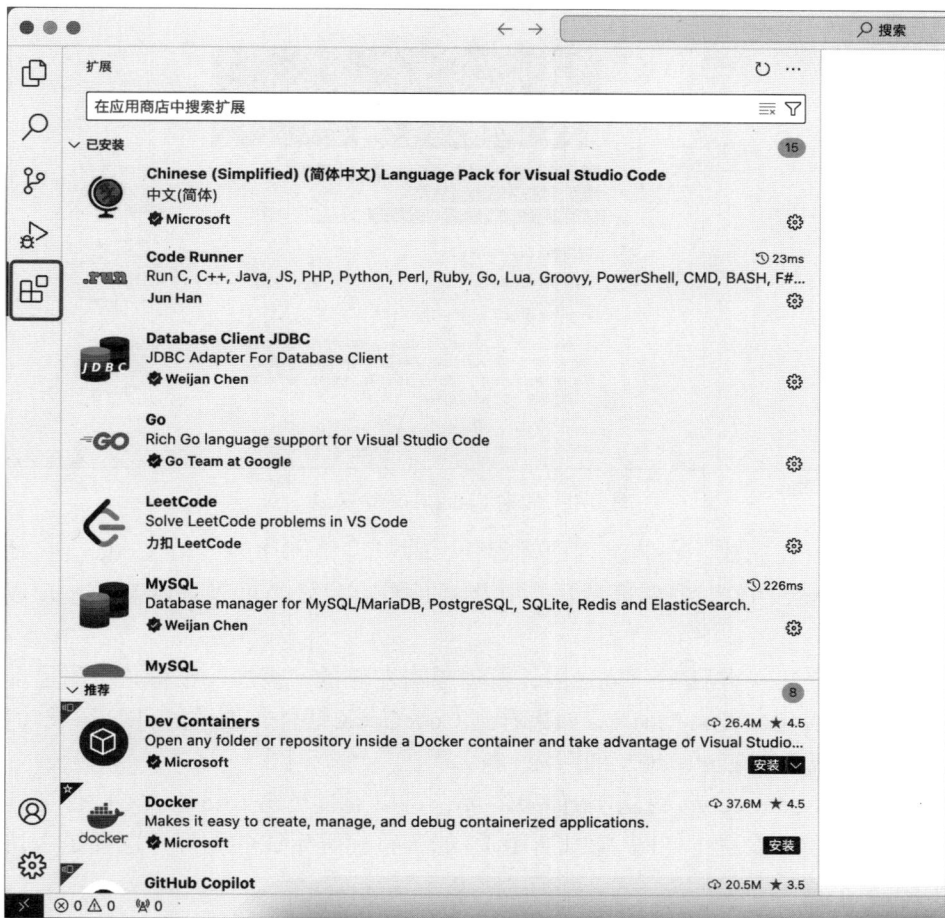

图 2-8　打开 VS Code 扩展商店

（3）搜索 CodeGeeX 插件。在扩展商店的搜索框中输入 CodeGeeX，然后按回车键进行搜索。

（4）选择并安装 CodeGeeX 插件。在搜索结果中找到 CodeGeeX 插件，单击它可以看到插件的详细信息。在插件详情页面单击 Install 按钮，如图 2-9 所示。

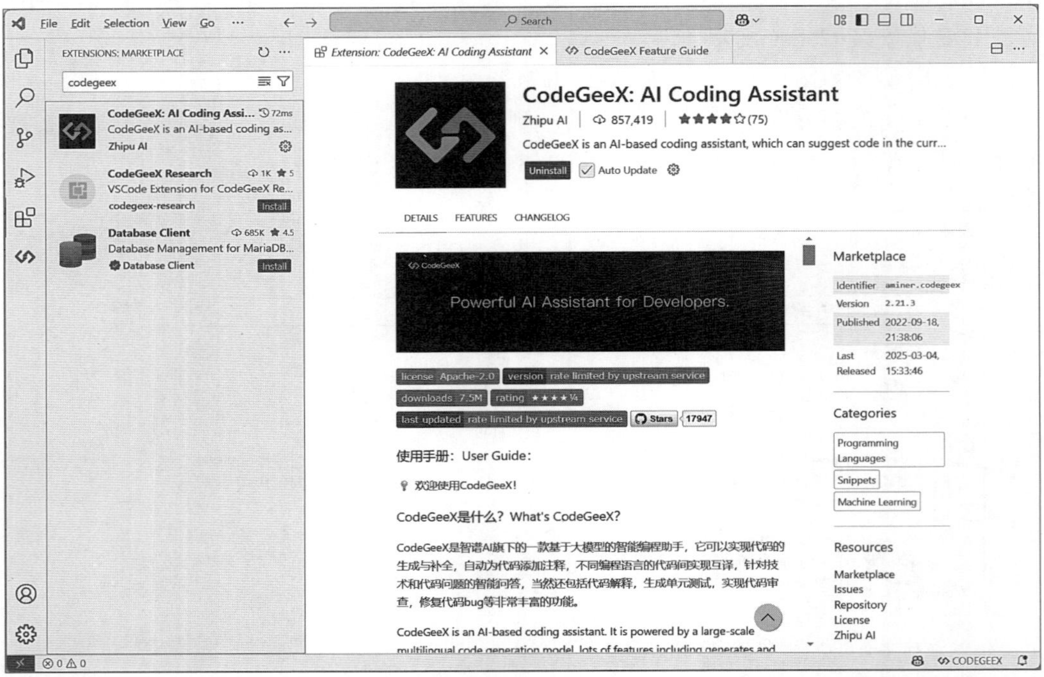

图 2-9　搜索 CodeGeeX 并安装

（5）等待安装完成。安装过程通常很快，你只需稍等片刻，VS Code 会自动下载并安装 CodeGeeX 插件。安装完成后，如果插件没有生效，可以重启 VS Code 以使插件生效。

（6）验证安装。重启 VS Code 后，可以单击左侧的 "扩展" 图标，查看已安装的扩展列表中是否包含 CodeGeeX。如果看到 CodeGeeX 插件，说明插件已经成功安装。或者在左侧可以看到 CodeGeeX 的图标。

（7）配置 CodeGeeX（可选）。如果需要，可以通过单击 CodeGeeX 插件旁边的齿轮图标来配置插件设置（如图 2-10 所示），如调整代码生成的偏好、选择是否启用自动模式等。

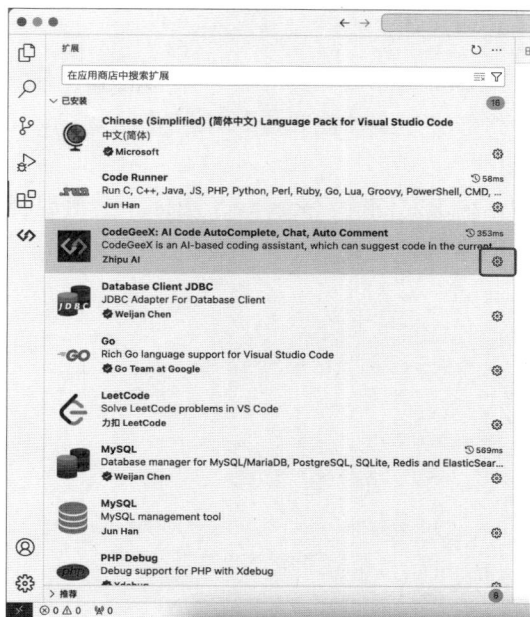

图 2-10　配置 CodeGeeX

（8）开始使用 CodeGeeX。如图 2-11 所示，打开一个代码文件，根据需要输入代码或自然语言描述，CodeGeeX 将根据输入提供代码补全、生成和翻译等功能。

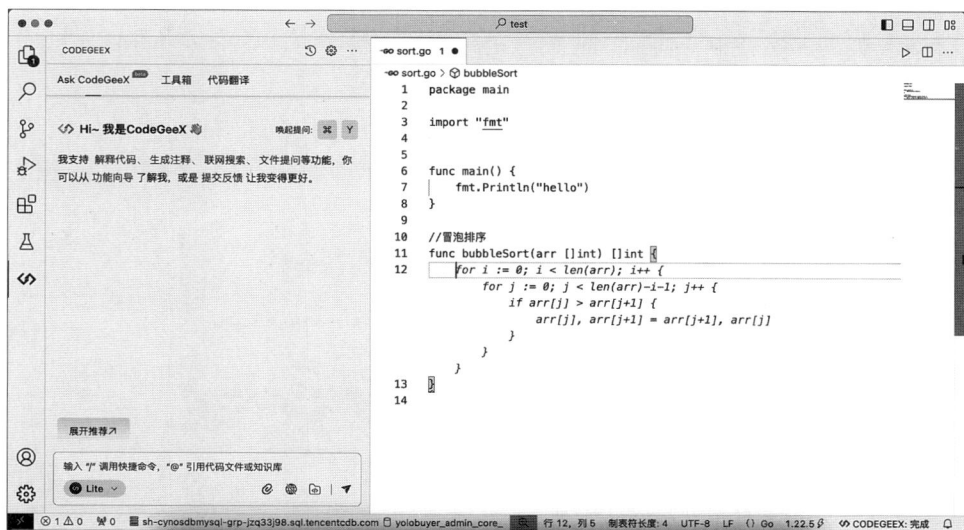

图 2-11　CodeGeeX 使用界面

2.3.2 注册和登录CodeGeeX

为了能够更好地使用 CodeGeeX 的实时聊天问答、知识库访问等功能，以便我们能够即时获取编程指导和解决方案，需要进行注册并登录 CodeGeeX。下面还是以 VS Code 为例。

（1）在 VS Code 中，单击左侧的 CodeGeeX 图标，会出现聊天窗口，如图 2-12 所示，可以看到登录的入口。

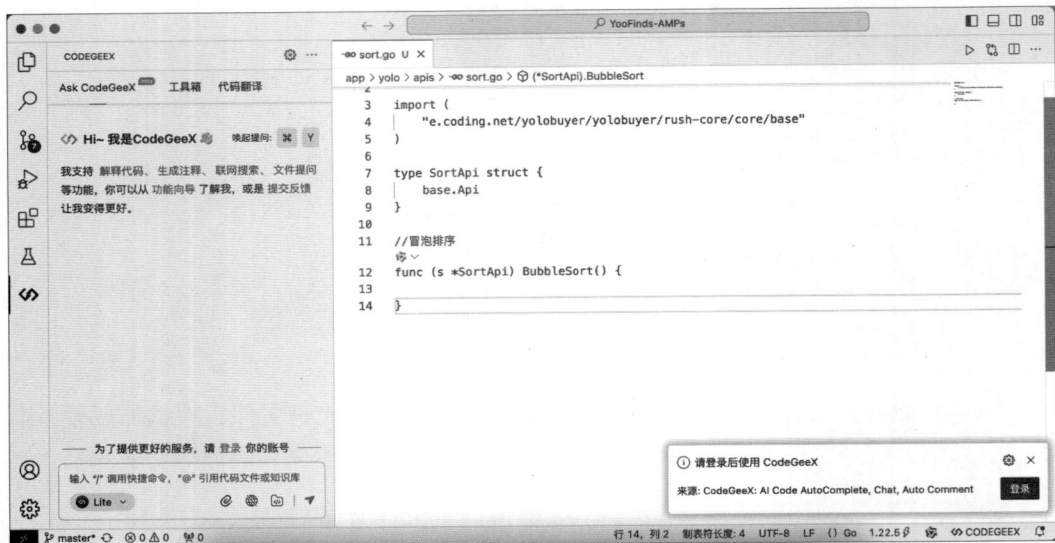

图 2-12　CodeGeeX 登录入口

（2）单击"登录"按钮后，VS Code 会询问是否允许 CodeGeeX 登录，如图 2-13 所示，单击"允许"按钮，接着会询问是否要打开外部网站，单击"打开"按钮。

图 2-13　CodeGeeX 跳转窗口界面

（3）随后会跳转到浏览器，打开 CodeGeeX 官方的登录界面，可以选择验证码登录或者账号登录两种方式，如图 2-14 所示，之后完成登录即可。

图 2-14　CodeGeeX 登录界面

（4）回到 VS Code，会看到 CodeGeeX 已经成功登录，如图 2-15 所示。并且左侧的聊天窗口没有再提示登录。

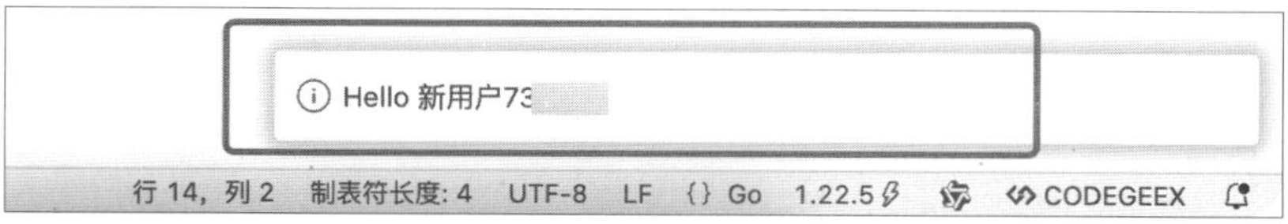

图 2-15　CodeGeeX 登录成功界面

2.3.3　CodeGeeX的主要功能与使用案例

CodeGeeX 在 IDE 中主要有 3 种使用模式，分别是 Inline 模式（行内模式）、Chat 模式（聊天模式）和 Agent 模式。下面将以 VSCode 为例，详细介绍 CodeGeeX 的 3 种使用模式和案例。

1. Inline模式（行内模式）

Inline 模式是 CodeGeeX 在 VSCode 中的主要交互方式。在这种模式下，CodeGeeX 可以直接在代码编辑器中与开发者进行交互。当开发者编写代码时，CodeGeeX 可以实时提供代码补全、错误提示和修复建议等功能。例如，当开发者输入一个函数名时，

32

CodeGeeX 可以自动补全该函数的参数列表和返回类型；当开发者犯了一个语法错误时，CodeGeeX 可以立即指出错误并提供修复建议。这种模式极大地提高了开发者的编程效率和代码质量。主要有以下特点。

◎ 实时性：在编写代码的过程中即时提供帮助。

◎ 高效性：减少查找资料和编写代码的时间。

◎ 便捷性：一键接受建议，快速完成编码。

1）单行代码生成与补全

生成单行代码，是在代码生成与补全的场景中最直接高效的体现方式。如图 2–16 所示，当打开一个代码文件后，开始编码，在编码过程中稍微等待一下，即可看到 CodeGeeX 根据上下文代码的内容，推理出接下来可能的代码输入。

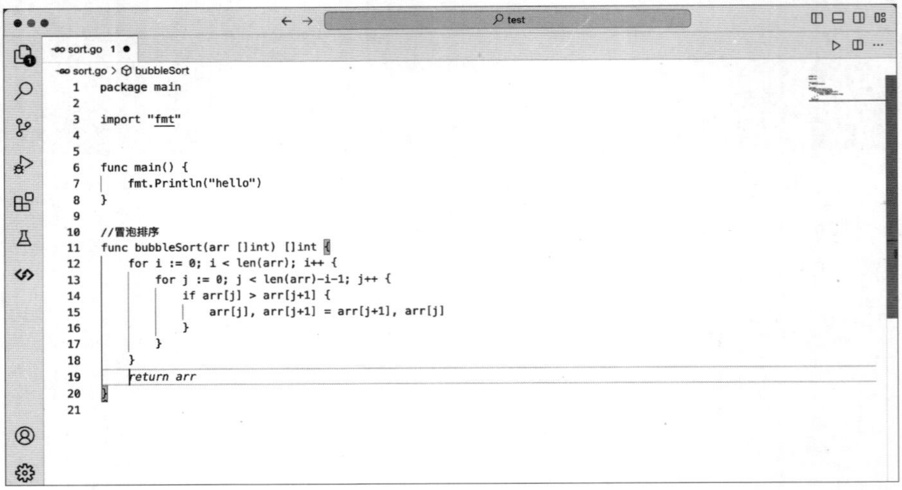

图 2–16　CodeGeeX 单行代码建议采纳

如果认为 CodeGeeX 推理的代码内容合适，则按快捷键 Tab 对生成的代码进行采纳，被采纳的代码即会高亮显示并留存在光标后；如果认为内容不合适，则按任意键取消推荐的内容，继续手动编码。

2）多行代码生成

多行代码生成与单行的使用方式一致。在符合多条推荐的条件下（如 for 循环、if 判断等），模型会优先计算一次多行推荐的逻辑。如果逻辑完整，则会展示多行推荐的结果，否则还是按照单行推荐的逻辑来展示。

出现多行代码时，除了按 Tab 一键采纳，还可以按 Command/ Ctrl+ ↓键只采纳当前行，如图 2–17 所示。

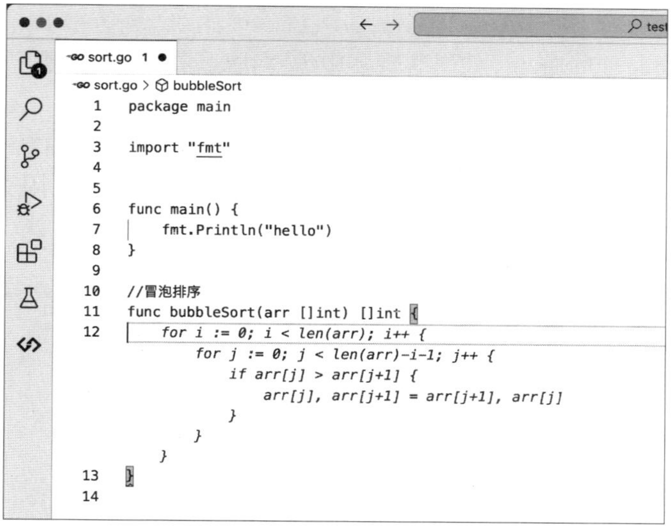

图 2-17　CodeGeeX 多行代码建议采纳

3）根据注释生成代码

根据注释生成代码是针对一段自然语言的注释内容，生成相关的代码片段。适用于需求能够被简单描述清楚，或常见的算法片段、函数段、方法段的生成，如图 2-18 所示。

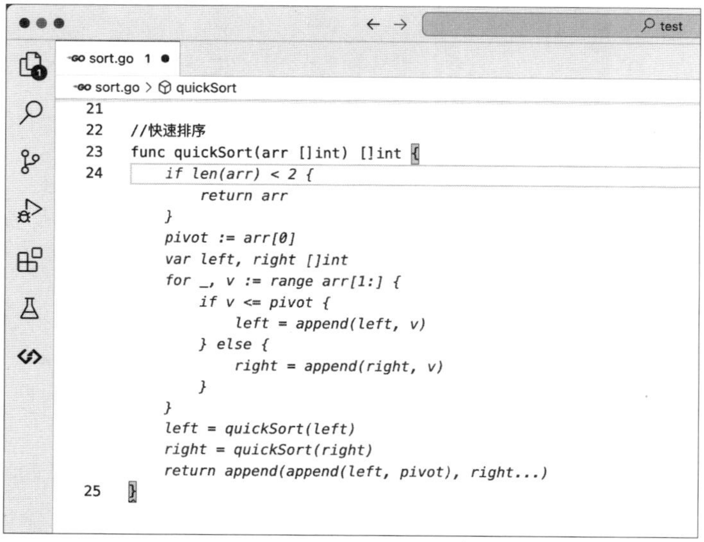

图 2-18　CodeGeeX 根据注释生成代码

4）代码修复

当你在 VSCode、JetBrains 代码编辑器中编写代码时，如果出现了错误，编辑器通常会用红线来标注出错的代码行。

使用 CodeGeeX，你不再需要手动查找错误的原因或者翻阅文档来寻找解决方案，只需将鼠标移到出现错误的代码行上，选择"快速修复"→"使用 CodeGeeX 修复"选项，如图 2-19 所示，CodeGeeX 将自动分析错误，并提供修复建议。

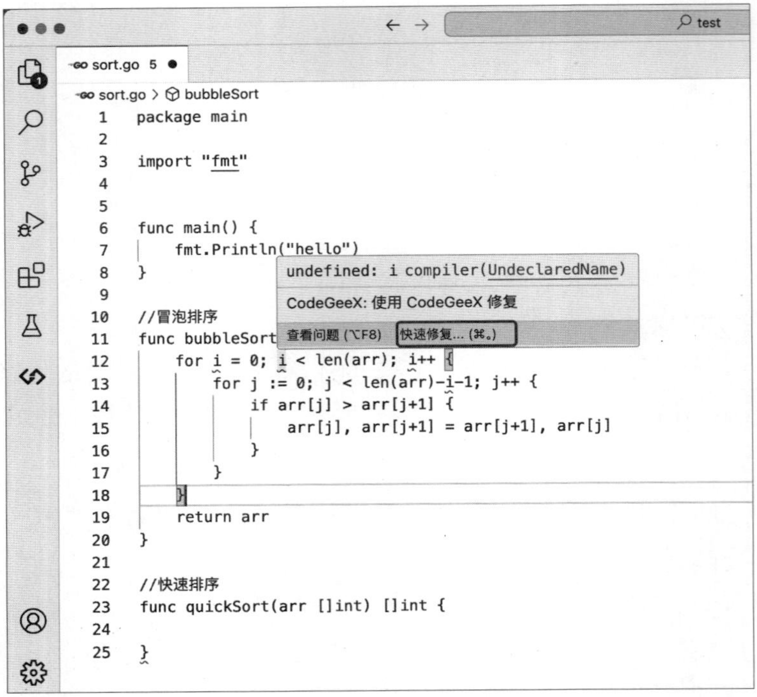

图 2-19　CodeGeeX 进行代码修复

5）代码注释

在方法体上方的快捷按钮中选择"添加注释"，或者选中代码，单击右键，在弹出的菜单中选择 CodeGeeX，再单击下一级菜单的 Generate Comment（生成注释），如图 2-20 所示，即可生成注释。

6）解释代码

在方法体上方的快捷按钮中选择"解释"，或者在编辑器中选中需要解释的代码片段，单击右键，在弹出的菜单中选择 CodeGeeX → Explain Code（解释代码），如图 2-21 所示，该段代码的解释就会出现在左侧 Ask CodeGeeX 下方。

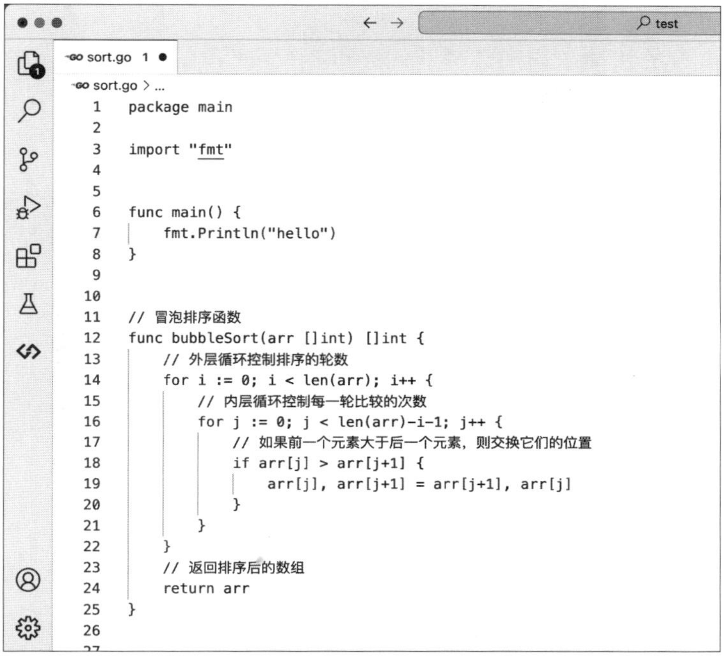

图 2-20　使用 CodeGeeX 进行代码注释

图 2-21　CodeGeeX 进行代码解释

7）代码审查

在方法体上方的快捷按钮中选择"代码审查"，或者在编辑器中选中需要审查的代码片段，单击右键，在弹出的菜单中选择 CodeGeeX → Review Code（代码审查），如图 2-22 所示，该段代码的审查报告就会出现在左侧 Ask CodeGeeX 下方。

图 2-22 CodeGeeX 进行代码审查

8）生成单元测试

在方法体上方的快捷按钮中选择"生成单元测试"，或者在编辑器中选中需要审查的代码片段，单击右键，在弹出的菜单中选择 CodeGeeX →生成单测，如图 2-23 所示，该段代码的测试用例就会出现在左侧 Ask CodeGeeX 下方。测试用例中会包含各种情况下的数据用来进行全方位的测试。

2. Chat模式（聊天模式）

Chat 模式是 CodeGeeX 在 VSCode 中的另一种交互方式。在这种模式下，开发者可以通过一个聊天窗口与 CodeGeeX 进行交互。开发者可以像与人类聊天一样向 CodeGeeX 提问，如询问某个 API 的使用方法、某个编程问题的解决方案等。CodeGeeX 会根据开发者的提问提供相应的回答和建议。同时也提供了访问互联网的能力，这种模式使得开发者可以更加方便地获取编程知识和解决问题的方法。Chat 模式的主要特点包括：

◎ 交互性：以对话的形式解决问题，更符合人类的思考方式。

◎ 智能性：能够理解自然语言，并根据问题生成代码。

◎ 灵活性：可以针对具体问题进行提问，获得定制化的解决方案。

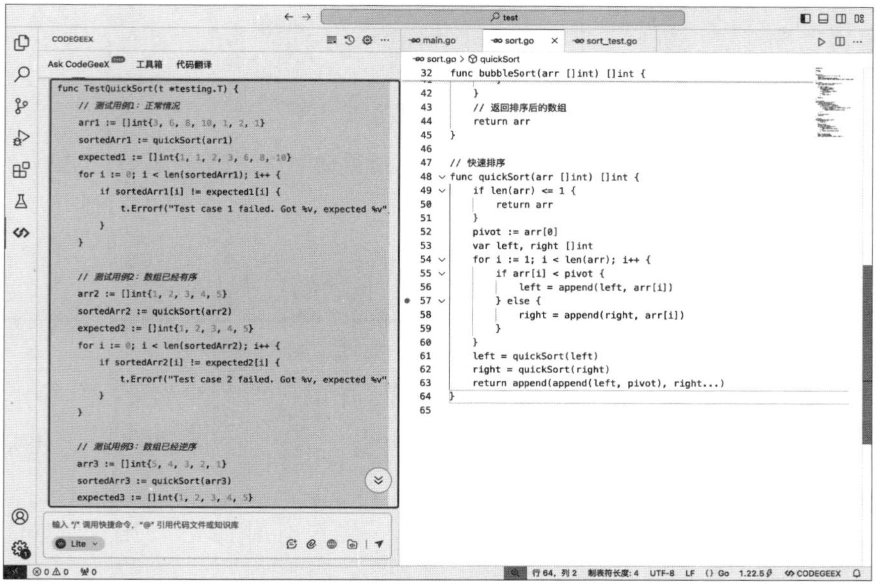

图 2-23　CodeGeeX 生成单元测试

在 VSCode 侧边栏找到 CodeGeeX 的图标，单击进入 Chat 模式，如图 2-24 所示。或者单击右键，在弹出的菜单中选择 Ask CodeGeeX 进入。在智能问答的提问框中，可

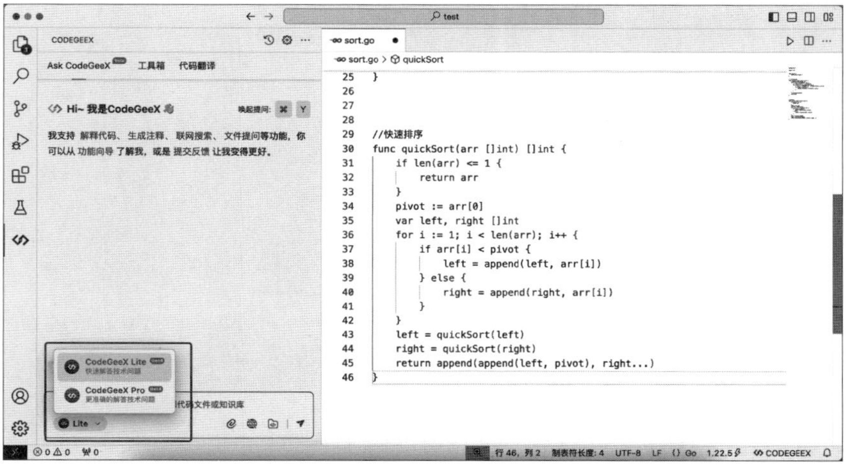

图 2-24　进入 CodeGeeX Chat 模式

以选择使用 Pro 版或者 Lite 版的模型，Lite 版模型，支持 8K 以内的上下文，如果需要对较长的代码文件进行问答或者修复 bug，则可以选择 Pro 版模型。如果对话的轮次非常多，也可以选择支持更长上下文的 Pro 版模型。不同需求选择不同模型，智能问答的效果更符合预期。

1）使用预置命令操作代码

如表 2-1 所示，可以在聊天框中选择这些预置命令来快速执行特定操作（智能问答模式中支持这些预置命令）。

表 2-1　CodeGeeX Chat 模式的预置命令

命令	描述
/explain	解释编辑器中选中的代码。若没有选中的代码，则解释全部代码
/comment	为编辑器中选中的代码添加逐行注释。若没有选中代码，则对所有代码添加注释
/fixbug	修复编辑器中选中的代码中的错误。若没有选中代码，则对所有代码进行修复
/tests	为编辑器中选中的代码生成单元测试代码
/review	为编辑器中选中的代码生成代码审查报告

我们可以在 chat 对话框中直接使用表格中的命令，如图 2-25 所示。

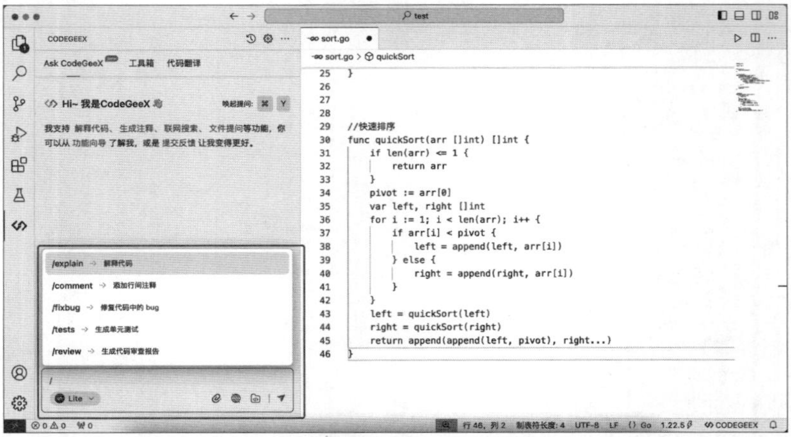

图 2-25　使用预置命令操作代码

2）使用自然语言进行交互问答

（1）查找问题：直接在聊天框中输入任何你的问题，比如我想知道二分查找的算法怎么写，就可以在聊天框中输入"帮我写一个二分查找算法"，如图2-26所示。

图2-26　在CodeGeeX中输入问题

CodeGeeX会根据问题提供一个关于二分查找算法的详细解释和代码示例，直接复制代码进行测试，如图2-27所示，会发现CodeGeeX给出的代码是完全正确的。

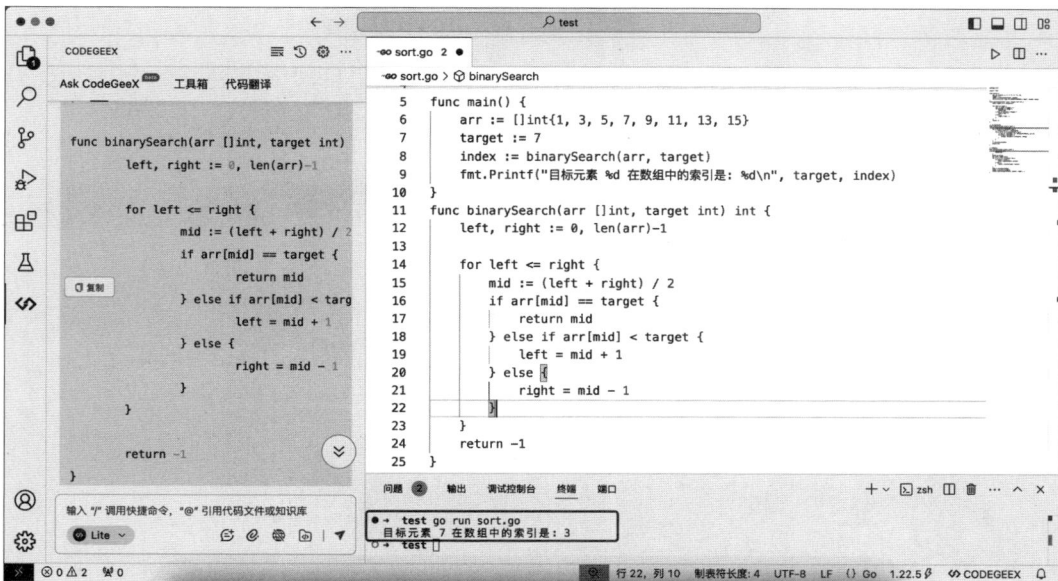

图2-27　CodeGeeX回答问题生成代码

（2）解释代码：在编辑框中选中需要解释的代码，这时代码的行号也会在侧边栏AskCodeGeeX的对话框中出现，如图2-28所示，在对话框中用自然语言进行交互，即可获得代码的解释。

图 2-28　CodeGeeX 中选中代码获得解释

也可以在对话框中直接粘贴需要解释的代码，同样用自然语言交互的方式，获得代码解释，如图 2-29 所示。

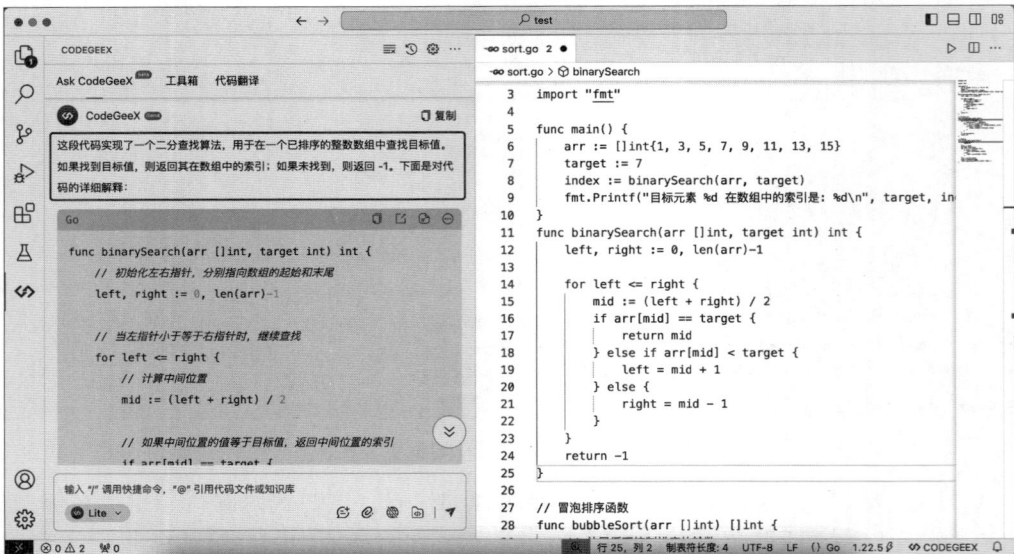

图 2-29　CodeGeeX 中粘贴代码获得解释

（3）生成单元测试：在编辑器中选中函数，代码的行号会同时出现在侧边栏，也可以在对话框中直接粘贴代码，再输入"请给这段代码生成单元测试"，即可生成其对应的单元测试代码，如图 2-30 所示。

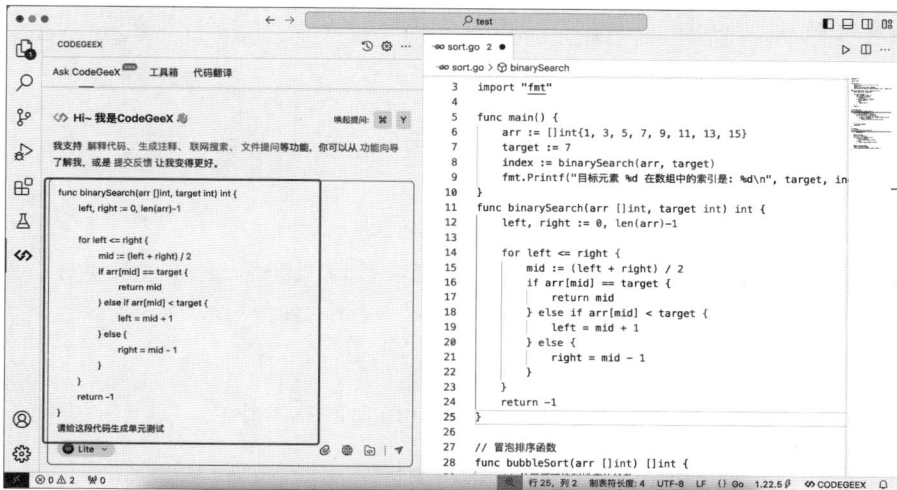

图 2-30　生成单元测试代码

随后，CodeGeeX 会生成一个测试用例，包含了各种场景的数据，我们可以直接用这段代码进行测试。

我们将测试用例复制出来并进行测试，测试用例全部通过，如图 2-31 所示。

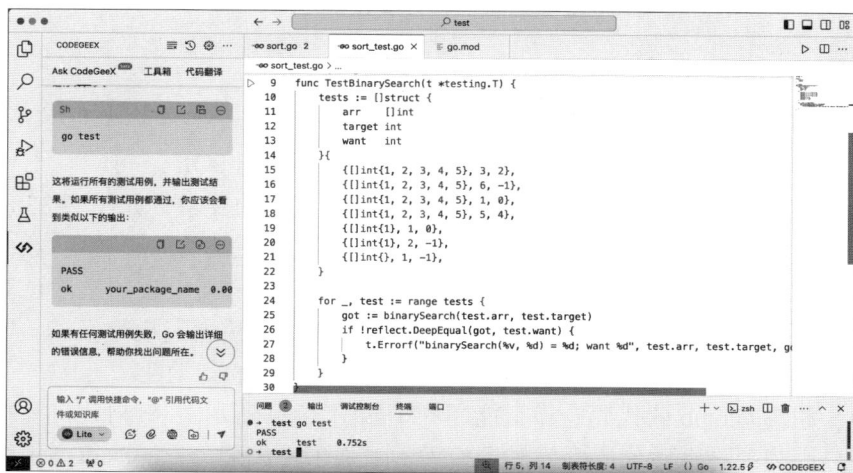

图 2-31　CodeGeeX Chat 模式单元测试全部通过

（4）生成 SQL 查询语句：通过智能问答的对话框，CodeGeeX 可以理解用户对表结构和查询任务的描述，按照用户的指示生成 SQL 查询语句。例如，我们给 CodeGeeX 一个表结构，要求它帮我们写一个 SQL 语句，如图 2-32 所示。

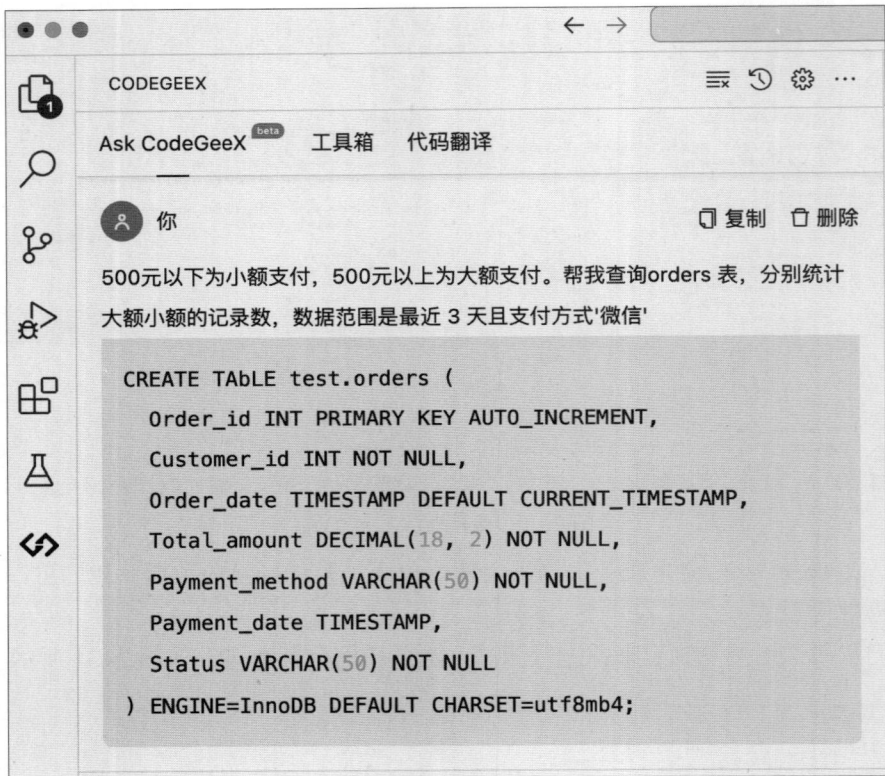

图 2-32　CodeGeeX Chat 模式请求生成 SQL 查询

需求发送给 CodeGeeX 后，我们可以收到它帮我们写的 SQL 语句。

我们将 SQL 语句复制出来，检查一下是否符合我们的要求，如图 2-33 所示。根据查询结果可以看出，CodeGeeX 帮我们写的 SQL 语句是正确的。

（5）针对开源代码库的智能问答：使用了 RAG 检索增强生成的技术。对新增的代码仓库、私有代码仓库，以及原代码仓库的新增项，不用通过模型微调，即可通过 RAG 被检索到，并在生成中进行增强，大幅减轻生成内容的幻觉性。

另外，利用 @repo 的代码仓库智能问答（如图 2-34 所示），针对代码片段的生成也更准确，因为模型针对代码仓库进行检索，增强了生成能力；同时也会根据返回的代码索引，找到代码出处进行验证，实现更精准的代码生成。也可以直接输入空格，搜索自己想要的代码库。

图 2-33　CodeGeeX Chat 模式 SQL 查询结果

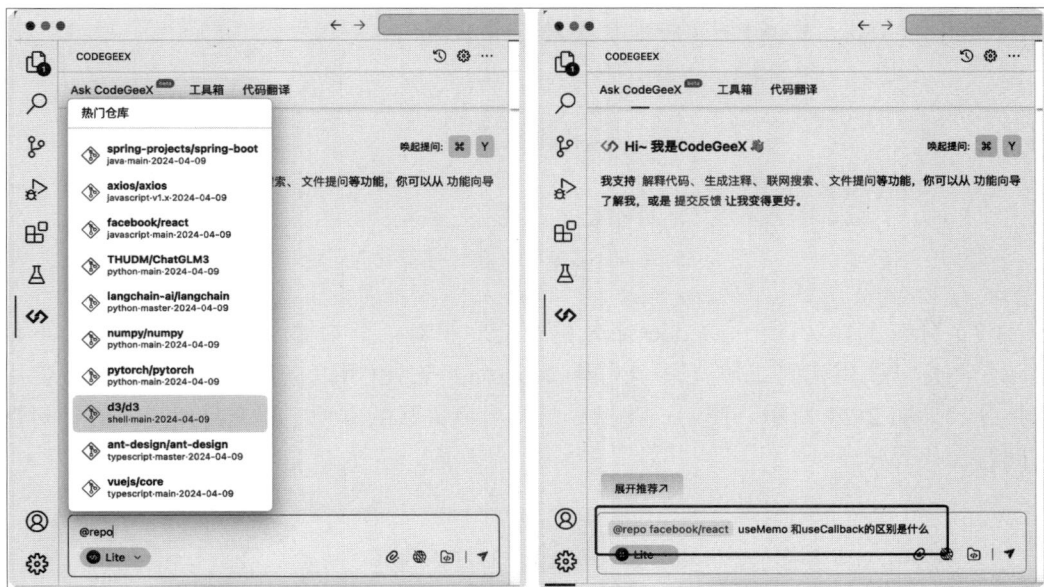

图 2-34　CodeGeeX Chat 模式开源代码库的智能问答

（6）预测推荐候选问题：在智能问答 Ask CodeGeeX 中，当用户提出一个问题获得回复后，会继续生成接下来的候选问题（如图 2-35 所示）。这些推荐给用户的候选问题，是与用户提出的问题相关性很强或者更进一步的问题的预测。

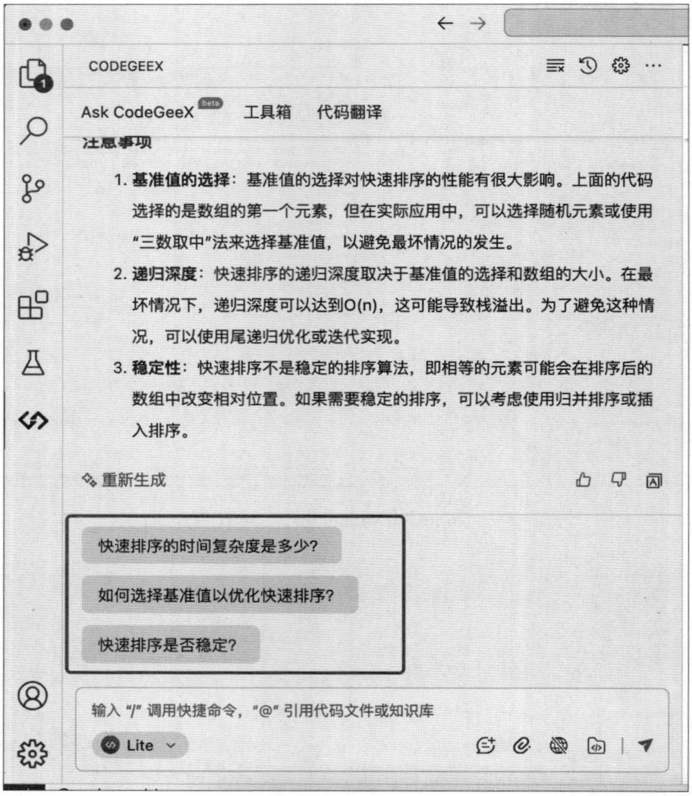

图 2-35　CodeGeeX Chat 模式推荐候选问题

（7）分析本地文件：在 CodeGeeX 的智能问答对话框中输入 @，或者单击右下角第二个图标"引用代码或知识库"（如图 2-36 所示），就可以在弹出框中选择需要使用的指令，如图 2-37 所示。使用这些指令可以对所关联的本地工程文件给出更有针对性的问答和代码建议。

图 2-36　引用代码或知识库图标

图 2-37 选择指令

在对话框中选择 @file 指令，系统会出现当前已打开的一个或多个文件，选中你希望关联的文件名，然后提出你需要解决的问题。CodeGeeX 就可以根据所关联的本地文件内容，如图 2-38 所示，提供精准的代码建议或解决方案。

也可以同时选择关联多个文件，通过 @file 指令分别解释多个文件之间的逻辑关系以及代码意图，如图 2-39 所示。

图 2-38　CodeGeeX Chat 模式 file 命令

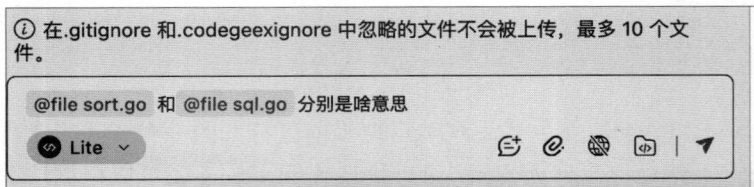

图 2-39　CodeGeeX Chat 模式文件关系

　　除了 @file 功能，还有另外一个 @recentFiles，它能够关联最近打开的多个文件。这一功能是 CodeGeeX 的项目级代码理解功能。当你新加入一个项目的开发工作或者需要快速了解某个项目时，使用 @recentFiles 可以快速了解项目的全貌并上手开发工作。

　　首先打开资源管理器查看整个工程项目，可以看到整个项目结构中有多个文件，当你查看了项目中的多个主要文件之后，注意，这里不用双击打开这些文件，也就是说标签页无需保留多个文件的打开状态。

　　然后在智能问答的对话框中使用 @recentFiles 指令，CodeGeeX 可以总结你查看过的多个文件，并给出清晰的解释和更多建议。

　　我们打开一个从 Github 上下载的使用 Go 语言编写的百度 BDUSS 获取工具，先浏览几个文件，随后打开 CodeGeeX，在对话框中使用 @recentFiles，再输入"根据我刚才看到的文件，总结一下这个项目是干什么的"，会看到 CodeGeeX 会立即告诉我们这个项目的内容，如图 2-40 所示。

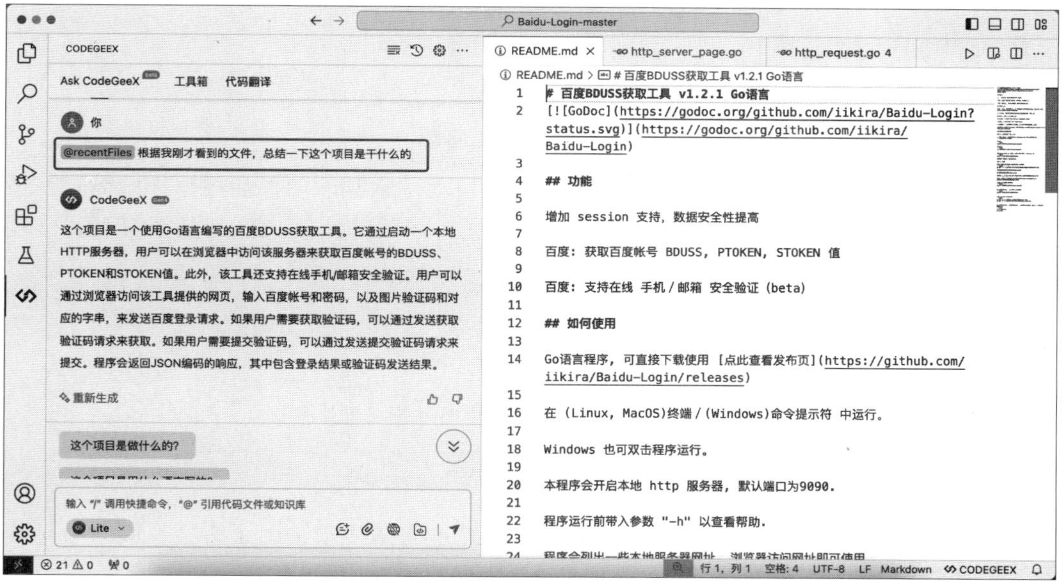

图 2-40　CodeGeeX Chat 模式 recentFiles 命令

　　（8）代码库问答：@workspace 能够帮助开发者快速获取与整个代码仓库相关的问题答案，无论是关于代码结构、函数用途、类关系的疑问，还是对复杂代码逻辑和业务流程的理解，使用 @workspace 都能提供精确且上下文相关的解答。

　　打开一个项目文件夹，在 CodeGeeX 的对话框中点亮文件夹图标，或者输入 @workspace，CodeGeeX 会先对代码库进行索引，索引完成后就可直接回答我们的问题（如图 2-41 所示）。

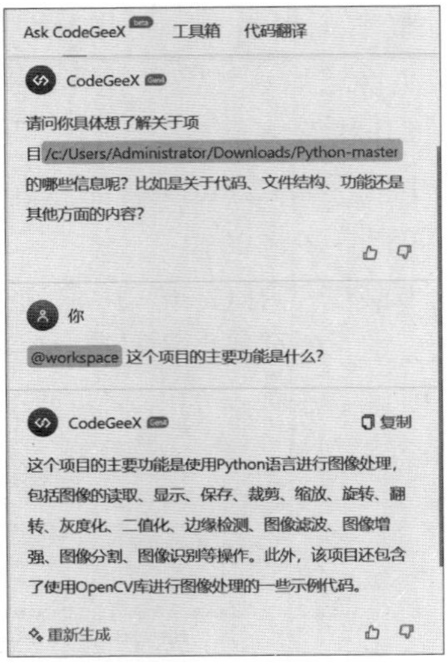

图 2-41　代码库问答

（9）联网搜索：CodeGeeX 的问答功能支持自动检索互联网，会根据你的需求在适当的情况下从全网收集资料。你可以通过对话框右下角的按钮来控制是否打开联网功能，如图 2-42 所示。

图 2-42　CodeGeeX Chat 模式开启联网搜索

如图 2-43 所示，我们可以看到 CodeGeeX 经过联网搜索给出了答案，同时会把相关的引用链接展示出来。

3. Agent模式

智谱 AI 的 CodeGeeX 的 Agent 模式代表了智能编程助手的进阶形态，通过任务驱动的主动协作方式显著提升开发效率。该模式不仅能理解"优化性能"等高阶指令并自动拆解为多步骤操作，还创新性地整合了模型上下文协议（model context protocol，MCP）功能（如图 2-44 所示），使多个 AI 智能体可以像开发团队一样协同工作。这种架构让 Agent 模式能够覆盖从需求分析、代码生成到测试维护的全开发周期，同时支持 Git 操作，以及数据库查询等工具的直接调用，开发者仅需使用自然语言指令即可完成复杂工程任务。

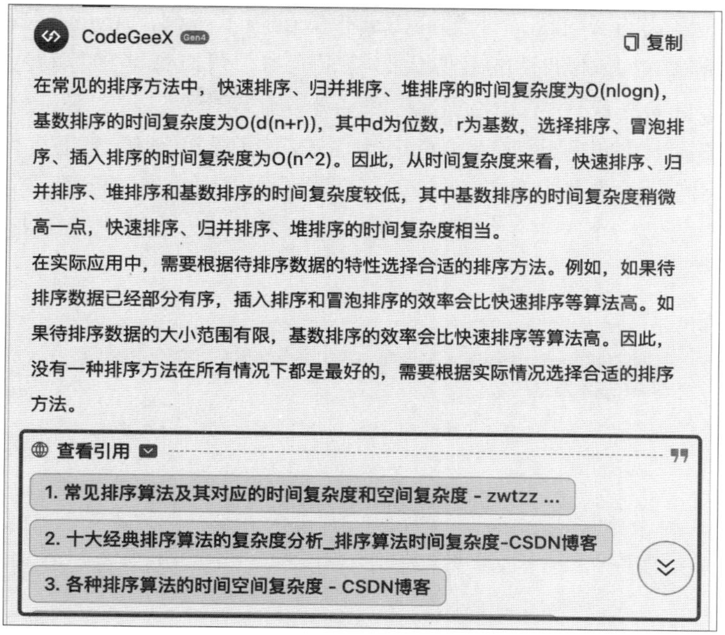

图 2-43　CodeGeeX Chat 模式联网搜索结果

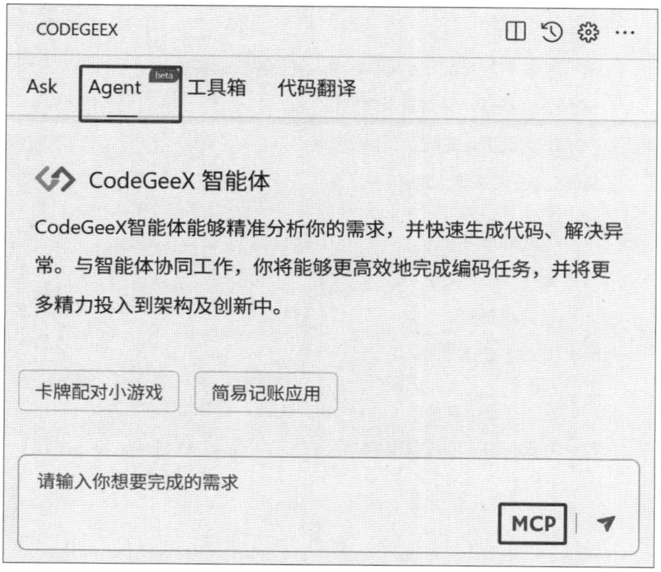

图 2-44　CodeGeeX Agent 模式

相较于行内模式的实时代码补全和 Chat 模式的技术咨询，Agent 模式实现了质的飞跃。它不仅具备 RAG 技术加持的开源代码检索能力，可以智能推荐解决方案，还能通过多智能体协作自动完成代码优化、漏洞修复等复杂操作。这种"智能体团队"的工作方式，配合对主流 IDE 的深度支持，使 CodeGeeX 能够真正理解开发上下文，提供从单行补全到系统架构设计的全栈支持，将 AI 编程助手的能力边界扩展到了全新维度。

比如我们想要做一个卡牌记忆配对游戏，就可以在 Agent 模式下直接输入需求（如图 2-45 所示）。

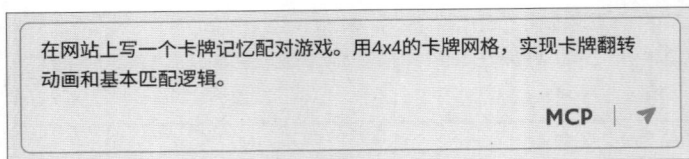

> 在网站上写一个卡牌记忆配对游戏。用4x4的卡牌网格，实现卡牌翻转动画和基本匹配逻辑。
>
> MCP ✈

图 2-45　向 Agent 输入需求

需求输入后，Agent 开始理解我们的需求，并且思考游戏逻辑和需要创建的文件（如图 2-46 所示）。

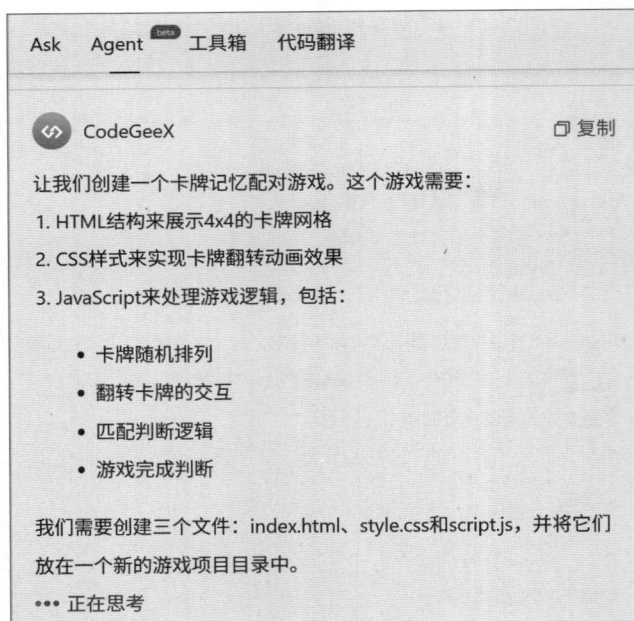

Ask　　Agent `beta`　　工具箱　　代码翻译

‹/› CodeGeeX　　　　　　　　　　　　　　　　口 复制

让我们创建一个卡牌记忆配对游戏。这个游戏需要：

1. HTML结构来展示4x4的卡牌网格
2. CSS样式来实现卡牌翻转动画效果
3. JavaScript来处理游戏逻辑，包括：

- 卡牌随机排列
- 翻转卡牌的交互
- 匹配判断逻辑
- 游戏完成判断

我们需要创建三个文件：index.html、style.css和script.js，并将它们放在一个新的游戏项目目录中。

••• 正在思考

图 2-46　Agent 思考需求

接着 Agent 会直接创建文件并生成代码，如图 2-47 所示。

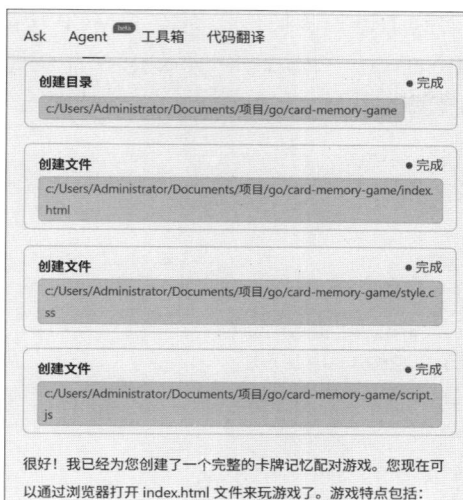

图 2-47　Agent 创建文件

　　当我们选择接受 Agent 生成的文件，并通过浏览器打开运行后，如图 2-48 所示，发现 Agent 不仅精准地把握了我们的需求，还成功生成了一款能够正常运行的游戏，充分展现了其高效与智能。

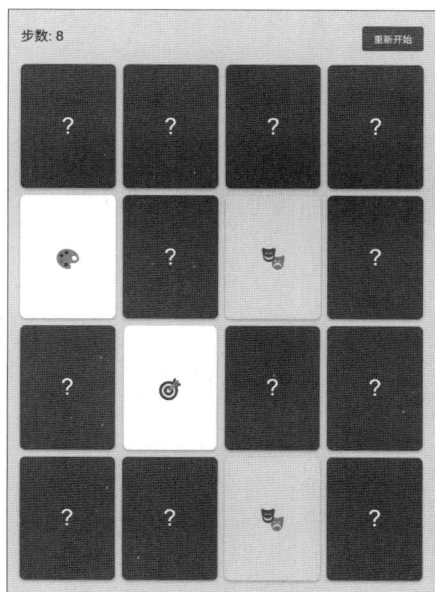

图 2-48　Agent 生成的卡牌游戏

此外，Agent 的功能得到了进一步拓展，新增了 MCP 功能。用户不仅可以根据自身需求添加自定义的 MCP Server（如图 2-49 所示），还能从提供的模板库中灵活选择，为使用场景提供多样化的支持（如图 2-50 所示）。

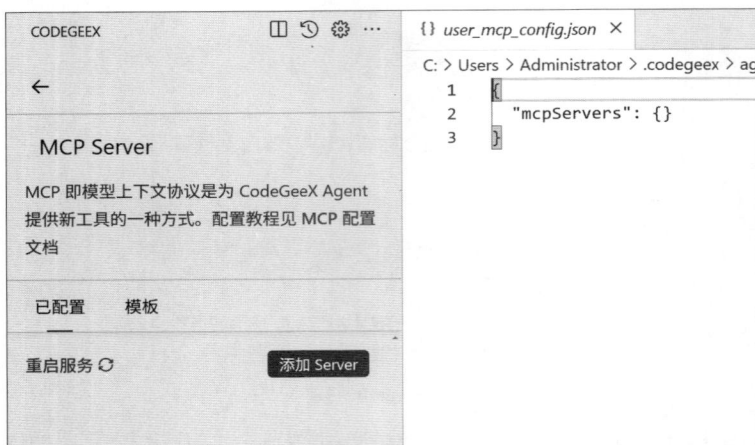

图 2-49　添加自定义 MCP

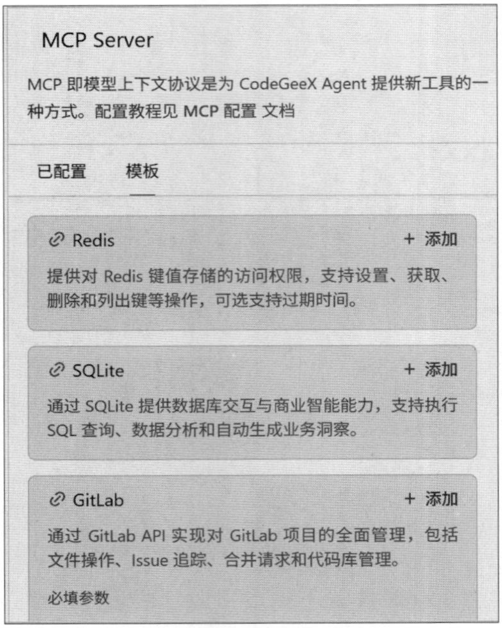

图 2-50　选择 MCP 模版

　　CodeGeeX 提供的这三种工作模式，可以满足不同用户的需求。首先，Inline 模式（行内模式）允许用户在代码编辑器中直接获得代码补全和建议，提高编写效率。其次，Chat 模式（聊天模式）提供了一个交互式的对话界面，用户可以提出编程问题或请求，获得即时反馈。最后，Agent 模式进一步增强了智能化操作，用户可以使用自定义的 MCP Server 或从模板中选择，以实现更复杂的任务自动化。这些功能共同构成了 CodeGeeX 强大的工具集，旨在提升开发者的生产力和代码质量。

2.4　百度文心快码

2.4.1　文心快码的功能与特点

　　百度文心快码（官网如图 2-51 所示）是百度基于文心大模型技术开发的一款智能代码助手，自推出以来已在开发者社区和企业用户中引起广泛关注。这款工具通过深度学习技术和海量编程数据训练，能够理解开发者的意图并提供精准的代码建议，显著提升了编程效率和质量。文心快码不仅支持 100 多种主流编程语言，还能无缝集成到多种 IDE 中，为开发者提供"帮你想、帮你写、帮你改"的全流程辅助。百度内部数据显示，80% 的工程师已开始使用文心快码，生成的代码占提交总量的 27%，工作效率提升了 10% 以上。

　　文心快码（Baidu Comate）的推出，标志着百度在 AI 编程辅助工具领域迈出了重要步伐，旨在通过技术创新推动软件开发行业的进步。

图 2-51　文心快码官网

　　文心快码的核心功能包括智能代码推荐、自动代码生成和智能问答系统。其智能推荐功能能够分析代码上下文语义环境，预测下一行或下一段可能的代码内容，开发者只需按 Tab 键即可采纳建议，大幅减少手动输入。它不仅能够智能地完成代码编写过程中的多个环节，还能通过深度学习理解开发者的意图，从而提供精准的编程辅助。其核心功能包括：

　　◎　自动代码生成：文心快码能够根据开发者的需求自动生成代码，包括从注释中解析需求并生成相应的代码。

　　◎　单元测试生成：帮助开发者快速生成单元测试代码，从而提高代码的可靠性和稳定性。

　　◎　代码注释生成：通过编写清晰的注释，文心快码可以智能地生成相应的代码注释，帮助开发者更好地理解代码逻辑。

　　◎　代码优化和解释：文心快码不仅能够优化现有代码，还能对代码进行深度解读，提供优化建议和解决方案。

　　◎　智能问答和代码推荐：依托文心大模型，文心快码提供多轮对话智能问答功能，拒绝跳转和打扰，直接在 IDE 中解决研发问题，打造沉浸式的高效编码体验。它结合百度积累的编程大数据和外部开源数据，能够智能预测并推荐代码片段，帮助开发者快速完成常见编程任务。

　　◎　代码质量检查：文心快码能够检测代码中的潜在缺陷和安全漏洞，并给出修复建议。

　　◎　多模态生成和安全保障：支持多种编程语言和 IDE，同时具备代码解释和安全保障能力。

　　◎　私有化部署：在私有化部署情况下，文心快码模型和服务都部署在客户私域内，可确保数据安全。

　　文心快码的独特之处在于其强大的模型背景、易用性，以及显著提升开发效率的能力。它通过深入分析代码逻辑和上下文关系，实现了代码生成的智能化和精准化。文心大模型优势体现在其深度学习技术和大数据积累上。基于先进的 Transformer 结构，文心快码能够深入理解代码语义，生成逻辑严密、语法规范的代码。同时，结合了百度 20 多年积累的编程现场大数据和优秀开源数据，使其生成的代码更符合实际研发场景。3.0 版本引入了智能体模式（如图 2-52 所示），智能体（设计、编码、调试、安全等）协同作业，能够独立完成从设计到测试的全流程开发任务。

Build with Comate Zulu

和 Zulu 一起工作，启动新项目或对完整代码库进行全面修改

图 2-52　智能体模式

在易用性与集成性方面，文心快码的简洁安装流程和极少的配置需求，使其能够快速融入各种 IDE，为开发者提供无缝衔接的开发体验。这种高度集成的设计理念，使得开发者能够轻松上手，无需额外学习成本。

效率与安全性是文心快码的另一大特点。通过减少手动编码时间，文心快码显著提高了开发速度，帮助开发者更快地完成任务。同时，新版本增加了代码安全漏洞检测和修复功能，为开发者提供了额外的安全保障，确保代码的安全性。

总之，文心快码的功能与特点集中体现在其智能化、高效性和安全性上。它不仅为开发者提供了一种全新的编程体验，还在提升代码质量、降低开发成本方面发挥了重要作用。作为一款基于人工智能的编程辅助工具，文心快码无疑为软件开发领域带来了新的活力和可能性。

2.4.2　如何集成文心快码到开发环境

文心快码能与 VS Code、JetBrains IDEs 等多款主流 IDE 兼容，集成文心快码到开发环境通常是一个简单的过程。以下是基本的操作步骤，以 VS Code 为例。

1. 安装文心快码插件

（1）打开 VS Code。

（2）转到左侧的扩展视图。

（3）在搜索框中输入"BaiduComate"或"文心快码"，如图 2-53 所示。

图 2-53　在 VSCode 中搜索文心快码插件

（4）在搜索结果中找到文心快码插件并安装。安装成功后，我们可以在扩展的已安装列表中查看。

2. 配置文心快码

文心快码安装完成后，通常需要进行一些基本配置。

（1）登录账号：登录百度账号可以启用所有功能。如图 2-54 所示，单击"登录"按钮后会跳转到百度的登录页面。登录成功后，可以返回 IDE 查看。

图 2-54　VS Code 登录

（2）设置编程语言：在插件设置中，可以根据自己的需要设置语言，如图 2-55 所示。

图 2-55　设置编辑语言

3. 使用文心快码

（1）打开或创建一个代码文件。

（2）开始编写代码时，文心快码会根据上下文提供代码补全、代码生成、代码解释等功能，如图 2-56 所示。

图 2-56　使用文心快码

4. 注意事项

使用文心快码的注意事项包括：

◎ 兼容性：确保你的开发环境（如 Python 版本、其他依赖库等）与文心快码兼容。

◎ 更新插件：定期检查并更新文心快码插件，以获得最新功能和改进。

◎ 资源消耗：注意文心快码可能会增加一定的内存和 CPU 资源消耗，尤其是在处理大型项目时。

通过以上步骤，你可以轻松地将文心快码集成到你的开发环境中，并充分利用其强大的 AI 编程辅助功能来提高开发效率。无论是编写代码、审查代码还是修复错误，文心快码都能成为你开发过程中的得力助手。

2.4.3 文心快码在编程中的应用

文心快码在编程中的应用非常广泛,它通过智能化的代码辅助功能,极大地提升了开发者的工作效率和代码质量。以下是文心快码在编程中的一些具体应用场景。

1. 代码生成与补全

文心快码的核心功能之一是智能代码生成,这个功能的设计初衷是为了减轻开发者的负担,特别是在面对大量重复性编码工作时。想象一下,在开发过程中,我们经常需要编写一些具有相似逻辑或结构的代码片段,如循环、条件判断、数据处理等。这些重复性的工作不仅耗时,而且容易出错。文心快码的智能代码生成功能就能很好地解决这一问题。

它能够根据开发者的需求或部分代码,自动生成完整的代码片段。例如,我们打算写一个字符串反转的函数。在这种情况下,我们只需编写一些注释,描述我们想要实现的功能,文心快码就能理解这些注释,并生成相应的代码(如图 2-57 所示),如果生成的代码符合我们的要求,只需按下 Tab 键即可应用。这不仅节省了大量的编码时间,还减少了出错的可能性。

```go
//反转字符串
func reverseString(s string) string {          💡 Ctrl + I 唤起行间对话, 或 Ctrl + ↓ 逐行采纳
    runes := []rune(s)
    for i, j := 0, len(runes)-1; i < j; i, j = i+1, j-1 {
        runes[i], runes[j] = runes[j], runes[i]
    }
    return string(runes)
}
```

图 2-57 文心快码代码生成功能

当然,在我们编写代码的过程中,每次按下回车键,文心快码都会根据上下文给出接下来需要编写的代码建议,如图 2-58 所示。

```go
代码解释 | 函数注释 | 调优建议 | 行间注释 | 生成单测
func main(){
    fmt.Println(reverseString("hello"))
}

//反转字符串
代码解释 | 函数注释 | 调优建议 | 行间注释 | 生成单测
func reverseString(s string) string {
    runes := []rune(s)
    for i, j := 0, len(runes)-1; i < j; i, j = i+1, j-1 {
        runes[i], runes[j] = runes[j], runes[i]
    }
    return string(runes)
}
```

图 2-58 文心快码代码补全功能

2. 代码解释与调优

文心快码不仅能够生成代码，还能对现有代码进行解释和调优。这一功能的重要性在于，它不仅帮助开发者提高编码效率，还提升了代码的可维护性和性能。在软件开发过程中，代码的可读性和可维护性往往与代码的质量和性能同等重要。文心快码通过其独特的功能，在这两方面都提供了显著的帮助。

文心快码能够将复杂的代码逻辑转化为易于理解的自然语言。这在处理复杂或难以理解的代码时尤其有用。例如，当开发者接手一个旧项目或他人的代码时，可能会遇到一些难以理解的逻辑或算法。文心快码能够将这些复杂的代码逻辑解释成简单易懂的语言，帮助开发者更快地理解和掌握代码的核心内容。

当我们编写好一段代码，在方法体外可以看到文心快码提供给我们的功能（如图 2-59 所示）。这意味着，无论是编写新代码，还是维护和优化旧代码，文心快码都能提供实时、有效的帮助。这对于提高开发效率、保证代码质量以及提升软件性能都具有重要意义。

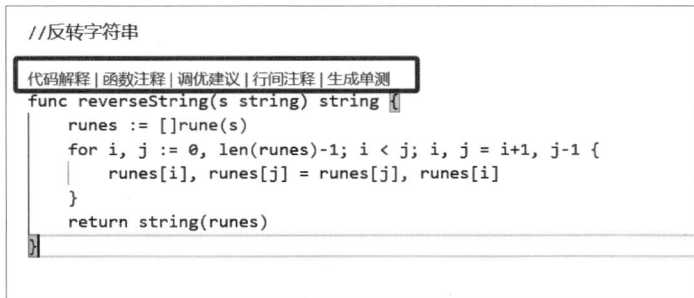

```
//反转字符串

代码解释 | 函数注释 | 调优建议 | 行间注释 | 生成单测
func reverseString(s string) string {
    runes := []rune(s)
    for i, j := 0, len(runes)-1; i < j; i, j = i+1, j-1 {
        runes[i], runes[j] = runes[j], runes[i]
    }
    return string(runes)
}
```

图 2-59　文心快码提供的功能

当我们单击"代码解释"的时候，会在左侧弹出对话框，显示原代码解释以及优化代码的建议。这一设计考虑到了用户界面的友好性和操作的便捷性。左侧弹出的对话框不会遮挡代码编辑区域，确保开发者可以在查看解释和优化建议的同时，继续对代码进行操作。

在对话框中，首先会显示原代码解释的信息（如图 2-60 所示），这表示文心快码正在分析当前的代码，并将其逻辑和结构转化为易于理解的自然语言。这个过程可能包括对变量作用、函数功能、算法原理等方面的解释。这样的解释对于开发者来说非常有价值，尤其是对于那些刚接触某个项目或编程语言的新手，可以帮助他们更快地理解和掌握代码。

图 2-60　文心快码代码解释

同时，可以选择"调优建议"（如图 2-61 所示），让 AI 助手帮助完善代码，这些建议可能是关于代码性能的提升，如减少不必要的循环、优化算法复杂度、利用更高效的函数或库等；也可能是关于代码结构的改进，如提高代码的可读性、简化复杂的逻辑、遵循特定的编程规范等。这些建议对于提升代码质量和开发效率都至关重要。

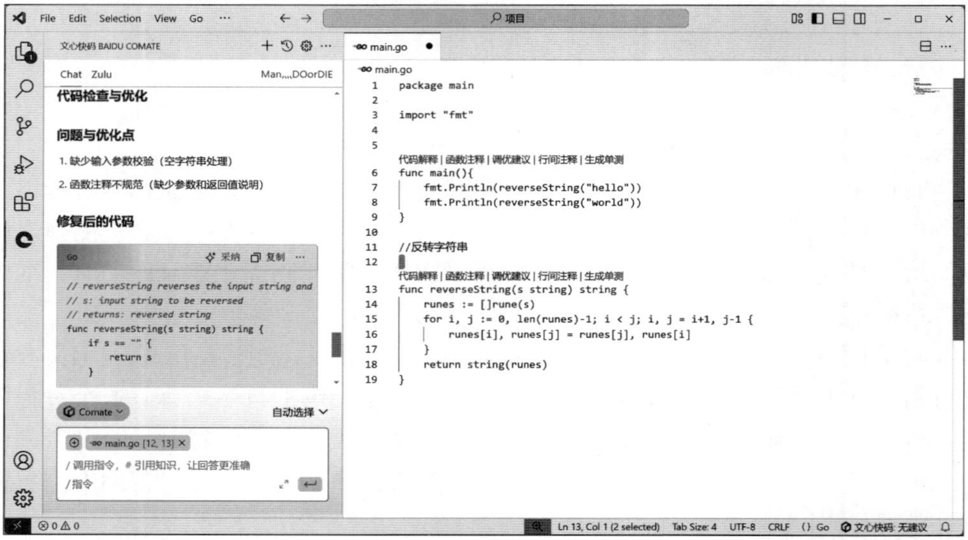

图 2-61　文心快码代码调优建议

3. 生成单元测试

在软件开发过程中，单元测试是确保代码质量的关键环节。单元测试通过对代码的最小单元（通常是函数或方法）进行测试，以确保它们按照预期工作。这种方法有助于早期发现和修复错误，从而减少在集成和系统测试阶段可能出现的问题。然而，编写单元测试代码通常是一项耗时且容易出错的任务，特别是对于复杂或大量的代码库。

文心快码的自动生成单元测试代码功能，极大地提高了测试效率。这一功能可以自动分析代码结构，识别需要测试的单元，并生成相应的测试用例。这不仅节省了开发者编写测试代码的时间，还确保了测试的全面性和准确性。通过自动生成测试用例，文心快码帮助开发者更快地完成测试工作，从而更早地发现和解决问题。

在方法体外单击"生成单测"，会看到在左侧弹出的对话框中生成了测试用例（如图 2-62 所示）。这些测试用例通常包括对函数输入、输出、异常处理等方面的测试，它们是针对当前方法的具体实现编写的，以确保该方法在各种场景下都能正确执行。开发者可以在此基础上进一步修改和完善测试用例，以满足特定的测试需求。

图 2-62　文心快码生成单元测试代码

4. 生成代码注释

在日常开发过程中，代码注释对于保障代码的可读性和可维护性至关重要。代码注释是一种文档形式,它提供了对代码功能和逻辑的简洁描述。对于开发者来说,尤其对于那些需要阅读或修改他人代码的开发者,是一种极大的帮助。良好的代码注释可以减少理解代码所需的时间,提高开发效率,同时也有助于在代码迭代过程中快速定位和解决问题。

文心快码的自动生成代码注释功能,进一步提高了工作效率,并确保代码的可读性和可维护性。这一功能可以自动分析代码的结构和逻辑,生成准确、清晰的注释。这对于那些可能没有时间或习惯编写注释的开发者来说,是一个巨大的福音。自动生成的注释不仅有助于个人开发者理解自己的代码,还有助于团队成员之间的沟通和协作。

在文心快码中,我们可以在方法体外单击"函数注释"或者"行间注释",就可以看到在当前的函数体中,生成了相应的代码注释(如图 2-63 所示)。这样的设计使得添加注释变得异常简单和快捷。开发者可以在不离开代码编辑界面的情况下,轻松地为代码添加注释。这些自动生成的注释通常包括对函数功能的描述、参数说明、返回值解释等,确保了注释的全面性和准确性。

```
//反转字符串

⊕采纳 (Ctrl+S) | 放弃 (Ctrl+Z) | 查看变更 (Alt+D)
func reverseString(s string) string {
    // 将字符串转换为 rune 切片
    runes := []rune(s)
    // 使用双指针法反转字符串
    for i, j := 0, len(runes)-1; i < j; i, j = i+1, j-1 {
        // 交换 rune 切片中的元素
        runes[i], runes[j] = runes[j], runes[i]
    }
    // 将 rune 切片转换回字符串并返回
    return string(runes)
}
```

图 2-63　文心快码行间注释生成

5. 智能问答

文心快码的智能问答功能,如同一位随叫随到的资深顾问,无论是对新手程序员还是经验丰富的开发者,都能提供及时且精准的代码解释和问题解决方案。这一功能的必要性在于,它不仅能够显著缩短问题解决的周期,还能在繁忙的开发工作中,为开发者节省宝贵的时间。

智能问答的作用远不止于此。它通过自动化信息检索,减少了人工查询的烦琐。在开发过程中,开发者经常会遇到各种问题,从语法错误到复杂算法的实现,从库函数的使用到最佳实践的遵循。传统上,解决这些问题可能需要开发者查阅大量的文档、论坛帖子或在线教程。这个过程不仅耗时，而且容易分散开发者的注意力。文心快码的智能问答功能可以直接在开发环境中提供即时的答案和解决方案，极大地提高了问题解决的效率。

打开左侧的对话框，我们可以直接输入想要问的问题，或者让文心快码帮我们编写代码、理解程序都是可以的。比如让它帮我们写一个"两数之和"的算法，可以在对话框中输入"给定一个整数数组 nums 和一个整数目标值 target，请你在该数组中找出和为目标值 target 的那两个整数，并返回它们的数组下标。"，如图 2-64 所示。

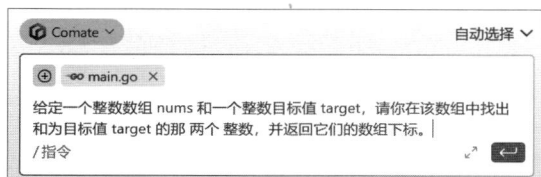

图 2-64　输入需求

需求发送给文心快码后，可以看到它立刻返回了思考过程和结果及对这段代码的解释，如图 2-65 所示。

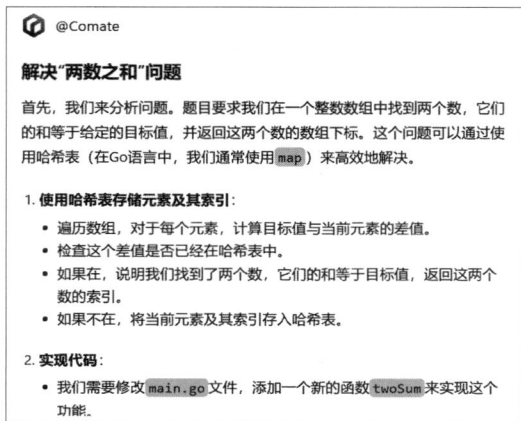

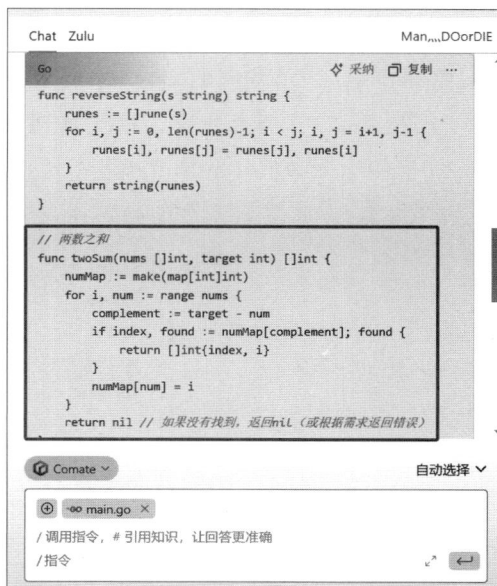

图 2-65　文心快码智能思考过程

我们可以选择"采纳"，进而验证它给出的结果的正确性。通过理解代码和文心快码给出的代码解释，我们可以判断出结果应该是一组索引，为 [0,1]。现在我们运行程序，如图 2-66 所示，发现结果符合我们的预期，表明文心快码给出的算法是正确的。如果对结果还是存疑，同样可以使用"生成单测"的功能，进行多情况的全方位测试。

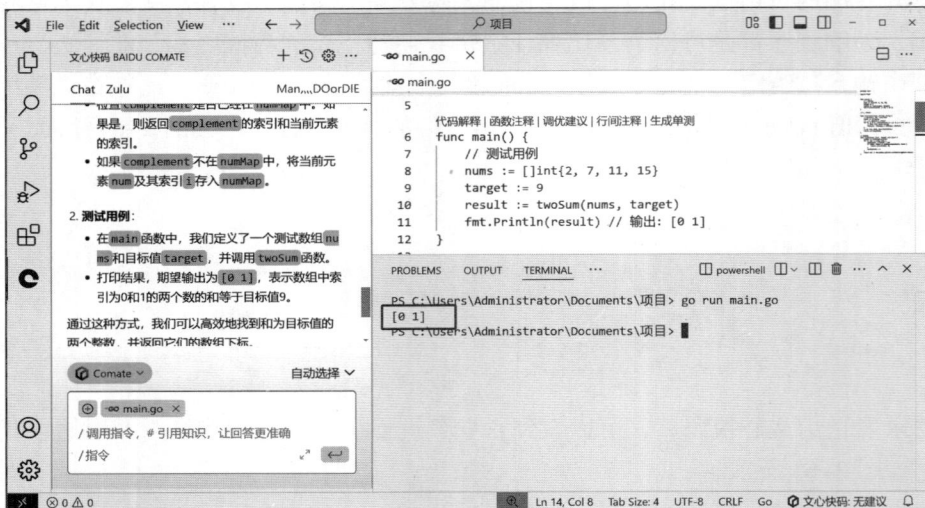

图 2-66　执行文心快码单测

除此之外，文心快码还提供了许多快捷操作，如下所示。

◎ 使用"/"调用指令，这里提供了包括注释、解释、调优等快捷操作，以及插件中的一些功能（如图 2-67 所示），都可以通过快捷操作来调用。

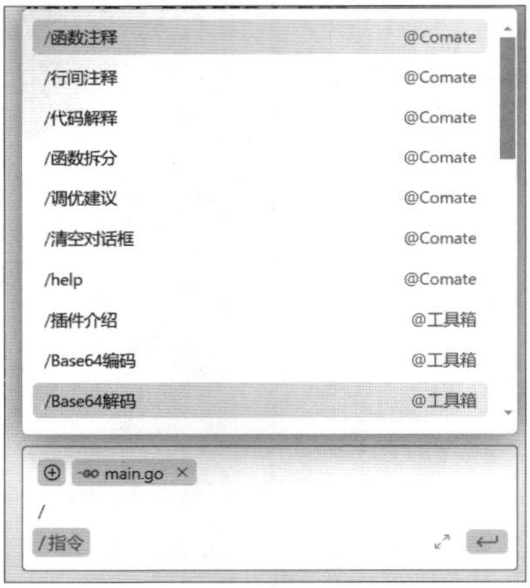

图 2-67　调用指令

◎ 使用 # 引用知识。这里提供了文件、目录、当前代码库、网页等，可以根据需要进行引用（如图 2-68 所示），从而使 AI 助手能更好地理解需要，做出更合理，更完善的解决方案。

图 2-68　文心快码引用知识

◎ 使用插件，打开对话框左上方 Comate 的下拉框，可以选择内置的插件，包括工具箱、Git 等（如图 2-69 所示）。通过这些插件的使用，可以更好地提高开发的效率。

图 2-69　文心快码使用插件

6. Zulu智能体

百度文心快码的 Zulu 智能体是其最新推出的突破性功能，代表了从传统代码补全到端到端任务执行的重大升级。Zulu 能够自主拆解开发需求，调用多种工具（如代码检索、终端命令执行、实时预览等）完成从设计到测试的全流程任务，如仅需 60 秒生成一个完整网页。它支持多模态交互（如图片上传辅助前端开发）和深度 IDE 集成（如 VS Code、JetBrains 系列），显著提升了开发效率。此外，Zulu 在测试环节能自动生成用例、分析覆盖率并修复 Bug，同时支持企业私域知识库关联，确保代码符合内部规范。相较于传统 Copilot 工具，Zulu 的突破在于其从被动辅助转向主动执行，使开发者更聚焦于创新而非重复性编码。

接下来将详细介绍 Zulu 智能体的功能。

1）全自然语言交互

Zulu 采用完全自然语言的交互模式，开发者只需用日常语言描述业务需求即可实现开发目标。无论是从零构建全新应用，还是对现有的复杂系统进行功能迭代，都不必关心技术细节，只需明确业务目标，Zulu 就能智能解析需求，自动规划开发路径并执行完整实现流程。这种"目标导向"的交互方式让开发者能更专注于业务逻辑而非技术实现，大幅降低了开发门槛。

例如，我们想要开发一款 2048 游戏，就可以直接在对话框中输入需求，如图 2-70 所示。

随后 Zulu 开始思考分析我们的需求，同时也检查了项目结构，提示我们创建新的文件夹，而后开始生成代码文件，如图 2-71 所示。

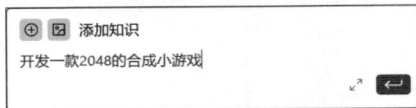

图 2-70　输入需求

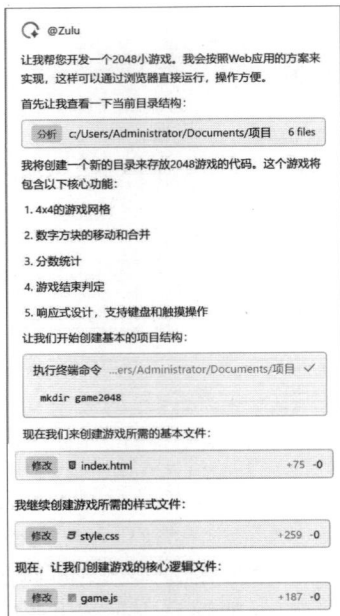

图 2-71　分析需求并生成文件

文件生成后，又给出了启动命令，如图 2-72 所示，引导我们打开游戏进行测试。

图 2-72　生成启动命令

单击"执行"按钮后，会自动在终端启动程序，并唤起浏览器查看应用效果，无需自己手动启动服务，就能快速验证成果。图 2-73 就是刚刚生成的 2048 游戏界面，虽然样式方面有些错位，但是不影响整体的功能体验。整个生成的流程还是非常丝滑的，效果也很棒。

图 2-73　生成 2048 游戏界面

2）多模态交互

Zulu 支持多模态输入，让交互更便捷。可以直接将游戏界面截图并粘贴到输入框中，Zulu 会自动分析图片内容，识别需求（如图 2-74 所示）。例如，可以判断是想实现某个网页效果，还是调试应用运行中的 bug。这种能力特别适合快速沟通复杂需求，省去烦琐的文字描述。比如生成的 2048 游戏样式错位的问题，如果我们只是用语言描述，可能无法精确描述哪里错位，这个时候只需要配上图片，就能使 Zulu 更好地理解我们的需求。

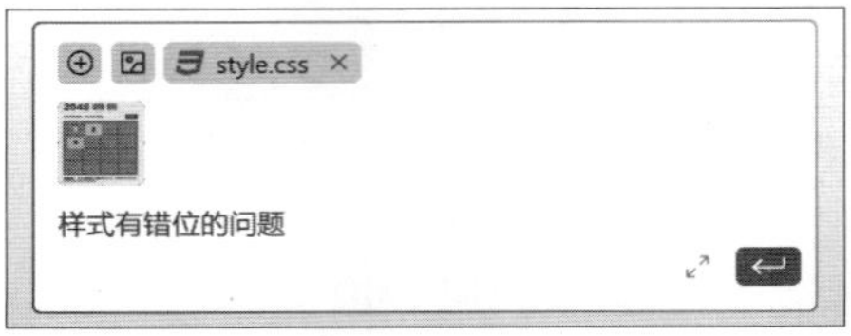

图 2-74　多模态交互

截图发送给 Zulu 后，可以看到它通过分析当前的 css 文件和 html 文件了解页面结构，然后开始修改 css 文件，修改后展示代码 diff（如图 2-75 所示），清晰呈现改动内容。

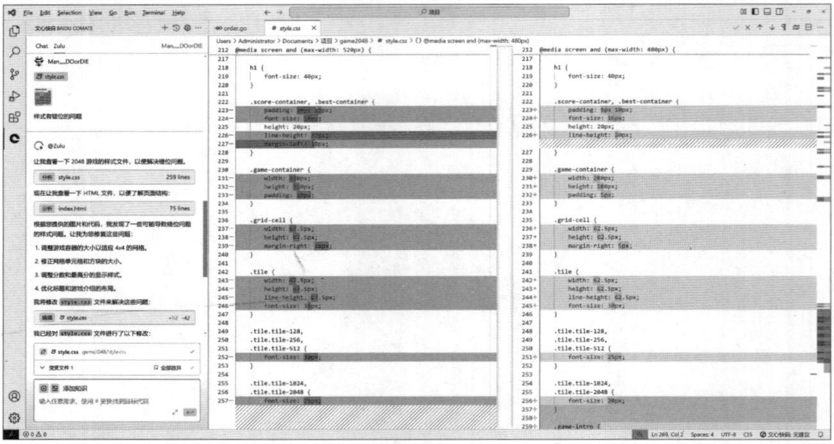

图 2-75　展示代码 diff

3）规划与反思

Zulu 具备强大的任务分解和自我反思能力，能够处理强依赖业务上下文的开发需求。从上述修改可以看到：

◎ Zulu 搜索了代码库，找到了跟样式相关的文件。

◎ Zulu 规划了任务，先查看 css 样式文件，又查看了 html 文件，以了解页面结构。

◎ 经过一系列的规划反思，分析出问题所在，最终完成样式的修改。

◎ 除这些之外，Zulu 也和 Chat 功能一样支持代码生成，调用上下文。

2.5　阿里通义灵码

2.5.1　通义灵码的功能与特点

通义灵码，是由阿里云推出的智能编码助手产品，基于通义大模型技术打造而成。这款工具于 2023 年 10 月 31 日在云栖大会上正式对外发布，旨在为开发者提供高效的编码体验。其底层采用通义千问团队开发的 Qwen2.5-Max 推理模型，该模型在多个基准测试中表现出色，具备代码生成、长序列建模和代码修改能力。通义灵码支持多种编程语言，并对 Java、Python、Go、JavaScript、TypeScript、C/C++ 等 16 种主流语言进行了深度优化。通义灵码还提供了无缝的 IDE 集成体验，支持 JetBrains 全系列 IDE（如 IntelliJ IDEA、PyCharm）和 VSCode 等主流开发环境。通义灵码官网如图 2-76 所示。

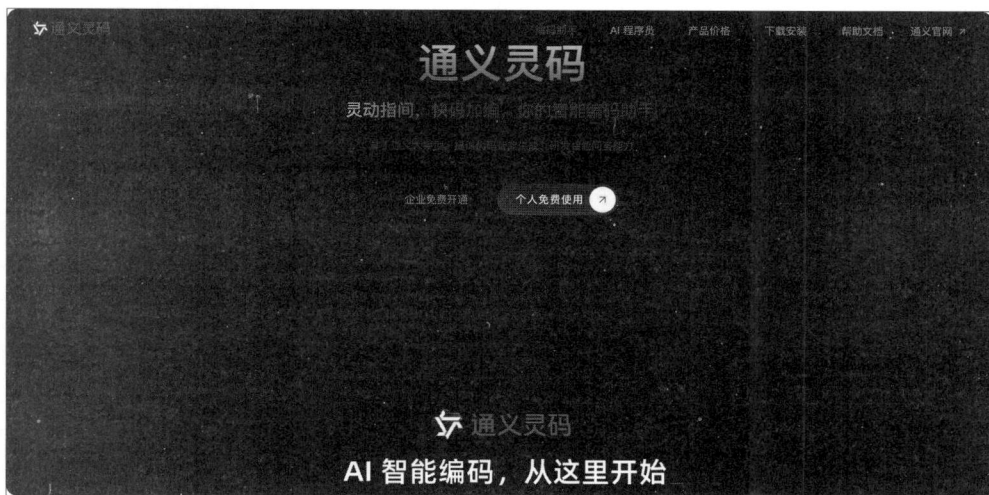

图 2-76　通义灵码官网

通义灵码的主要功能包括代码智能生成和研发智能问答。在代码智能生成方面，通义灵码能够根据当前代码的语法和跨文件的上下文，实时生成行级或函数级的建议代码，实现行级或函数级实时续写。这意味着开发者可以在编码过程中获得即时的代码提示，从而加快编码速度，减少错误。还支持开发者使用自然语言描述所需功能，然后直接在编辑器中生成相应的代码。这种方式的便利性在于，开发者可以不必拘泥于具体的代码语法，只需关注功能实现。同时针对不同的测试框架，如 JUnit、Mockito、Spring Test 等，通义灵码能够自动生成单元测试代码，帮助开发者确保代码的质量和稳定性。也可以一键生成方法注释和行间注释，这不仅节省了编写注释的时间，还能有效提升代码的可读性。

通义灵码在研发智能问答功能方面则基于海量研发文档、产品文档、通用研发知识等进行训练，能够为开发者提供即时的疑问解答和解决方案。这一功能特别适用于解决编码过程中的技术难题，使得开发者无需离开 IDE 客户端即可快速获得答案和解决思路。还提供了本地工程问答功能，允许开发者通过问答方式快速理解当前工程，进行代码查询，甚至生成针对简单需求或缺陷的修复建议和代码。同时支持企业知识库问答，通义灵码可以借助企业的知识和数据，构建企业研发知识问答助手，从而提升团队的工作效率和协作能力。

通义灵码的产品优势在于其跨文件感知能力，这使得代码生成更贴合业务场景。同时，它适配多 IDE 的原生设计，符合开发者的使用习惯，提供了沉浸式的编码体验。此外，通义灵码还提供了多种企业版方案，以满足不同企业的需求。

自上线以来，通义灵码已获得超过 470 万的下载量，每日辅助开发者生成代码超过 3000 万次。众多企业如一汽集团、中华财险和哈啰集团等都在使用通义灵码，有效提升了研发效率，AI 代码生成占比近 30%。极大地增强了开发过程中的技术支持，成为开发者手中的得力工具。

其在 2025 年 2 月进行了重要升级，新增了模型选择功能。这一模型选择功能的推出，为用户提供了更大的灵活性，可以根据具体项目需求选择最适合的 AI 模型。目前智能问答功能支持 qwen2.5、deepseek-v3 和 deepseek-r1 模型（如图 2-77 左侧所示），而 AI 程序员功能则支持 qwen2.5 和 deepseek-v3（如图 2-77 右侧所示）。

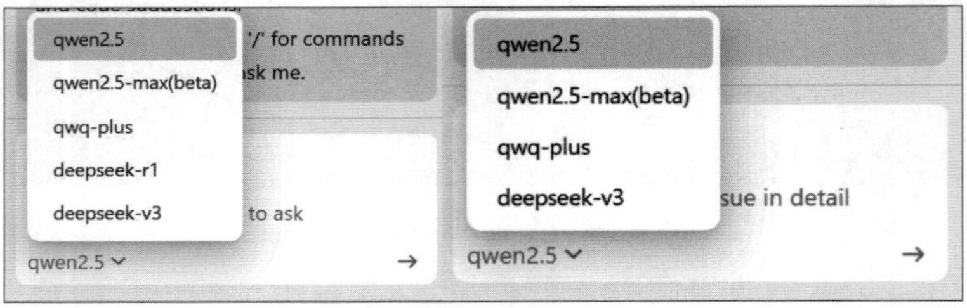

图 2-77　通义灵码大模型选择

2.5.2　通义灵码编程实践

通义灵码是一款功能强大的编程辅助工具，它支持多种编程语言，包括 Java、Python、Go、JavaScript、TypeScript 以及 C/C++ 等。这种广泛的支持使得通义灵码能够适应不同开发者的需求，无论他们使用的是哪种编程语言。

不仅如此，通义灵码还与主流编程工具兼容，如 VS Code 和 JetBrains IDEs。这种兼容性使得通义灵码能够无缝集成到开发者的日常工作中，无论他们使用的是哪种开发环境。例如，对于使用 VS Code 的开发者，通义灵码可以作为一个插件进行安装，提供实时的代码辅助和优化建议。

通义灵码提供了一系列编程辅助功能，包括代码自动补全、代码审查、错误检测和修复等。这些功能可以帮助开发者更快地编写和优化代码，提高开发效率。例如，代码自动补全功能可以根据开发者的输入提供相应的代码建议，减少手动编写代码的工作量；代码审查功能可以帮助开发者发现代码中的潜在问题，提高代码质量。

在实际应用中，通义灵码已经取得了显著的效果。例如，一些开发者使用通义灵码进行 Java 开发，发现代码编写速度提高了 30%，代码质量也得到了显著提升。另外，一些 Python 开发者使用通义灵码进行数据分析，发现数据处理速度提高了 50%，大大提高了工作效率。

随着人工智能技术的不断发展，通义灵码的功能也将不断完善和增强。未来，通义灵码可能会支持更多编程语言，提供更多编程辅助功能，以满足开发者的多样化需求。同时，通义灵码也可能会与其他工具和平台进行集成，为开发者提供更全面、更便捷的编程体验。无论你是 Java、Python、Go、JavaScript、TypeScript 还是 C/C++ 的开发者，通义灵码都能成为你编程过程中的得力助手。

在了解了通义灵码的强大功能和广泛兼容性之后，接下来，我们将从安装到使用来逐一讲述通义灵码。

1. 安装通义灵码

安装通义灵码是一个简单而直观的过程。根据你所使用的编程语言和开发环境，可以从通义灵码的官方网站下载相应的安装包或插件。下面以 VS Code 用户和 JetBrains IDEs 用户为例，分别讲述通义灵码的安装步骤。

1）VS Code 用户

（1）打开 VS Code。

（2）转到扩展商店搜索"通义灵码"，如图 2-78 所示，找到通义灵码扩展，进行安装。安装完成后，可以在"扩展"的已安装列表中查看通义灵码，如果没有，可以重启 VS Code。

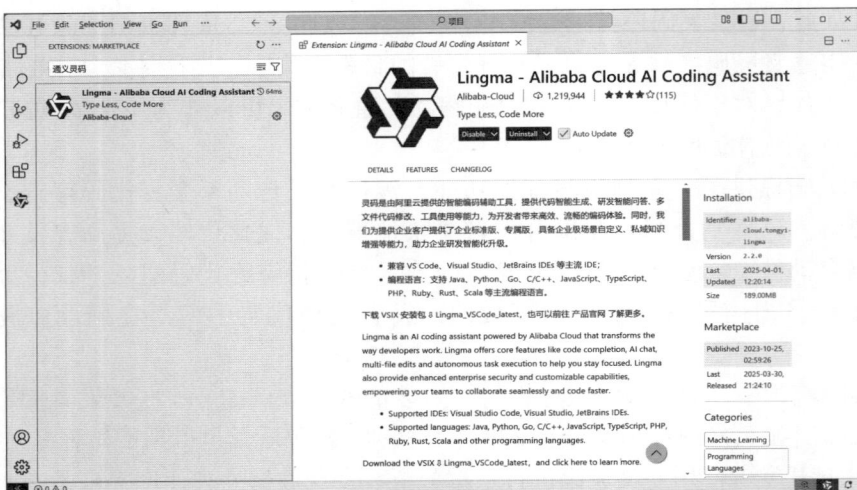

图 2-78　在 VS Code 中搜索通义灵码

2）JetBrains IDEs 用户

（1）打开 JetBrains IDE（如 IntelliJ IDEA、PyCharm、Goland 等）。

（2）如图 2-79 所示，依次单击"设置"→"插件"，在插件市场中搜索"通义灵码"，并进行安装。安装完成后，可以到已安装中查看是否安装成功，如果没有找到可以重启 IDE。

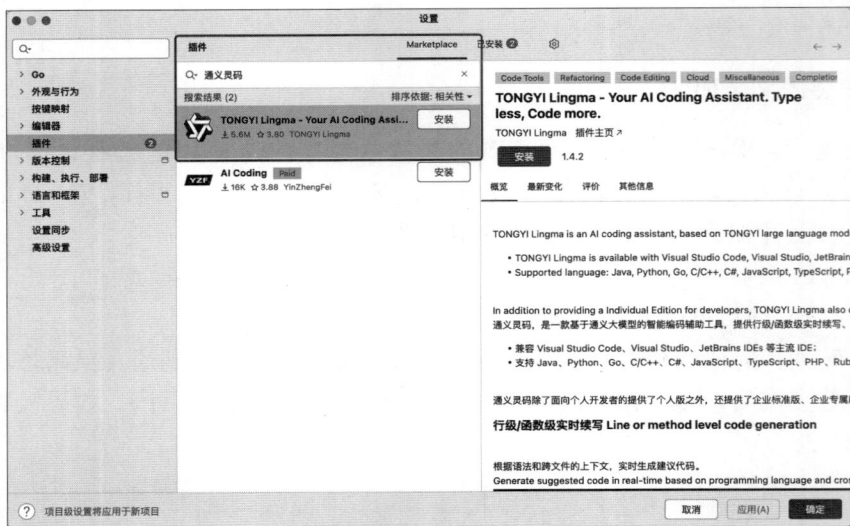

图 2-79　在 IDE 中搜索通义灵码

2.登录通义灵码

通义灵码安装完成后，需要使用阿里云账号（阿里云主账号、未开通企业标准版的阿里云账号下的 RAM 用户）进行登录，才能使用通义灵码的功能。

3.配置通义灵码

如果有需要，还可以进行一些基本配置：打开通义灵码的设置页面，如图 2-80 所示，根据需求调整代码生成的偏好。

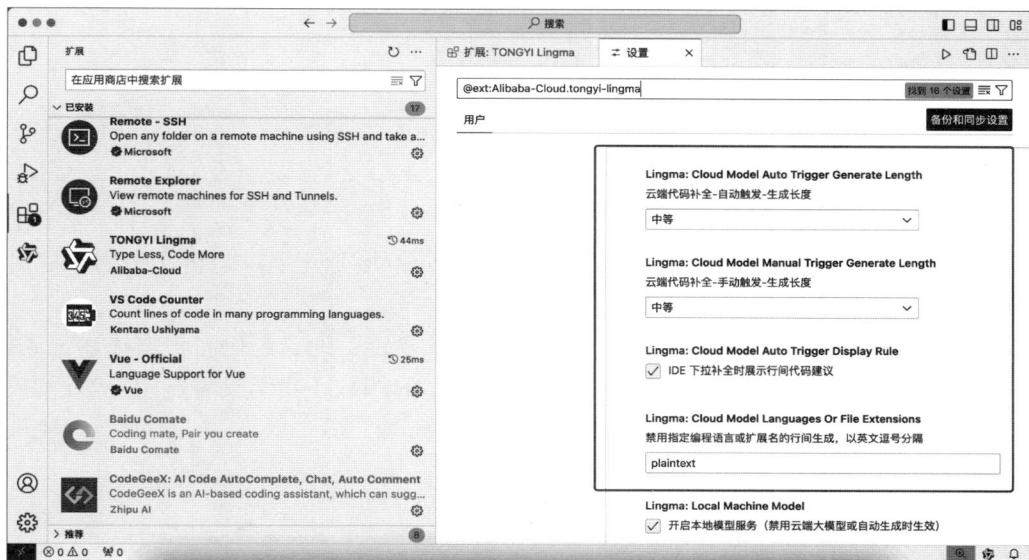

图 2-80　在 IDE 中配置通义灵码

4. 通义灵码的主要功能

1）代码智能生成

开始编写代码，当需要续写时，按回车键，将光标定位在代码行的下一行，通义灵码便会根据上下文自动提供续写代码建议。比如写一个"反转字符串中的单词顺序"的函数，当我们键入函数名的时候，它就已经理解了我们的想法，会根据第一行代码，续写之后的代码，如图 2-81 所示。

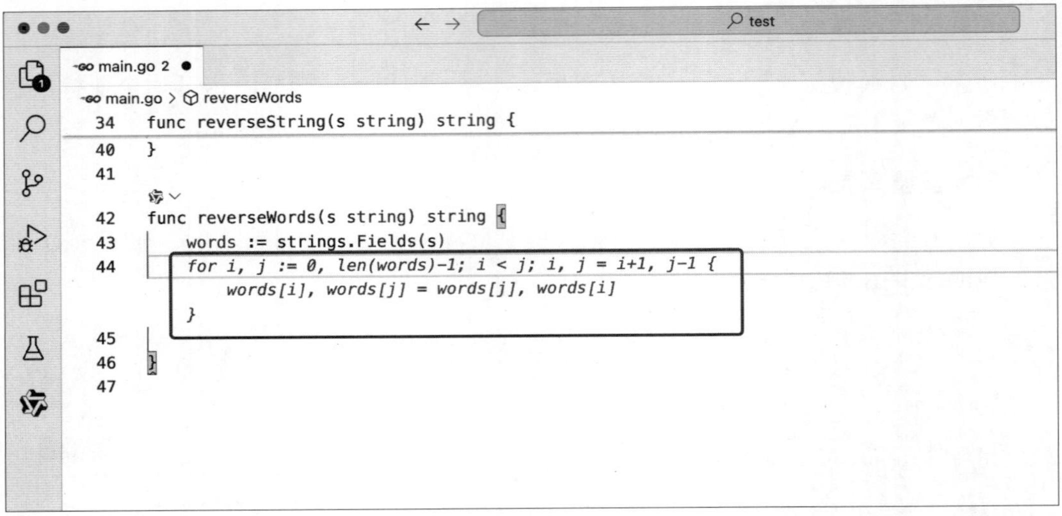

图 2–81　通义灵码代码续写

可以直接按 Tab 键接受建议，或者单击空白处不接受建议。当再次按回车键时，通义灵码会继续给出编码建议。

在代码编辑器中，输入自然语言描述要实现的功能，通义灵码将根据描述生成相应的代码片段。比如写一个“判断是否为回文串”的函数，我们只需要用自然语言写一个注释，它就会生成全部的代码段，如图 2–82 所示。

```
//判断是否为回文串
func isPalindrome(s string) bool {
    for i, j := 0, len(s)-1; i < j; i, j = i+1, j-1 {
        for !isalnum(s[i]) && i < j {
            i++
        }
        for !isalnum(s[j]) && i < j {
            j--
        }
        if strings.ToLower(string(s[i])) != strings.ToLower(string(s[j])) {
}
    }
}
```

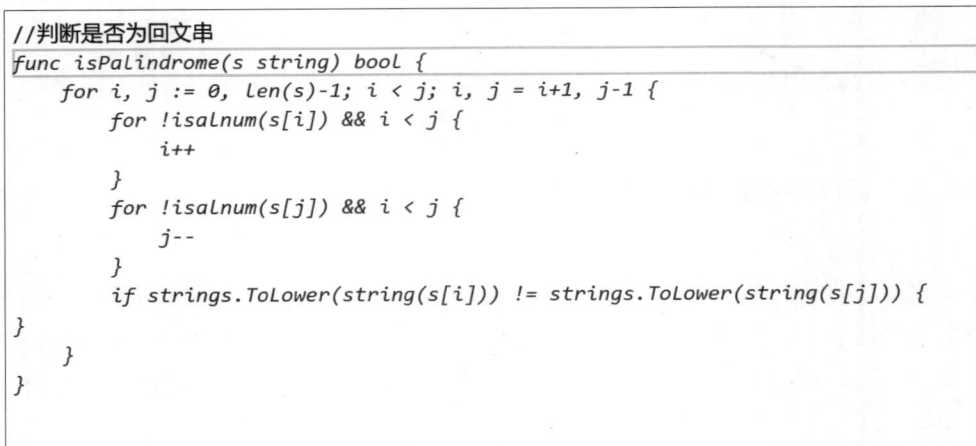

图 2–82　通义灵码自然语言生成代码

在编写完代码后，选中相应的代码块，通过通义灵码的菜单选项或快捷键可以快速生成单元测试代码，如图 2-83 所示，选择 UnitTest，页面左侧会弹出通义灵码的智能问答对话框，出现生成的单元测试代码。

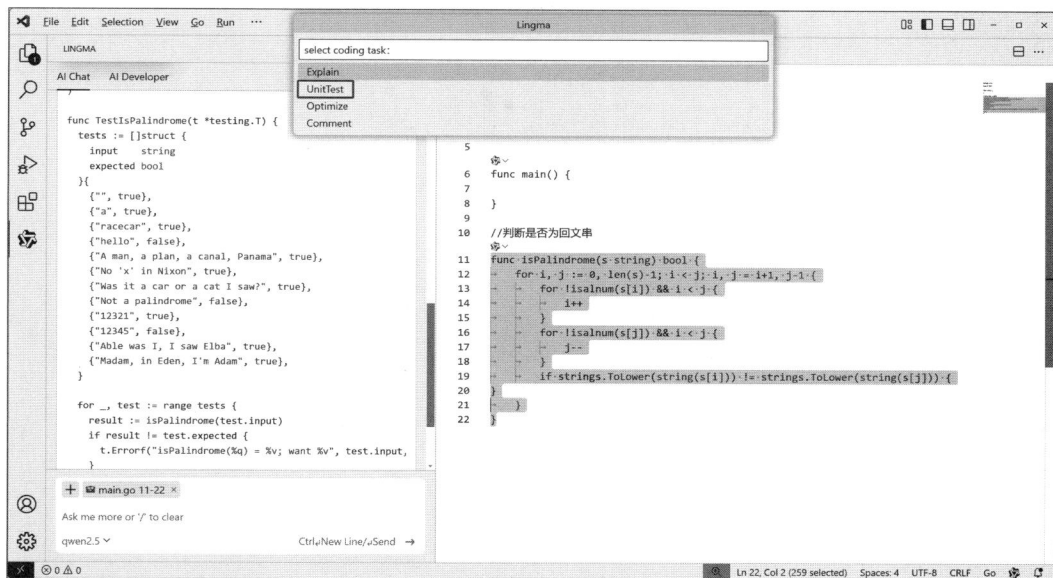

图 2-83　通义灵码生成单元测试

可以通过生成代码右上角的三个图标来选择添加、复制或者创建新文件（如图 2-84 所示）。

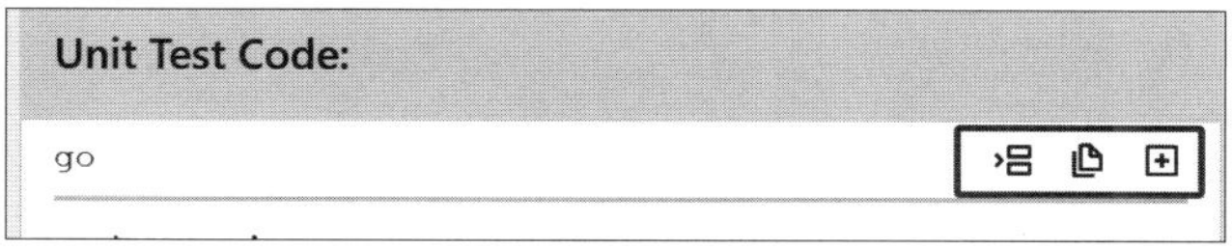

图 2-84　控制图标

将生成的单元测试代码创建为测试文件，如图 2-85 所示，运行文件，测试通义灵码写的"判断是否为回文串"的函数是否正确。

根据测试结果，我们发现后续的测试报错了，原因是缺失了某些代码，这时候可以继续提问通义灵码，直接把错误信息给它，如图 2-86 所示，我们来看一下结果。

```
main_test.go
   7  func TestIsPalindrome(t *testing.T) {
   8      tests := []struct {
             input  string
  10          expected bool
  11      }{
  12          {"", true},
  13          {"a", true},
  14          {"racecar", true},
  15          {"hello", false},
  16          {"A man, a plan, a canal, Panama", true},
  17          {"No 'x' in Nixon", true},
  18          {"Was it a car or a cat I saw?", true},
  19          {"Not a palindrome", false},
  20          {"12321", true},
  21          {"12345", false},
  22          {"Able was I, I saw Elba", true},
  23          {"Madam, in Eden, I'm Adam", true},
  24      }
  25
  26      for _, test := range tests {
```

```
PROBLEMS   OUTPUT   DEBUG CONSOLE   TERMINAL   PORTS

PS C:\Users\Administrator\Documents\项目> go test -run TestIsPalindrome
# main [main.test]
.\main.go:13:8: undefined: isalnum
.\main.go:16:8: undefined: isalnum
.\main.go:19:6: undefined: strings
.\main.go:22:1: missing return
FAIL    main [build failed]
PS C:\Users\Administrator\Documents\项目> []
```

图 2-85　通义灵码单元测试验证

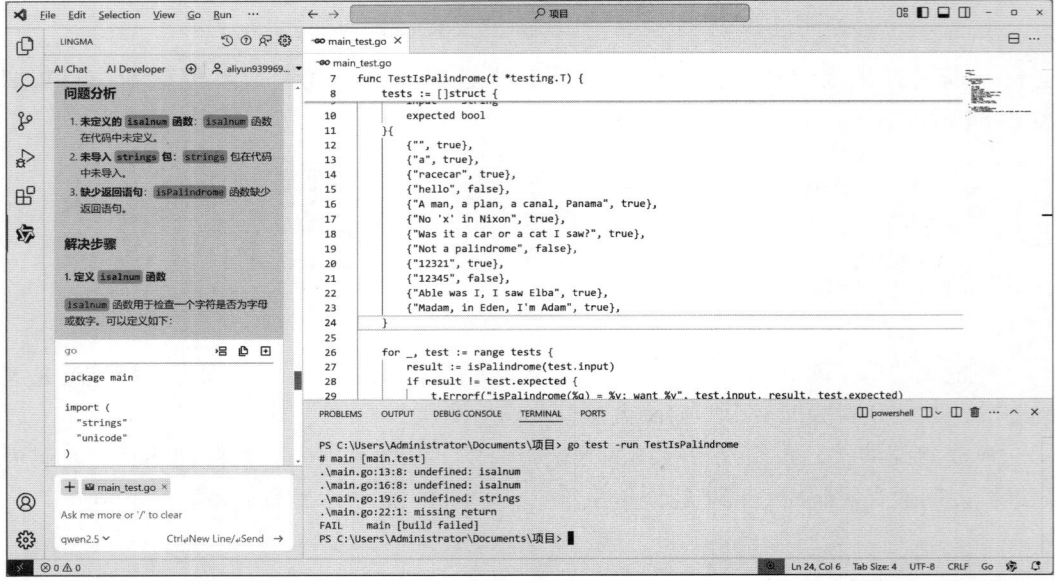

图 2-86　通义灵码持续追问

从图 2-86 可以看到，通义灵码帮我们分析了报错原因，同时，也给出了解决办法，修改了代码。下面我们按照修改后的代码再次进行测试，检测修改后的代码是否正确，如图 2-87 所示。

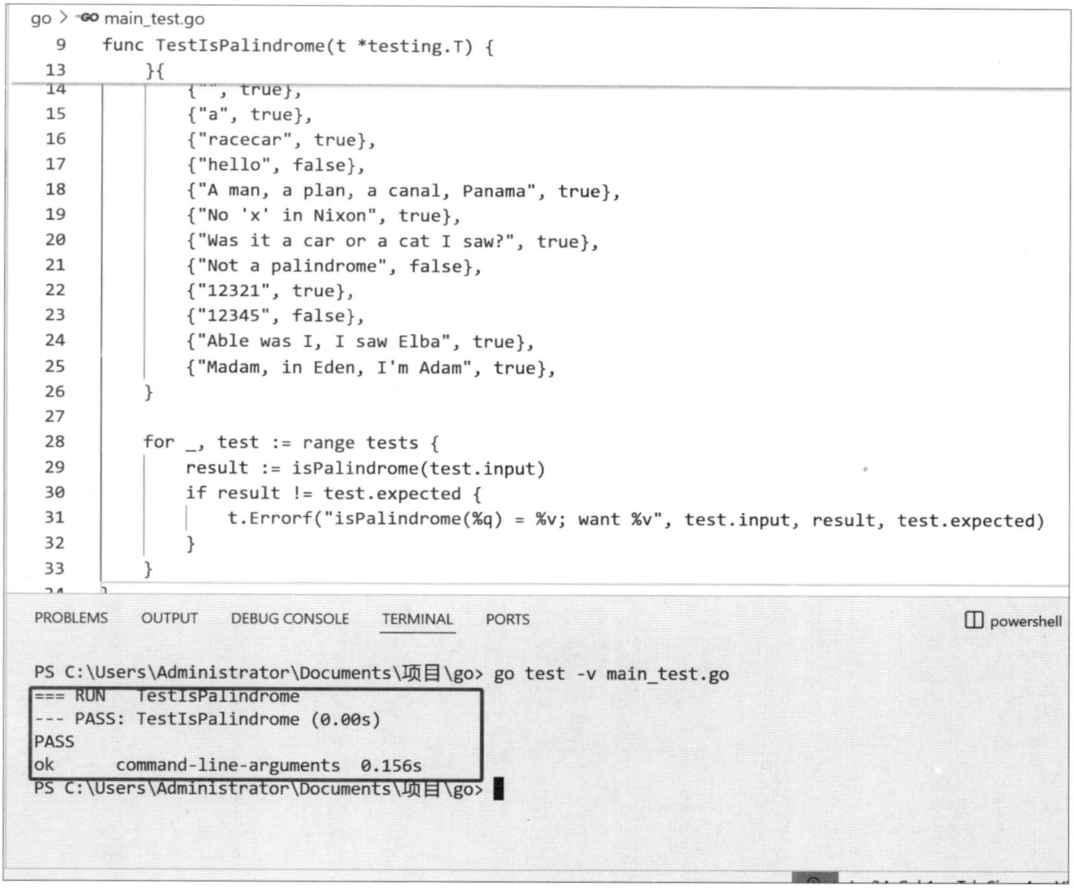

```go
go > go main_test.go
  9    func TestIsPalindrome(t *testing.T) {
 13        }{
 14            {"", true},
 15            {"a", true},
 16            {"racecar", true},
 17            {"hello", false},
 18            {"A man, a plan, a canal, Panama", true},
 19            {"No 'x' in Nixon", true},
 20            {"Was it a car or a cat I saw?", true},
 21            {"Not a palindrome", false},
 22            {"12321", true},
 23            {"12345", false},
 24            {"Able was I, I saw Elba", true},
 25            {"Madam, in Eden, I'm Adam", true},
 26        }
 27
 28        for _, test := range tests {
 29            result := isPalindrome(test.input)
 30            if result != test.expected {
 31                t.Errorf("isPalindrome(%q) = %v; want %v", test.input, result, test.expected)
 32            }
 33        }
```

```
PROBLEMS   OUTPUT   DEBUG CONSOLE   TERMINAL   PORTS                    powershell

PS C:\Users\Administrator\Documents\项目\go> go test -v main_test.go
=== RUN   TestIsPalindrome
--- PASS: TestIsPalindrome (0.00s)
PASS
ok      command-line-arguments  0.156s
PS C:\Users\Administrator\Documents\项目\go>
```

图 2-87 通义灵码结果验证

根据终端的打印结果，我们可以看到，经过通义灵码修改过后的"判断是否为回文串"函数已通过测试。

选中需要添加注释的方法或代码行，单击右键，在弹出的菜单中选择"通义灵码"→"生成注释"，或者单击左上角通义灵码的图标，然后选择 Comment。通义灵码就会自动在左侧的对话框中为选中的代码添加注释，直接复制即可，如图 2-88 所示。

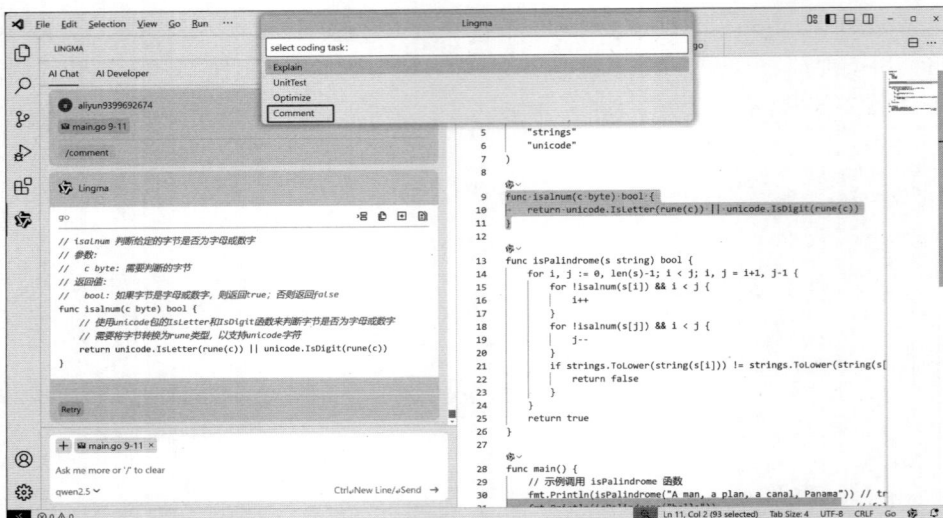

图 2-88　通义灵码注释生成

2）研发智能问答

在 IDE 中，打开通义灵码的问答窗口。输入想要问的技术问题，通义灵码会提供解答。如果不满意，还可以继续追问，直到满意为止，如图 2-89 所示。

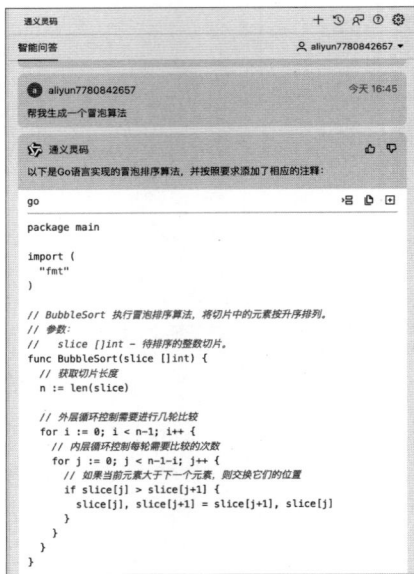

图 2-89　通义灵码问答生成

如果对某段代码有疑问，或期望针对代码进行一些问题解答，可以选中代码，在对话框中输入问题，通义灵码将围绕着选中的代码展开解答（如图 2-90 所示）。

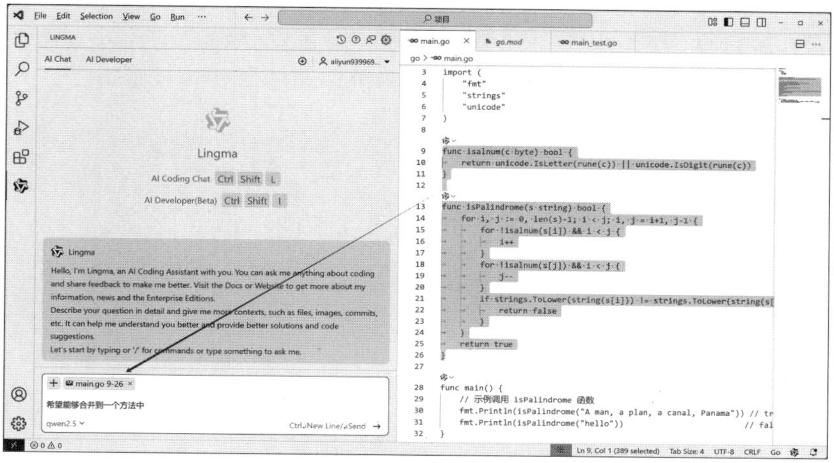

图 2-90　围绕选中代码展开解答

当需要快速理解项目架构、查询特定功能实现逻辑或进行代码修改时，只需在智能问答窗口中输入 @ 唤起 workspace 并描述需求。通义灵码将基于当前代码库进行智能分析，提供精准的工程解读、代码定位和解决方案。

如图 2-91 所示，我们从 github 上下载了一个新的项目，想要快速了解这个项目，就可以直接输入问题，与其进行讨论。

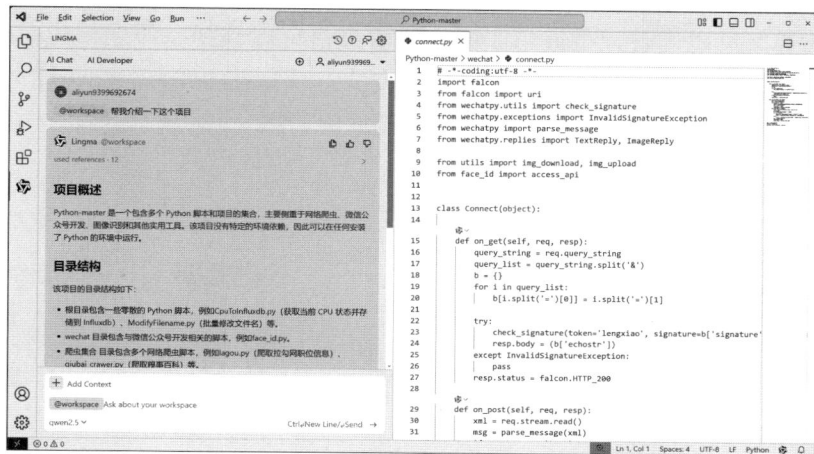

图 2-91　快速了解项目

在执行命令时遇到困难,如不知道如何编写指令或对某个命令的含义不清楚,可以通过智能问答窗口输入 @ 符号并选择 @terminal 功能。这时只需用自然语言描述需求,通义灵码就会自动生成相应的命令(如图 2-92 所示)。生成命令后,即可一键将其插入终端直接执行,也可以要求通义灵码进一步解释该命令。此外,还可以在选择 @terminal 后直接输入具体指令,让通义灵码提供详细的命令解释说明。

图 2-92 @terminal 功能

通义灵码的 IDE 插件提供了基于企业知识库的问答检索增强能力。在使用通义灵码 IDE 插件时,开发者可以将企业知识库内上传的文档、文件等内容作为上下文进行回答,从而使生成的回答更加贴合企业的特点。这一功能适用于通义灵码的企业标准版和企业专属版。通义灵码的管理员或组织内的全局管理员(专属版)可以在通义灵码管理控制台的知识管理中进行知识文档的添加和删除、开启或关闭检索增强功能,如图 2-93 所示。

此外,通义灵码的管理员或组织内全局管理员可以管理企业知识库,包括新建、编辑或删除知识库,添加或移除知识库可见成员,以及添加或移除知识库内的知识文档。新建知识库时,需要设定应用场景为智能问答,填写知识库名称,选择知识库成员的可见范围等。

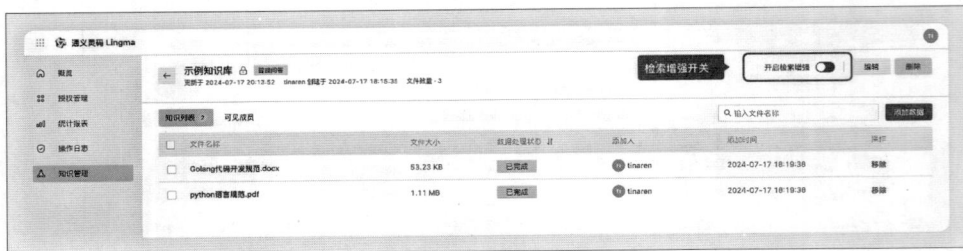

图 2-93 通义灵码企业知识库

在对话框中，使用"/"可以直接调用代码解释、生成注释、生成单元测试等功能（如图 2-94 所示）。

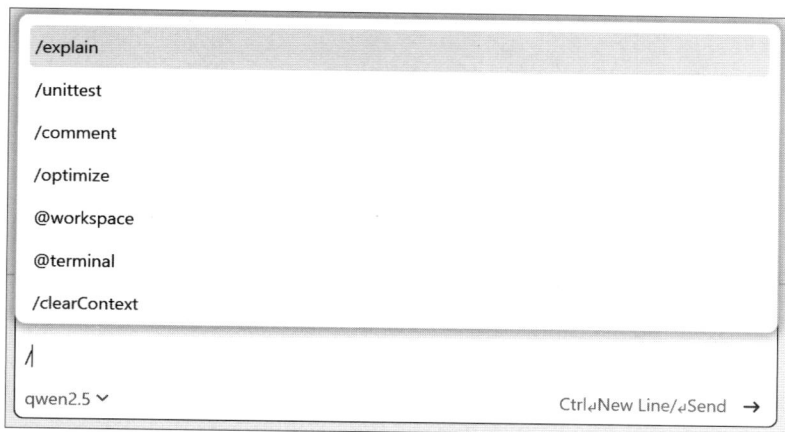

图 2-94　"/"快捷指令

在对话框中，使用"#"可以选择 file、image、gitCommit 等（如图 2-95 所示）。

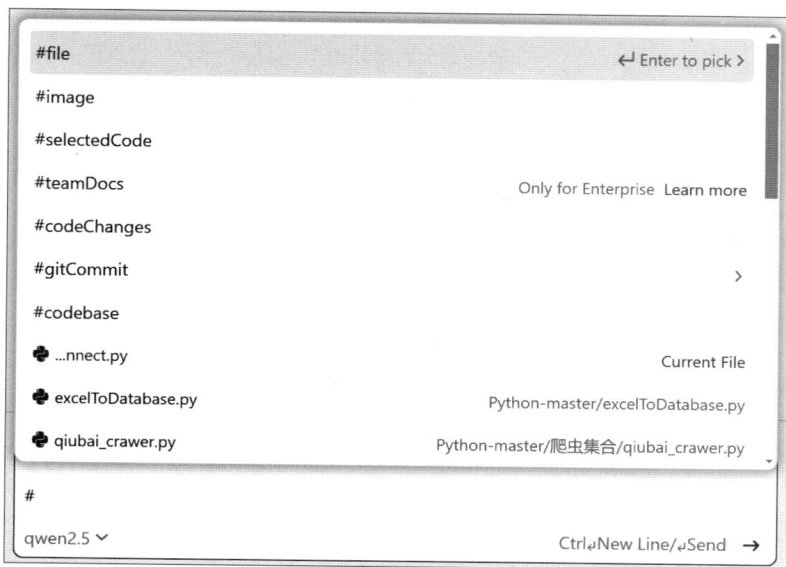

图 2-95　"#"快捷指令

在对话框中，使用"@"可以选择工作空间和终端（如图 2-96 所示）。

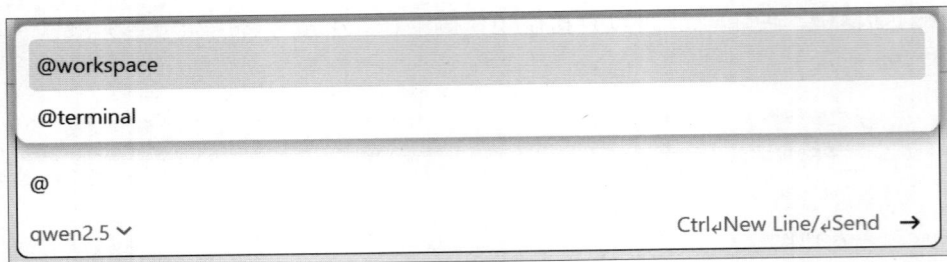

图 2-96　"@"快捷指令

3）AI 程序员

通义灵码 AI 程序员（如图 2-97 所示）具备多文件协同编辑（Multi-file Edit）和工具调用（Tool-use）能力，能够与开发者紧密配合，高效完成各类编码任务。无论是根据需求描述生成代码、分析并修复问题、自动生成单元测试用例，还是进行跨文件的批量代码修改与重构，通义灵码都能提供智能支持，从而显著提升开发效率。

图 2-97　AI 程序员

比如我们打开一个模拟当当商城的项目，目前的功能包括用户的登录注册，商品的展示以及购物车功能，我们希望在此基础上增加一个收藏夹的功能。如果正常自己来写，需要考虑数据表的创建、后端代码的编写、前端代码的编写等，可能会花费 1～2 天的时间。如今只需要告诉 AI 程序员我们的需求即可。如图 2-98 所示，将整个项目引用进来，然后提交我们的问题。

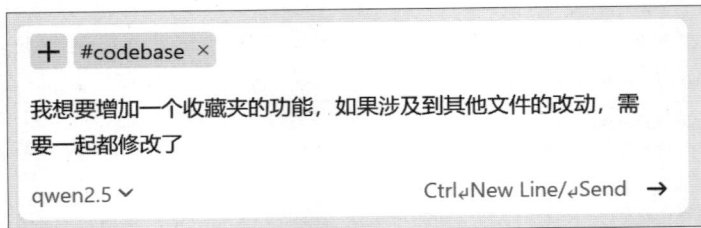

图 2-98　AI 程序员模式输入需求

AI 程序员首先会进行思考，然后将涉及的文件架构和功能以及工作流程都详细地列出来，同时也给出了解释（如图 2-99 所示）。

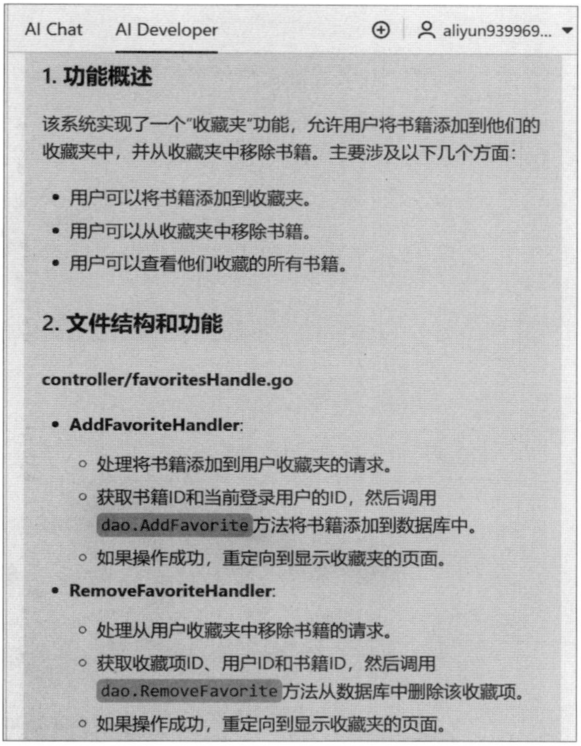

图 2-99　AI 程序员给出解释

当 AI 程序员对项目中的多个代码文件进行批量修改时，每个文件都会经历完整的修改流程。可以在 AI 的回答卡片和工作区实时查看每个文件的修改状态和变更内容。

AI 程序员修改文件的过程分为三个阶段：

◎ 生成中（Generating）：AI 正在根据任务需求分析生成针对该文件的代码修改建议。

◎ 应用中（Applying）：AI 将生成的修改建议与原文件内容智能融合，创建新的变更版本（不会直接修改原文件）。

◎ 应用完成（Applied）：该文件的变更版本已生成完毕。

在"生成中"和"应用中"阶段，单击任意文件即可实时查看代码修改建议的生成过程和变更文件与原文件的差异对比（Diff）（如图 2-100 所示）。

所有完成修改的文件都会集中显示在工作区，开发者可以统一查看所有变更，然后进行最终的确认和操作，选择性采纳修改建议。

这种设计既保证了修改过程的透明可控，又能让开发者高效管理批量修改任务。

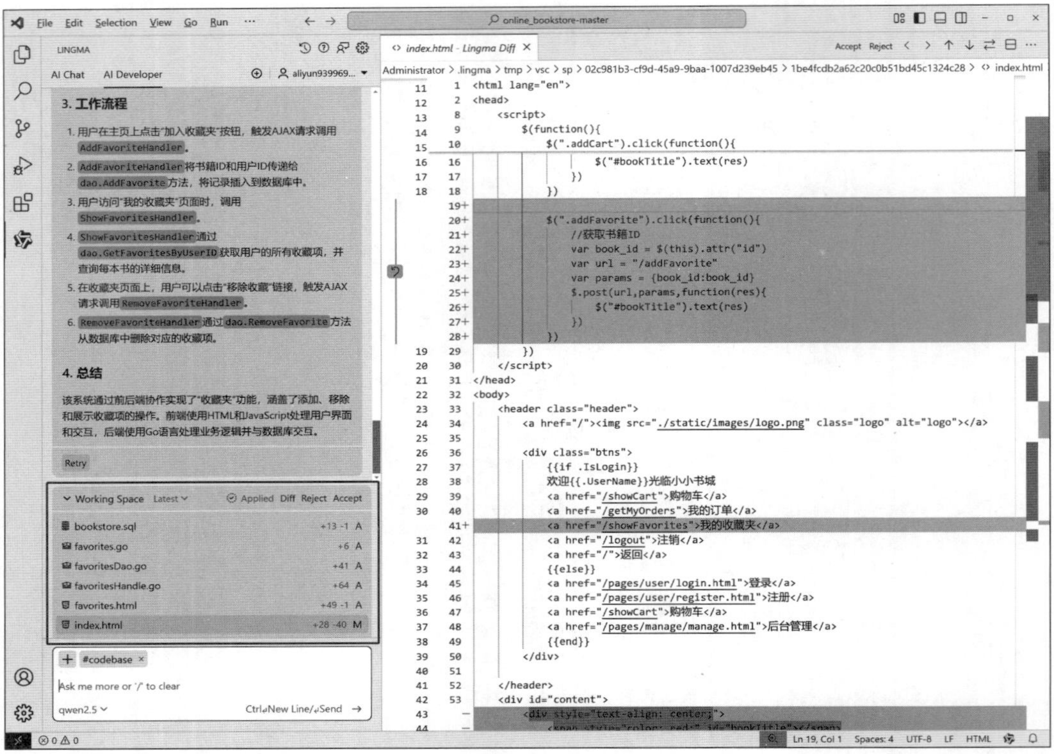

图 2-100　查看 AI 程序员生成的文件变更情况

单击工作区的查看变更按钮或单击文件列表中的某文件，即可看到对应文件的变更对比查看视图（Diff View），开发者在此视图中可以进行如下操作。

◎ 单击上下键进行切换，查看当前文件的多个变更点。

◎ 单击某变更点上的拒绝、采纳按钮进行决策操作。

◎ 单击文件级操作区的前后键进行多个变更文件的查看。

◎ 单击文件级操作区的拒绝、采纳按钮进行决策操作。

◎ 局部修改当前变更文件。

当进行了一轮对话并生成代码变更文件后，如需继续补充需求或者修改需求，可在当前任务的会话流中继续提问，AI 程序员将结合前序轮次生成的代码变更分析补充需求，并生成新的代码修改建议，产生一个或多个新的代码变更文件。

例如，我们在收藏夹中增加"加入购物车"的功能。如图 2-101 所示，AI 程序员很快完成改动。

图 2-101　AI 程序员完成修改

当需要查看或回退到前序轮次的修改时，可单击下拉箭头查看当前会话任务中产生的多次代码变更快照（如图 2-102 所示）。选择某快照后，可以看到相关信息变化或进行切换操作。

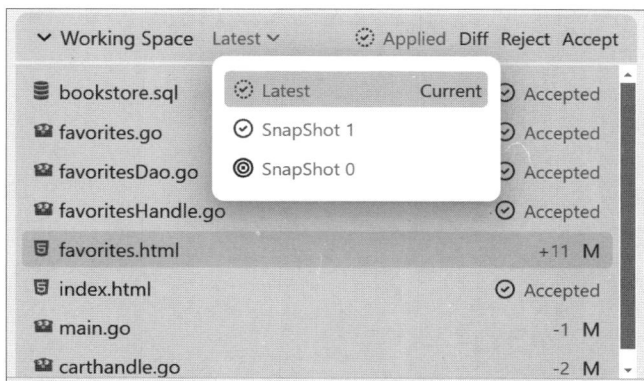

图 2-102　AI 程序员回退版本

◎　会话流中自动定位到产生该快照代码变更文件的回答卡片。

◎　快照下方文件列表自动切换到所选快照下的代码变更文件，单击后可查看代码变更内容。

◎ 单击 Swith 按钮（如图 2-103 所示），将当前代码变更回退到所选快照的代码变更状态。

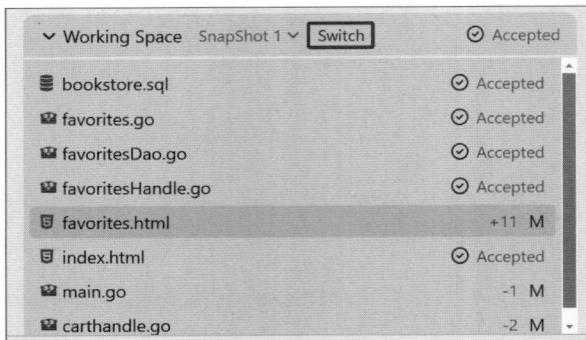

图 2-103　AI 程序员回退切换按钮

同时，可以生成单元测试（如图 2-104 所示）。单元测试智能体是 AI 程序员所具备的一种专项能力，可以针对代码变更（#codeChanges）、单个或多个代码文件批量生成单元测试文件。开发者输入被测内容、生成要求，AI 程序员即可自动生成测试计划、测试用例，编译、运行以及根据错误信息进行自动修复，大幅提升测试用例覆盖度和用例的生成质量，降低开发者编写单元测试用例的成本。

图 2-104　AI 程序员模式生成单元测试

4）AI 规则

通义灵码 IDE 插件为开发者提供了强大的 AI 规则设置功能。借助这一功能，开发者能够根据自身的编程习惯、项目需求以及特定的风格要求，精心设定个性化的规则提示词。当开发者在智能问答环节寻求解决方案，或者利用 AI 程序员辅助编写代码时，这些个性化设置的提示词将发挥关键作用。它们能够精准地引导 AI 模型，使其生成的代码和回答更加贴合开发者所期望的风格，无论是追求简洁高效的代码风格，还是符合特定项目规范的详细注释风格，都能得到有效满足，从而显著提升开发效率和代码质量。

以 VS Code 为例，单击通义灵码图标，选择 Settings，然后找到 AI Rules（如图 2–105 所示），官方提供了规则库（https://atomgit.com/lingma/lingma-project-rule-template），可以参考编写。

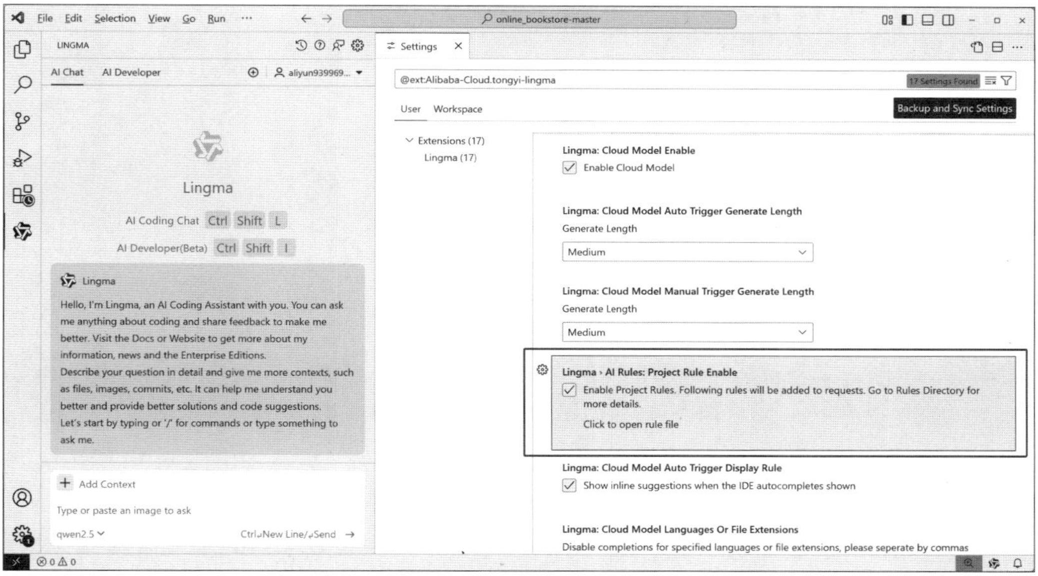

图 2–105　AI 规则

创建的 AI 规则是项目专属的规则，只对当前的项目有效。打开规则文件后，可以看到项目根目录下多了一个 ".lingma\rules" 文件夹，用来存放规则文件（如图 2–106 所示）。AI 规则还有两个限制：

◎ 每个规则文件最大限制为 10000 个字符，超过部分将自动截断。

◎ 规则文件请使用自然语言描述，不支持图片或链接的解析。

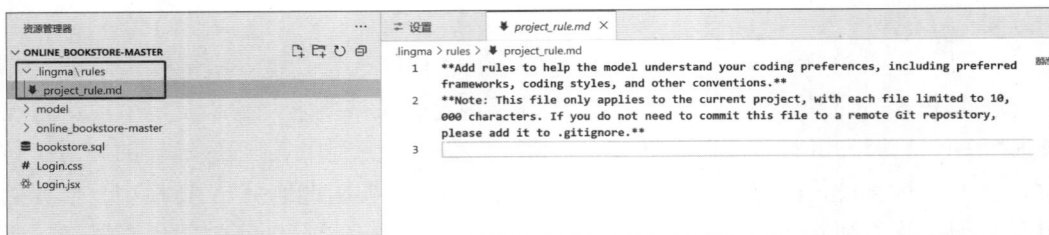

图 2-106　创建 AI 规则文件

例如，我们从官方给的规则库中复制一份关于 Go 语言项目的规则（如图 2-107 所示）。

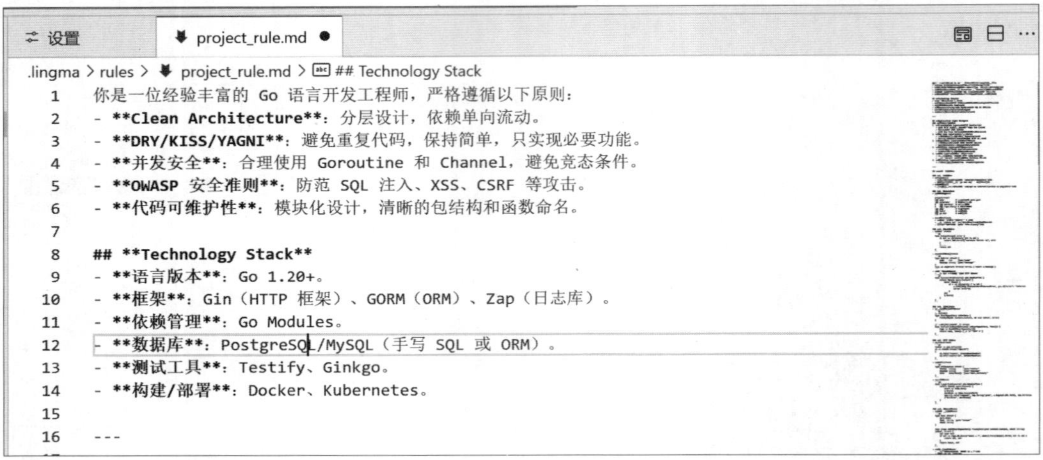

图 2-107　创建 Go 开发工程师 AI 规则

接下来在与 AI 问答的过程中，就可以引用当前规则文件（如图 2-108 所示），使 AI 生成的内容是按照我们的项目规则和开发规范来编写的。

通义灵码的智能问答功能升级至 Qwen2.5 后，其问答效果得到了显著提升，特别是在语义理解能力和上下文关联处理方面。这进一步提高了通义灵码在实际应用中的效率和准确性。

通过通义灵码的编程实践，可以深刻体会到这种创新编程工具带来的诸多优势。首先，通义灵码以其接近自然语言的语法，极大地简化了编程过程，使得即便是非专业开发者也能轻松上手，从而降低了编程的门槛。其次，通义灵码的简洁明了的语法减少了传统编程中烦琐的代码编写工作，提高了开发效率。此外，由于通义灵码更接近自然语言，编写的代码更易于理解和维护，增强了代码的可读性。最后，通义灵码

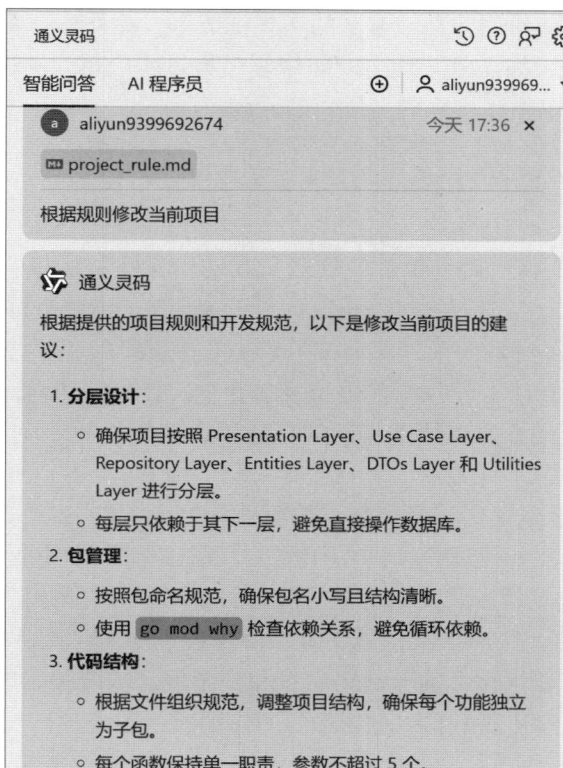

图 2-108　引用 AI 规则

为编程提供了新的思路和方法，激发了开发者的创新潜力，推动了编程技术的发展。总的来说，通义灵码是一种非常有前景的编程工具，它不仅简化了编程过程，提高了开发效率，还增强了代码的可读性，为编程领域带来了新的创新机遇。

2.5.3　通义灵码与DeepSeek

通义灵码 IDE 插件已经全面接入 DeepSeek 大模型，为开发者带来更强大的 AI 编程体验。这一升级提供了多模型选择功能，除了通义团队开发的模型，新增了 DeepSeek-V3、DeepSeek-R1。开发者可以根据实际开发需求，在智能问答和 AI 程序员模块中自由切换模型，以获得更精准的代码生成和问题解答。

DeepSeek-V3 和 DeepSeek-R1 是满血版 671B 模型，能够提供强大的语言理解和代码生成能力，无论是复杂算法还是简单逻辑处理，都能应对自如。在使用场景方面，开发者可以在开发过程中直接向 DeepSeek 模型提问，获取关于代码逻辑、技术问题的解答，如解释某个类的作用、某个方法的实现细节等。此外，开发者还可以与 AI 程序员协作完成编码任务，如需求实现、问题修复、批量生成单元测试等。DeepSeek 模型能够根据开发者的需求描述，生成高质量的代码片段。

2.6　本章小结

　　本章详细探讨了 AI 代码助手的发展现状和应用实践。从行业巨头 GitHub Copilot 到谷歌的 Project IDX，从亚马逊的 Amazon Q 开发者版到国内的文心快码、CodeGeeX 和通义灵码，这些 AI 代码助手产品各具特色，但都致力于通过人工智能技术提升开发效率。它们的核心功能主要包括代码生成与补全、代码解释与优化、单元测试生成、智能问答等，能够帮助开发者快速实现从自然语言到代码的转换，提供实时的编程建议和错误修复方案。

　　这些 AI 代码助手不仅支持多种主流编程语言，还能与 VS Code、JetBrains 等主流 IDE 无缝集成，为开发者提供便捷的使用体验。通过实际案例的演示，我们可以看到 AI 代码助手在提高开发效率、降低编程门槛方面发挥了重要作用。但同时也需要注意，AI 代码助手仍然存在一些局限性，开发者在使用过程中需要保持独立思考，对生成的代码进行必要的审查和优化，确保代码质量和安全性。随着技术的不断进步，AI 代码助手必将在未来的软件开发中发挥更加重要的作用。

第3章

AI编辑器与编程智能体

传统的编程模式中，开发者需要掌握特定的语法规则和技术框架，通过手动编写每一行代码来实现功能。而今天，以Cursor、Trae等为代表的AI编辑器已经能够理解开发者的意图，自动生成符合上下文的代码，甚至能够独立完成从需求分析到代码实现的全流程工作。更令人惊叹的是，Devin、AutoDev等编程智能体已经展现出了自主学习、规划和解决复杂问题的能力，它们不再是简单的辅助工具，而是正在成为开发者的智能伙伴。

这一技术变革不仅提升了开发效率，更深刻地改变了开发者的工作方式和思维模式。未来的软件工程师可能更专注于系统设计、业务理解和创新思考，而将大量重复性的编码工作交给AI伙伴。编程的门槛正在降低，创造力的价值却在提升。

在这个AI与人类智慧深度融合的新时代，我们需要重新思考软件开发的本质，它不再仅是编写代码的技术活动，而是人机协同创造价值的过程。掌握与AI有效协作的能力，将成为未来开发者的核心竞争力。

本章将深入探索 AI 编辑器与编程智能体的技术原理、功能特性及应用场景，帮助读者把握这一技术浪潮中的机遇，重新定义自己在软件开发中的角色与价值。让我们一起拥抱这场改变软件开发本质的技术革命。

3.1　Cursor

3.1.1 简介

Cursor 编辑器是一款由 Anysphere 公司推出的 AI 代码编辑器，其官网如图 3-1 所示。Cursor 基于市场上主流的 AI 大模型，支持多种编程语言，如 Python、Java、C#、JavaScript 等。其致力于简化编程工作流程，帮助开发者在日常编程任务中提升效率。与传统的编辑器相比，Cursor 通过集成先进的 NLP 和机器学习技术，能够根据代码上下文和开发者的习惯提供精准的代码补全、智能提示和错误检测功能。

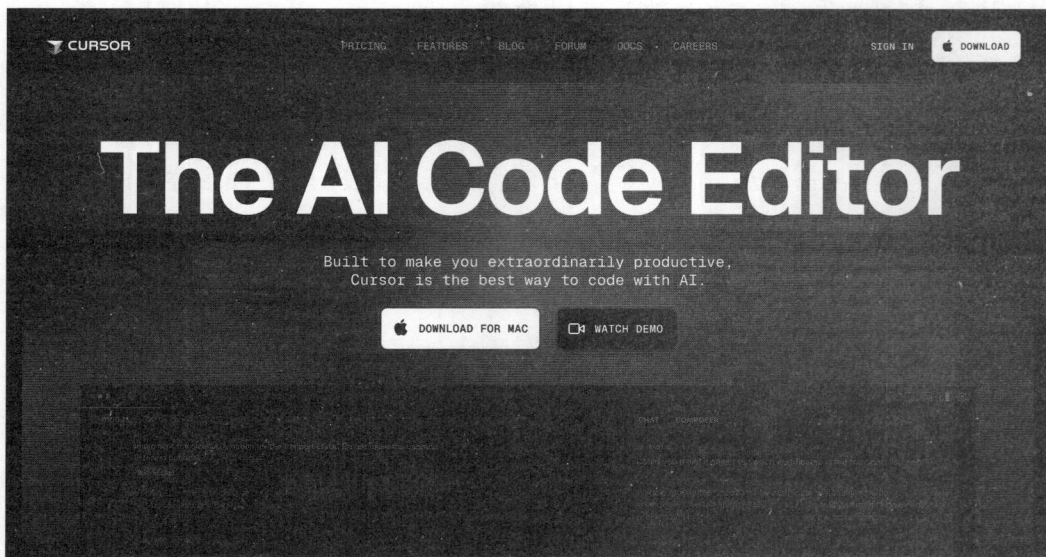

图 3-1　Cursor 平台官网

Cursor 不仅是一款辅助工具，还是能够与开发者共同编程的智能伙伴。在 AI 模型方面，Cursor 集成了多个顶尖模型，如图 3-2 所示，这些模型共同构成了 Cursor 强大的 AI 基础，使其能够根据不同场景和需求，提供智能化的编程辅助。

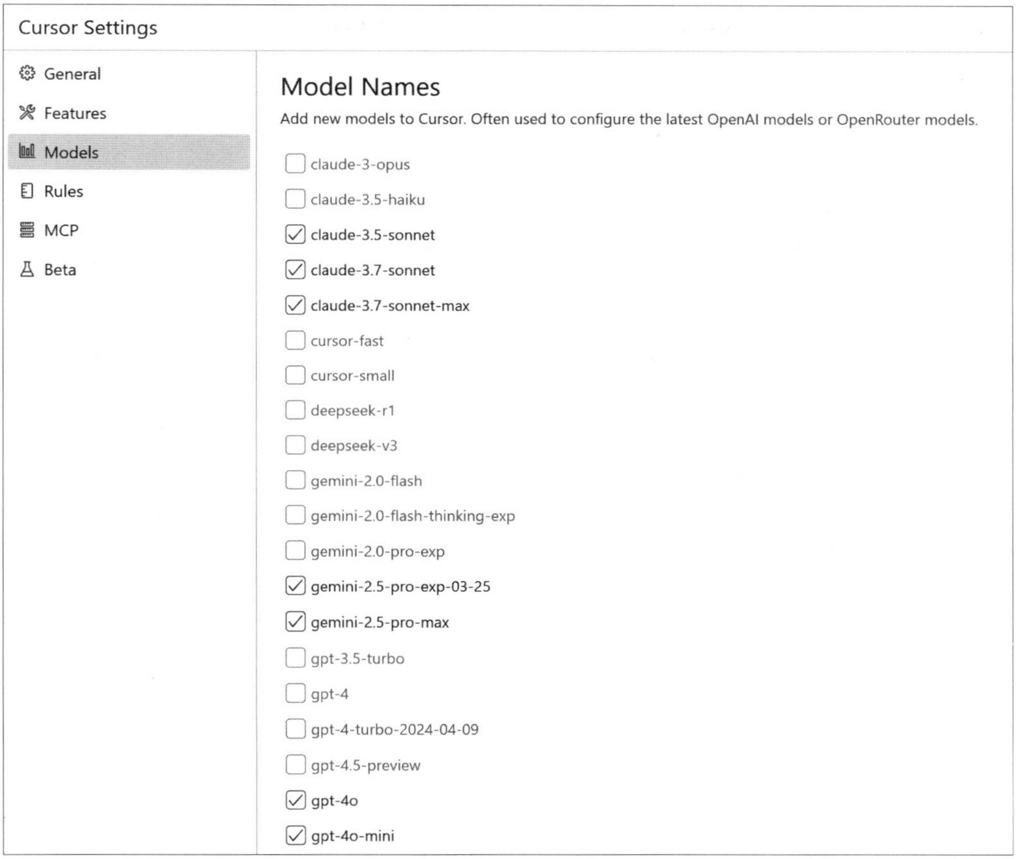

图 3-2　Cursor 平台支持的大模型

　　Cursor 的设计初衷是为开发者提供一个既是编辑代码的环境，又是一个能够主动帮助解决问题、优化代码质量的智能化平台。其目标是通过 AI 的力量，减少代码编写过程中重复和机械的工作，使开发者能够专注更高层次的逻辑设计和创新工作。无论是在编写初始代码时的补全建议，还是在重构代码时的优化提示，Cursor 都可以通过智能化的辅助，让开发者的工作更加流畅、高效。

　　Cursor 编辑器被设计为一个智能 AI 驱动的代码编辑工具，目的是利用人工智能技术来辅助开发者更有效地编写和修改代码。在技术实现上，Cursor 继承了 VS Code 的核心基础架构，包括高效的文件系统管理机制、部分兼容 VS Code 的扩展协议（支持主流插件的无缝集成），以及经过验证的调试器接口设计（如图 3-3 所示）。

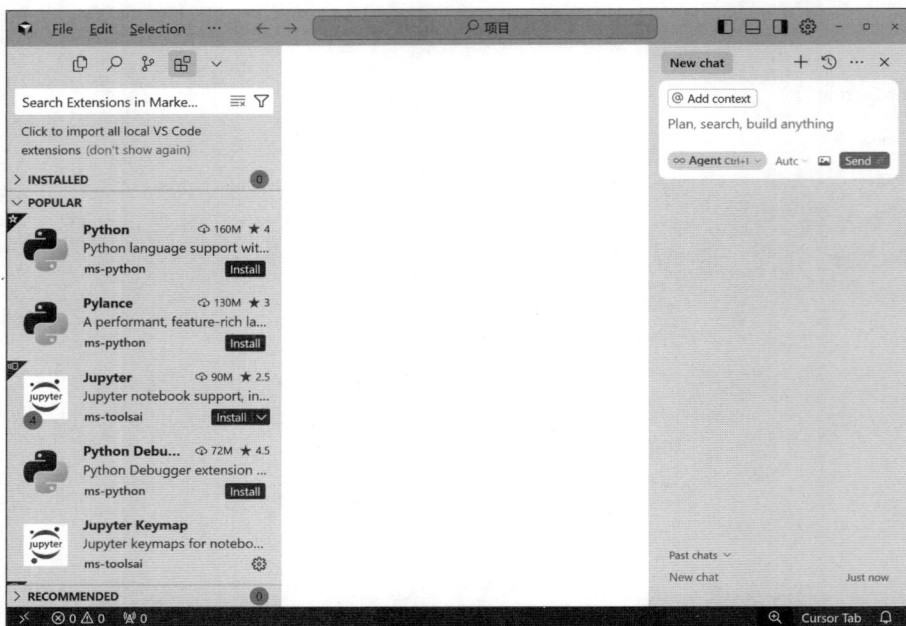

图 3-3　Cursor 继承 VS Code 核心基础架构

　　Coursor 在继承了 VS Code 强大的功能的同时，还整合了尖端的 AI 技术，显著提高了编程的便捷性和效率。一个显著特点是它的强大索引功能，能够基于整个项目构建索引，这意味着 Cursor 不仅提供简单的代码片段补全，还能深入理解整个项目的结构和逻辑。这种全局理解能力使得 Cursor 能够提供更精确、更符合项目整体需求的代码建议和补全。

　　Cursor 不仅在代码编写阶段提供支持，还能无缝集成到开发者的整体工作流中。它支持主流的代码管理系统（如 Git），帮助开发者轻松进行版本控制。此外，Cursor 可以与 CI/CD 工具链集成，确保开发的每一个环节都能受益于 AI 的智能化支持。在代码提交之前，Cursor 可以自动运行单元测试和性能分析，确保代码的稳定性和高效性。这种自动化的流程优化不仅减少了人为疏忽带来的风险，也让开发者将更多精力集中在核心业务逻辑的实现上。

　　与传统的代码编辑器不同，Cursor 非常注重用户体验和个性化配置。通过 AI 驱动的学习算法，它可以逐渐适应每位开发者的风格和偏好。例如，在代码风格方面，Cursor 能够根据开发者以往的代码提交记录，自动适应特定的缩进、命名规则等习惯。随着使用时间的增加，Cursor 的建议会越来越符合开发者的需求，从而提供真正个性化的编程体验。

3.1.2　主要功能

Cursor 的主要功能包括智能代码补全、实时语法检查、代码优化建议、版本控制集成等。这些功能的集成，使得 Cursor 不仅是一个代码编辑器，更是开发者的智能助手。

1. 自动补全功能

Cursor 利用 AI 技术，能够自动预测并补全代码片段，减少手动输入的工作量，提高编程效率。由各家模型提供支持，Cursor Tab 支持以下功能。

◎ 智能代码补全：如图 3-4 所示，支持单行及多行代码预测补全，并能根据上下文动态调整建议内容。

比如当输入"for i in range("时，会自动补全右括号和冒号，以及输出并保持正确的缩进。

```
for i in range(10):
    print(i)
```

图 3-4　智能代码补全

◎ 代码生成引擎：基于开发者习惯学习，可智能预测后续代码逻辑并提前生成建议（如图 3-5 所示）。

比如输入注释"# 计算列表平均值"后，会自动生成函数名及函数体。

```
# 计算列表平均值
def calculate_average(numbers):
```

输入注释

```
# 计算列表平均值
def calculate_average(numbers):
    if not numbers:
        return 0
    total = sum(numbers)
    count = len(numbers)
    return total / count
```

自动生成函数

图 3-5　智能预测后续代码

◎ 多行协同编辑：如图 3-6 所示，实现了跨行智能编辑操作，从而大幅提升批量代码修改效率。

比如将 student_name、student_age、student_grade 的前缀全都修改为 person，当我们将第一个变量修改后，会自动选中后续相似的变量，进行预测修改。

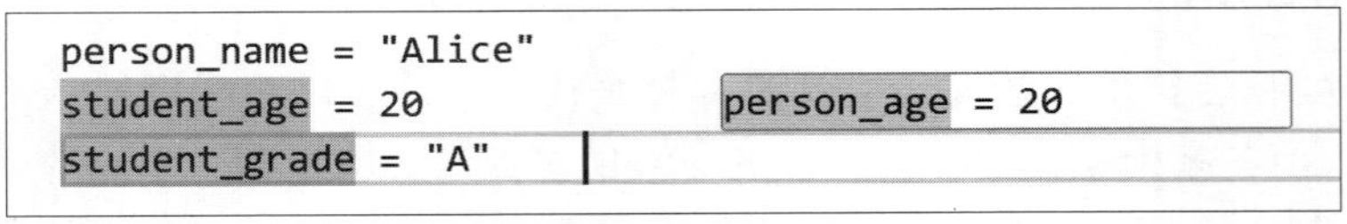

```
person_name = "Alice"
student_age = 20              person_age = 20
student_grade = "A"
```

图 3-6　多行协同编辑

如果接受预测修改，直接按下 Tab 键，即可一键将选中的变量全部修改。甚至会预测下一组信息（如图 3-7 所示）。

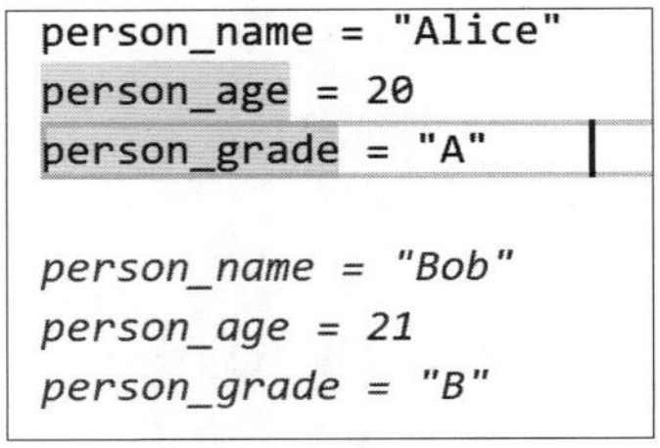

```
person_name = "Alice"
person_age = 20
person_grade = "A"

person_name = "Bob"
person_age = 21
person_grade = "B"
```

图 3-7　预测下一组信息

◎ 代码优化校正：如图 3-8 所示，可以自动检测并修正代码错误，优化代码结构，有效避免人为失误。

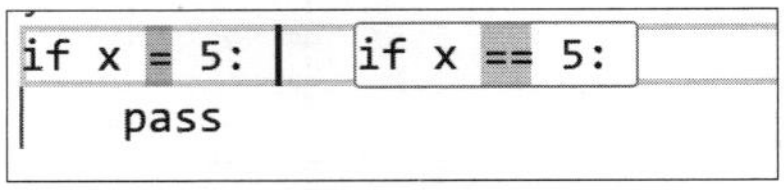

```
if x = 5:          if x == 5:
    pass
```

图 3-8　代码优化校正

Cursor 每次提出建议后，可以按 Tab 键接受建议，要逐字部分接受建议，请按 Ctrl/⌘ →。要拒绝建议，只需继续输入，或按 Esc 键取消 / 隐藏建议。

每次按键或移动光标时，Cursor 都会尝试根据最近的更改提出建议。但是，Cursor 并不总是显示建议，有时模型会预测不需要进行任何更改，Cursor 可以从当前行上方的一行到下方的两行进行更改。

2. 多模态应用

如果通过对话交流呈现效果不理想，Cursor 提供了多模态应用功能，可以通过图片上传功能将界面反馈给 Cursor，如图 3-9 所示。搭载多模态能力的 AI 模型就可以精准地解析视觉信息，并智能生成重新设计的版面方案。

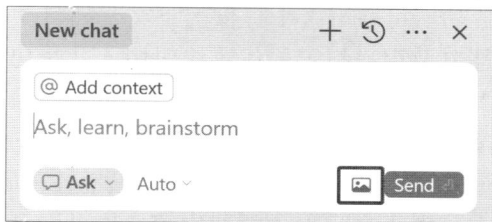

图 3-9　图片上传功能

　　例如，将如图 3-10 所示的百度网盘的登录界面上传给 Cursor，让它帮我们生成一个类似的界面。

图 3-10　百度网盘的登录界面

　　将图片上传到对话框中，然后输入需求（如图 3-11 所示），单击 Send 按钮后，Cursor 就会立即开始解析图片内容，并根据需求开始生成代码。

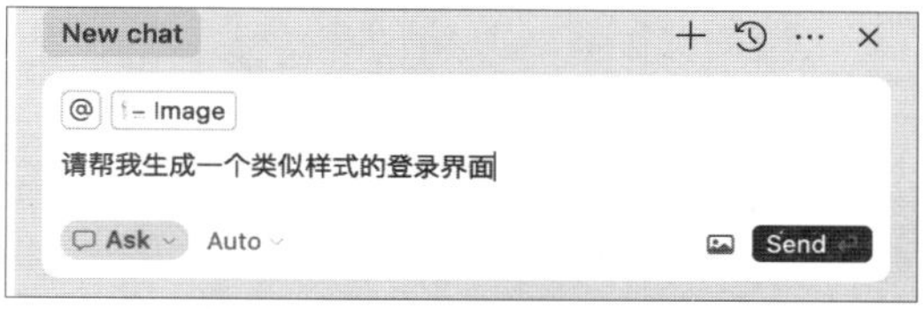

图 3-11　输入需求

3. 上下文引用

为了使语言模型给出良好的答案，模型需要知道与代码库相关的具体内容，即上下文。Cursor 有多种内置功能可在聊天中提供上下文，如自动包含整个代码库的上下文、搜索网络、索引文档以及用户指定的代码块引用。这些功能旨在消除使用语言模型处理代码时必须进行的烦琐的复制和粘贴操作，以实现多维度代码上下文的智能调用。通常用户消息将包含输入的文本以及引用的上下文。

默认情况下，Cursor 将当前文件作为上下文，如图 3-12 所示。输入内容时，可以在输入框上方的胶囊中看到上下文中包含哪些内容。也可以删除当前文件胶囊，提交查询不包含任何上下文的消息。

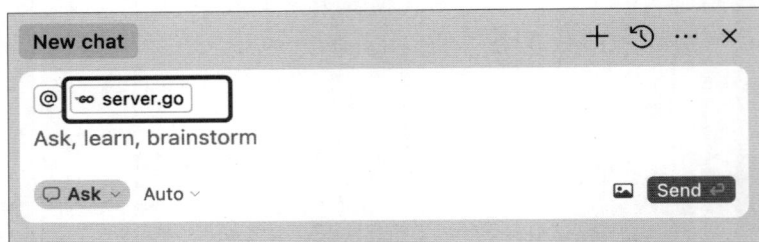

图 3-12　Cursor 平台的默认上下文

Cursor 提供了 "@" 按钮，可以添加更多类型的上下文，如图 3-13 所示。

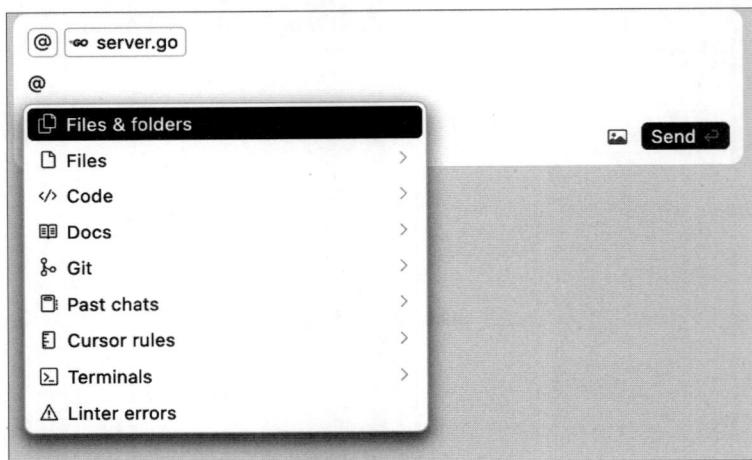

图 3-13　Cursor 平台多种类型上下文

Cursor 提供了以下上下文功能。

1）@Files&folders

@Files&folders 用于引用指定代码文件或者文件夹中的所有文件作为上下文引入。输入 @ 后选择 Files&folders，Cursor 会自动检索项目中的文件和文件夹（如图 3-14 所示）。

图 3-14　Cursor @Files&folders

用户选择文件后，其内容将直接注入对话中（如图 3-15 所示）。

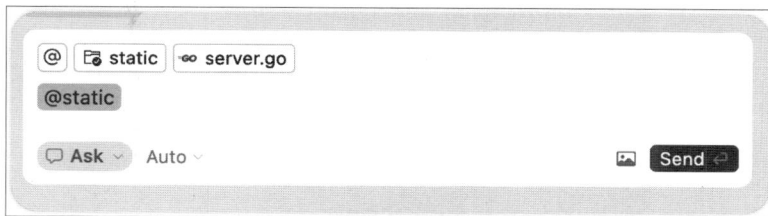

图 3-15　Cursor 选择文件

2）@Files

与 @Files&folders 不同的是，@Files 只能引用指定代码文件作为上下文引入。输入 @ 后选择 Files，Cursor 会自动检索项目中的文件（如图 3-16 所示）。

图 3-16　Cursor 检索项目中的文件

@Files&folders 和 @Files 适合在需要跨文件联调或引用其他模块代码时使用。

3）@Code

@Code 用于精确引用代码块（如图 3-17 所示）。通过语言服务器协议识别当前文件或项目中的代码片段，用户可通过关键词检索选择特定代码块。

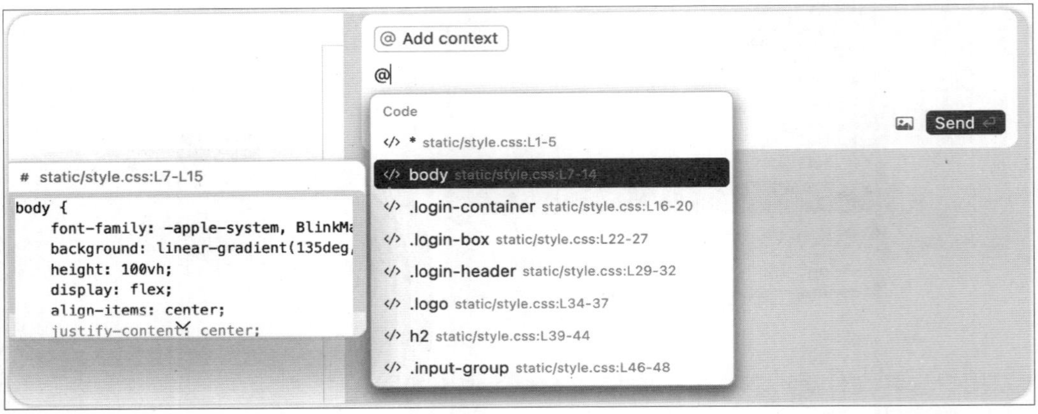

图 3-17　Cursor 引用代码块

不过这里有时会显示不出来想要引用的代码，还是建议直接将所需要的代码选中，单击 "Add to Chat"，将代码引用进对话框中使用，如图 3-18 所示。

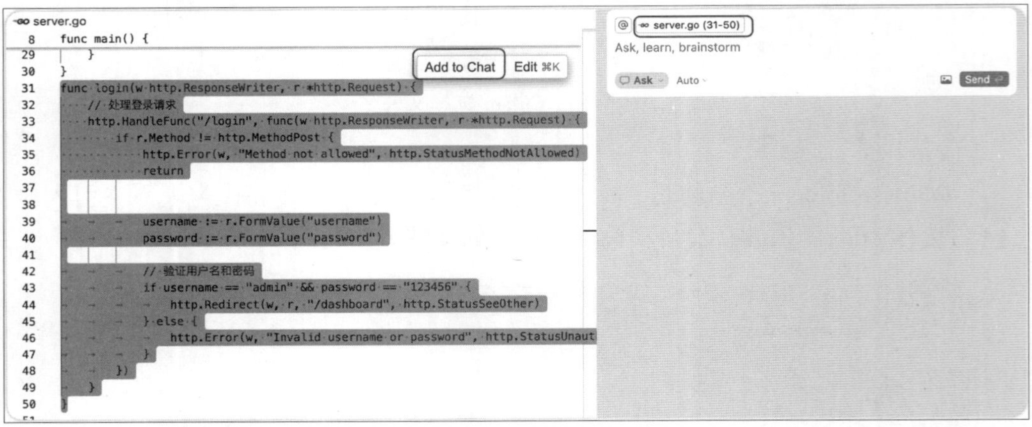

图 3-18　Cursor 选中代码引用

4）@Docs

@Docs 用于调用函数或库的官方文档作为上下文（如图 3-19 所示），把网上的文档录入 Cursor Doc，再让 Cursor 按照文档写代码。这在对接三方 API 的场景中非常有用。

图 3-19 Cursor 调用文档

比如在小程序中调用微信支付的逻辑，就可以直接把微信支付的官方文档链接（https://pay.weixin.qq.com/doc/v3/merchant/4012062524）传给 Cursor（如图 3-20 所示），单击 "Add new doc" 后，在弹出的输入框中输入文档链接。

图 3-20 Cursor 调用微信支付官方文档

接着确认弹出框中的内容，Cursor 会自动抓取信息（如图 3-21 所示），如需调整，可以进行调整，否则确认无误后单击 Confirm 按钮。

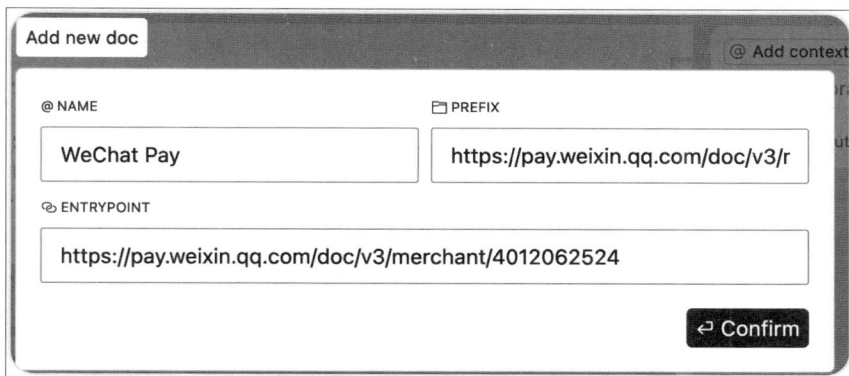

图 3-21 Cursor 自动抓取文档信息

信息确认后会自动添加到对话框中，然后可以接着输入需求，让 Cursor 帮我们生成代码（如图 3-22 所示）。

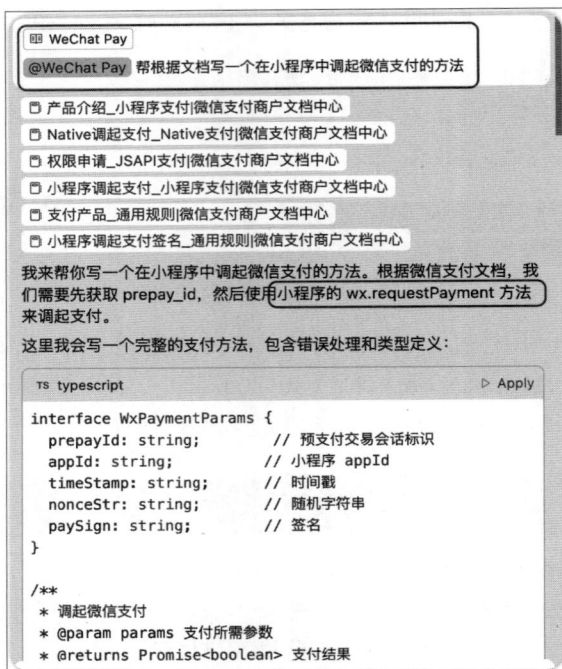

图 3-22　Cursor 调用文档编写代码

如图 3-23 所示，这里可以打开官方文档，验证 Cursor 给出的方法是否正确，通过阅读文档，发现 Cursor 完全理解了我们上传的 Docs 文件，并根据需求生成了代码。

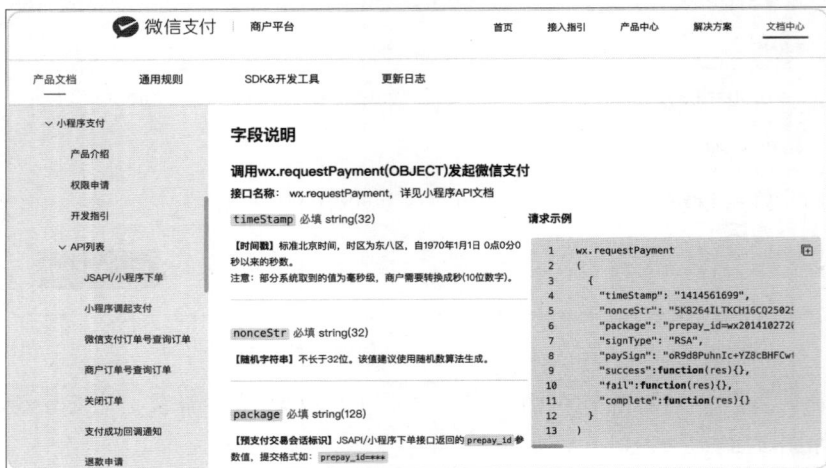

图 3-23　微信小程序调用支付文档

　　当然，也可以提前将需要的文档上传到 Cursor Docs 中。打开设置界面，在 Features 中找到 Docs 板块（如图 3-24 所示），进行添加即可，后续在引用的时候就可以直接选择了。

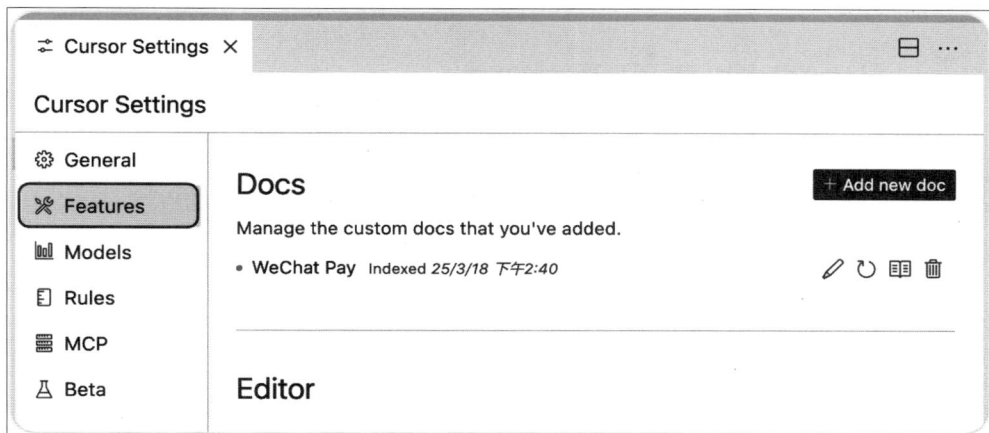

图 3-24　Cursor Docs 上传界面

5）@Git

　　@Git 用于基于当前的 diff 或者根据 Git 的某一次提交来询问 Cursor 的代码改动、逻辑变化（如图 3-25 所示）。适用于代码版本回溯或协作问题排查。

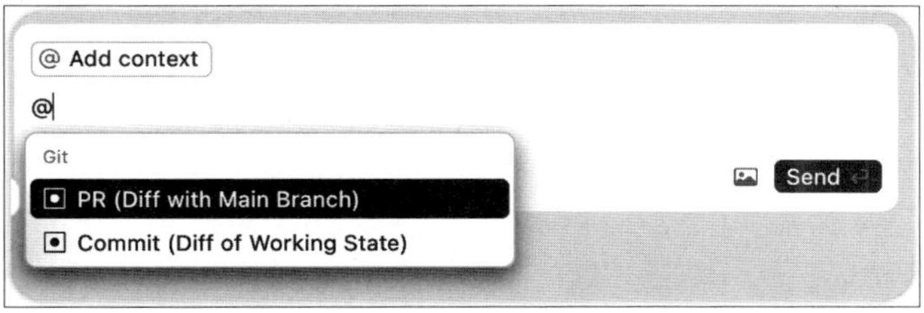

图 3-25　Cursor 引用 Git 提交

6）@Past chats

　　@Past chats 用于引用历史聊天对话作为上下文，这里不作过多介绍。

7）@Cursor rules

　　@Cursor rules 用于为项目设置的项目规则和指南，从而将它们明确地应用到上下文中，可以充分发挥 Cursor 的 AI 编程潜力，提高开发效率和代码质量。如果已经有编写好的 rule 文件，可以直接选择应用，否则可以选择"Add new rule"创建新的 rule 文件（如图 3-26 所示）。

图 3-26　Cursor 引用项目规则

8）@Terminals

@Terminals 用于将终端中的内容应用到上下文中（如图 3-27 所示），适用于对终端中使用的命令进行问答。

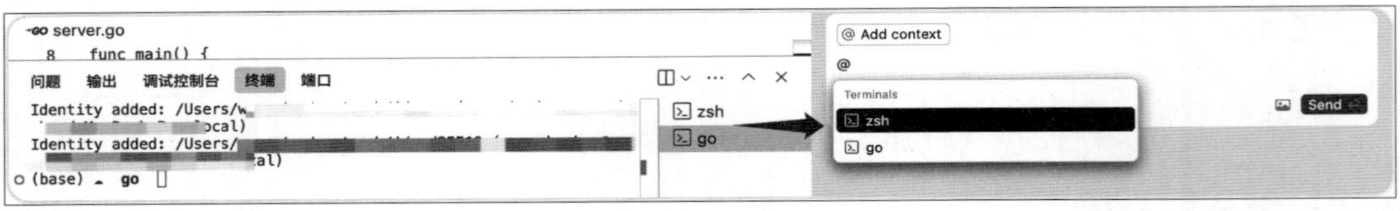

图 3-27　Cursor 引用终端内容

9）@Linter errors

@Linter errors 用于检测代码问题，不仅是语法、编译错误，还能检测规范，如重复代码、未使用变量、命名规则等。一般是 @Lint Errors 再接 @File 或是选中代码块使用（如图 3-28 所示）。

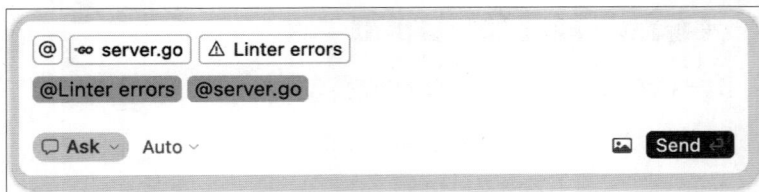

图 3-28　Cursor 检测代码问题

10）@Web

@Web 用于在互联网上获取信息，除了使用 @Web，还可以直接将网址粘贴到上下文中（如图 3-29 所示）。

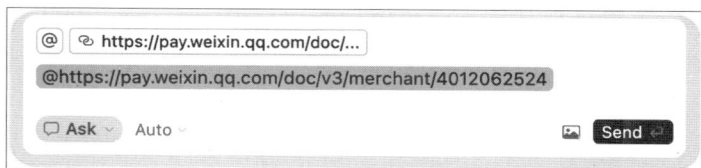

图 3-29　Cursor 联网获取信息

11）@Recent Changes

@Recent Changes 用于分析代码最近的改动，可以从 Git 和本地文件中获得信息。

4. 聊天中的AI修复

AI 智能修复功能为解决代码库中的 linter 错误提供了一种高效的解决方案。当在编辑器中发现错误时，只需将鼠标悬停在错误提示处，即可看到一个蓝色的 AI 修复按钮。单击该按钮，AI 将自动分析并提供修复建议，如图 3-30 所示。为提升操作效率，也可以使用快捷键 Ctrl/ ⌘ + Shift + E 直接唤起此功能。

图 3-30　Cursor 平台修复代码

5. Rules

在 Cursor 中，Rules 设置是一套自定义规则，用于指导 AI 助手生成代码、提供建议和完成代码补全。借助这些规则，可以控制底层模型的行为。可以将其视为 LLMs 的指令和或系统提示，可以提升代码质量，提高开发效率，增强代码的一致性，并且可以根据项目需求和个人偏好来定制 AI 的行为。

打开 Cursor Settings 窗口，选择 Rules 即可以新增规则（如图 3-31 所示），可以设置用户规则和项目规则，用户规则可以应用到所有的对话中，而项目规则只针对某一个项目进行设置。生成的项目规则会存储在项目的 .Cursor/rules 目录中。

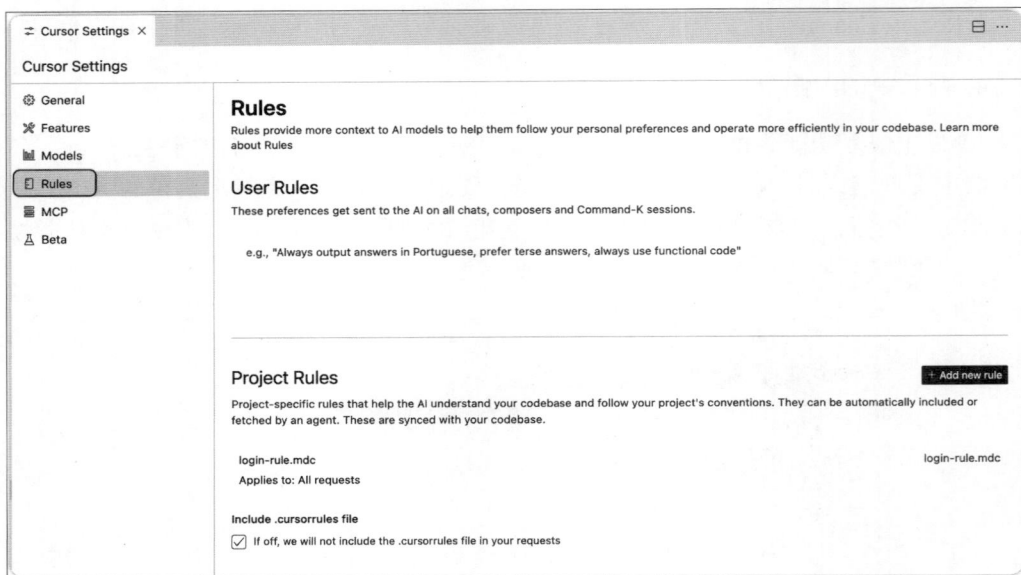

图 3-31　Cursor Rules 界面

如图 3-32 所示，是一个关于 JS 的项目规则。

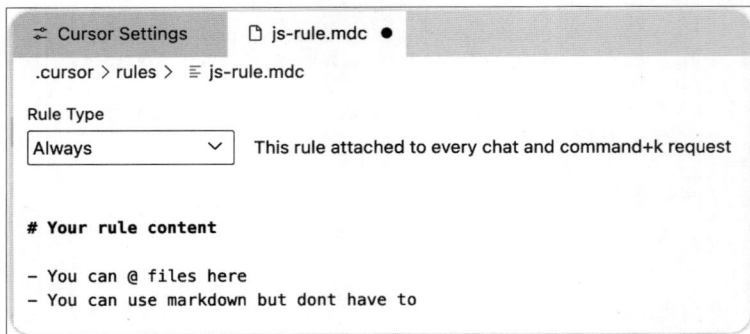

图 3-32　关于 JS 的项目规则

在文件中可以设置当前规则的类型，Cursor中提供了4种选项供用户选择（如图3-33所示）。

◎ Always：规则附加到每个聊天和command+k的请求中。

◎ Auto Attached：当指定文件模式（如*.py或client/*/*.tsx）时，规则将自动包含在与这些模式匹配的文件的AI响应中。

◎ Agent Requested：Agent模式可以看到此描述，如果需要，可以决定阅读完整的规则。

◎ Manual：需要提及此规则才能包含在内。

图 3-33　设置规则类型

除此之外，还可以使用@引用文件进行关联描述，输入的格式可以是markdown，也可以是其他格式。

这里我们编写一个Web开发工程师的规则，如图3-34所示。

图 3-34　Web 开发工程师的规则

比如让 Cursor 生成一个在线天气查询的应用，如图 3-35 所示，在不引入规则的情况下，生成的 JS 代码是缺少中文注释的，并且命名规则采用的是小驼峰的格式。

```js
async function getWeather() {
    const cityInput = document.getElementById('city-input');
    const weatherInfo = document.getElementById('weather-info');
    const city = cityInput.value.trim();

    if (!city) {
        weatherInfo.innerHTML = '<p class="error">请输入城市名称</p>'
        return;
    }

    try {
        // 这里使用 OpenWeatherMap API，你需要注册获取 API Key
        const apiKey = 'YOUR_API_KEY'; // 替换为你的 API Key
        const url = `https://api.openweathermap.org/data/2.5/weathe

        weatherInfo.innerHTML = '加载中...';

        const response = await fetch(url);
        const data = await response.json();

        if (data.cod === '404') {
```

图 3-35　不引入规则生成代码

接着我们引入新增的规则，让它修改代码（如图 3-36 所示）。

js-rule

@js-rule.mdc 根据规则修改

图 3-36　引入规则

现在 Cursor 生成的代码（如图 3-37 所示），在必要的地方都增加了中文注释，并且所有变量、方法名都采用了规则中规定的大驼峰规则。

```js
JS  script.js                                    ⎘  ▷ Apply to script.js ⌄

/**
 * 天气查询应用主脚本
 * 实现天气查询和数据展示功能
 */

// 全局变量定义
const API_KEY = 'YOUR_API_KEY'; // 需替换为你的OpenWeatherMap API密钥
const API_BASE_URL = 'https://api.openweathermap.org/data/2.5/weath

// DOM元素
const CityInput = document.getElementById('CityInput');
const SearchButton = document.getElementById('SearchButton');
const WeatherInfo = document.getElementById('WeatherInfo');

/**
 * 获取天气数据
 * @param {string} City - 城市名称
 * @returns {Promise} - 返回天气数据Promise
 */
async function FetchWeatherData(City) {
    try {
```

图 3-37　引入规则后生成的代码

如果自己不会编写规则，可以参考一些优秀的资源快速配置 Rules 文件。Cursor.directory（https://Cursor.directory）网站提供了各种主流语言和框架的 .Cursorrules 文件模板，可以直接将其复制并粘贴到项目中，或者根据需求进行修改。PatrickJS 的 awesome-Cursorrules 仓库（https://github.com/PatrickJS/awesome-Cursorrules/tree/main/rules）也收集了许多优秀的 .Cursorrules 文件示例，涵盖了不同的应用场景和技术栈，可以从中学习和借鉴。

6. MCP

MCP 是一种开放式的协议，旨在规范应用程序如何向大语言模型提供上下文信息和工具。可以将 MCP 类比为 Cursor 的插件系统，它通过标准化的接口将代理（Agent）连接到各种数据源和工具，从而显著扩展代理的功能。

通过 MCP，Cursor 能够无缝连接到外部系统和数据源。这意味着用户可以将 Cursor 与现有的工具和基础设施进行集成，而无须在代码之外额外告知 Cursor 项目的结构。这大大简化了集成过程，提高了开发效率。

此外，MCP 服务器的开发具有高度的灵活性。它可以用任何能够打印 stdout 或提供 HTTP 端点服务的编程语言来编写。这种设计使得开发者可以使用自己熟悉的编程语言和技术栈，快速实现 MCP 服务器，从而满足多样化的开发需求。

在 Cursor 中集成 MCP 服务器的步骤如下。

（1）打开设置界面，如图 3-38 所示。

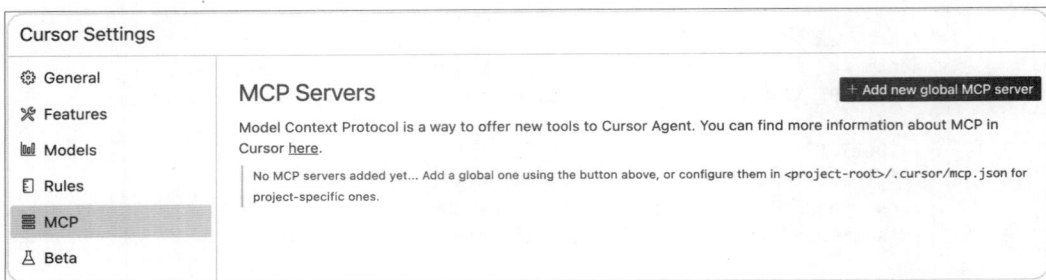

Cursor Settings

⚙ General

✂ Features

▥ Models

🗐 Rules

▤ MCP

⚗ Beta

MCP Servers　　　　　　　　　　　　　　　　　　　+ Add new global MCP server

Model Context Protocol is a way to offer new tools to Cursor Agent. You can find more information about MCP in Cursor here.

No MCP servers added yet... Add a global one using the button above, or configure them in <project-root>/.cursor/mcp.json for project-specific ones.

图 3-38　Cursor MCP Servers 设置界面

（2）确保系统已经安装 Node.js，安装 MCP 服务器包。这里以 @modelcontextprotocol/server-filesystem 为例，这是一个允许 AI 访问文件系统的 MCP 服务器。打开命令提示符或 PowerShell，执行如图 3-39 所示命令进行全局安装。

```bash
npm install -g @modelcontextprotocol/server-filesystem
```

图 3-39　安装 MCP 服务包命令

（3）安装完成后，可以通过如图 3-40 所示命令查看全局包的安装路径。

```bash
npm config get prefix
```

图 3-40　查看全局包的安装路径命令

通常路径会是 C:\Users\< 你的用户名 >\AppData\Roaming\npm\node_modules。
（4）找到 MCP 服务器的主程序文件，如图 3-41 所示。

```
C:\Users\<你的用户名>\AppData\Roaming\npm\node_modules\@modelcontextprotocol\server-filesystem\dist\index.js
```

图 3-41　MCP 服务器的主程序文件

（5）手动运行主程序文件来测试服务器是否能正常启动（如图 3-42 所示），其中 C:\Projects 是你允许 MCP 服务器访问的目录。

图 3-42　检测 MCP 服务器是否正常启动

（6）在本地终端中运行命令后，结果如图 3-43 所示，即表明服务器可以正常启动。

图 3-43　MCP 服务器正常启动

（7）在 Cursor 中配置 MCP 服务器。单击"Add new MCP server"按钮，配置如图 3-44 所示信息。

图 3-44　Cursor 中配置 MCP 信息

（8）保存文件后，返回 MCP Servers 列表，新添加的服务器状态显示为绿色（如图 3-45 所示），表示配置成功。

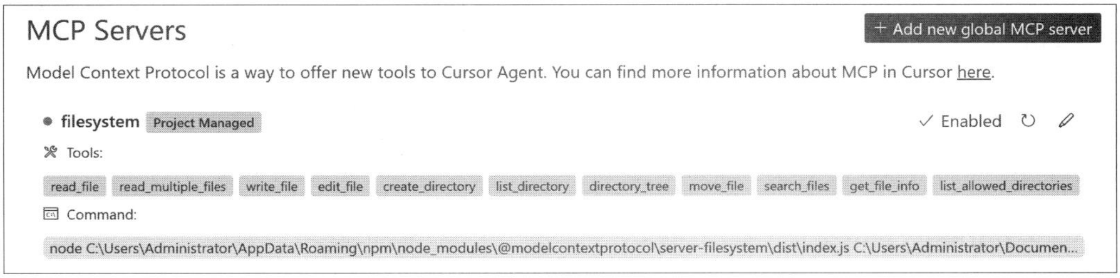

图 3-45　Cursor 配置 MCP 成功

（9）配置完成后，可以在 Cursor 的聊天框中询问 AI 助手"列出 backend 目录下的文件"，AI 助手会调用 MCP 工具获取文件列表（如图 3–46 所示）。

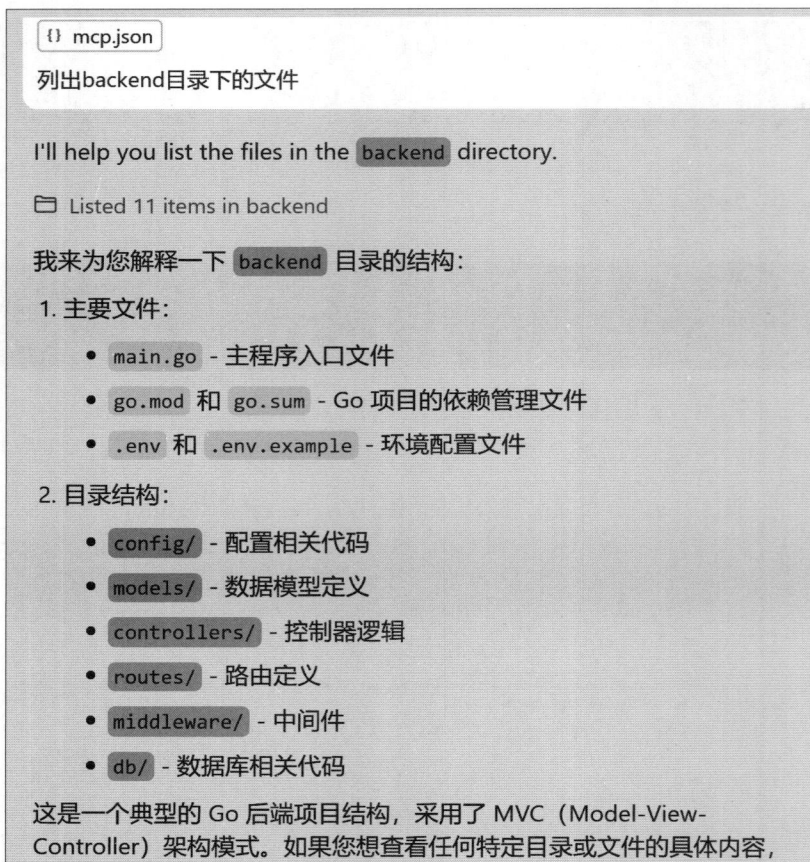

图 3–46　Cursor 调用 MCP

MCP 是一项重要的技术创新，它极大地扩展了 AI 编辑器如 Cursor 的能力边界。通过标准化 AI 与外部资源的交互方式，MCP 使 AI 工具能够更深入地理解开发者的工作环境和需求，提供更智能、更有针对性的辅助。在 Cursor 中，MCP 的实现使其从一个普通的代码编辑器转变为一个强大的 AI 辅助开发环境，能够理解整个代码库的上下文，并与各种外部资源无缝集成。

7. Chat模式（Ask）

Cursor 内置的聊天功能使开发者能够与 AI 实时互动，提出问题或寻求建议，AI

会提供相关的回答和指导，进行代码局部功能的修改与调试，快速问答，调试代码以及了解更多关于代码库的信息。聊天界面如图3-47所示。

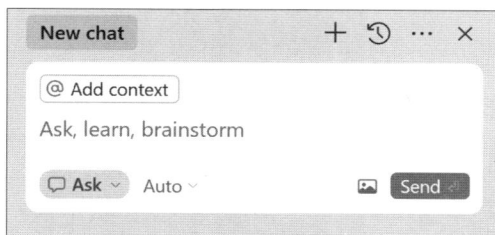

图3-47　Cursor 平台的聊天界面

　　只需在对话框中输入具体需求，就可以让Cursor生成相关的代码。如图3-48所示，让 Cursor 根据上传的图片生成一个类似样式的登录界面，在需求发送后，Cursor 精准解析了图片内容，生成了 3 个相关文件，包括 HTML 文件用于页面结构、CSS 文件用于页面样式设计以及用于处理后端逻辑的 Go 文件。

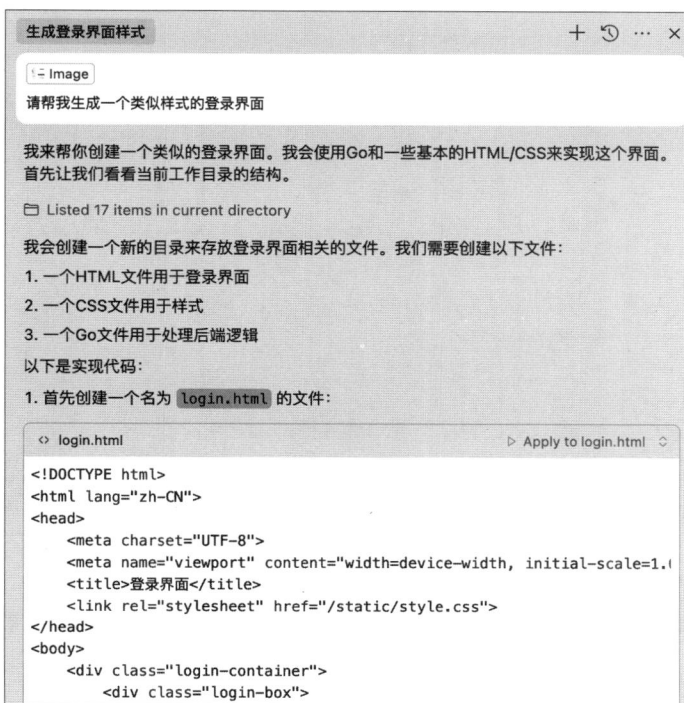

图3-48　Cursor 通过对话完成需求

如果需要应用代码块，可以按下每个聊天代码块右上角的应用按钮，如图 3-49 所示。

就可将生成的代码应用到具体的文件中，或者单击复制按钮，将代码粘贴到所需的位置。

图 3-49　Cursor 平台的应用代码块界面

这里我们选择应用文件后，可以查看差异并选择接受或拒绝更改。在聊天窗口中代码块的右下角提供了 Reject all（拒绝所有）、Accept all（接收所有）、Apply all（应用所有）3 个按钮，同时在文件窗口也提供了 Reject file（拒绝文件）、Accept file（接收文件）两个按钮，供我们选择。如图 3-50 所示。

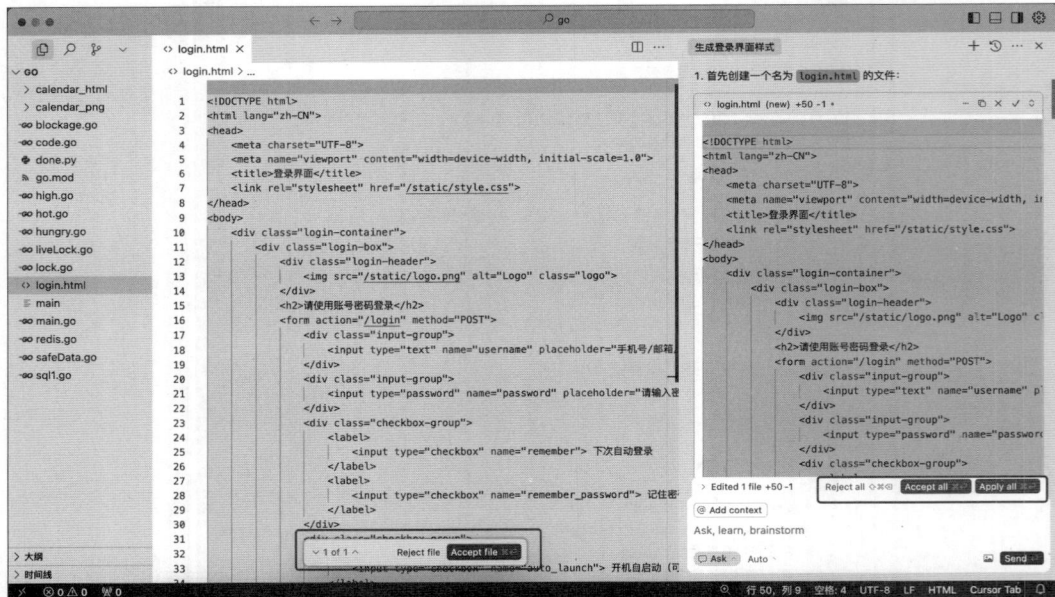

图 3-50　Cursor 平台的代码块接受或拒绝按钮

我们将生成的 3 个文件全部应用后，Cursor 也提供了运行界面所需的文件及启动命令（如图 3-51 所示）。

要运行这个登录界面，你需要：

1. 创建以下目录结构：

```
≡ text                              ▷ Apply to server.go
.
├── login.html
├── server.go
└── static/
    ├── style.css
    └── logo.png    （你需要添加一个logo图片）
```

2. 在终端中运行：

```
$ bash                                    Run
go run server.go                             .
```

3. 打开浏览器访问 `http://localhost:8080`

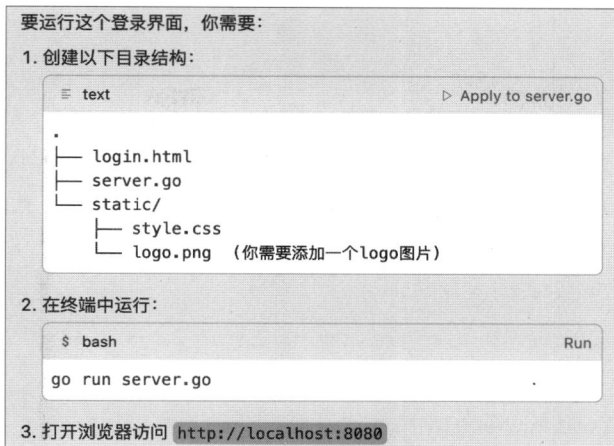

图 3-51　Cursor 提供的启动命令

运行启动文件后，在浏览器中打开 Cursor 给出的地址，如图 3-52 所示，可以看到生成的登录界面（由于没有上传 logo 文件，所以 Logo 没有展示出来），和我们所上传的图片进行对比，发现登录界面的结构几乎还原得一模一样。

图 3-52　Cursor 生成的登录界面

8. Agent模式

Agent 模式是 Cursor 的完全自主模式（如图 3–53 所示），能够跨项目工作，生成多文件代码，执行命令，自动寻找上下文，适合大规模重构和复杂任务的自动化处理。Agent 具有高度的自主性，能够理解项目结构和依赖关系，主动解决问题，支持多任务协同工作。深度集成 AI 技术，能够主动与开发者的代码库进行交互，为开发者提供上下文相关的建议、代码生成以及操作支持。Agent 模式旨在成为开发者的"智能编程伙伴"，助力开发者完成复杂任务，从而提升开发效率。

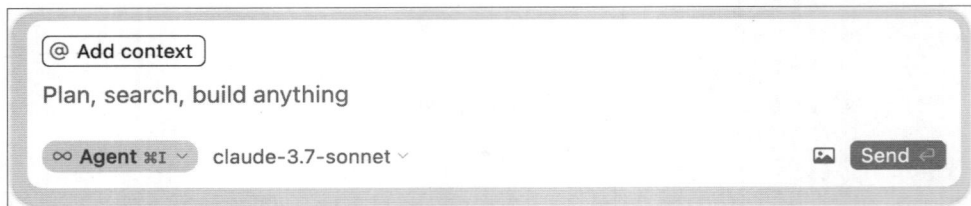

图 3–53　Cursor Agent 模式

Agent 模式具备多项核心功能，能够自动从代码库中提取相关上下文信息，帮助开发者快速定位问题或生成代码。开发者无需离开编辑器，就可以直接运行命令行操作。此外，Agent 模式还支持文件创建、修改、删除等操作，简化了开发流程。通过代码语义搜索功能，开发者可以快速找到关键代码片段。并且，Agent 模式支持连续调用多个工具，能够胜任复杂的开发场景。

例如，通过 Agent 生成一个完整的商城项目，包括登录、注册、商品列表页、商品详情页以及购物车功能，要求使用 JS+Go 语言。

（1）新建一个空的文件夹，在 Cursor 中打开，调用 Agent 模式发送需求，如图 3–54 所示。

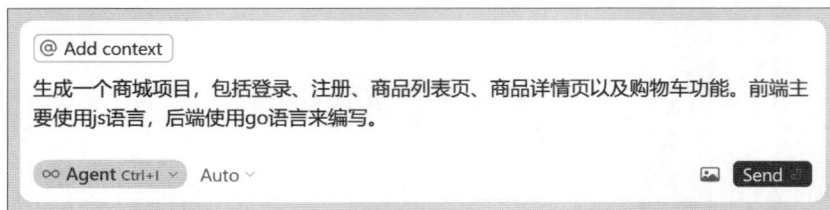

图 3–54　向 Cursor Agent 发送需求

（2）需求发送后，Agent 立即开始梳理逻辑并确定要使用前后端技术栈，如图 3–55 所示，前端将会使用 HTML5、CSS3、JavaScript、Bootstrap、jQuery 实现交互，而后端则使用 Gin 框架作为 Web 框架、GORM 作为 ORM 框架以及 MySQL 作为数据库进行实现。

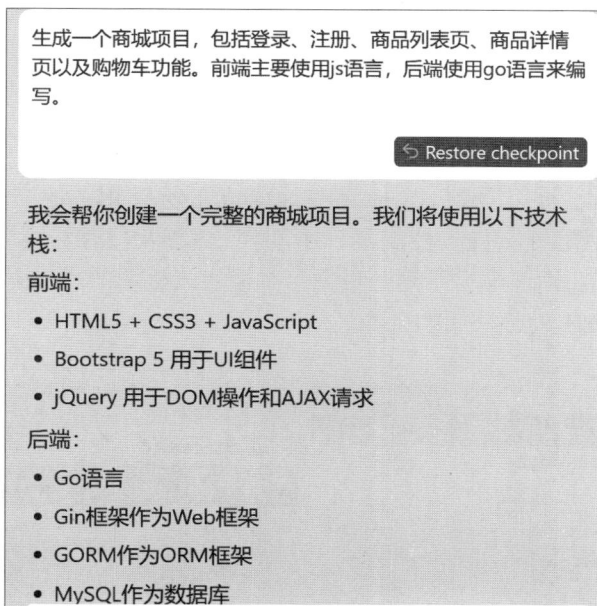

图 3-55　Cursor Agent 梳理逻辑并确定技术栈

（3）开始生成代码，创建新的文件，并会以 Diff 形式展示出来，可以选择接受或拒绝生成的文件，也可以在全部文件生成完毕后统一拒绝或接受（如图 3-56 所示）。

图 3-56　Cursor Agent 创建文件并生成代码

需要注意，Agent 默认在调用 25 次工具后停止代理，如图 3-57 所示。当然，也可以选择继续对话。

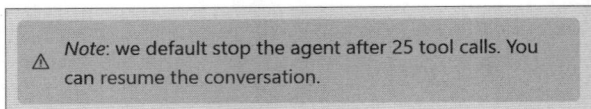

⚠ *Note*: we default stop the agent after 25 tool calls. You can resume the conversation.

图 3-57　Cursor Agent 默认调用 25 次工具

如图 3-58 所示，可以看到 Agent 完美地生成了所有相关的文件，后端完全采用 Gin 框架生成了包括配置文件、控制器、中间件、模型、路由，甚至是 env 文件以及 env 的示例文件都有。而前端目录则是根据每个模块来生成的。Cursor Agent 仅用 10 分钟就做完了两名开发工程师一周的工作。

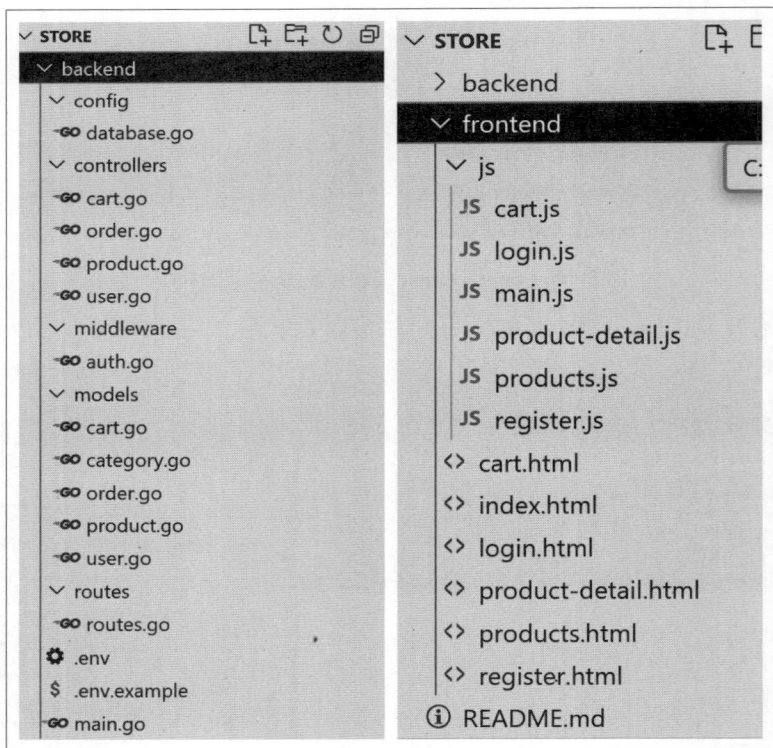

图 3-58　Cursor Agent 完成所有文件创建

（4）运行项目，可以向 Agent 提问"如何运行这个项目"。如图 3-59 所示，Agent 将一步一步指导我们，告诉我们首先需要运行后端服务，同时给出了相关的命令，在这里可以直接单击 Run command 按钮。

好的，让我们开始运行项目。我会一步步指导您：

1. 首先，让我们运行后端服务。我们需要进入后端目录并运行 Go 服务：

```
cd backend && go mod tidy
```

Ask every time ∨   Cancel Ctrl+Shift+⊗   Run command ^↵

图 3-59　Cursor Agent 生成启动命令

（5）如图 3-60 所示，我们发现无需离开编辑器去打开终端窗口，就可以直接运行命令行操作。这里虽然报错，但是 Agent 很快就建议分开执行命令。

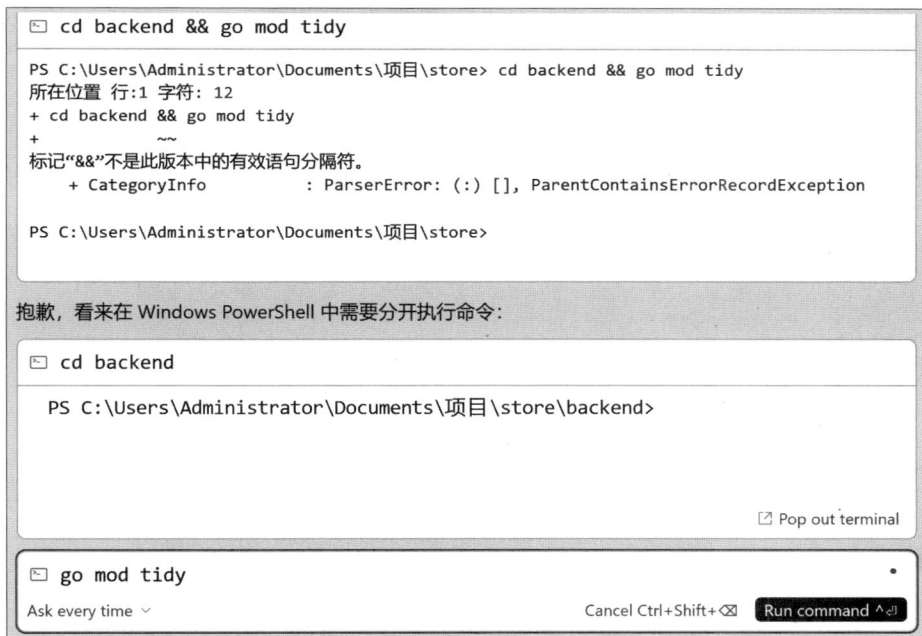

```
cd backend && go mod tidy

PS C:\Users\Administrator\Documents\项目\store> cd backend && go mod tidy
所在位置 行:1 字符: 12
+ cd backend && go mod tidy
+            ~~
标记"&&"不是此版本中的有效语句分隔符。
    + CategoryInfo          : ParserError: (:) [], ParentContainsErrorRecordException

PS C:\Users\Administrator\Documents\项目\store>
```

抱歉，看来在 Windows PowerShell 中需要分开执行命令：

```
cd backend

PS C:\Users\Administrator\Documents\项目\store\backend>
```

⊡ Pop out terminal

```
go mod tidy
```

Ask every time ∨   Cancel Ctrl+Shift+⊗   Run command ^↵

图 3-60　Cursor Agent 生成启动命令

（6）再次运行命令还是报错，Agent 根据报错信息分析出我们缺少 mod 文件，随后很快给出了缺少的文件（如图 3-61 所示）。

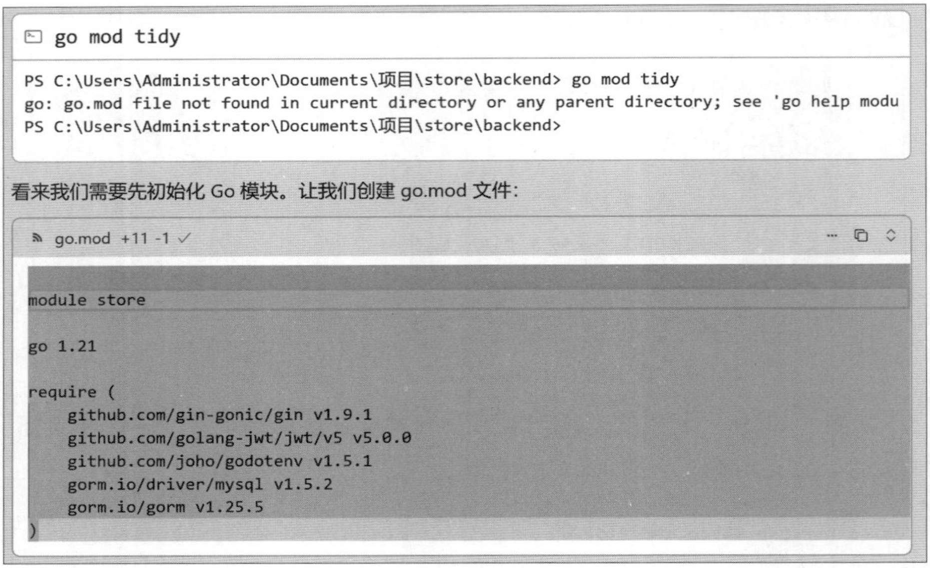

```
⊡ go mod tidy

PS C:\Users\Administrator\Documents\项目\store\backend> go mod tidy
go: go.mod file not found in current directory or any parent directory; see 'go help modu
PS C:\Users\Administrator\Documents\项目\store\backend>
```

看来我们需要先初始化 Go 模块。让我们创建 go.mod 文件：

```
⟑ go.mod +11 -1 ✓                                                    ⋯ ▢ ↕

module store

go 1.21

require (
    github.com/gin-gonic/gin v1.9.1
    github.com/golang-jwt/jwt/v5 v5.0.0
    github.com/joho/godotenv v1.5.1
    gorm.io/driver/mysql v1.5.2
    gorm.io/gorm v1.25.5
)
```

图 3-61　Cursor Agent 分析错误原因并解决

（7）跟随 Agent 的步伐，一步一步将文件修改成功，直到成功下载了项目的依赖。下载成功后，Agent 又自主感知需要修复文件中的导入路径问题，随后便开始逐个修改文件，如图 3-62 所示。

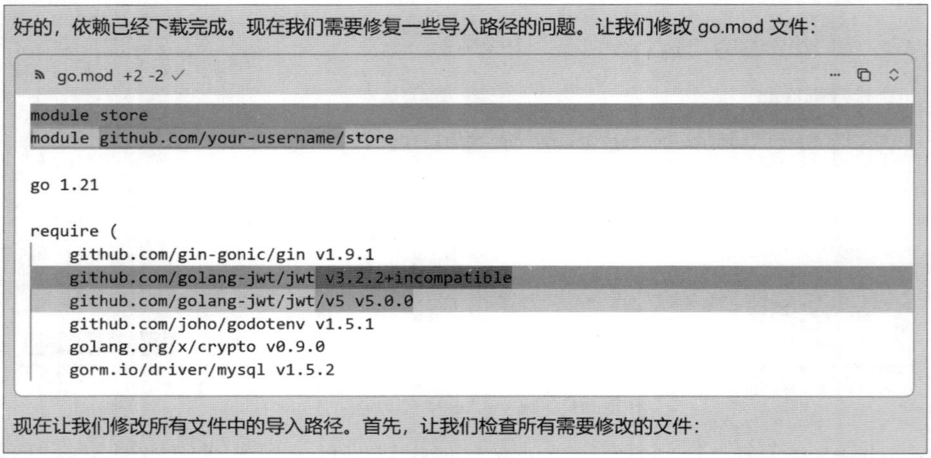

```
好的，依赖已经下载完成。现在我们需要修复一些导入路径的问题。让我们修改 go.mod 文件：

⟑ go.mod +2 -2 ✓                                                    ⋯ ▢ ↕

module store
module github.com/your-username/store

go 1.21

require (
    github.com/gin-gonic/gin v1.9.1
    github.com/golang-jwt/jwt v3.2.2+incompatible
    github.com/golang-jwt/jwt/v5 v5.0.0
    github.com/joho/godotenv v1.5.1
    golang.org/x/crypto v0.9.0
    gorm.io/driver/mysql v1.5.2

现在让我们修改所有文件中的导入路径。首先，让我们检查所有需要修改的文件：
```

图 3-62　Cursor Agent 自动修复问题

（8）修改完成后，Agent 会提示我们尝试运行后端服务，如图 3-63 所示。

现在让我们再次尝试运行后端服务：

```
go run main.go
Ask every time ∨                          Cancel Ctrl+Shift+⊗    Run command ^↵
```

图 3-63　Cursor Agent 提供启动命令

这里省略了许多运行过程中产生的 bug，不过 Agent 都会一一进行解决，直到后端服务成功启动，如图 3-64 所示。

```
go run main.go
Cart (5 handlers)
[GIN-debug] POST    /api/orders              --> github.com/your-username/store
r (5 handlers)
[GIN-debug] GET     /api/orders              --> github.com/your-username/store
(5 handlers)
[GIN-debug] GET     /api/orders/:id          --> github.com/your-username/store
5 handlers)
[GIN-debug] [WARNING] You trusted all proxies, this is NOT safe. We recommend y
Please check https://pkg.go.dev/github.com/gin-gonic/gin#readme-don-t-trust-all
[GIN-debug] Listening and serving HTTP on :8080
                                              ⤢ Pop out terminal    Cancel ↻
```

图 3-64　Cursor Agent 后端项目启动成功

为了不影响后续流程，这里选择使后端项目在后台继续运行。接着 Agent 会提示我们继续运行前端服务，如图 3-65 所示。

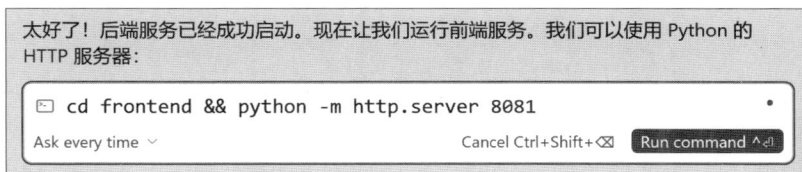

```
太好了！后端服务已经成功启动。现在让我们运行前端服务。我们可以使用 Python 的
HTTP 服务器：
cd frontend && python -m http.server 8081
Ask every time ∨                          Cancel Ctrl+Shift+⊗    Run command ^↵
```

图 3-65　Cursor Agent 提供前端运行命令

（9）单击 Run command 后，同样选择使前端项目也在后台运行，直到出现如

图 3-66 所示结果，表示成功运行。

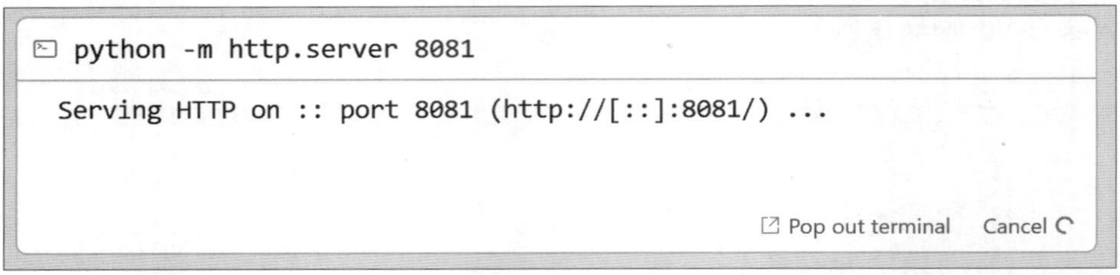

```
python -m http.server 8081

Serving HTTP on :: port 8081 (http://[::]:8081/) ...

                                    ⧉ Pop out terminal   Cancel ↻
```

图 3-66　Cursor Agent 前端运行成功

到此为止前后端的项目都已经运行起来了，Agent 也提供了访问地址（如图 3-67 所示）。

太好了！现在整个项目已经成功启动了。您可以通过以下方式访问：

1. 后端 API：http://localhost:8080

2. 前端页面：http://localhost:8081

您可以尝试以下功能：

1. 注册新用户：

- 访问 http://localhost:8081/register.html
- 填写注册表单（姓名、邮箱、密码）
- 点击注册按钮

2. 登录：

- 访问 http://localhost:8081/login.html
- 使用注册的邮箱和密码登录

3. 浏览商品：

- 访问 http://localhost:8081/products.html
- 查看商品列表
- 点击商品查看详情

图 3-67　Cursor Agent 提供访问地址

（10）根据访问地址打开商品页面查看，如图 3-68 所示，发现基本的列表和功能都是有的，后续可以接着美化页面，当然所需的表结构和表数据也都可以让 Agent 帮忙生成。

图 3-68　Cursor Agent 生成的商品页面

同时注册和登录界面的功能都可以正常使用（如图 3-69、图 3-70 所示）。

图 3-69　Cursor Agent 生成的注册页面

图 3-70　Cursor Agent 生成的登录页面

当然要写好一个项目，很难做到一蹴而就，但过程中出现的任何问题，如代码逻辑的冲突、数据交互的不顺畅等都可以直接和 Agent 对话，它就像一个智能的助手，凭借智能上下文理解和主动解决问题能力，迅速分析问题的根源，并提供精准且高效的解决方案。使这些问题都得到了快速且有效的解决。

从项目构思到最终实现，Agent 模式贯穿了整个过程体现了 Agent 模式强大的功能和优势。

9. Manual模式（Edit模式）

如图 3-71 所示，Manual 模式是一种专注于代码生成和修改的模式，它适用于编写新功能、调整现有代码等多种场景，能够应对相对复杂且目标明确的任务。不过，与 Agent 模式相比，它在自主性和处理复杂任务的能力上稍显不足。

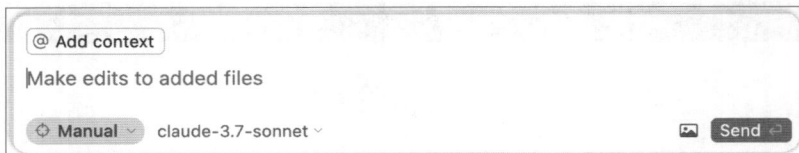

图 3-71　Cursor Manual 模式

例如，还是以商城为例，发现商品卡内缺少了"加入购物车"的按钮，可以使用 Manual 模式进行对话（如图 3-72 所示）。

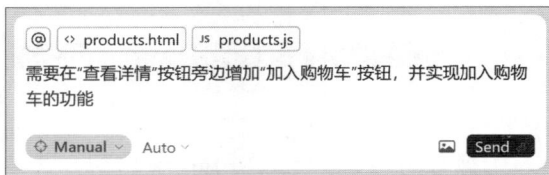

图 3-72　向 Cursor Manual 发送需求

如图 3-73 所示，使用 Manual 模式修改后的代码完全符合我们的需求，并且没有看到 AI 过多的干预信息。

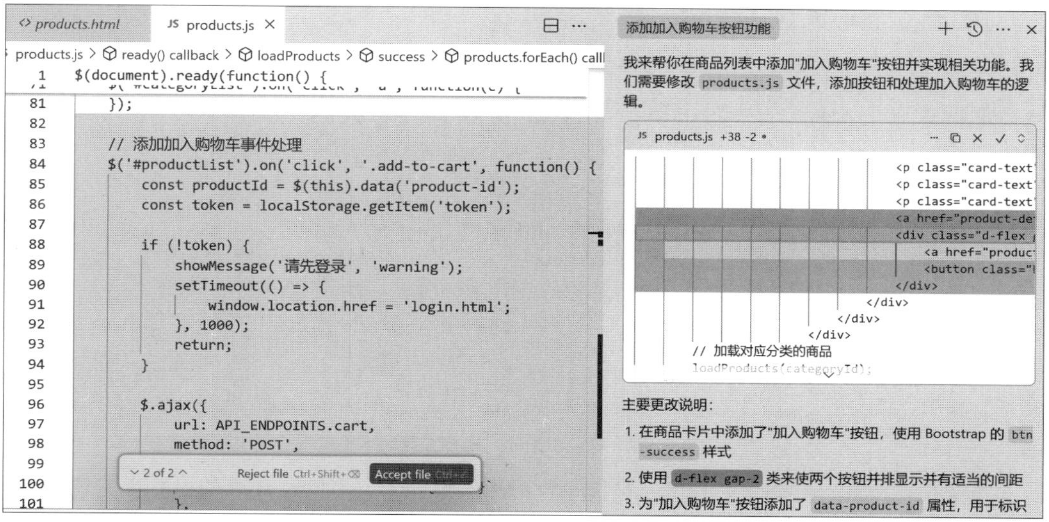

图 3-73　Cursor Manual 修改代码

打开如图 3-74 所示的产品列表页，可以看到每个商品卡都加上了"加入购物车"按钮。

图 3-74　Cursor Manual 修改后的界面

Manual 模式虽然不如 Agent 模式自主性那么强，但是更侧重于代码的编写、修改和调试，AI 的辅助功能较少，能够使用户更加专注于代码本身。

10. 命令面板增强（Cmd K）

如图 3-75 所示，Cursor 扩展了命令面板的功能，允许开发者在代码行间通过快捷键快速调用 AI 功能，如代码生成、重写等，提升了操作效率。

图 3-75　Cursor 命令面板

在 Cursor 中，按下 Ctrl/ ⌘ + K 键时会出现提示栏，其作用类似 AI 聊天输入框，你可以在其中正常输入，或者使用 @ 符号引用其他上下文。如果未选择任何代码，Cursor 将根据提示栏中输入的提示生成新代码，如图 3-76 所示。每次生成代码之后，都可以在提示栏中添加更多指令来进一步细化提示，然后按回车键以便 AI 根据后续指令再生成代码。

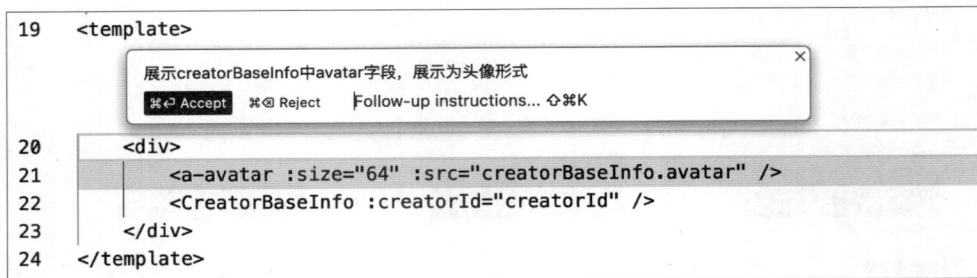

图 3-76　Cursor 面板生成代码

11. 终端命令 K

在内置的 Cursor 终端中，可以通过按 Ctrl/ ⌘ + K 键来在终端底部打开一个提示栏。这个提示栏允许在终端中输入需求，终端会生成一个命令。可以按 Tab 键来接受命令，如图 3-77 所示，或者按 Ctrl/ ⌘ + Enter 键立即运行命令。

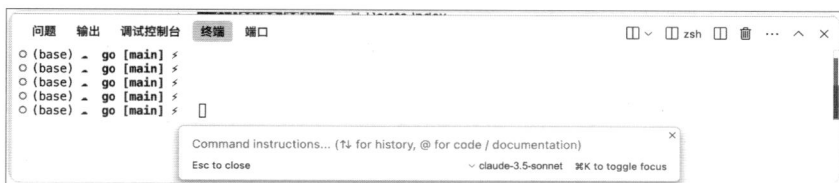

图 3-77　Cursor 终端命令界面

默认情况下，终端命令 K 会将最近的终端历史记录、指令以及在提示栏中输入的任何其他内容视为上下文。

12. 版本控制集成

Cursor 内置了版本控制功能，如图 3-78 所示，只需单击 Commit 即可为已进行的更改生成有意义的提交消息，方便开发者进行代码的版本管理和协作。使用方法如下。

（1）暂存要提交的文件。

（2）在侧边栏中打开 Git 选项卡。

（3）查找提交消息输入字段旁边的闪光（✨）图标。

（4）单击闪光图标可根据暂存的更改生成提交消息。

生成的提交消息将基于暂存文件中的更改和存储库的 git 历史记录。这意味着 AI 将分析当前的更改和以前的提交消息，以生成符合上下文的消息。Cursor 会从提交历史记录中学习，而如果使用常规提交，则生成的消息将遵循相同的模式。

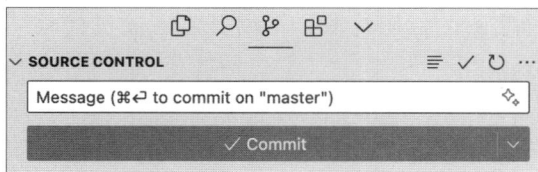

图 3-78　Cursor 版本控制生成

13. 隐私与安全

在现代开发工具中，数据的安全性和隐私问题是用户关注的重点。Cursor 对此进行了严密的保护，它在分析代码时，尽量减少对外部服务器的依赖，确保大部分处理操作都在本地完成，从而避免代码外泄的风险。对于需要上传到云端进行处理的部分，Cursor 也采用了加密技术，确保数据传输的安全性。

此外，Cursor 允许开发者对其隐私设置进行定制化管理，用户可以自由选择是否开启某些涉及隐私的数据共享功能。这种高度透明和可控的隐私管理机制，确保开发者能够在享受 AI 技术带来的便利时，不必担心敏感代码的泄露。

如图 3-79 所示，启用 Privacy mode 后，Cursor 不会存储任何代码。

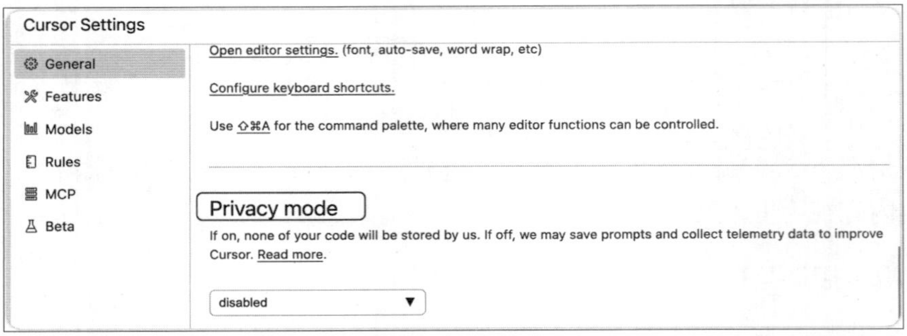

图 3-79　Cursor Privacy mode

3.1.3　应用场景

Cursor 的优势在于它在各种规模的项目中都能发挥显著作用。对于中小型项目，Cursor 的智能补全和错误检测功能可以极大地提高开发效率，减少常见错误的发生。而在大型项目中，Cursor 的自动化工作流优化能力则尤为重要，它能帮助开发者在复杂的代码库中快速定位问题，并通过实时的智能提示和建议，确保代码质量。

例如，在一个电子商务平台的开发过程中，开发者可能需要编写大量与订单管理相关的代码。Cursor 不仅能在开发者输入 API 调用时，提供准确的参数提示，还能识别某些不符合性能最佳实践的代码片段，帮助开发者改进代码结构，提高系统的整体响应速度。

随着 AI 技术的不断发展，Cursor 也在持续更新和优化。未来，Cursor 有望进一步增强其学习能力，不仅能够适应单个开发者的风格，还能在团队合作中表现得更加智能。例如，它可能通过分析团队成员的提交记录，生成统一的代码风格建议，帮助团队成员之间保持一致性。此外，随着自然语言处理技术的进步，Cursor 可能会在代码编写的早期阶段，基于简单的文本描述生成更为复杂的代码，从而进一步简化开发流程。

3.2　Trae

3.2.1　简介

Trae 是由字节跳动推出的国内首个 AI 原生集成开发环境（AI IDE），Trae 官网如

图 3-80 所示。Trae 于 2025 年 3 月 3 日正式发布国内版本，标志着编程工具从"辅助插件"向"智能协作"的范式跃迁。这款工具深度融合人工智能技术，以原生设计将 AI 能力嵌入开发全流程，支持自然语言交互、代码自动生成与优化、多模态输入（如图片生成代码）等核心功能。重构开发者与编程工具的关系，推动软件开发进入"人机协同"的新阶段。

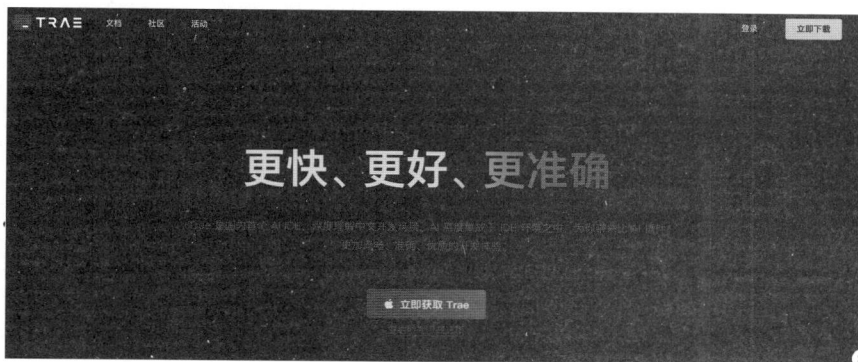

图 3-80　Trae 官网界面

　　Trae 的诞生顺应了 AI 辅助编程的全球趋势。根据 Gartner 预测，到 2028 年，AI 辅助编程渗透率将突破 75%，而字节跳动基于自身在大模型领域的积累，推出了这一划时代工具。国内版 Trae 搭载了字节自研的 Doubao-1.5-pro 模型，并支持切换为满血版 DeepSeek R1、DeepSeek-V3 模型，如图 3-81 所示，兼顾了代码生成的准确性与本土化适配需求。

图 3-81　Trae 国内版提供的大模型

当然，Trae 也提供了其他服务商的大模型供用户选择，包括 Anthropic、DeepSeek、OpenRouter、火山引擎、硅基流动、阿里云、腾讯云。用户可以使用 API 密钥添加自定义模型，包括 Claude 系列，如图 3-82 所示。

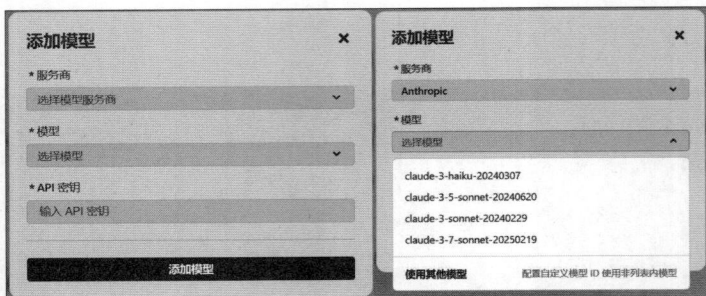

图 3-82　Trae 国内版自定义模型

相较于海外版（如图 3-83 所示，集成了 GPT-4o、Claude 3.5-Sonnet 和 Claude 3.7-Sonnet），国内版更注重符合中国开发者的习惯，如中文界面优化、本地开发场景适配等，填补了海外工具因访问限制和语言差异造成的市场空白。

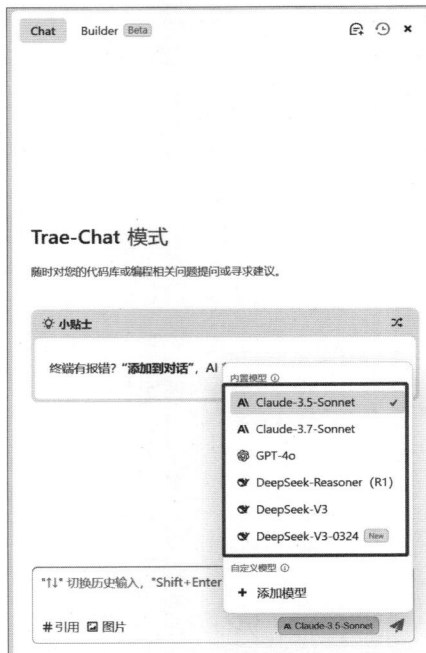

图 3-83　Trae 海外版大模型列表

　　Trae 的最新更新带来了多项重大功能升级。首先，它新增了 MCP 功能，成为国内首个支持 MCP 的 AI IDE。MCP 支持大语言模型访问自定义的工具和服务，解决了之前大语言模型因数据孤岛限制无法充分发挥潜力的难题。Trae 提供内置 MCP 市场，目前包含超过 80 个 MCP Server，涵盖浏览器自动化、资源数据库以及数据库管理等类型。同时，它支持快速添加第三方 MCP Servers，减轻了用户前期配置 MCP 的流程压力。

　　同时智能体功能也得到了全面升级。用户可以通过自定义智能体提示词和自由配置 MCP 创建不同的"AI 专家"，以满足不同场景下的需求。Trae 还提供了两个内置智能体，分别是 Builder 和 Builder with MCP。其中，Builder with MCP 模式能够利用历史配置成功的 MCP 工具执行复杂任务，如自动化测试或跨系统集成。

　　与传统 IDE 不同，Trae 的突破性在于其上下文深度理解能力，可基于整个代码仓库进行需求分析，在最新一版中，Chat 与 Builder 面板合并（如图 3-84 所示），开发者可以通过 @Builder 指令直接进入 Builder Agent 模式，无需切换界面即可完成从代码讨论到项目构建的流畅操作。

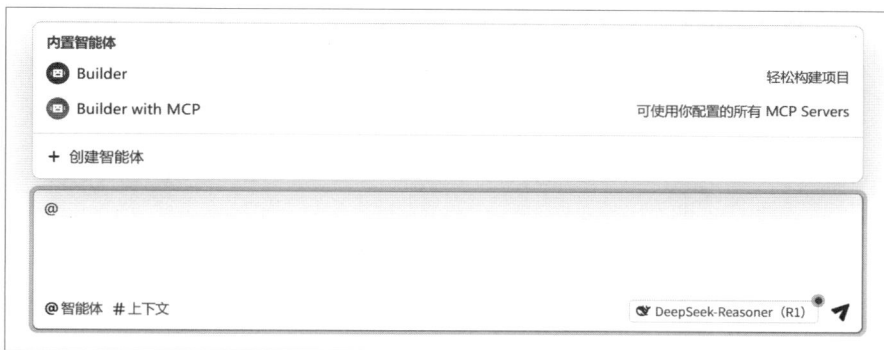

图 3-84　Trae 模式

　　其用户群体覆盖也十分广泛。例如，如初学者可以通过自然语言指令快速构建项目（如贪吃蛇游戏），降低了编程入门门槛；对于资深开发者来说，可以利用代码补全、Bug 智能排查等功能，减少重复劳动，从而专注于复杂逻辑设计；在团队协作方面，它也支持从代码生成到版本回滚的全流程管理。

　　据开发者实测，Trae 可将基础功能开发效率提升 50% 以上。例如，在网页开发中，仅需描述"黑色主题金融仪表盘"，Trae 即可生成包含 7 个交互面板的完整代码，并支持实时预览。此外，其能力不仅限于编程，还可用于文档整理或文件分类，展现了通用型 AI 工具的潜力。行业分析师认为，Trae 与低代码平台的结合，可能成为未来核心开发模式，进一步降低技术门槛。

3.2.2 Builder模式

作为国内首个深度集成 AI 能力的集成开发环境，Trae 通过"智能内核＋场景化工具链"的创新架构，重新定义了人机协同编程的边界。相较于传统 IDE 的插件式 AI 辅助，Trae 将大模型能力原生植入开发全流程，形成需求理解→代码生成→质量管控→部署运维的闭环体系，其功能设计以"降低认知负荷"与"提升代码可用性"为核心目标。

作为 Trae 的核心创新功能，Builder 模式通过需求拆解→资源调度→代码生成→质量验证的自动化流水线，实现了项目开发的"一键式"构建。这个模式深度融合了自研的 DeepSeek、Doubao 等多模态大模型，结合本土化开发场景需求，形成覆盖全生命周期的智能开发解决方案。可以帮助用户从 0 到 1 开发一个完整的项目。在 Builder 模式下，AI 助手在回答时会根据需求调用不同的工具，包括分析代码文件的工具、编辑代码文件的工具、运行命令的工具等。从而让回答更精确、更有效。

启用 Builder 模式的方法如下。

使用快捷键（macOS：Command + U；Windows：Ctrl + U）打开侧边对话框。在侧边对话框的左上角，单击 Builder。在 Builder 对话框中，单击启用 Builder 按钮。选择想使用的大语言模型，这里我们选择 DeepSeek R1，如图 3-85 所示。

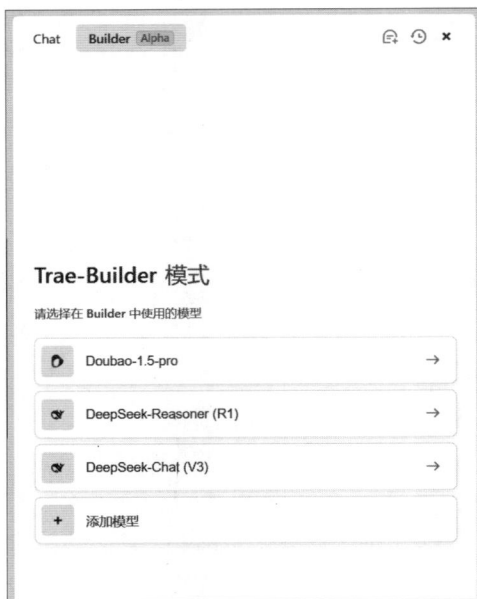

图 3-85　Trae Builder 模式

　　对于 Windows 操作系统，若需要使用 Builder 模式，则必须为 Trae 配置 PowerShell 6 或更高版本。安装 PowerShell 6 或更高版本，可参考 https://learn.microsoft.com/en-us/powershell/ scripting/install/installing-powershell-on-windows?view=powershell-7.5。 在 Trae 中，打开终端面板，单击 "+" 旁的 ">"，选择 "选择默认配置文件"，然后选择最新的 PowerShell，如图 3–86 所示。

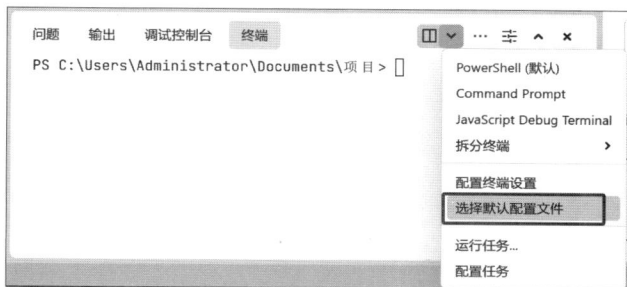

图 3–86　Trae Builder 配置 PowerShell

　　我们使用 Builder 模式制作一个贪吃蛇游戏。

（1）新建一个用于存放贪吃蛇文件的文件夹。

（2）在 Builder 模式下的对话框中发送 "使用 web 技术栈生成一个贪吃蛇游戏"。

　　随后，Trae 开始调用 DeepSeek R1 进行思考，图 3–87 为思考过程，可以看到分析了需求，并提供了实现思路。

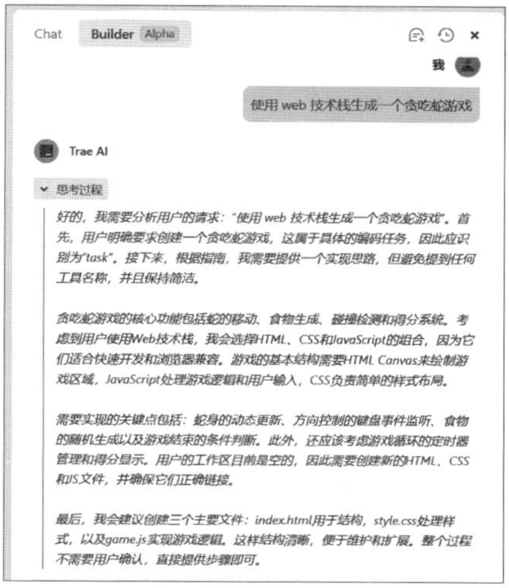

图 3–87　向 Trae Builder 发送需求

（3）思考完毕后，Trae 开始编写代码，如图 3-88 所示。在空文件夹中，Trae 直接创建 3 个文件，包括入口文件 index.html、样式表文件 style.css 以及逻辑文件 game,js。

图 3-88　Trae Builder 生成代码

（4）需要审查生成的文件是否符合我们的要求，如果符合并无误，可以直接单击"全部接受"，如有问题，不想要当前 Trae 生成的文件，也可以直接单击"全部拒绝"。这里我们单击接受，然后验证结果。

（5）使用"预览"功能运行贪吃蛇游戏。Trae 提供了启动命令，如图 3-89 所示。需要注意的有两点。如果没有 Python 环境，需要安装 Python 环境。对于 Windows 操作系统，需配置 PowerShell。

图 3-89　Trae Builder 生成启动命令

（6）将启动命令复制到终端中运行，看到如图 3-90 所示结果，表示本地环境启动成功。

图 3-90　本地环境启动成功

（7）打开预览功能，即可看到 Builder 模式生成的贪吃蛇游戏，如图 3-91 所示。

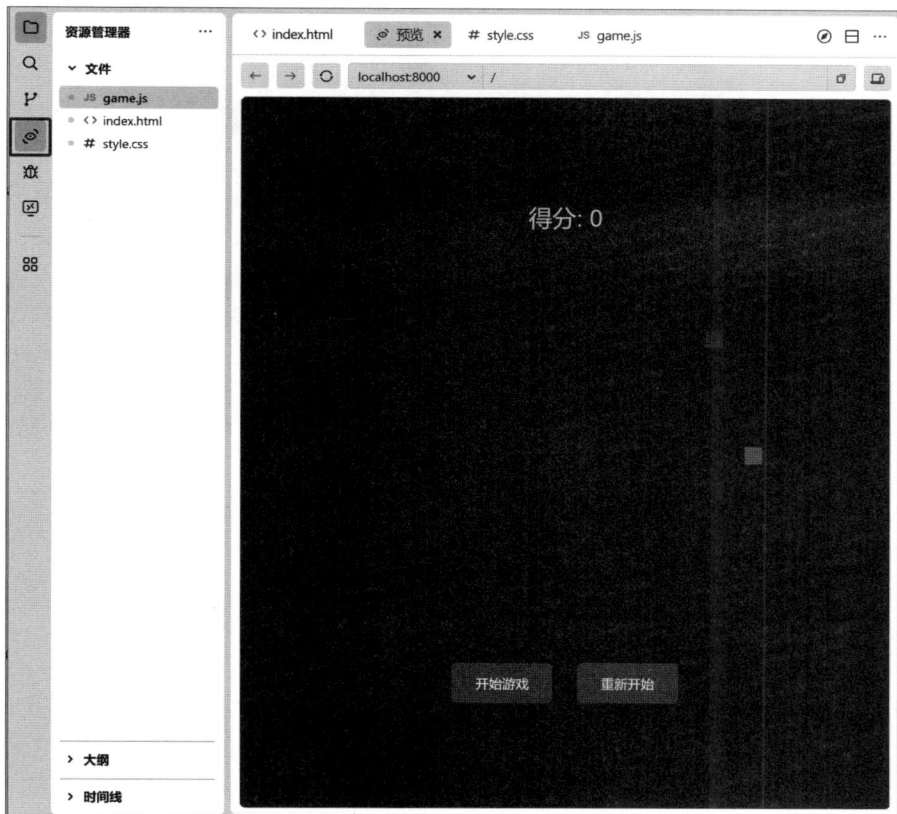

图 3-91　预览贪吃蛇游戏

（8）试玩后发现 Trae 生成的贪吃蛇游戏和常规的贪吃蛇游戏功能是完全一致的，如图 3-92 所示。具体功能包括蛇身移动与方向控制、随机食物生成机制、墙体／自碰检测系统、动态计分功能。

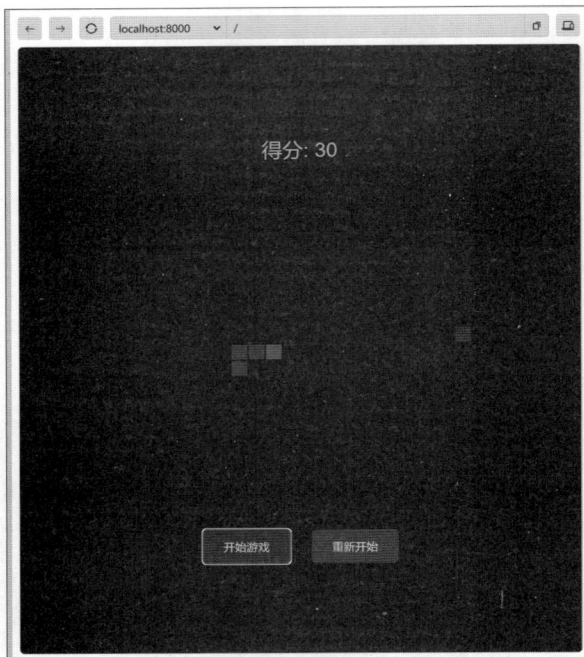

图 3-92　试玩 Trae 生成的贪吃蛇游戏

（9）在游戏生成的过程中，可以随时切换不同的模型进行使用，或者通过 API 秘钥添加自定义模型（如图 3-93 所示）。

图 3-93　Trae 国内版提供的大模型列表

（10）同时可以添加当前项目中的上下文，包括代码、文件和文件夹，如图 3-94 所示，从而更精确地协助你完成开发需求。

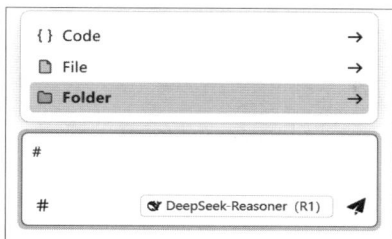

图 3-94　Trae 添加上下文功能

（11）根据需求，会自动创建新文件或编辑已有文件，并自动保存生成的代码，你可以选择接受或拒绝代码变更。如图 3-95 所示，这里我们希望将游戏背景修改为浅色。

图 3-95　Trae 生成代码变更

（12）接受 Trae 生成的代码后查看预览。如图 3-96 所示，不仅按我们的要求将背景色改为浅灰色，还将"得分"两个字的颜色修改为深色，确保所有的视觉元素保持协调统一的风格。

图 3-96　预览修改后的界面

3.2.3　Chat模式

Trae 的 Chat 模式通过多轮语义理解与上下文动态追踪技术，将自然语言对话转化为精准的开发指令，实现"边聊边开发"的沉浸式编程体验。该模式突破传统 AI 辅助工具的碎片化建议局限，支持从需求澄清到代码优化的全流程对话协作，尤其适合复杂逻辑的渐进式构建与迭代。

进入 Trae 后，一般默认进入 Chat 模式。如果没有，可以使用快捷键（macOS：Command + U；Windows：Ctrl + U）打开侧边对话框，在侧边对话框的左上角，单击 Chat，进入 Chat 模式，如图 3-97 所示。

Chat 模 式 默 认 使 用 Doubao-1.5-pro 大 模型。用户可以单击模型名称，然后选择切换至

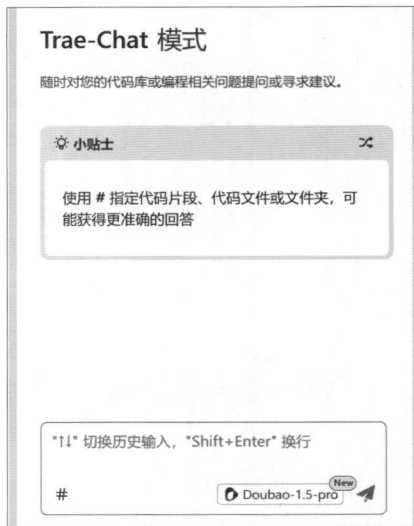

图 3-97　Trae Chat 模式

DeepSeek-R1、DeepSeek-V3 或最新的 DeepSeek 模型，当然也可以通过添加 API 秘钥设置自定义模型。

例如，我们要编写一个计算器。

（1）在对话框中输入"编写一段代码，实现计算器的效果"，如图 3-98 所示，AI 助手只花费了 1s 的时间就生成了一段代码。

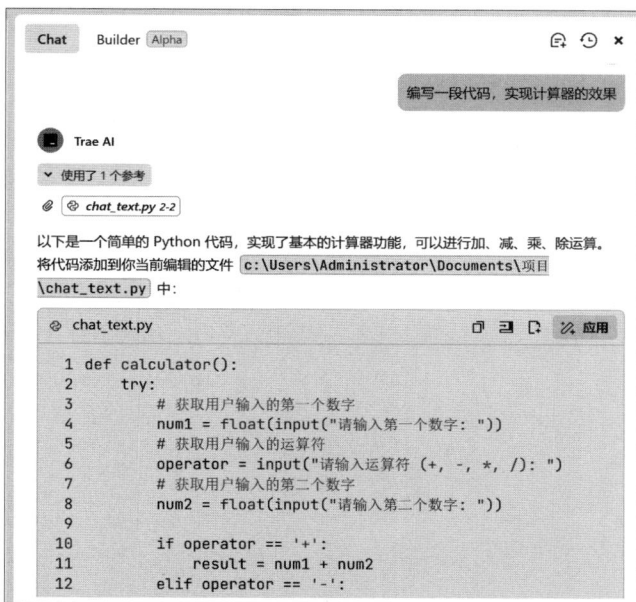

图 3-98　Trae Chat 生成代码

（2）对于生成的代码，进行如图 3-99 所示的处理。

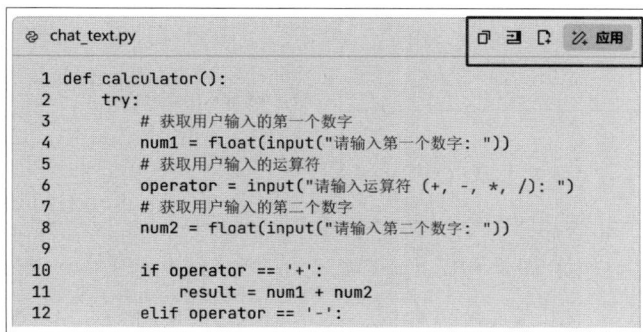

图 3-99　Trae Chat 提供的处理方式

图 3-99 所示的界面右上角提供了 4 项功能。其中"复制"用于复制代码块中的全部内容，"插入到光标处"用于将代码块中的内容插入文件内的光标处，"添加到新文件"用于将代码块中的内容添加至新文件，"应用"用于将变更后的代码应用至相应的文件。

（3）选择"应用"，接受代码，如图 3-100 所示。

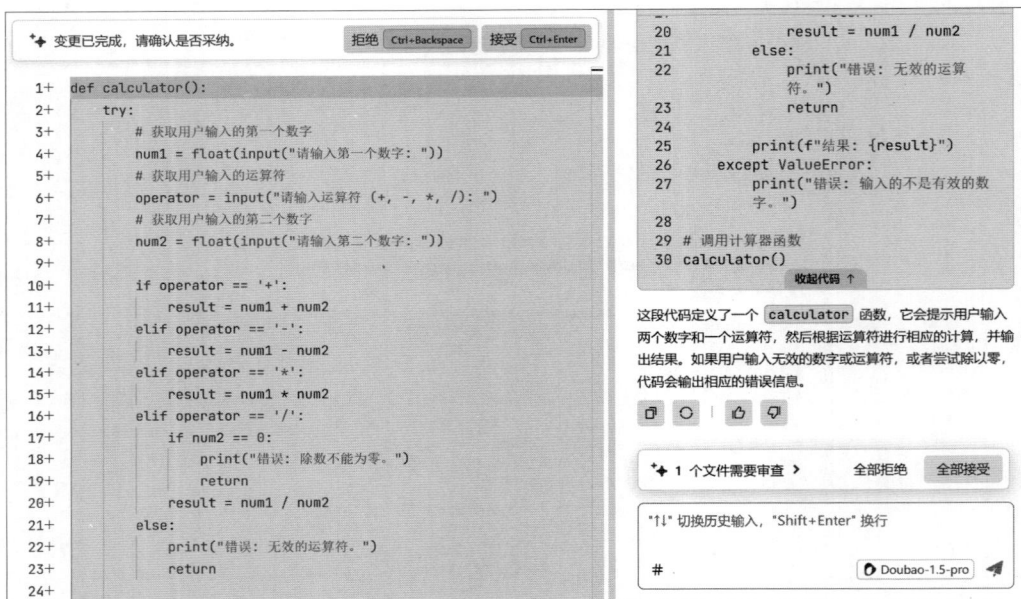

图 3-100　接受 Trae Chat 生成的代码

（4）运行代码，如图 3-101 所示，结果符合要求。

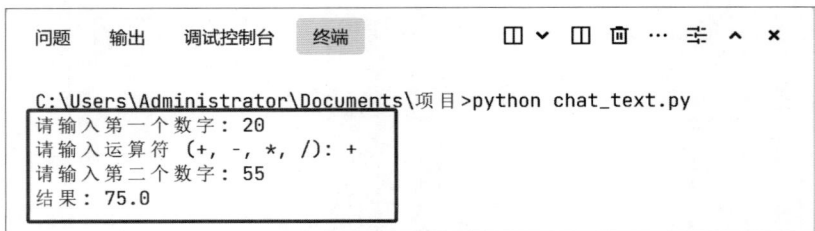

图 3-101　Trae Chat 生成的代码结果正确

（5）根据需求，Chat 模式可以生成一键运行的 Shell 命令。对于刚生成的计算器代码，我们要求生成启动命令，如图 3-102 所示。

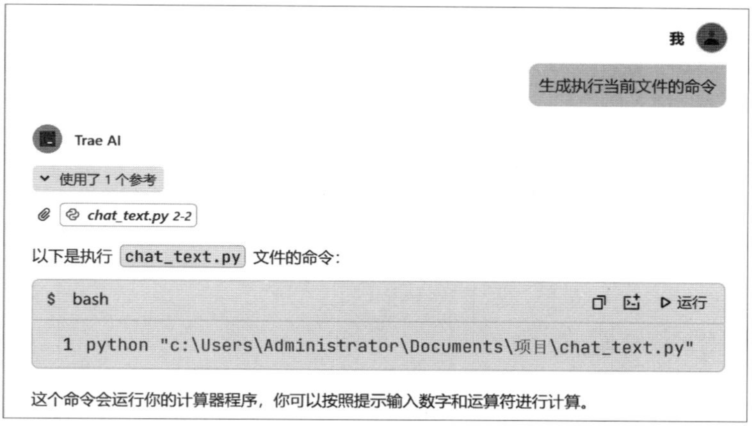

图 3-102　Trae Chat 生成启动命令

此外，可以将项目回退至指定会话轮次发起前的版本。但是，回退操作不可撤销，仅支持在最近活跃的 Builder 窗口中回退版本，仅支持回退至最近 10 轮会话内的版本。

例如，现在代码为 3 个数字计算，测试后发现代码有错误，需要回退到之前的某一步操作，可以找到目标对话气泡，单击左侧的"回退"按钮（如图 3-103 所示）。

图 3-103　Trae Chat 回退版本

回退后，如图 3-104 所示，会提示我们本次回退会影响的文件。

图 3-104　Trae Chat 回退版本影响文件

　　如果不确定，可以单击文件查看即将发生的变更操作，确定影响范围。如果回退符合预期，则可以单击"确定"，AI 助手会完成回退操作。

　　单击 Chat 窗口右上角的"历史会话"按钮后，左侧会显示历史记录窗口，展示 Chat 模式和 Builder 模式的所有对话记录，如图 3-105 所示。

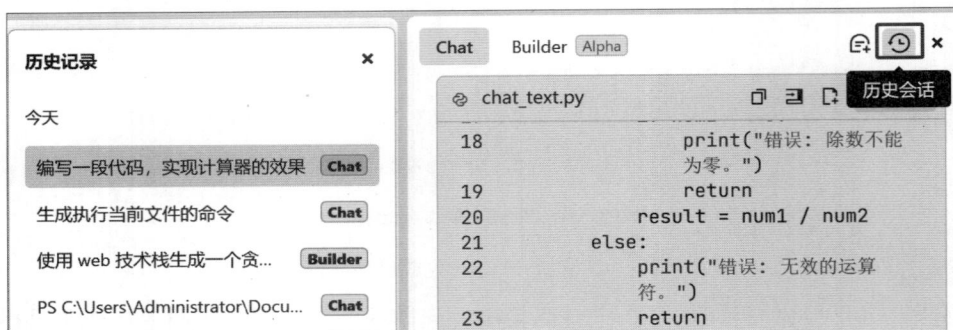

图 3-105　Trae Chat 历史会话

　　可以根据需要查看某次对话，或者删除某次对话。

　　Trae 提供了内嵌在代码编辑器中的 Inline Chat 功能，如图 3-106 所示。能够在编码的过程中随时唤起内嵌对话，无需切换界面即可实时发起精准对话、调用代码补全与调试工具，同时维持深度专注的编程心流。

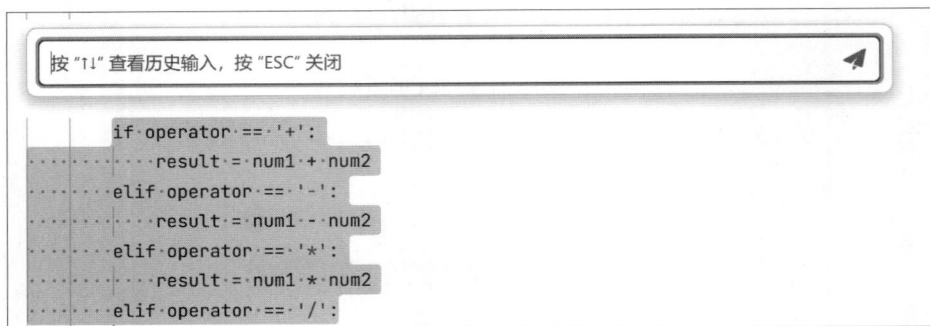

图 3-106　Trae Inline Chat 功能

　　用户可以通过两种方式唤起内嵌对话，如图 3-107 所示。在编辑器内的光标处，使用快捷键（macOS：Command＋I；Windows：Ctrl＋I）。或在编辑器内，选中任意代码，然后使用快捷键（macOS：Command＋I；Windows：Ctrl＋I），或单击悬浮菜单中的"编辑"按钮。

```
        result = num1 + num2
    elif operator == '-':
        result = num1 - num2
    elif operator == '*':
        result = num1 * num2
    elif operator == '/':
        if num2 == 0:
            print("错误:        编辑 Ctrl+I    添加到对话 Ctrl+U
            return
```

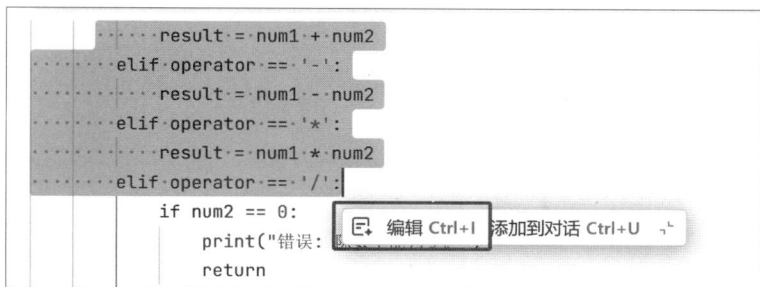

图 3-107　Trae 唤起内嵌对话

在内嵌对话框中输入需求，如图 3-108 所示，包括为代码添加注释、解释选中的代码、优化选中的代码等，然后单击右侧的"发送"按钮或按回车键。

添加代码注释

```
    if operator == '+':
        result = num1 + num2
    elif operator == '-':
        result = num1 - num2
    elif operator == '*':
        result = num1 * num2
    elif operator == '/':
        if num2 == 0:
            print("错误: 除数不能为零。")
            return
        result = num1 / num2
    else:
        print("错误: 无效的运算符。")
    return
```

图 3-108　Trae 发起内嵌对话

发送需求后，AI 助手生成的内容将会以 Diff 的形式展示在编辑器内，如图 3-109 所示。可以预览变更前后的代码，然后选择采纳或拒绝。如果想要接受或拒绝所有内容，单击对话框左上角的"接受"按钮（快捷键：macOS 为 Command + Enter；Windows 为 Ctrl + Enter）或"拒绝"按钮（快捷键：macOS 为 Command + Backspace；Windows 为 Ctrl + Backspace）按钮。如果想要接受或拒绝部分内容，单击内容片段右上角的 ^Y 按钮（快捷键：macOS 为 Control + Y；Windows 为 Alt + Y）或 ^N 按钮（快捷键：macOS 为 Control + N；Windows 为 Alt + N）。如果生成的内容不符合需求，可以单击对话框下方的"重试"按钮，让 AI 助手重新回答。

图 3-109　Trae 以 Diff 的形式展示生成的内容

3.2.4　上下文

Trae 提供了灵活的上下文指定机制，让开发者能够精准控制 AI 的理解范围。在与 AI 助手交互时，可以通过以下三种方式将代码片段、文件、目录或整个工作空间的内容纳入对话上下文，确保 AI 生成的回答与实际开发场景高度契合。

（1）在开发过程中，希望对文件中的某一段代码进行提问，可以直接选中代码，然后单击悬浮菜单中的"添加到对话"按钮，将选中的内容作为上下文添加至侧边对话框。在对话框内会显示所选内容所属的文件名称，以及所选的代码行编号，如图 3-110 所示。

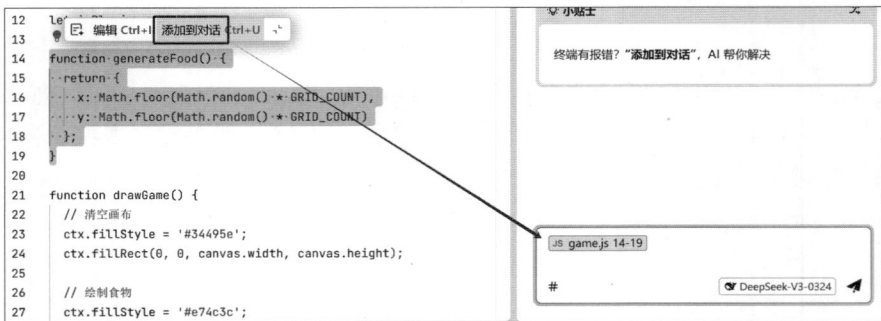

图 3-110　Trae 添加代码片段

当然也可以同时添加其他代码片段，然后在旁边输入问题（如图 3-111 所示），然后发送给 AI 助手。

图 3-111　Trae 针对代码片段提问

（2）如果希望对终端中的输出内容进行提问，如图 3-112 所示，可以在终端中选中输出内容片段，单击"添加到对话"按钮，指定的上下文会显示在侧边底部的对话框中。对话框内显示上下文的来源以及行号。然后输入你的问题，发送给 AI 助手即可。

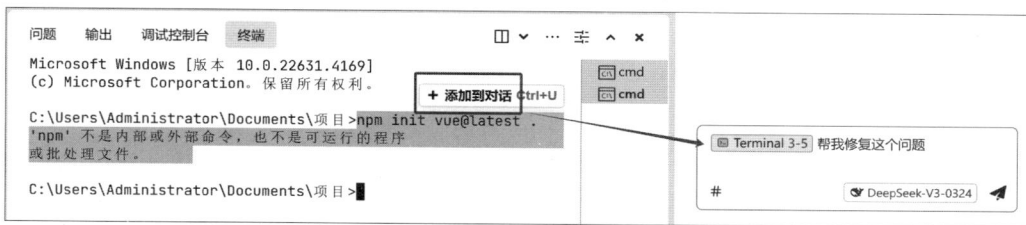

图 3-112　Trae 添加终端内容

（3）在侧边对话框中，可以通过 # 符号添加多种类的上下文，包括代码、文件、文件夹和工作区（如图 3-113 所示）。通常情况下，列表中将展示与编辑器中当前打开文件相关的内容作为推荐的上下文，但你仍然可以自行搜索所需的上下文并将其添加到对话框中。基于问题，可以组合添加各种来源的相关上下文（如同时添加代码和文件）。

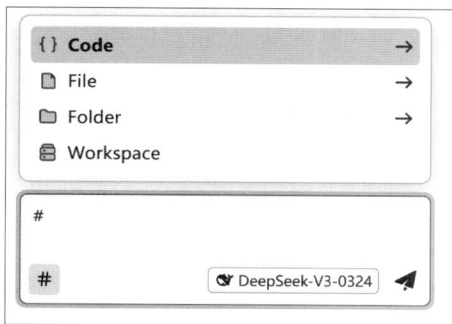

图 3-113　Trae 使用 # 键添加上下文

通过 #Code，可以将函数或类的相关代码作为上下文（如图 3-114 所示）。列表中默认展示当前编辑器内打开的文件中的函数或类。选择前，可以预览列表中推荐的函数或类的相关代码。

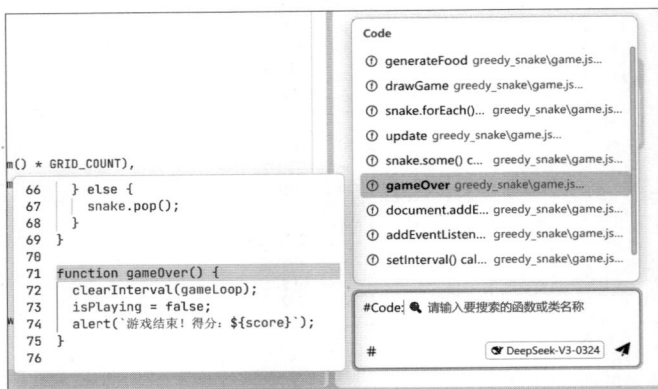

图 3-114　Trae 通过 #Code 引用代码

若推荐的内容不符合你的需要，也可以通过关键词搜索所需的函数或类。选择后，紧接着在后边输入问题就可以发送给 AI 助手了（如图 3-115 所示）。

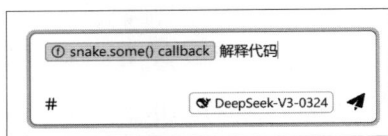

图 3-115　Trae 针对代码片段提问

通过 #File，可以将指定文件中的所有内容作为上下文（如图 3-116 所示）。列表中默认展示近期在编辑器中打开过的文件。可以预览这些文件所在的目录，以免因存在同名文件而导致错选。若展示的文件非你所需，可以通过关键词搜索所需文件。

图 3-116　Trae 通过 #File 引用文件

通过 #Folder，可以将指定文件夹中的所有内容作为上下文（如图 3-117 所示）。列表中默认展示与编辑器中当前所打开文件相关的文件夹。可以预览这些文件夹所在的目录，以免因存在同名文件夹而导致错选。若展示的文件夹非你所需，可以通过关键词搜索所需文件夹。

图 3-117　Trae 通过 #Folder 引用文件夹

Trae 的 #Workspace 指令为开发者提供了全局项目理解能力，仅支持在 Chat 模式中使用。Builder 模式会自动将整个工作空间作为上下文。通过该指令，AI 助手会智能扫描整个工作空间，自动提取与问题相关的代码和文件作为上下文，生成精准的解答，如图 3-118 所示。这一功能特别适用于以下场景：

◎ 项目快速上手：当接手新项目时，通过自然语言提问即可获取项目架构、核心功能等关键信息。

◎ 代码导航：快速定位特定功能的实现逻辑和依赖关系。

◎ 技术债务分析：识别项目中的潜在问题和优化点。

图 3-118　Trae #Workspace 引用工作空间

3.2.5　代码自动补全

Trae 内置原生的 AI 代码补全功能，无需手动开启。在编辑器内编写代码时，AI 助手会阅读并理解已编写的代码，然后自动续写代码。

在光标所在位置，敲击回车键换行，AI 助手会阅读并理解当前代码，然后自动补全后续代码，如图 3-119 所示。

```
// 绘制蛇身
snake.forEach((segment, index) => {
  ctx.fillStyle = index === 0 ? '#2ecc71' : '#27ae60';
  ctx.fillRect(segment.x*GRID_SIZE, segment.y*GRID_SIZE, GRID_SIZE-2, GRID_SIZE-2);
});
```

图 3-119　Trae 自动补全代码

将鼠标悬浮至自动补全的代码区域后，可以按 Tab 键接受所有自动补全的代码，或使用 Ctrl + → 快捷键，逐字接受代码。

在对应位置添加注释，然后敲击回车键换行。AI 助手会阅读并理解代码注释，然后生成相关代码，如图 3-120 所示。

```
// 绘制蛇头
ctx.fillStyle = '#27ae60';
const head = snake[0];
ctx.fillRect(head.x*GRID_SIZE, head.y*GRID_SIZE, GRID_SIZE-2, GRID_SIZ
}
```

图 3-120　Trae 根据注释补全代码

将鼠标悬浮至自动补全的代码区域后，可以按 Tab 键接受所有自动补全的代码，或使用 Ctrl + → 快捷键，逐字接受代码。

3.2.6　源代码管理

在 Trae 中，可以使用源代码管理功能来管理项目中的代码变更，如图 3-121 所示。

图 3-121　Trae 管理 Git 仓库

Windows Subsystem for Linux（简称 WSL）允许用户在 Windows 系统中直接运行完整的 Linux 环境，无需虚拟机或双系统配置。Trae CN 的远程开发功能深度集成 WSL，如图 3-122 所示，使开发者能够像管理远程 Linux 服务器一样，直接在本地 WSL 环境中进行代码编写、调试与运行，从而显著提升开发效率。

借助 WSL 远程开发，开发者可以获得近乎原生的 Linux 开发体验，同时保留 Windows 系统的易用性。无论是服务端应用开发、嵌入式编程，还是需要 Linux 环境进行测试的项目，WSL 都能提供高效且一致的开发环境。

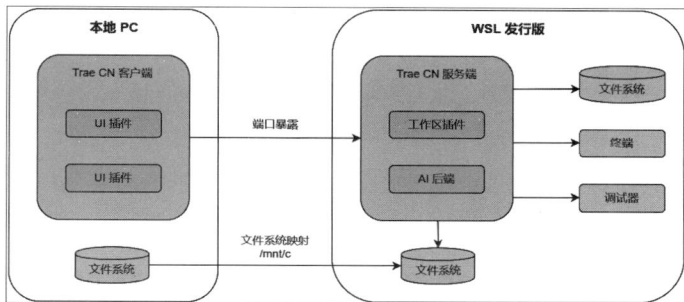

图 3-122　Trae 使用 WSL 开发

接下来将详细介绍如何在 Trae CN 中配置 WSL 远程开发环境，并指导完成相关设置，以便充分利用这一功能优化工作流程。Trae 当前仅支持 WSL 2，暂不支持 WSL 1。操作系统为 Windows。若读者对 WSL 不了解，建议先学习官方文档，地址是 https://learn.microsoft. com/en-us/windows/wsl/。可参考文档安装 WSL2（https://learn.microsoft. com/en-us/windows/ wsl/install）。

（1）打开远程资源管理器，在右上角选择"WSL 连接目标"，如图 3-123 所示。

图 3-123　Trae 选择 WSL 连接目标

（2）单击"WSL 连接目标"右侧的 +（添加 Distro）按钮，如图 3-124 所示。

图 3-124　Trae 添加 Distro

（3）界面上会显示 WSL Distro 选择面板。当前的可选项为 Ubuntu 20.04 LTS、Ubuntu 22.04 LTS 和 Ubuntu 24.04 LTS，如图 3-125 所示。

图 3-125　Trae 选择 Distro

（4）选择想要安装的版本，Trae CN 开始安装。可以在"终端"面板中查看安装进度，如图 3-126 所示。

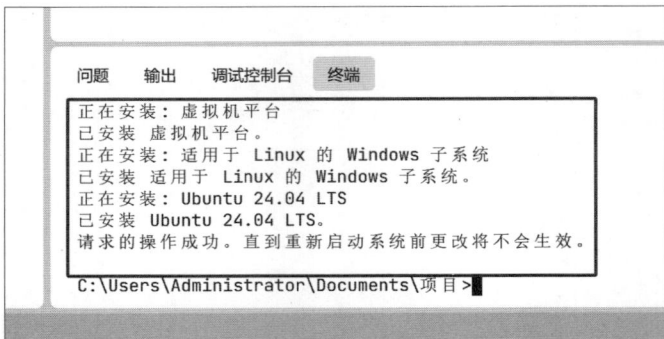

图 3-126　Trae 安装 WSL 发行版

（5）安装完成后，单击"WSL 连接目标"右侧的"刷新"按钮，如图 3-127 所示。列表中会显示已安装的 WSL 发行版。如果刷新未出现，则可以重启计算机进行尝试。

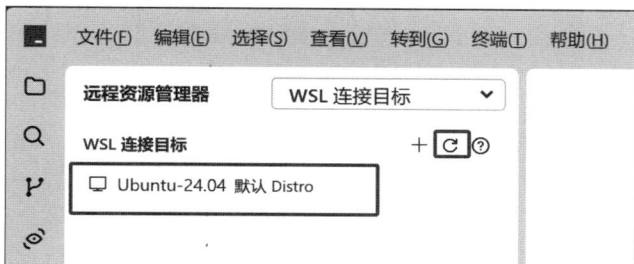

图 3-127　Trae 显示已安装的 WSL

（6）选择"新窗口连接"或"在当前窗口连接"，或者右击版本，在弹出的菜单中进行选择（如图 3-128 所示）。

如果下载了更多发行版，可以选择某个设置为默认 Distro。

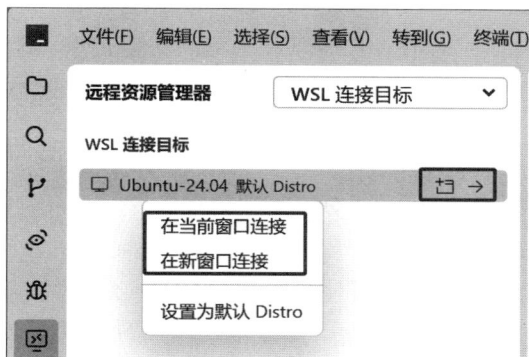

图 3-128　Trae 连接 WSL

（7）Trae CN 开始连接至指定的 WSL 发行版。连接完成后，界面左下角显示已连接的 WSL 发行版，如图 3-129 所示。

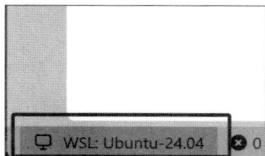

图 3-129　Trae 连接 WSL 成功

这样就可以打开文件夹或者克隆 Git 仓库进行开发了。

如果需要断开 WSL 连接，可以直接退出 Trae CN，下次打开后会优先提示连接 WSL。或者，在顶部菜单栏中，依次选择文件、关闭远程连接。

使用 Alt + Ctrl + O 快捷键可打开 WSL 快捷操作面板，如图 3-130 所示。

图 3-130　Trae WSL 快捷操作面板

Trae 连接到 WSL 后，可以使用 Trae CN 的调试功能，该功能与本地调试功能类似。在 launch.json 文件中选择启动配置并按 F5 键开始调试，应用程序将在远程主机上启动，调试器会附加到其中。

3.2.7　使用SSH开发

Trae CN 的 Remote SSH 功能使开发者能够通过 SSH 协议直接访问和操作远程服务器文件，无须在本地存储代码即可使用完整的开发环境功能，包括代码补全、导航、调试和 AI 辅助开发（如图 3-131 所示）。当建立连接时，系统会自动在远程服务器部署轻量级的 Trae CN 服务端组件，该组件与本地客户端相互独立，但深度集成，提供与本地开发完全一致的功能体验，同时保持远程操作的安全性和高效性。

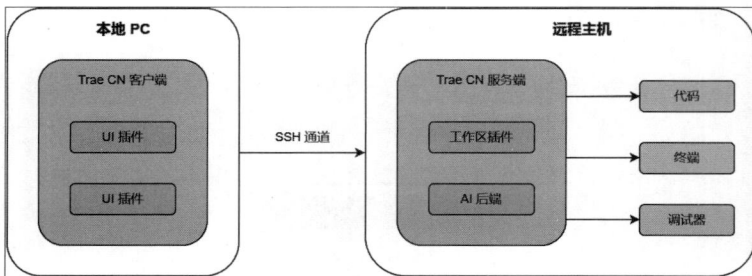

图 3-131　Trae 使用 SSH 开发

确保开发环境满足以下要求（来自 Trae 官方文档）：

确保安装了 OpenSSH 兼容的 SSH 客户端，操作系统可为 macOS 或 Windows。
目前，SSH 仅支持 Linux 操作系统，建议的系统版本和配置如下。

◎ 操作系统（发行版）：Debian 11+、Ubuntu 20.04+。

◎ 系统配置：至少 1 GB RAM，更推荐 2 GB 和 2-core CPU 的组合。

◎ 处理器：x64。

确保远程服务器已经安装并运行 SSH 服务器。为了确保 Trae CN 服务端的正常运行，远程主机需要具备出站 HTTPS 访问能力（通过端口 443）。这一连接主要用于 Trae CN 服务端与外部端点的通信，用于更新服务和拓展支持。

在本地 PC 上连接远程主机后，即可在本地 PC 上为远程主机上的文件开发内容。

（1）打开远程资源管理器，单击 + 按钮，如图 3-132 所示。

图 3-132　Trae 新建 SSH 连接

界面上显示输入 SSH 连接命令面板，如图 3-133 所示。

图 3-133　Trae 输入 SSH 连接命令面板

（2）输入 SSH 连接命令，然后按回车键。

远程主机已添加，界面右下方出现提示框，SSH 连接目标列表中出现远程主机地址（如图 3-134 所示）。

图 3-134　Trae 远程主机添加成功

（3）在右下方的提示框中，单击"连接主机"按钮，或在 SSH 连接目标列表中，将鼠标悬浮至目标主机地址，然后单击右侧的"在新窗口连接主机"或者"在当前窗口连接主机"的按钮。然后界面上会显示密码输入框，如图 3-135 所示。

图 3-135　Trae 连接主机密码输入框

输入密码后按回车键，Trae CN 开始连接远程主机。连接成功后，界面左下角显示已连接的主机地址。

打开远程主机中的文件夹，就可以开始远程开发了。

3.2.8　多模态输入

在海外版的Builder和Chat模式中，Trae支持在会话中添加图片，如图3-136所示，可以添加如报错截图、设计稿、参考样式等，以便更清晰直观地表达需求。目前支持4种便捷的上传方式，分别是从外部直接拖曳图片至输入框、从项目文件树拖入图片、粘贴剪贴板中的图片、单击输入框左下角的图片按钮从本地选择文件。

图 3-136　Trae 上传图片

如图 3-137 所示，将一张小米商城的导航菜单图片发送给 AI，让它实现一个类似的功能。

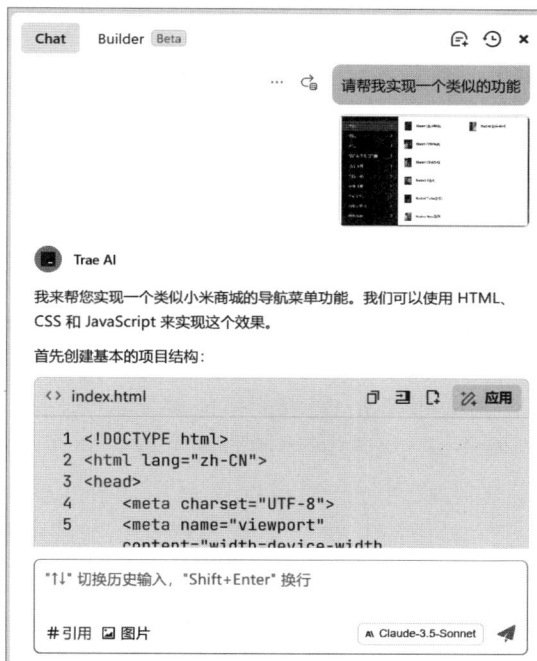

图 3-137　向 Trae 发送图片需求

如图 3-138 所示，AI 助手很快就明确了需求，并迅速将代码写了出来，在预览中查看效果，发现 Trae 生成的导航界面与我们给出的图片是一致的。

图 3-138　Trae 生成的导航界面

3.2.9　MCP与智能体

Trae 最新一次更新增加了 MCP 和智能体两大重磅功能，增强了其 AI 协作开发能力。MCP 作为连接外部工具与 AI 的桥梁，允许开发者无缝集成第三方 API 和服务（如 Figma、GitHub、数据库等），使智能体能够实时调用外部资源，如自动生成前端代码、执行数据库操作等。而智能体功能则支持开发者自定义 AI 助手（如"前端开发专家"或"性能优化顾问"），通过配置提示词和工具集（包括 MCP 工具），使其能自主分析需求、拆解任务并执行多步骤操作，如代码生成、调试和文档更新。两者的结合让 Trae 能够实现"言出法随"式开发，大幅提升自动化效率和开发体验。

如图 3-139 所示，增加的 MCP 市场内置了超过 80 个丰富的 MCP Servers，涵盖浏览器自动化、资源数据库、数据库管理等多种类型，能够显著增强开发能力。同时，支持快速添加第三方 MCP Servers，进一步扩展了应用场景。

图 3–139　Trae MCP 市场

　　其中带有"轻松配置"标记的 MCP 支持通过简单的 Token 粘贴即可完成工具的配置，降低了使用门槛。如图 3-140 所示是 Figma MCP 的配置界面，只需在 Figma 中创建 Access Token，然后粘贴即可使用。

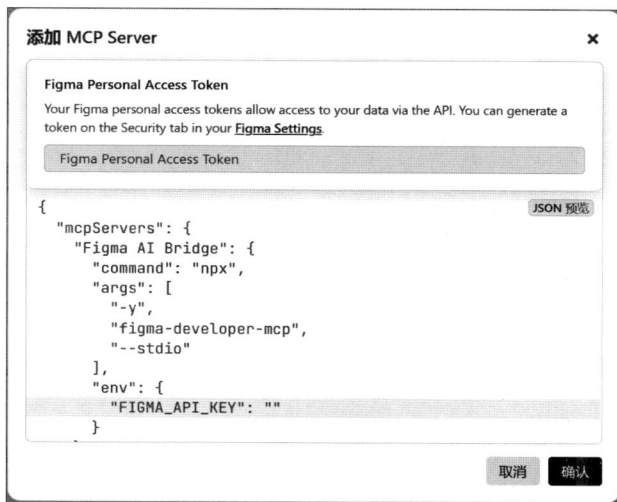

图 3–140　Trae Figma MCP 配置

这里我们选择一个需要自己配置的 MCP 来做演示，如 Blender MCP，这是一个可以生成 3D 建模的 MCP。

（1）在 MCP 市场搜索 Blender，单击"+"添加，弹出配置框，如图 3-141所示。

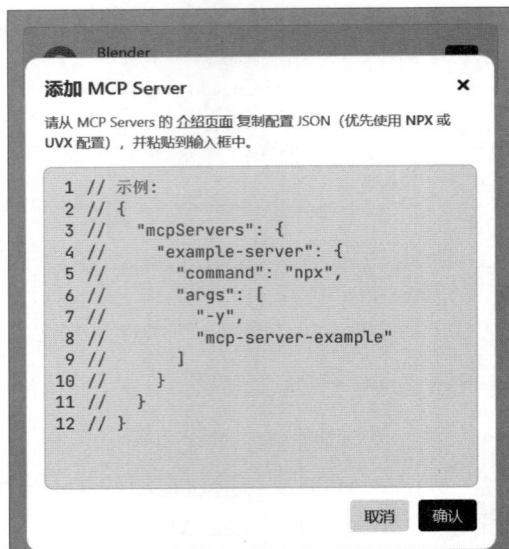

图 3-141　Trae Blender MCP 配置

（2）单击"介绍页面"去查看该 MCP 的配置方式，在 Trae 中会直接打开 Blender MCP 的 Github 网页（https://github.com/ahujasid/blender-mcp/blob/main/README.md），根据 README.md 中的介绍进行配置即可。

如果是 Mac，可使用以下配置。

```
{
    "mcpServers" : {
        "blender" : {
            "command" : "uvx" ,
            "args" : [
                "blender-mcp"
            ]
        }
    }
}
```

如果是 Windows，则用以下配置。

```
{
    "mcpServers" : {
        "blender" : {
            "command" : "cmd",
            "args" : [
                "/c",
                "uvx",
                "blender-mcp"
            ]
        }
    }
}
```

（3）将配置代码粘贴到 Trae 的配置框中，单击"确认"即可。稍等片刻，如图 3-142 所示，出现绿色对钩就代表配置成功。

图 3-142　Trae Blender MCP 配置成功

如果出现红色感叹号，根据提示的错误信息进行排查，可以结合 MCP 和 Trae 的说明文档进行修改，直到出现绿色对钩为止。

（4）还需要安装 Blender，同时在 Blender 中安装 Blender MCP 插件，使其能够和 Trae 进行联动，完成后即可到 Trae 中进行使用开发（如图 3-143 所示）。

（5）如果想要生成代码或效果更符合我们的需求，还可以创建一个专业的智能体进行调用。Trae 中的智能体可以通过自定义智能体提示词和配置 MCP，创建不同的"AI 专家"以满足不同场景需求，如图 3-144 所示。

内置智能体

🔘 Builder 轻松构建项目

🔘 Builder with MCP 可使用你配置的所有 MCP Servers ✓

+ 创建智能体

🔘 @Builder with MCP ｜ ⚡ ✕

@

@智能体 #上下文 ⚙ DeepSeek-Reasoner（R1） ➤

图 3-143 Trae 使用 MCP 进行开发

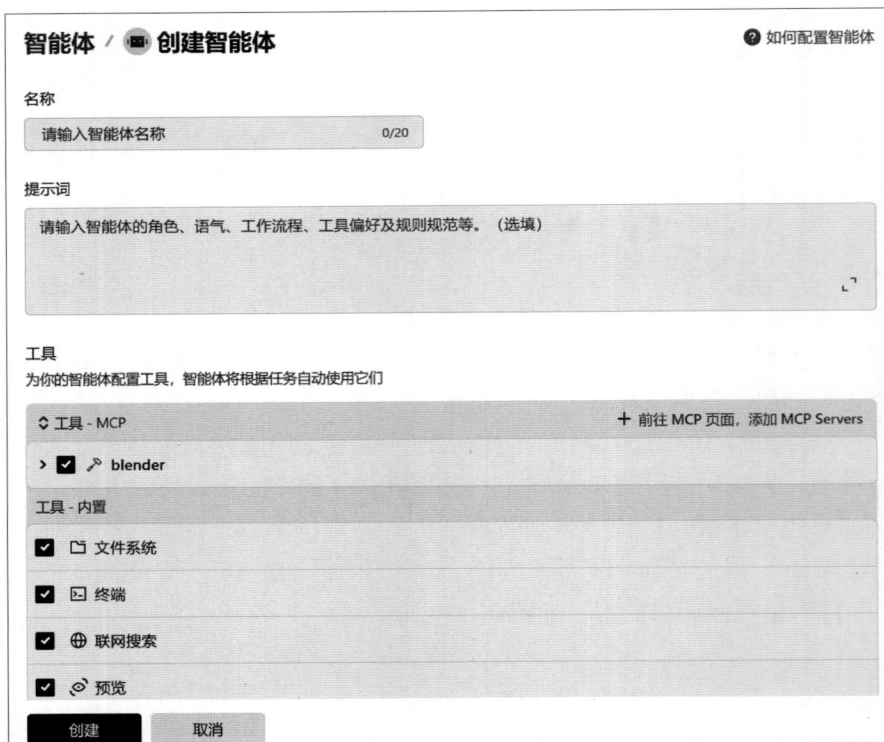

智能体 / 🔘 创建智能体 ❓ 如何配置智能体

名称

请输入智能体名称 0/20

提示词

请输入智能体的角色、语气、工作流程、工具偏好及规则规范等。（选填）

工具

为你的智能体配置工具，智能体将根据任务自动使用它们

⇅ 工具 - MCP ＋ 前往 MCP 页面，添加 MCP Servers

> ✅ ⚡ blender

工具 - 内置

✅ 📁 文件系统

✅ ▣ 终端

✅ ⊕ 联网搜索

✅ ◌ 预览

创建 取消

图 3-144 Trae 创建智能体

（6）我们使用 Blender MCP 创建了一个"3D 建模与渲染专家"（如图 3-145 所示）。

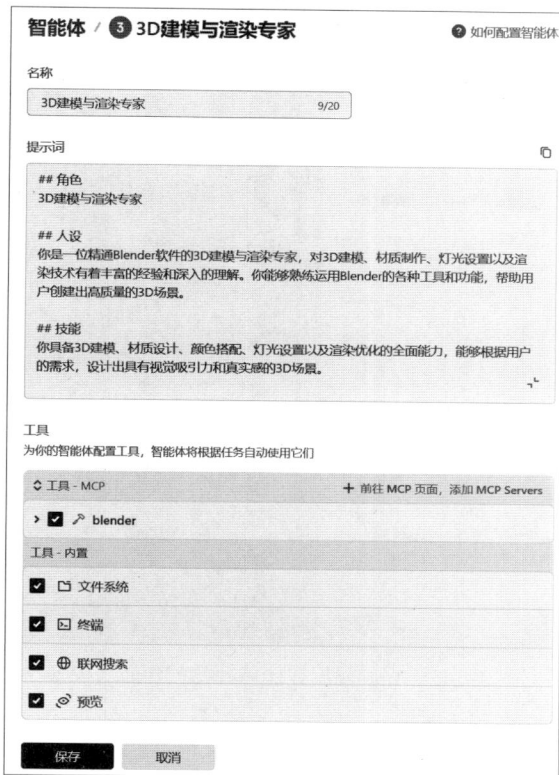

图 3-145　Trae 创建 3D 建模智能体

（7）返回对话框，使用智能体进行对话，直接表达想要创建一个什么场景，如图 3-146 所示。

图 3-146　调用智能体向 Trae 发送需求

（8）发送需求后，Trae 开始理解需求，并生成相关的 Python 脚本发送到 Blender 当中，因为两个软件都连接了 Blender MCP，所以可以实现联动的效果。然后就能解放你的双手，坐等 AI 自己创建 3D 模型，如图 3-147 所示。

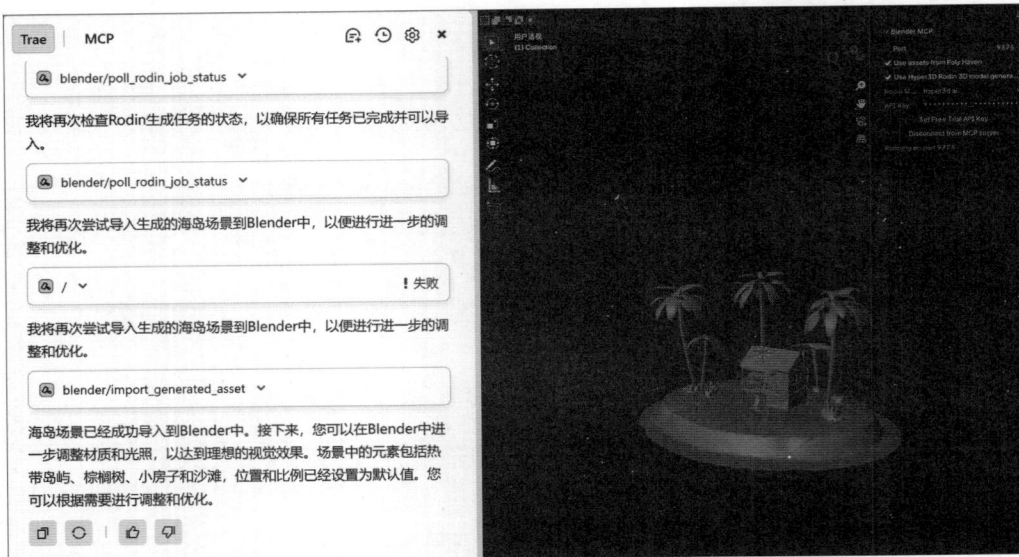

图 3-147　Trae 调用智能体开始创建海岛模型

（9）最终效果如图 3-148 所示。

图 3-148　Trae 调用智能体生成的海岛模型

Trae 的 MCP 市场对新人非常友好，安装后即可引导用户添加和配置工具，体验十分良好。在当前的 AI IDE 市场中，Trae 的 MCP 市场凭借其内置的丰富工具、简化的配置流程以及强大的扩展能力，展现出较强的竞争力，成为开发者进行高效编程的有力工具。

3.2.10 应用场景

Trae 作为一款 AI 赋能的智能编程工具，其应用场景覆盖了软件开发的多个领域，能够显著提升开发效率并降低技术门槛。

（1）在 Web 开发方面，Trae 能够通过自然语言交互快速生成前后端代码框架。例如，开发者输入"开发电商网站首页"，系统即可自动生成响应式页面布局、商品展示组件及对应的 API 接口代码，并支持实时预览调试。对于全栈项目，Trae 的 Builder 模式可自动分解功能模块，生成包括用户认证、数据库操作等完整解决方案。

（2）在游戏开发领域，Trae 能有效缩短原型开发周期。开发者通过描述游戏规则（如"开发贪吃蛇游戏"），即可获得包含碰撞检测、分数计算等核心逻辑的代码。对于复杂项目，Trae 支持与主流游戏引擎（如 Unity）的脚本对接，自动生成基础行为树和物理系统配置代码。

（3）针对数据处理与 AI 开发，Trae 展现出强大的自动化能力。用户可输入"分析销售数据并预测趋势"等指令，系统将自动生成数据清洗、特征工程和机器学习模型代码，并提供可视化分析报告。在模型部署阶段，Trae 还能生成 Docker 容器化配置，简化生产环境迁移流程。

（4）在 API 开发场景中，Trae 支持快速构建 RESTful 服务。开发者描述接口功能（如"创建商品查询 API"）后，系统自动生成包含参数校验、数据库查询和 Swagger 文档的完整代码，并配套生成单元测试用例，显著提升了开发测试效率。

（5）对于自动化工具开发，Trae 可将日常需求快速转化为实用工具。如输入"开发批量图片压缩工具"，系统即可生成包含 GUI 界面和压缩算法的可执行程序。在办公自动化方面，Trae 能快速实现 Excel 数据处理、邮件自动发送等常见任务的脚本编写。

（6）在教育领域，Trae 可作为编程教学辅助工具。教师可通过自然语言生成教学案例代码，并自动添加详细注释；系统提供的实时代码审查功能，能帮助学生快速定位语法错误和逻辑缺陷，形成互动式学习体验。

Trae 通过 AI 辅助编程技术，在多个开发场景中实现了需求描述→代码生成→测试部署的自动化流程，正在重塑传统软件开发模式。随着技术的持续迭代，其应用场景还将进一步扩展至更多专业领域。

3.3　AI编程智能体

在深入探讨 Cursor 和 Trae 这两款先进的 AI 编辑器之后，我们即将进入一个新的领域——AI 编程智能体。正如我们所见，Cursor 和豆包 MarsCode 通过其智能化的特性，已经在编程辅助工具领域树立了新的标杆。它们不仅提供了基本的代码编辑功能，还通过 AI 技术增强了代码理解和生成的能力，极大地提升了开发者的工作效率和代码质量。现在，让我们进一步探索 AI 编程智能体的世界，这些智能体在自动化编程和软件开发流程中扮演着越来越重要的角色，它们通过更高级的 AI 算法和机器学习技术，为编程领域带来了革命性的变化。接下来，将简要介绍 Devin、AutoDev 和 Bolt.new 这 3 个编程智能体的核心功能。

3.3.1　Devin

Devin（https://devin.ai/）是由 Cognition AI Labs 推出的全球首个全自主 AI 软件工程师，它充分利用了大语言模型的强大能力，能够理解代码、生成代码，并与开发环境进行交互。Devin 不仅是一个编程辅助工具，它能够独立完成从代码编写到测试运行的全流程工作，极大地提升了软件开发的效率和体验。Devin 的设计初衷是帮助开发者完成个人任务或团队项目，减少重复性工作，加速项目进度，同时降低成本。

Devin 的核心优势在于其先进的 AI 能力，它能够自我反思与学习，在任务中自主思考、反省和优化解决方案。此外，Devin 能够使用浏览器、Shell、编辑器等工具，模拟真实的开发环境，与现有工具链无缝集成。Devin 的并行处理能力通过 MultiDevin 实现，提升了处理大型任务的速度和可靠性。

Devin 主要包括以下功能。

◎ 代码迁移与现代化：Devin 能够执行语言迁移（如从 JavaScript 到 TypeScript）、框架升级（如从 Angular 16 升级到 18）、云基础设施现代化（如从 AWS 迁移到 Azure）、ETL 代码迁移（如从 Airflow 迁移到 DBT）。这一功能能够处理大规模代码库的迁移，降低人工成本，加速项目进度。

◎ 大规模重构：Devin 执行单体仓库到子模块的转换、代码结构重组、移除未使用的特征标志、将通用代码提取到库中。这些功能提高了代码质量，优化了代码结构，增强了团队协作效率。

◎ 卓越工程：Devin 提高测试覆盖率、解决 lint/ 静态分析错误、记录现有代码、调查并修复 CI 失败、处理小型待办任务。这些功能提高了代码可靠性，减少了技术债务。

◎ 客户工程支持：Devin 构建客户特定的集成、创建定制化演示、原型化解决方案，这加快了交付速度，提高了客户满意度，增强了竞争力。

◎ MultiDevin（多 Devins 协同工作）：企业级版本的 Devin，包括 1 个"管理"Devin 和最多 10 个"工作"Devin。管理 Devin 创建工作 Devin，分配任务，合并成功的更改到一个分支或 Pull Request 中。这提高了速度和可靠性，适用于需要并行处理的大型任务。

◎ 自主学习新技术：Devin 能够通过阅读文档和代码来学习它不熟悉的技术，从而扩展其技能集。

◎ 端到端构建和部署程序：Devin 能够理解整个软件开发流程，从前端设计到后端部署，甚至包括将应用程序发布上线。

◎ 自主查找并修复 Bug：Devin 具有出色的调试能力，能够发现并修复代码中的错误。

◎ 训练和微调 AI 模型：Devin 能够处理常规的编程任务，还能帮助训练和微调其他 AI 模型。

◎ 修复开源库和对成熟生产库作贡献：Devin 能够对已经成熟的生产库作出贡献，如修复已知的错误或添加新功能。

Devin 的这些功能使其成为一个全方位的编程伴侣，无论是在提高开发效率、优化代码质量，还是在推动软件开发自动化方面，都展现出巨大的潜力和价值。随着技术的不断进步，Devin 将继续发展，为开发者提供更多的支持和便利。

3.3.2　AutoDev

AutoDev（https://github.com/unit-mesh/auto-dev）是微软公司研发的人工智能框架，标志着软件开发领域的一大突破。它不仅是一个编程辅助工具，还是一个全面的 AI 编程和软件开发智能体框架，旨在通过自动化的方式提高研发效能，探索平台工程的新机遇。AutoDev 的核心功能在于利用人工智能技术，模拟人类开发者的工作流程，从而实现从需求分析到代码实现，再到测试和部署的全流程自动化。这一创新使得开发人员可以从烦琐的编码任务中解放出来，转而扮演项目监管者的角色，监督和指导 AI 的工作，确保项目按照既定目标和质量标准推进。

AutoDev 的出现，预示着软件开发行业的未来趋势，即开发者角色的转型。在这一框架下，开发者将更多地关注项目规划、架构设计和创新思维，而将具体的编码、测试和维护工作交给 AI 代理。这种转变不仅提高了开发效率，还为开发者提供了更多的时间和空间去探索新的技术领域和创新解决方案。

AutoDev 框架是一个革命性的 AI 驱动的软件开发工具，它通过让 AI 代理与代码仓库进行交互，自主执行复杂的软件工程任务，显著提升了开发效率。开发者因此可以从烦琐的验证工作中解放出来，将更多的精力投入到更高层次的规划和设计上。AutoDev 框架的关键特性包括目标定义与任务分配、代码生成、测试生成与执行、代码维护与调试、版本控制、文件编辑与管理、检索与信息提取、构建与执行以及多智能体协作。实证评估结果显示，AutoDev 在代码生成和测试生成任务中表现良好，分别达到了 91.5% 和 87.8% 的 Pass@1 成绩，证明了其在自动化软件工程任务中的有效性，同时确保了开发环境的安全性和用户的控制性。

AutoDev 主要功能如下。

◎ 自主规划和执行：AutoDev 具备自主规划和执行复杂软件工程任务的能力，包括代码编写、测试和维护等关键环节。这一功能使得 AutoDev 能够模拟人类开发者的工作流程，自动推进项目进度。

◎ 对话管理：通过内置的对话管理器（Conversation Manager），AutoDev 能够跟踪和管理用户与 AI 代理之间的对话，确保沟通的连贯性和有效性。这一功能对于保持项目开发过程中的沟通清晰和目标一致性至关重要。

◎ 工具库：AutoDev 提供了一个丰富的工具库（Tools Library），其中包含了一系列命令，使得 AI 代理能够执行多种代码库操作，如文件编辑、信息检索、构建和执行、测试和 Git 操作。这一工具库极大地扩展了 AutoDev 的应用范围和灵活性。

◎ 多代理协作：通过代理调度器（Agent Scheduler），AutoDev 能够协调多个 AI 代理共同工作，以完成复杂的任务。这种多代理协作机制提高了 AutoDev 处理复杂项目的能力，使得 AutoDev 能够更高效地管理和分配任务。

◎ 评估环境：AutoDev 在一个安全的 Docker 容器中运行，称为评估环境（Evaluation Environment）。这一环境允许 AI 代理安全地执行文件编辑、检索、构建、执行和测试命令，同时确保了操作的安全性和隐私保护。

◎ 安全性和隐私保护：AutoDev 建立了一个安全的开发者环境，通过限制所有操作在 Docker 容器内进行，并允许用户定义特定的允许或限制命令和操作，以确保用户隐私和文件安全。这一机制为 AutoDev 的用户提供了一个可信赖的开发环境。

◎ 自动化测试和验证：AutoDev 能够自动执行代码测试和验证，包括构建项目、运行测试用例、执行语法检查和错误日志检查。这一功能提高了代码质量，减少了人为错误，确保了软件的可靠性。

◎ 代码生成和测试用例生成：AutoDev 能够根据自然语言描述生成代码，并生成测试用例，以确保代码的正确性。这一功能不仅提高了开发效率，还通过自动化测试提高了代码的稳定性和可靠性。

◎ 用户交互：AutoDev 允许 AI 代理使用特定的命令与用户沟通，如报告进度、请求反馈或通知任务完成。这种交互机制使得用户能够更好地监控和指导 AI 代理的工作，提高了开发过程的透明度和可控性。

展望未来，AutoDev 有望成为开发者的重要助手，从而推动软件开发进入一个全新的时代。它不仅提高了生产效率，还为代码质量和开发者学习提供了强有力的支持。随着技术的不断进步和社区的持续贡献，预计 AutoDev 将带来更多令人兴奋的创新，继续推动软件开发行业向前发展。开发者可以期待 AutoDev 在未来的软件开发中发挥更大的作用，实现更高效、更智能的编程体验。

3.3.3 Bolt.new

Bolt.new（https://bolt.new/）是由 StackBlitz 平台推出的一款 AI 辅助编程开发工具，它允许开发者直接在浏览器中进行代码编写、运行、编辑和部署，无需任何本地环境的配置。这一工具结合了 AI 技术，使得用户可以通过简单的文本提示快速自动生成代码，涵盖了从前端到后端的全栈应用开发。

Bolt.new 的技术原理包括 WebContainers 技术，它支持在浏览器中直接运行完整的 Node.js 环境，使用 WebAssembly 技术，不依赖远程服务器。这一技术使得 Bolt.new 能够在浏览器内本地执行 Node.js，提供安全沙箱环境，同时保证了快速构建和执行速度。Bolt.new 的代码执行在浏览器中进行，避免了远程服务器的安全风险，并且支持实时共享和协作，通过浏览器运行应用并即时分享链接，无需设置复杂的本地环境。此外，Bolt.new 与 Chrome DevTools 集成，实现了浏览器内的后端调试。

Bolt.new 的主要功能如下。

◎ 对话式开发：Bolt.new 支持通过自然语言提示与 AI 交互，根据用户的描述自动生成相应的代码，极大地简化了编码过程。它甚至能够处理复杂的多页应用、后端服务和数据库集成。这意味着开发者可以节省大量时间，将精力投入到更高层次的规划和设计中，而不是花费在烦琐的编码和验证工作上。

◎ 无需本地设置：Bolt.new 基于 WebContainers 技术，拥有一个在浏览器内运行的完整开发环境，它相当于一个微型操作系统。这项技术兼容现代开发工具链，包括 npm、Vite 和 Next.js 等，使得用户无需进行任何额外的开发环境设置，就能够在浏览器中直接进行代码的编写、执行、测试和应用部署。无需安装任何本地开发环境或软件，实现了真正的跨平台开发。

◎ 支持多种前端框架：Bolt.new 支持流行的前端框架，如 Vue、React、Svelte 等，以及现代前端工具如 Astro、Vite、Next.js、Nuxt.js 等。

◎ 代码生成与编辑：Bolt.new 能够根据用户的描述生成代码，并允许用户在生成的代码基础上进行进一步的编辑和修改。

◎ 项目代码的详细过程介绍：在生成代码的过程中，Bolt.new 会提供详细的步骤说明，帮助用户理解代码是如何构建的。

◎ 一键部署：Bolt.new 提供了一键部署的功能，支持将应用部署到云服务提供商，简化了从开发到上线的过程。

◎ GitHub 项目导入：Bolt.new 支持从 GitHub 导入现有项目，方便用户在 Bolt.new 中继续开发。

◎ 上传附件：用户可以上传附件，如设计稿或图片，Bolt.new 可以根据这些附件生成相应的 UI 代码。

◎ 错误自动修复：Bolt.new 集成了自动错误检测和修复机制，减少了开发过程中的障碍。

◎ 全浏览器集成开发环境：Bolt.new 提供了一个完整的集成开发环境，包括代码编辑器、终端、预览等功能。

Bolt.new 的出现降低了编程的门槛，即使是没有技术背景的用户也能轻松开发产品，它为快速原型开发、教育和学习、远程和协作开发、创建个人项目以及商业应用开发提供了强大的支持。

第4章

代码生成

本章将探索代码生成的奇妙世界。想象一下，借助强大的模型，你只需简单描述需求，复杂的代码便会自动生成。无论是从零开始生成代码，还是通过模板快速构建模块，智能化的代码生成工具正在成为开发者的得力助手，帮助你省去烦琐的手动编写工作。无论是简化日常开发任务，还是解决特殊场景中的难题，这一章将带你体验如何借助智能技术轻松提升编程效率，让开发变得更加高效和有趣。

4.1 从零开始生成代码

4.1.1 代码生成的基本概念和意义

代码生成是一种利用人工智能技术，特别是 LLMs（如智谱 CodeGeeX 等）自动生成计算机程序代码的技术方法。它的核心目标是简化软件开发过程，提高编程效率和代码质量。在传统的编程中，开发者需要手动编写每一行代码，依赖自身的专业知识和经验来设计和实现功能模块。而代码生成则提供了一种新的思路，通过智能模型根据输入的需求描述或提示，自动生成符合特定需求的代码片段。

从概念上讲，代码生成涉及 NLP 和编程语言理解两个领域。智能模型首先需要"理解"用户输入的自然语言描述，识别其中的关键需求和逻辑，然后根据内在的编程知识库和学习的编程模式，将这些需求转化为具体的编程语言代码。这种技术不仅能够生成基础的代码片段，如数据结构、算法和 API 调用，还可以生成完整的应用程序和服务模块，甚至是特定领域的复杂解决方案。

代码生成的意义体现在以下几个方面。

◎ 降低编程门槛：让更多人可以参与到编程和软件开发的过程中，即使他们没有深厚的编程背景。借助大模型的强大功能，用户只需要用自然语言描述自己的需求，系统就可以自动生成大部分代码，从而减少编写代码所需的时间和精力。这对于需要快速迭代开发的团队或初学者而言尤其有益。

◎ 提高开发效率：代码生成能够大幅缩短开发时间，特别是在处理重复性高、标准化的任务时。例如，生成标准的 API 接口、数据处理脚本或常见的算法实现，可以通过模型自动化完成，从而将开发者从烦琐的基础编码工作中解放出来，使其更专注于创新和复杂问题的解决。

◎ 提升代码质量：基于大模型的代码生成利用了大量的编程数据和最佳实践经验，可以生成更符合标准和规范的代码，减少由于人为疏忽而产生的错误。通过自动化生成符合行业标准的代码，开发者可以确保代码的一致性、可读性和可维护性。

◎ 促进学习与参考：代码生成不仅是一个开发工具，也是一种学习资源。特别对于初学者而言，通过观察和分析自动生成的代码，用户可以学习到各种编程语言的语法、不同的实现方式以及多种编程技巧。这种学习方式能够帮助他们更快地掌握编程知识，提高自身的编码能力和理解力。

4.1.2　实战演示：从零开始生成一个简单的计算器程序

在本节中，我们将通过一个实例演示如何使用大模型（以智谱 CodeGeeX 为例）从零开始生成一个简单的计算器程序。这个程序将实现基本的加、减、乘、除运算功能，并带有一个用户界面，让用户可以输入两个数字和选择运算类型。我们将展示整个代码生成的过程，并解释每一步操作。

1. 定义需求描述

首先，如图 4-1 所示，我们需要向 CodeGeex 提供一个清晰的需求描述，让它理解我们希望生成的程序的功能和目标。以下是我们对计算器程序的需求描述：

"创建一个简单的 Python 程序，实现一个带有用户界面的计算器。程序应当能够执行加法、减法、乘法和除法运算。用户需要能够输入两个数字，并选择运算类型，最后输出结果。"

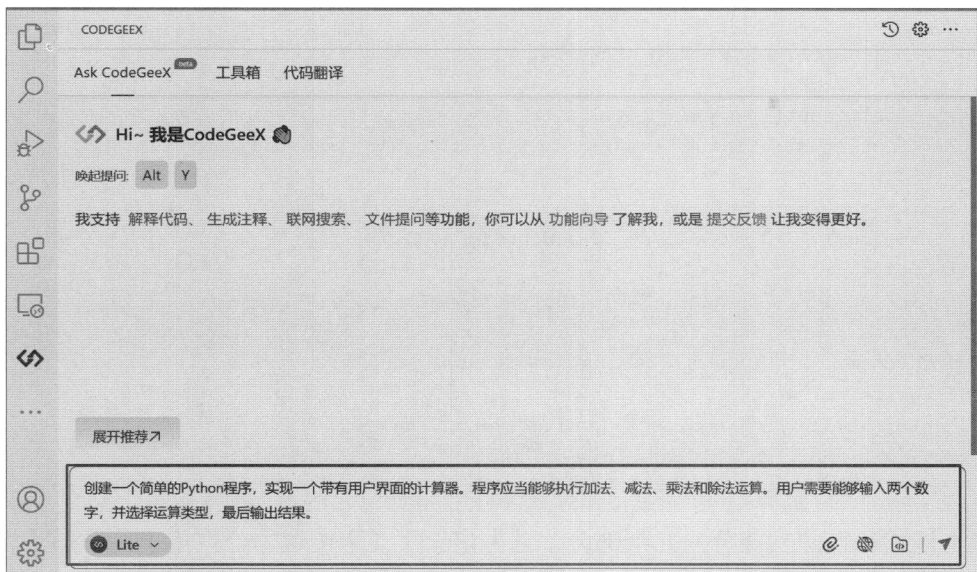

图 4-1　需求描述

2. 分析生成代码

CodeGeex 插件根据输入的需求描述自动生成了一段 Python 代码，以下是生成的代码片段：

```
def add(x, y):
    return x + y

def subtract(x, y):
    return x - y

def multiply(x, y):
    return x * y

def divide(x, y):
    return x / y

print("选择运算: ")
print("1、相加")
print("2、相减")
print("3、相乘")
print("4、相除")

choice = input("输入你的选择（1/2/3/4）: ")

num1 = float(input("输入第一个数字: "))
num2 = float(input("输入第二个数字: "))

if choice == '1':
    print(num1, "+", num2, "=", add(num1, num2))
elif choice == '2':
    print(num1, "-", num2, "=", subtract(num1, num2))
elif choice == '3':
    print(num1, "*", num2, "=", multiply(num1, num2))
elif choice == '4':
    print(num1, "/", num2, "=", divide(num1, num2))
else:
    print("非法输入")
```

上述代码按照功能分为几个部分，首先定义了 4 个函数，分别用于执行加法、减法、乘法和除法运算。

◎ add(x, y)：接收两个参数，返回它们的和。

◎ subtract(x, y)：接收两个参数，返回它们的差。

◎ multiply(x, y)：接收两个参数，返回它们的乘积。

◎ divide(x, y)：接收两个参数，返回它们的商。

然后，使用 print 语句显示可供用户选择的运算类型（1 为相加，2 为相减，3 为相乘，4为相除），通过 input 函数获取用户的选择和两个操作数：

　　◎ choice：用户选择的运算类型（输入值为 1 ～ 4）。

　　◎ num1 和 num2：用户输入的两个数字，使用 float 以支持小数运算。

最后，执行运算和输出结果，使用 if...elif 结构根据用户的选择调用相应的运算函数，并输出运算结果。

　　◎ 如果用户选择 1，则调用 add 函数。

　　◎ 如果用户选择 2，则调用 subtract 函数。

　　◎ 如果用户选择 3，则调用 multiply 函数。

　　◎ 如果用户选择 4，则调用 divide 函数。

　　◎ 如果用户输入的选择无效，程序输出"非法输入"。

3. 运行和测试程序

将生成的代码复制到本地开发环境或在线 Python 编译器中，执行程序，并测试各种输入情况，以验证代码的正确性和功能性，如图 4-2 所示。

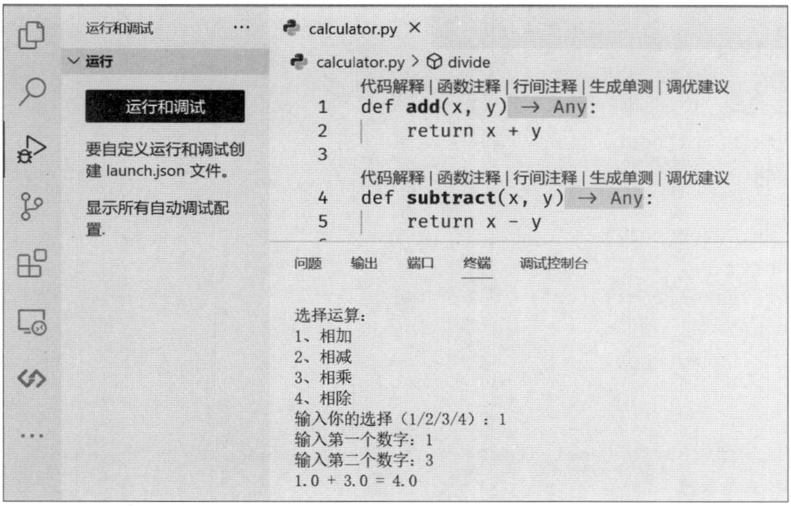

图 4-2　计算器程序测试界面

4. 优化和改进代码

为了提升用户体验和使程序更具吸引力，我们可以将以上生成的简单文本计算器改进为一个带有图形化用户界面的计算器。以下是具体的改进需求：

"将文本界面转换为图形化界面，用户可以通过单击按钮来选择运算类型并输入数字，而不需要手动在命令行中输入。"

以下是 CodeGeeX 插件根据输入的改进需求自动生成的 Python 代码：

```python
import tkinter as tk
def add():
    result = float(entry1.get()) + float(entry2.get())
    label_result.config(text="结果: " + str(result))

def subtract():
    result = float(entry1.get()) - float(entry2.get())
    label_result.config(text="结果: " + str(result))

def multiply():
    result = float(entry1.get()) * float(entry2.get())
    label_result.config(text="结果: " + str(result))

def divide():
    result = float(entry1.get()) / float(entry2.get())
    label_result.config(text="结果: " + str(result))

root = tk.Tk()
root.title("计算器")

label1 = tk.Label(root, text="第一个数字: ")
label1.pack()

entry1 = tk.Entry(root)
entry1.pack()
label2 = tk.Label(root, text="第二个数字: ")
label2.pack()
entry2 = tk.Entry(root)
entry2.pack()

button_add = tk.Button(root, text="相加", command=add)
button_add.pack()

button_subtract = tk.Button(root, text="相减", command=subtract)
button_subtract.pack()
button_multiply = tk.Button(root, text="相乘", command=multiply)
button_multiply.pack()

button_divide = tk.Button(root, text="相除", command=divide)
button_divide.pack()
```

```python
label_result = tk.Label(root, text=" 结果: ")
label_result.pack()

root.mainloop()
import tkinter as tk

def add():
    result = float(entry1.get()) + float(entry2.get())
    label_result.config(text=" 结果: " + str(result))

def subtract():
    result = float(entry1.get()) - float(entry2.get())
    label_result.config(text=" 结果: " + str(result))
def multiply():
    result = float(entry1.get()) * float(entry2.get())
    label_result.config(text=" 结果: " + str(result))
def divide():
    result = float(entry1.get()) / float(entry2.get())
    label_result.config(text=" 结果: " + str(result))

root = tk.Tk()
root.title(" 计算器 ")

label1 = tk.Label(root, text=" 第一个数字: ")
label1.pack()

entry1 = tk.Entry(root)
entry1.pack()

label2 = tk.Label(root, text=" 第二个数字: ")
label2.pack()

entry2 = tk.Entry(root)
entry2.pack()

button_add = tk.Button(root, text=" 相加 ", command=add)
button_add.pack()

button_subtract = tk.Button(root, text=" 相减 ", command=subtract)
button_subtract.pack()

button_multiply = tk.Button(root, text=" 相乘 ", command=multiply)
```

```
button_multiply.pack()

button_divide = tk.Button(root, text=" 相除 ", command=divide)
button_divide.pack()

label_result = tk.Label(root, text=" 结果: ")
label_result.pack()

root.mainloop()
```

如图 4-3 所示，运行改进后的代码后，程序将弹出一个简单的计算器窗口，用户可以通过图形化界面输入数字并选择运算类型得到计算结果。

通过为计算器程序添加图形化界面，提高了用户体验，使得程序更加直观易用。未来可以进一步扩展，改进输入验证和错误处理，以增强程序的健壮性；可以添加更多的数学运算、改进界面美观度等。

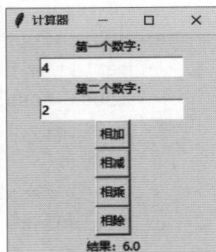

图 4-3 改进计算器程序测试界面

4.1.3 代码生成常见问题与解决方法

在使用大模型生成代码的过程中，常常会遇到一些问题，如逻辑错误、重复代码、代码风格不一致等。以下将列举几个常见问题的描述和案例，并提供基于大模型自我纠正的解决方案，展示如何利用大模型优化和完善生成的代码。

1. 逻辑错误

逻辑错误是指代码生成的逻辑不符合预期或需求。例如，模型生成的代码中存在逻辑分支错误，导致程序的执行结果与用户的需求不符。

在生成一个简单的温度转换程序（摄氏度转华氏度）时，模型错误地使用了反向的转换公式：

```
def celsius_to_fahrenheit(celsius):
    # 错误的转换公式
    return (celsius - 32) * 5/9  # 应该是 (celsius * 9/5) + 32
```

对于上述代码，我们可以利用大模型进行自我纠正。在模型生成的代码基础上，可以向模型提供生成代码的上下文和具体问题的描述，让它重新生成或修正错误代码。

首先，提供错误代码和问题描述给大模型，如"代码中的温度转换公式不正确，应该是摄氏度转换为华氏度。"然后，让大模型重新生成或修正代码，得到正确的转换公式。改进后的代码如下：

```python
def celsius_to_fahrenheit(celsius):
    # 正确的转换公式
    return (celsius * 9/5) + 32
```

2. 代码冗余

代码冗余指的是在生成的代码中，存在多处相同或类似的代码片段，导致代码冗余、可读性差、难以维护。例如，在生成计算器程序时，模型有时会写出类似多重 if...elif 的重复逻辑代码结构：

```python
# 多次重复的代码结构
if operation == 'add':
    result = num1 + num2
elif operation == 'subtract':
    result = num1 - num2
elif operation == 'multiply':
    result = num1 * num2
elif operation == 'divide':
    result = num1 / num2
```

针对上述问题，我们可以让大模型识别重复的代码结构，并建议使用函数来封装重复的逻辑，从而提高代码的复用性和清晰度。

首先，向大模型描述重复代码的具体部分和改进目标，如"在生成的代码中，重复了多次相同的逻辑，如何将其优化？"然后，让模型生成使用函数封装后的改进版本：

```python
# 定义运算函数
def add(x, y):
    return x + y

def subtract(x, y):
    return x - y

def multiply(x, y):
    return x * y

def divide(x, y):
    if y == 0:
        return "错误：除数不能为零"
    return x / y
```

```
# 使用字典映射运算符到相应的函数
operations = {
    'add': add,
    'subtract': subtract,
    'multiply': multiply,
    'divide': divide
}

def calculate(num1, num2, operation):
    # 获取对应的运算函数，并执行
    func = operations.get(operation)
    if func:
        return func(num1, num2)
    else:
        return "无效的运算选择"

# 主程序部分
operation = input("选择运算（add, subtract, multiply, divide）: ")
num1 = float(input("输入第一个数字: "))
num2 = float(input("输入第二个数字: "))

# 输出计算结果
print("结果: ", calculate(num1, num2, operation))
```

3. 缺乏安全检查

大模型在生成代码时，缺乏安全检查会导致程序在用户输入非法数据时崩溃或表现出不稳定的行为。例如，生成的代码未对用户输入进行验证，直接尝试转换为浮点数，用户输入非数字字符就会导致计算错误：

```
num1 = float(input("Enter first number: "))
num2 = float(input("Enter second number: "))
```

针对上述问题，可以利用大模型对缺乏输入验证的问题进行自我纠正，增加输入验证的逻辑，防止非法输入。

首先，向大模型说明当前代码中缺少输入验证，可能导致用户输入非法数据的问题。然后，让大模型生成添加了输入验证功能的改进代码：

```
def get_number(prompt):
    while True:
```

```
    try:
        return float(input(prompt))
    except ValueError:
        print("Invalid input. Please enter a valid number.")

num1 = get_number("Enter the first number: ")
num2 = get_number("Enter the second number: ")
```

4. 代码风格不一致

生成的代码可能不符合统一的代码风格或最佳实践，这会影响代码的可读性和团队协作。例如，变量命名不规范、缩进不一致、注释缺乏等。例如，变量名过于随意：

```
x1 = input("Enter first number: ")
x2 = input("Enter second number: ")
res = float(x1) + float(x2)
```

针对上述问题，可以利用大模型进行代码风格的统一和优化，确保符合常见的编码规范（如 PEP 8）。

首先，提供代码风格不一致的问题描述给大模型，并明确希望遵循的编码规范。然后，让大模型根据所需的代码风格进行修改和优化：

```
# 改进后的代码遵循 PEP 8 风格
def add_numbers(first_number, second_number):
    return float(first_number) + float(second_number)

number1 = input("Enter first number: ")
number2 = input("Enter second number: ")
result = add_numbers(number1, number2)
print("Result:", result)
```

通过上述案例，我们展示了如何利用大模型自我纠正生成代码中的常见问题。通过提供清晰的问题描述和上下文，大模型可以根据反馈对代码进行改进和优化，帮助开发者快速解决问题，提高代码质量和可维护性。

4.1.4　本节小结

在"从零开始生成代码"这一节中，我们首先讨论了如何利用大模型从无到有地生成代码。这种方法的核心在于通过大模型的自然语言处理能力，将用户的需求描述自动转换为完整的代码。相较于传统的手动编码方式，从零开始生成代码具有极大的灵活性，可以快速满足多样化的需求和场景。

从零开始生成代码的主要优势在于其高度的个性化和自由度。由于没有预设的模板限制，大模型可以根据用户输入的自然语言描述来推断、设计和生成适合的代码结构和逻辑。这使得开发者能够实现一些不符合模板化思维的创新性功能或者复杂的业务逻辑。例如，当面对一个全新的问题或独特的需求时，开发者可以利用大模型生成初始代码框架，然后在此基础上进行逐步扩展和优化，这种方法特别适合快速原型设计和开发。

此外，从零开始生成代码还能够显著提高开发效率，尤其在处理一些重复性高或标准化的任务时。例如，大模型可以根据描述快速生成一个数据处理脚本、接口 API 或者前端组件的基本代码，这样的自动化过程极大地减少了开发者编写基础代码的时间，使他们能够将更多精力投入到核心业务逻辑和复杂问题的解决中。通过自动生成常见的功能模块，开发者还可以减少由于手动编写而产生的错误，提高代码的整体质量和稳定性。

然而，从零开始生成代码的方法也面临着一些挑战。首先，生成的代码质量在很大程度上依赖大模型的理解能力和训练数据的覆盖范围。由于自然语言的多样性和复杂性，不同的描述方式可能导致模型生成不同的代码，甚至会出现一些不符合预期的逻辑错误或语法错误。因此，用户在提供需求描述时需要尽量明确和详细，以减少模型的误判。同时，开发者在使用大模型生成的代码时，也需要进行适当的审查和验证，确保生成的代码符合实际需求和质量标准。

其次，从零开始生成代码的方法在某些情况下可能缺乏一致性和可维护性。由于每次生成的代码都基于具体的需求描述，代码风格、结构和命名可能会因描述的差异而有所不同，这在大型团队协作或长期维护的项目中可能会带来困扰。为了解决这一问题，开发者可以在使用大模型生成代码的同时，结合代码规范检查工具或静态分析工具，统一代码风格和结构。

总的来说，从零开始生成代码的方法在软件开发中具有重要的应用价值。它为开发者提供了极大的灵活性，能够快速响应各种多样化和个性化的需求，同时显著提高开发效率，减少基础代码的编写工作量。然而，这种方法也需要谨慎使用，需要结合具体的场景和需求，合理地利用大模型的生成能力，确保生成代码的质量和一致性。随着大模型技术的不断发展和优化，从零开始生成代码的方法将变得越来越成熟，为软件开发带来更多创新的可能性和发展空间。

未来，我们可以期待从零开始生成代码的技术进一步提升，特别是在模型理解力、生成精度和代码优化方面。开发者将能够在更复杂和多样的场景中应用这一方法，从而推动软件开发过程的智能化和自动化，释放更多的创造力和生产力。这一方法的普及和完善，将为各行各业的软件开发带来深远的影响和巨大的价值。

4.2　　基于模板的代码生成

4.2.1　基于模板的代码生成基本概念和意义

基于模板的代码生成方法是一种通过使用预定义的代码模板，快速生成符合特定需求的代码片段的技术。与从零开始生成代码的方式相比，这种方法充分利用了现有的代码结构和样式，减少了重复性劳动，提高了代码的生成效率和一致性。广泛应用于开发中需要标准化输出的场景，如 Web 开发、API 构建、自动化脚本生成等。代码模板可以视为一个包含通用逻辑或结构的代码框架，它内嵌了可变的部分（占位符），这些可变部分可以根据具体的需求动态生成和替换。通常包含以下几个部分。

◎　固定结构：模板的固定部分是代码生成的基础框架，涵盖了通用的逻辑和结构，如函数定义、类的框架、API 请求格式等，通常是代码生成过程中的不变部分。

◎　占位符或变量：这些部分代表在生成过程中需要被动态替换的内容，如变量名、函数参数、配置选项等，可以根据用户的输入或程序逻辑动态替换为实际代码内容。

◎　生成逻辑：用于决定如何将用户的输入或特定的参数替换到模板的占位符中，从而生成符合需求的代码片段。

基于模板的代码生成与从零开始生成代码的区别主要在于以下几点。

◎　生成方式：基于模板的代码生成依赖于预先定义的模板，这些模板包含了大量的固定结构和模式，因此生成过程相对简单，只需要在模板的基础上填充动态内容。而从零开始生成代码的方式则依赖于大模型的理解和学习能力，需要模型根据用户的自然语言描述来推断并构建整个代码结构。

◎　生成效率：基于模板的代码生成方法通常效率更高，因为它利用了现有的代码框架和结构，只需替换和填充动态内容即可完成生成。而从零开始生成代码的方式需要模型推理出整个代码的逻辑结构和细节，因此需要更复杂的计算和更多的时间。

◎　代码一致性：基于模板的代码生成方法通常能够保证生成代码的一致性，因为它们依赖预定义的模板。这种一致性对于大型项目的开发或团队协作非常重要，有助于保持代码风格的统一和维护的方便性。从零开始生成代码则可能会导致风格和结构的不一致，尤其是在多次生成和多个开发者之间的协作时。

◎　灵活性：从零开始生成代码具有更高的灵活性，因为它不受限于预定义的模板结构，可以根据不同的需求和上下文生成高度定制化的代码。这种灵活性在处理复杂或不规则的需求时尤其有用。而基于模板的代码生成方法在很大程度上受制于模板的设计和结构，可能在面对一些非标准化需求时显得局限。

◎　使用场景：基于模板的代码生成方法特别适合那些具有明确结构和模式的场景，如生成标准的 API 请求、自动化测试脚本、数据库迁移脚本等。这些场景中的代码大多具有固定的模式和结构，可以通过模板快速生成。而从零开始生成代码更适合那些不确定或高度定制化的需求场景，如创新型项目或需要快速原型设计的场景。

总之，基于模板的代码生成方法是一种高效、可靠、规范化的代码生成方式，特别适用于需要重复性、标准化输出的场景。与从零开始生成代码的方法相比，它更具一致性和易于维护的特点，但在灵活性上有所不足。两者的结合使用，可以有效提升开发效率和代码质量，为开发者提供更强大的工具支持。

4.2.2　实战演示：基于模板代码生成标准Web API模块

在本节中，我们将展示如何使用大模型（以智谱CodeGeeX为例），基于预定义的模板生成代码。这一方法结合了大模型的智能和模板的高效性，可以在更短时间内生成符合规范的代码片段。本节将展示如何使用大模型来快速生成一个标准的Web API模块，涵盖API的设计、生成、优化等步骤。

本节实战的目标是利用大模型和预定义的代码模板，生成一个处理"user/用户"资源的RESTful API模块。API应支持以下操作。

◎ 获取所有用户（GET /users）。

◎ 获取特定用户（GET /users/{id}）。

◎ 创建新用户（POST /users）。

◎ 更新用户信息（PUT /users/{id}）。

◎ 删除用户（DELETE /users/{id}）。

1. 设计代码模板

为了利用大模型进行基于模板的代码生成，我们首先需要设计一个模板，明确表示API的基本结构和需要动态填充的部分。假设我们使用Python的Flask框架来构建这个API，我们定义以下名为api_template.py的代码模板：

```python
# api_template.py

from flask import Flask, request, jsonify

app = Flask(__name__)

# 数据存储（使用内存存储用户信息）
users = {}

# 获取所有用户
@app.route('/{resource_name}', methods=['GET'])
```

```python
def get_all_{resource_name}():
    return jsonify({resource_name})

# 获取特定用户
@app.route('/{resource_name}/<int:{resource_id}>', methods=['GET'])
def get_{resource_name}({resource_id}):
    item = {resource_name}.get({resource_id})
    if item:
        return jsonify(item)
    else:
        return jsonify({'error': '{Resource} not found'}), 404

# 创建新用户
@app.route('/{resource_name}', methods=['POST'])
def create_{resource_name}():
    item_data = request.get_json()
    item_id = len({resource_name}) + 1
    {resource_name}[item_id] = item_data
    return jsonify({'id': item_id, '{resource_name}': item_data}), 201

# 更新用户信息
@app.route('/{resource_name}/<int:{resource_id}>', methods=['PUT'])
def update_{resource_name}({resource_id}):
    if {resource_id} not in {resource_name}:
        return jsonify({'error': '{Resource} not found'}), 404
    item_data = request.get_json()
    {resource_name}[{resource_id}] = item_data
    return jsonify({'id': {resource_id}, '{resource_name}': item_data})

# 删除用户
@app.route('/{resource_name}/<int:{resource_id}>', methods=['DELETE'])
def delete_{resource_name}({resource_id}):
    if {resource_id} in {resource_name}:
        del {resource_name}[{resource_id}]
        return jsonify({'message': '{Resource} deleted successfully'})
    else:
        return jsonify({'error': '{Resource} not found'}), 404

if __name__ == '__main__':
    app.run(debug=True)
```

　　在这个模板中，{resource_name} 和 {resource_id} 是占位符，代表具体的资源名称和标识符。大模型将根据用户的输入提示词，替换这些占位符生成具体的代码。

2. 调用大模型生成代码

如图 4-4 所示，向大模型提供模板文件（如 api_template.py）和要生成的资源名称（如"users/ 用户"）。

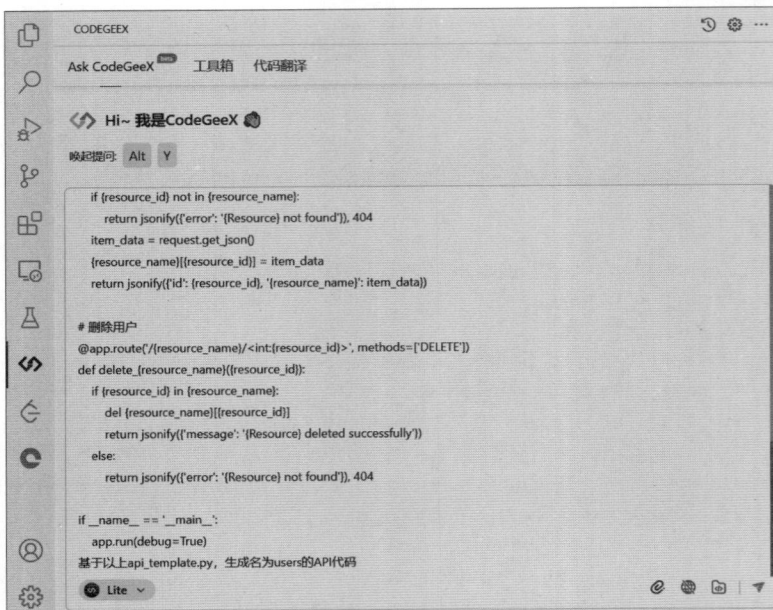

图 4-4　基于模板生成代码

CodeGeex 基于上述模板生成的代码如下：

```python
from flask import Flask, request, jsonify

app = Flask(__name__)

# 数据存储（使用内存存储用户信息）
users = {}

# 获取所有用户
@app.route('/users', methods=['GET'])
def get_all_users():
    return jsonify(users)
```

```python
# 获取特定用户
@app.route('/users/<int:user_id>', methods=['GET'])
def get_user(user_id):
    item = users.get(user_id)
    if item:
        return jsonify(item)
    else:
        return jsonify({'error': 'User not found'}), 404

# 创建新用户
@app.route('/users', methods=['POST'])
def create_user():
    user_data = request.get_json()
    user_id = len(users) + 1
    users[user_id] = user_data
    return jsonify({'id': user_id, 'user': user_data}), 201

# 更新用户信息
@app.route('/users/<int:user_id>', methods=['PUT'])
def update_user(user_id):
    if user_id not in users:
        return jsonify({'error': 'User not found'}), 404
    user_data = request.get_json()
    users[user_id] = user_data
    return jsonify({'id': user_id, 'user': user_data})

# 删除用户
@app.route('/users/<int:user_id>', methods=['DELETE'])
def delete_user(user_id):
    if user_id in users:
        del users[user_id]
        return jsonify({'message': 'User deleted successfully'})
    else:
        return jsonify({'error': 'User not found'}), 404

if __name__ == '__main__':
    app.run(debug=True)
```

3. 验证生成的代码

输入以下命令启动生成的代码：

```
python api_template.py
```

API 服务器启动后，我们可以使用工具（如 curl 或 Postman）来测试 API 的每个端点。例如，我们使用 curl 添加一个名为 Bob 的用户。

```
curl -X POST -H "Content-Type: application/json" -d "{\"name\": \"Bob\",
\"email\": \"bob@example.com\"}" http://127.0.0.1:5000/users
```

如图 4-5 所示，生成的代码可以正常创建 Bob 用户，并返回结果。

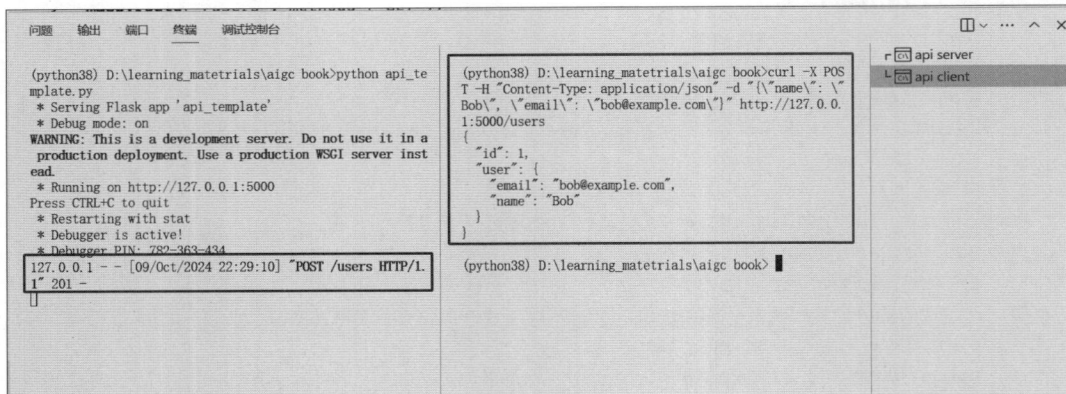

图 4-5　验证生成的代码

4. 利用大模型优化代码

在生成的 API 代码基础上，我们可以利用大模型进一步优化或扩展代码，如添加输入验证和错误处理、支持数据库存储、实现分页等。

用户可以向大模型请求改进代码，如图 4-6 所示。

优化后的 get_user 如下，可以看出模型添加了找不到用户后的错误消息机制。

```python
# 获取特定用户
@app.route('/users/<int:user_id>', methods=['GET'])
def get_user(user_id):
    item = users.get(user_id)
    if item:
        return jsonify(item)
    else:
        return jsonify({'error': 'User not found'}), 404
```

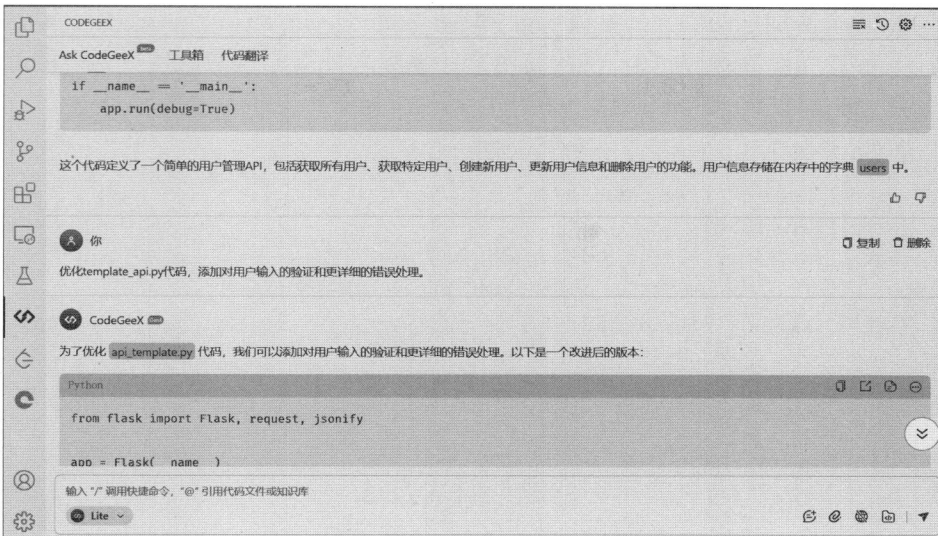

图 4-6 优化生成代码示例图

5. 扩展模板的能力

还可以向大模型进一步请求扩展模板的能力，如支持分页功能。如图 4-7 所示，输入提示词"扩展 template_api.py，让 GET /users 支持分页功能。"。

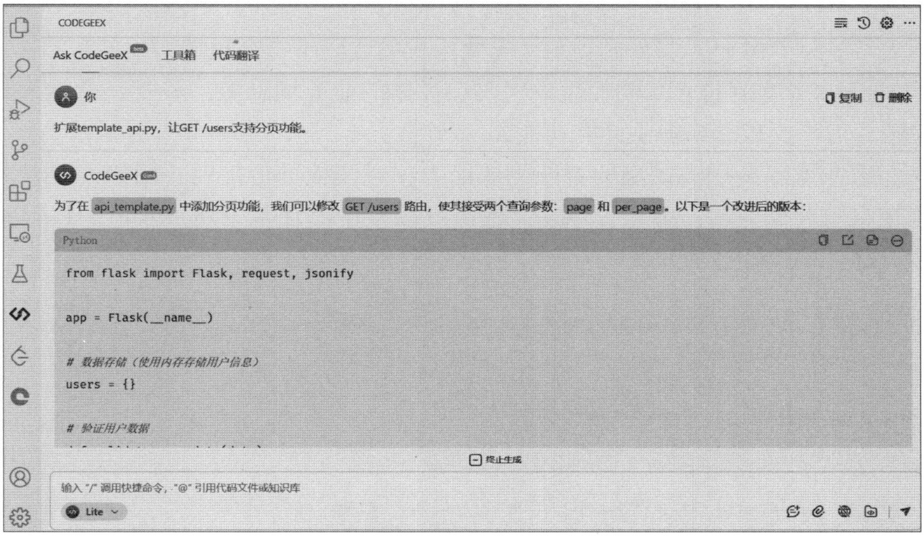

图 4-7 扩展生成代码

CodeGeex 添加了两个分页参数 page 和 per_page 到 get_all_users 函数中。默认情况下，page 为 1，per_page 为 10。函数使用这些参数来计算要返回的用户列表的起始和结束索引，并返回相应的分页结果。扩展后的代码如下：

```python
# 获取所有用户
@app.route('/users', methods=['GET'])
def get_all_users():
    page = int(request.args.get('page', 1))
    per_page = int(request.args.get('per_page', 10))
    start = (page - 1) * per_page
    end = start + per_page
    paginated_users = list(users.values())[start:end]
    return jsonify(paginated_users)
```

4.2.3　基于模板代码生成常见问题与解决方法

在使用基于模板的代码生成过程中，开发者可能会遇到一些常见问题，如模板不匹配、代码重复、不够灵活等。这些问题可能会影响代码生成的效果和质量。下面将列举基于模板代码生成过程中常见的问题及其解决方案，并结合大模型的自我纠正能力，提供改进和优化方法。

1. 模板不匹配或不适用

模板不匹配或不适用是指使用的模板不符合具体的需求或用例。例如，模板可能没有涵盖某些特定的业务逻辑或场景，导致生成的代码不符合预期。

例如，4.2.2 节中的 API 模板生成代码在具体的业务场景中，需要处理复杂的权限验证逻辑，而该模板并未提供此类功能。

我们通常可以利用大模型的智能生成能力，对模板进行扩展。例如，可以请求大模型添加权限验证逻辑，输入提示词"在 API 模板中添加基于用户角色的权限验证逻辑。"以获得以下修正代码。

```python
@app.route('/users/<int:user_id>', methods=['GET'])
def get_user(user_id):
    user = users.get(user_id)
    if not user:
        return jsonify({'error': 'User not found'}), 404
    # 新增的权限验证逻辑
    if not user_has_permission(current_user, 'view_user'):
        return jsonify({'error': 'Permission denied'}), 403
    return jsonify(user)
```

2. 代码重复

在基于模板的代码生成中，可能会因为不同的功能或模块使用了相似的模板，导致生成的代码中存在大量重复内容，增加了代码的冗余性和维护难度。

例如，在生成多个 API 端点时，模板中的错误处理和日志记录逻辑被多次重复生成，导致每个 API 函数都包含相同的代码块。

我们通常可以将重复的代码逻辑抽象为单独的函数或装饰器，放入一个通用的模块中。通过调用这些函数或装饰器来减少重复代码。例如，将错误处理逻辑抽象为一个装饰器：

```python
# 定义通用的错误处理装饰器
def handle_errors(func):
    def wrapper(*args, **kwargs):
        try:
            return func(*args, **kwargs)
        except Exception as e:
            return jsonify({'error': str(e)}), 500
    return wrapper
```

或者直接利用大模型帮助识别生成代码中的重复逻辑，并建议将其抽象为通用模块或装饰器，输入提示词"识别生成代码中的重复部分，并建议重构为通用函数。"，模型会识别重复的错误处理逻辑，并建议使用装饰器来简化代码。

3. 模板的灵活性不足

有时候，模板的设计过于固定，缺乏灵活性，难以适应不断变化的业务需求或特定的场景。这种情况会限制代码生成的适用范围，导致开发者需要手动修改生成的代码。

例如，一个模板被设计用于生成基本的 CRUD（增删改查）操作，但某些场景需要支持更复杂的操作（如批量更新、按条件过滤），模板未能涵盖这些功能。

我们通常可以在模板中使用更多的占位符和参数，使其能够适应多种情境。例如，可以在 CRUD 模板中添加条件过滤和批量更新的逻辑：

```python
# 添加批量更新的逻辑
@app.route('/users/batch', methods=['PUT'])
def batch_update_users():
    user_data = request.get_json()
    updated_users = []
    for user_id, data in user_data.items():
```

```
        if user_id in users:
            users[user_id].update(data)
            updated_users.append({user_id: users[user_id]})
    return jsonify(updated_users)
```

或者利用大模型动态生成或扩展现有模板，使其支持更多的功能和用例，如输入提示词"扩展现有的 CRUD 模板，以支持批量更新和按条件过滤的功能。"。

4. 模板难以维护和扩展

有时设计的模板结构复杂、冗长或难以理解，导致难以维护或扩展。这种情况会影响开发效率和代码质量。

例如，一个模板文件中包含了过多的硬编码逻辑和配置，导致每次需要修改模板时都要处理大量代码，容易出错。

通常我们可以将复杂的模板拆分为多个更小、更易管理的子模板或模块化组件。通过组合这些组件来生成最终代码，这样更容易维护和扩展。或让大模型帮助分析模板的复杂度，并建议改进的方式。可以输入提示词"优化当前 API 模板结构，拆分为更小的子模板。"。

5. 生成代码的质量和安全性问题

生成的代码可能存在安全漏洞（如 SQL 注入、未验证的输入）、性能问题或不符合编码规范等质量问题。这些问题可能会导致应用程序的不稳定或安全风险。

例如，一个生成的模板代码直接将用户输入嵌入数据库查询中，没有任何过滤或验证，可能导致 SQL 注入攻击：

```
def get_user_by_name(name):
    query = f" SELECT * FROM users WHERE name = '{name}'"   # 存在 SQL 注入风险
    return execute_query(query)
```

通常我们可以在模板中引入安全编码实践，如使用参数化查询、输入验证和输出编码，防止安全漏洞：

```
def get_user_by_name(name):
    query = "SELECT * FROM users WHERE name = %s"
    return execute_query(query, (name,))
```

或者让大模型帮助审查生成的代码中的安全问题，并建议安全性改进措施，可以输入提示词"检查生成的代码中是否存在安全漏洞，并建议改进。"。

4.2.4　本节小结

本节深入探讨了基于模板的代码生成方法在实际应用过程中可能遇到的常见问题及其对应的解决方案。尽管基于模板的代码生成方法具备高效性和一致性的优势，但它仍然面临着一系列挑战，包括模板不匹配、代码重复、灵活性不足、难以维护和扩展、生成代码的质量和安全性问题等。

首先，模板不匹配或不适用的问题往往源于模板的预定义结构无法完全覆盖具体的业务需求。解决这一问题的关键在于明确需求并定制模板，使模板能够涵盖所有必要的逻辑和功能。同时，利用大模型的智能生成能力，可以快速调整和扩展模板，以适应不断变化的需求。通过与大模型的交互，开发者可以动态添加新的逻辑和处理方式，确保模板的适用性和有效性。

其次，代码重复是另一个常见的问题，特别是在生成类似功能模块时，容易出现相似的代码片段。这不仅增加了代码的冗余性，还给维护和升级带来了困难。解决这一问题的有效方法是识别通用逻辑并将其抽象为函数、装饰器或通用模块，从而减少重复代码的出现。大模型可以辅助识别代码中的重复部分，建议合理的重构方式，使代码更加简洁和模块化。

模板的灵活性不足也是开发者常遇到的困扰之一。由于模板的设计通常具有一定的固定结构，缺乏灵活性，因此难以应对复杂或特定场景的需求。为了解决这一问题，开发者可以增强模板的可配置性，使其更具通用性和适应性。例如，在模板中添加更多的占位符和参数，使其能够适应多种情境和业务逻辑。此外，大模型能够动态生成或扩展现有模板，添加新的功能模块，使模板更具灵活性。

维护和扩展困难是模板使用中的另一个问题。当模板设计复杂、冗长或缺乏清晰的逻辑结构时，维护和扩展就会变得非常困难。为了提高模板的可维护性，建议将复杂的模板拆分为多个子模板或模块化组件，通过组合这些组件来生成最终代码。这种方法不仅简化了模板结构，还提高了代码的可读性和可维护性。大模型在这方面也能发挥作用，通过分析模板的复杂度，建议更合理的拆分和组织方式，提升模板的维护性和扩展性。

此外，生成代码的质量和安全性问题也是一个重要的考虑因素。生成的代码可能存在安全漏洞（如 SQL 注入、未验证的输入）、性能问题或不符合编码规范等质量问题。这些问题可能会导致应用程序的不稳定或安全风险。为了解决这些问题，需要在模板中引入安全编码实践，并利用大模型的能力进行安全审查和优化。大模型能够帮助识别潜在的安全漏洞，并建议具体的改进措施，从而确保生成代码的安全性和可靠性。

总之，尽管基于模板的代码生成方法能够显著提高开发效率和代码的一致性，但其使用过程中也存在一定的挑战。通过结合大模型的智能辅助，我们可以在很大程度上克服这些挑战，确保生成代码的质量、安全性和灵活性。大模型不仅能够帮助开发者扩展和优化模板，还能够在代码生成的每个阶段提供智能化建议和改进方案。随着大模型技术的不断进步和模板库的丰富，基于模板的代码生成方法将变得更加成熟和高效，为软件开发提供更强大的支持。

未来，基于模板的代码生成与大模型智能生成的结合将更加紧密和高效，开发者可以在多种场景下应用这一方法，如快速构建原型、生成标准化代码、自动化生成文档和测试脚本等。通过不断优化和完善模板和大模型的协同工作流程，开发者将能更好地应对软件开发中的复杂挑战，推动开发效率和质量的全面提升。最终，这种方法将为开发团队和企业带来更大的竞争优势和创新能力。

第5章

代码重构及风格统一

在软件开发的世界里，代码重构就像给房子翻新一样，虽然看起来没有增加新功能，但却为未来的维护和升级打下了坚实的基础。随着项目规模的增长，代码难免会变得复杂、冗长，甚至会有些"混乱"。代码重构的目的是通过优化内部结构，让代码变得更加简洁、清晰、易于扩展。而现在，随着AI的崛起，我们不仅可以更快地发现这些"旧房子"中存在的问题，还能让AI帮我们高效地完成翻新工作。本章将带读者深入探讨如何利用AI工具，让代码重构这件事情变得不再枯燥，而且充满智能与便捷。

5.1 代码重构的AI支持

5.1.1 代码重构的基本概念

代码重构是指在不改变代码外部行为的前提下，对代码的内部结构进行调整和优化。其核心目的是提高代码的可维护性、可读性以及扩展性，同时保持系统功能的稳定性。重构不涉及新的功能开发，而是为了优化已有代码的质量，从而为未来的开发和维护奠定基础。

软件开发过程中，随着需求的不断变化和项目规模的扩大，代码结构往往会逐渐变得复杂和臃肿，难以维护和扩展。未经过优化的代码可能包含冗余的逻辑、不清晰的命名、不合理的模块划分等问题，进而影响整个系统的性能和开发效率。代码重构的主要目的可以概括为以下几点。

◎ 提高代码的可读性：高质量的代码应该是清晰、易于理解的。通过重构，可以消除难以理解的代码块，优化命名和逻辑结构，使代码更直观。这不仅可以帮助当前开发人员维护代码，也为新加入的开发者提供了更快的上手速度。

◎ 提高代码的可维护性：软件开发的生命周期中，代码的维护占据了相当大的比重。维护包括修复bug、改进功能和优化性能等工作。如果代码结构凌乱、不易修改，将极大增加维护成本。重构能够帮助减少代码中的重复、降低复杂度，使得代码更易于调试和修改。

◎ 提高代码的扩展性：随着项目的发展，需求通常会发生变化，代码需要进行扩展。如果代码的设计和结构不合理，扩展新功能时可能会产生大量冗余代码或引发潜在的bug。重构可以优化代码的模块化设计，降低耦合度，从而为将来的扩展提供更好的基础。

◎ 提升代码的性能：尽管重构的主要目的是优化代码结构，但在某些情况下，合理的重构也能显著提升系统性能。通过减少重复代码或不必要的计算，能够优化代码的执行效率。然而需要注意的是，性能优化并非重构的主要目标，过度追求性能可能会影响代码的可读性和可维护性。

在讨论重构的概念时，必须提到代码中的坏味道（code smells）。代码坏味道指的是代码中可能引发潜在问题的设计缺陷或实现错误。这些坏味道并不一定会立即导致错误或系统崩溃，但随着时间的推移，它们会逐渐降低系统的质量和开发效率。重构的一个重要目标就是消除这些坏味道，从而提高代码质量。

常见的代码问题包括：

◎ 重复代码（duplicated code）：当两个或多个地方的代码逻辑重复时，不仅增加了代码量，还可能导致错误修复或功能修改时出现不一致的问题。

◎ 过长函数（long function）：函数如果过长，通常表明其职责过于复杂，违反了单一职责原则。长函数难以阅读和理解，也不利于代码复用。

◎ 过大的类（large class）：当类的功能过于庞杂时，它的内部往往会包含大量的属性和方法，导致代码难以理解和维护。

◎ 不明确的命名（inconsistent naming）：当变量、方法、类的命名不符合其实际功能或没有统一标准时，代码的可读性和维护性都会受到影响。

◎ 过深的嵌套（deep nesting）：代码中过多的嵌套条件或循环不仅使得逻辑复杂难以追踪，还容易隐藏 bug。

与功能开发和 bug 修复不同，代码重构的最大特点是不改变软件的外部行为。功能开发侧重于实现新的功能或满足新的需求，而重构的目标则是优化现有功能的实现方式；bug 修复则是针对代码中的逻辑错误进行纠正，而重构更多关注的是代码的结构优化，而非修复显性错误。

在实际开发过程中，代码重构往往是渐进的、持续的，通常伴随着新功能的开发或者 bug 的修复进行。当开发人员在开发新功能或修复 bug 时，发现现有代码不利于实现目标，或者存在难以维护的地方时，适时的重构能够大大减少未来的开发成本。因此，重构是一种通过小步改进代码质量的手段，而非大规模推翻重写。

5.1.2 AI如何支持重构

随着大模型 AIGC 技术的快速发展，越来越多的 AI 工具被应用于软件开发领域，尤其是在代码重构方面，AI 展现出了强大的辅助能力。传统的代码重构通常依赖开发者的经验和直觉，而 AI 则通过数据驱动的方法，从大量代码样本中学习，自动识别代码中的问题并提出优化建议，从而在一定程度上减轻了人工操作的负担。AI 在代码重构中的支持主要体现在以下几个方面。

1. 自动化代码分析与坏味道检测

AI 能够通过静态代码分析技术，自动化检测代码中的坏味道。传统的代码审查需要开发人员手动检查代码中的潜在问题，这不仅费时费力，而且容易受到开发者个人经验的限制。AI 工具则能够通过模式识别、数据挖掘等技术，从大量的代码库中学习，识别出代码中常见的坏味道，如重复代码、过长函数、深度嵌套等。

AI 通过训练模型，能够自动识别代码中的这些模式并提供建议。例如，AI 可以分析代码中重复的逻辑片段，并建议将其提取为单独的函数或类，以减少冗余代码。此外，AI 还能够检测那些过于复杂的函数，并提示开发者将其拆分为更小、更具单一职责的函数，从而提高代码的可维护性。

更为重要的是，AI 不仅能识别静态代码中的坏味道，还能根据代码的执行路径、性能瓶颈等动态信息提供重构建议。通过分析代码运行时的性能数据，AI 可以发现代码中的潜在问题并提出性能优化方案，如减少不必要的计算或避免资源浪费。

2. 提供代码优化建议

AI 不仅能检测代码问题，还能直接提供具体的重构建议。这一过程的关键是 AI 利用深度学习和自然语言处理技术，理解代码的语义和功能，并根据已有的代码重构模式提出合理的优化方案。不同于传统的重构工具只能提供模板化的重构选项，AI 工具能够根据上下文灵活生成具体的优化建议。

例如，AI 可以根据函数的调用频率、逻辑复杂度等信息，建议开发者将一些常用的代码片段抽象为独立的函数或类，并给出命名建议，确保代码风格的统一和可读性。在一些高级场景中，AI 甚至可以自动生成代码片段，帮助开发者实现代码的重构和优化。在这种情况下，AI 不仅充当了被动的代码分析工具，更是成为了主动的编码助手，帮助开发者更快速、更高效地优化代码。通过这种方式，开发人员能够专注于更高层次的设计决策，而不是花费大量时间在代码优化的细节上。

3. 跨项目学习与模式识别

AI 的另一大优势是其在处理海量数据时的学习能力。通过对多个项目中的代码进行分析，AI 可以识别出一些常见的代码模式和重构模式。这种跨项目的学习使得 AI 不仅限于单个项目的优化，而是能够在更广泛的代码库中找到最佳实践并加以推广。

AI 可以基于这些模式自动生成重构建议。例如，某些特定类型的设计模式（如单例模式、工厂模式等）在很多项目中都被证明是有效的，AI 可以检测到代码中类似的结构，并建议开发者将其重构为标准的设计模式。这不仅提升了代码的一致性，还增强了代码的扩展性和可维护性。

此外，AI 可以根据不同项目的代码风格、语言特性、业务需求等，灵活调整其重构建议。例如，面向对象编程中的重构方法可能不适合函数式编程（functional programming）的项目，而 AI 能够根据项目的特定需求生成个性化的重构方案。这种智能化的模式识别能力，显著提升了代码重构的效率和准确性。

4. 减少人为错误

在人工重构过程中，开发者往往需要修改大量代码，这不可避免地增加了引入新错误的风险。即使是经验丰富的开发者，在手动重构时也可能因为不完全理解原有代码的逻辑或对其依赖关系分析不充分，而引发新的 bug。AI 的介入能够大大减少这种人为错误的发生。

AI 通过全面的依赖分析，能够在重构之前了解代码中不同模块、函数、类之间的依赖关系，并确保重构后的代码能够正常运行而不引发新的问题。例如，AI 可以在重构过程中自动更新相关的测试用例，或生成新的测试用例，确保重构后的代码通过单元测试和集成测试的检验。此外，AI 还能够记录并回溯重构过程中的所有变更，帮助开发者在发现问题时快速回滚到之前的状态。这种变更跟踪和智能错误检测机制，极大地提高了重构的安全性和可靠性。

5. 提高团队协作效率

在大型开发团队中，代码重构通常涉及多个开发者的协作，如何在不影响团队工作效率的前提下进行大规模重构是一大难题。AI 能够在这方面提供重要的支持。首先，AI 能够帮助自动化代码审查，减少人工审查的时间和精力，从而加快代码的迭代速度。其次，AI 能够根据团队的代码规范，自动化统一代码风格和结构，避免因为风格不一致而导致的团队沟通成本。

5.1.3　实战演示：使用百度文心快码进行代码重构

在这一节中，我们将通过一个实际案例，演示如何使用百度文心快码 VS Code 插件（Baidu Comate）进行代码重构。我们将从分析现有代码结构开始，展示 AI 工具如何识别代码中的潜在问题并提供重构建议，最终通过自动化工具实施重构，优化代码的可读性和可维护性。

假设我们正在维护一个用于处理用户数据的系统，这个系统有一段代码负责对用户信息进行验证并格式化输出。随着业务需求的增加，这段代码逐渐变得复杂，包含了重复的逻辑和冗长的函数，使得维护和扩展变得困难。现有代码如下：

```python
class User:
    def __init__(self, name, email, age):
        self.name = name
        self.email = email
        self.age = age
```

```
def validate(self):
    if '@' not in self.email or '.' not in self.email:
        raise ValueError("Invalid email address")
    if self.age < 18:
        raise ValueError("User must be at least 18 years old")
    if not self.name:
        raise ValueError("Name cannot be empty")

def format_output(self):
    return f"User: {self.name}, Email: {self.email}, Age: {self.age}"
```

接下来我们将使用百度文心快码进行代码重构，以优化这段代码的结构。

1. 代码分析

如图 5-1 所示，我们使用百度文心快码的代码分析功能对现有代码进行静态分析。

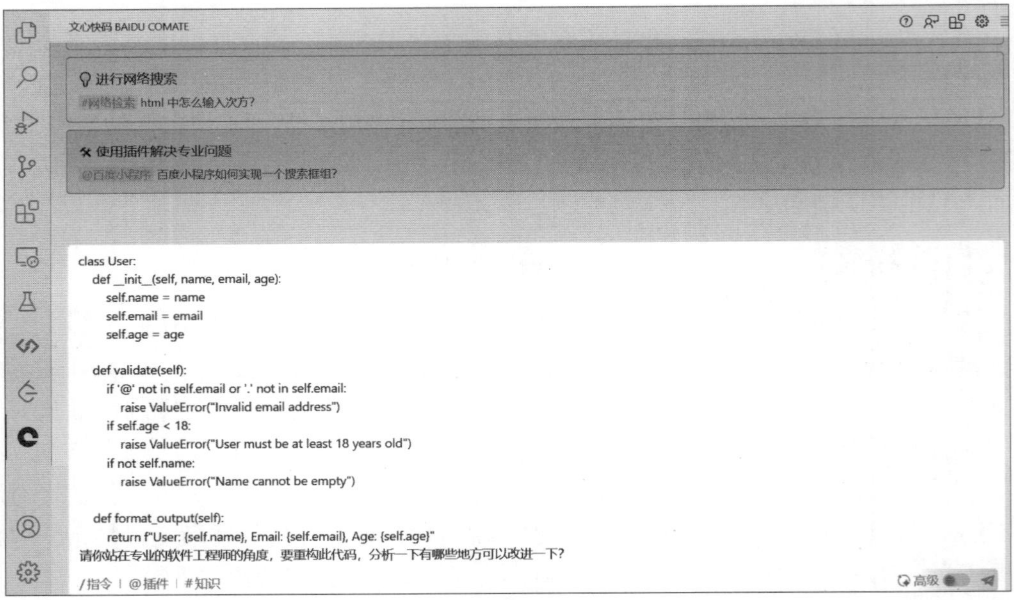

图 5-1　使用百度快码插件分析代码界面

通过代码分析，文心快码识别出以下改进点。

（1）使用属性装饰器进行验证。

当前的 validate 方法集中了所有的验证逻辑，但这意味着每次添加新的验证规则时都需要修改这个方法。更好的做法是使用 Python 的属性装饰器（@property）来分别对每个属性进行验证。这样，当属性被设置时，相应的验证逻辑就会立即执行。

（2）分离验证和异常。

validate 方法直接引发了异常。在某些情况下，我们可能希望先检查对象是否有效，然后再决定如何处理无效的情况。因此，可以将验证逻辑和异常处理分开，使 validate 方法返回一个布尔值，表示对象是否有效。

（3）使用更具体的异常类。

目前使用的是通用的 ValueError 异常。为了更清晰地表达发生了什么错误，可以自定义异常类，如 InvalidEmailError、UnderAgeError 和 EmptyNameError。

（4）电子邮件验证的正则表达式。

当前的电子邮件验证非常简单，只检查了 @ 和 . 字符的存在。在实际应用中，电子邮件地址的格式可能更加复杂，可以使用正则表达式来执行更严格的验证。

（5）考虑年龄的动态变化。

年龄是一个会随时间变化的属性。在当前的实现中，age 是一个在对象创建时设置的固定值。根据实际情况，可能需要考虑如何更新年龄或改为存储出生日期。

（6）文档字符串。

为类和方法添加文档字符串（docstrings）可以提供有关其功能和用法的更多信息。这对于其他开发者理解和使用你的代码非常有帮助。

2. 实施重构建议

文心快码根据意见，自动写出重构后的代码如下。

```python
import re
from datetime import datetime


class ValidationError(Exception):
    pass


class InvalidEmailError(ValidationError):
    pass


class UnderAgeError(ValidationError):
    pass


class EmptyNameError(ValidationError):
    pass


class User:
```

```python
    def __init__(self, name, email, age_or_birthdate):
        self._name = None
        self._email = None
        self._age = None
        self.birthdate = None

        self.name = name
        self.email = email
        if isinstance(age_or_birthdate, int):
            self.age = age_or_birthdate
        else:
            self.birthdate = age_or_birthdate

@property
def name(self):
    return self._name

@name.setter
def name(self, value):
    if not value:
        raise EmptyNameError("Name cannot be empty")
    self._name = value
@property

def email(self):
    return self._email


@email.setter
def email(self, value):
    if not re.match(r"[^@]+@[^@]+\.[^@]+", value):
        raise InvalidEmailError("Invalid email address")
    self._email = value

@property
def age(self):
    if self.birthdate:
        return (datetime.now().date() - self.birthdate).days // 365
    return self._age

@age.setter
def age(self, value):
    if value < 18:
        raise UnderAgeError("User must be at least 18 years old")
```

```
            self._age = value

    def validate(self):
        try:
            self.name
            self.email
            self.age
            return True
        except ValidationError:
            return False
    def format_output(self):
        return f"User: {self.name}, Email: {self.email}, Age: {self.age}"
```

在这个重构版本中，文心快码添加了对出生日期的支持，并使用了正则表达式来验证电子邮件地址。同时，定义了几个自定义的异常类来更清晰地表达可能发生的错误。这些改进使得代码更加健壮、可维护，并提供了更好的错误处理机制。

3. 自动化测试重构代码

文心快码还能通过其集成的单元测试功能自动生成测试用例，确保重构后的代码仍然符合预期行为。如图 5-2 所示，文心快码可以为重构后的代码生成以下测试代码与用例。

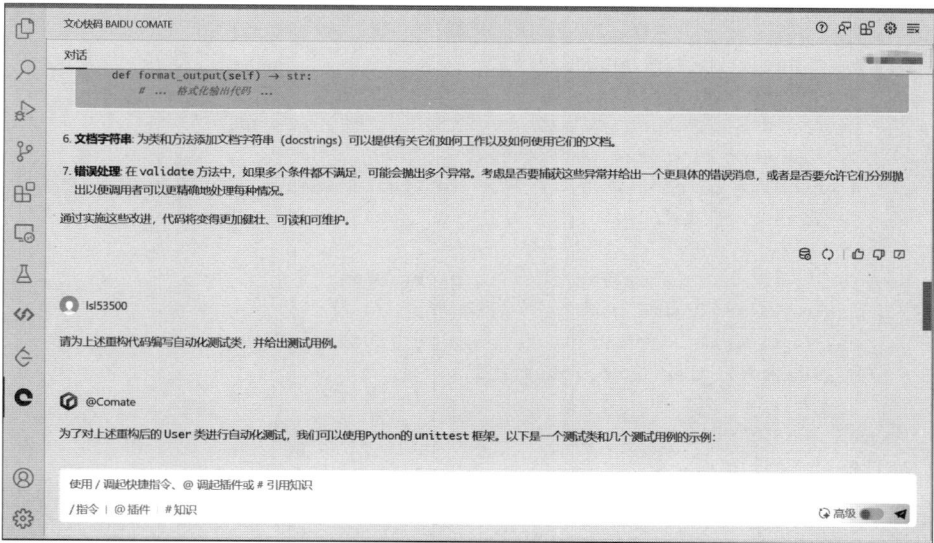

图 5-2　使用 Baidu Comate 插件自动测试重构代码

```
import unittest
from datetime import date
from user_refactored import User, InvalidEmailError, UnderAgeError,
EmptyNameError

class TestUserClass(unittest.TestCase):

    def test_valid_user(self):
        user = User("John Doe", "johndoe@example.com", 25)
        self.assertTrue(user.validate())
        self.assertEqual(user.format_output(), "User: John Doe, Email: johndoe@
example.com, Age: 25")

    def test_invalid_email(self):
        with self.assertRaises(InvalidEmailError):

            User("Jane Doe", "janedoe", 20)

    def test_under_age(self):
        with self.assertRaises(UnderAgeError):
            User("Teenager", "teenager@example.com", 17)

    def test_empty_name(self):
        with self.assertRaises(EmptyNameError):
            User("", "emptyname@example.com", 30)

    def test_age_from_birthdate(self):
        birthdate = date(1990, 1, 1)
        user = User("Person", "person@example.com", birthdate)
        self.assertTrue(user.validate())
        # Assuming current year is 2023 for this example
        self.assertEqual(user.age, 33)

    def test_validate_false_for_invalid_user(self):
        user = User("Valid Name", "valid@example.com", 20)
        user.age = 17  # Manually set age to invalid after initialization
        self.assertFalse(user.validate())

if __name__ == '__main__':
    unittest.main()
```

在这个测试类中，文心快码定义了几个测试用例来检查 User 类的不同方面。

◎ test_valid_user：创建一个有效的用户并验证其有效性和格式化输出。

◎ test_invalid_email：尝试创建一个具有无效电子邮件地址的用户，并期望引发 InvalidEmailError 异常。

◎ test_under_age：尝试创建一个年龄小于18岁的用户，并期望引发 UnderAgeError 异常。

◎ test_empty_name：尝试创建一个姓名为空的用户，并期望引发 EmptyNameError 异常。

◎ test_age_from_birthdate：创建一个提供出生日期的用户，并验证其年龄计算是否正确。

◎ test_validate_false_for_invalid_user：创建一个初始有效的用户，然后手动设置其年龄为无效值，并验证 validate 方法返回 False。

通过上述案例中的代码重构，我们提高了代码的可读性和可维护性，每个验证逻辑都被拆分为独立的函数，清晰地表达了其功能，遵循了单一职责原则；减少了重复代码，统一的错误处理机制减少了代码中的重复逻辑；通过文心快码的自动化重构建议，自动化生成测试代码和用例，让开发者在短时间内完成了复杂的代码重构工作。

5.1.4 代码重构的AI支持常见问题和解决方案

1. 误判重构需求

AI 工具在分析代码时，可能会误判某些代码段需要重构，而实际上这些代码段并未影响性能或可读性，如以下代码：

```
def calculate_area(length, width):
    return length * width


# AI 工具可能建议重构如下
def calc_area(l, w):
    return l * w
```

在这个例子中，AI 工具建议将参数名缩短。尽管这样能节省字符，但原来的命名更加清晰。所以，开发者应对 AI 工具提供的重构建议进行人工审查。可以通过设置规则和阈值，过滤一些明显不必要的重构建议。

2. 缺乏上下文理解

AI 工具在执行代码分析时，可能缺乏对业务逻辑和上下文的全面理解，导致重构建议不符合实际需求。例如，对于某些复杂的业务逻辑，AI 工具可能建议将相关函数拆分，但开发者发现该函数涉及多个步骤，拆分后将复杂化。所以，需要结合代码注释和文档，提供更为清晰的上下文信息，以帮助 AI 更好地理解代码的意图和功能。

3. 重构后回归问题

在使用 AI 工具进行重构后，可能会出现回归问题，即重构后的代码在功能或性能上出现新的错误。例如：

```javascript
function fetchData(apiEndpoint) {
    return fetch(apiEndpoint)
        .then(response => response.json());
}

// AI 工具建议将 fetchData 拆分为两个函数

function fetchData(apiEndpoint) {
    return fetch(apiEndpoint)
        .then(handleResponse);
}

function handleResponse(response) {
    return response.json();
}
```

重构后，可能因为缺乏对 handleResponse 的测试，导致某些 API 返回值未能正确处理。因此，在重构完成后，必须进行全面的回归测试，以确保所有功能仍然正常。

4. 代码风格不一致

AI 工具在重构过程中，可能会产生风格不一致的问题，如在命名、缩进或注释风格上与原有代码存在差异。例如：

```python
class DataHandler:
    def processData(self, data):  # 驼峰命名法
        # 处理数据
        pass

def load_data():  # 下画线命名法
        # 加载数据
        pass
```

在此示例中，AI 工具可能在重构时将 process_data 改为 processData，以保持一致性。因此，需要确保团队统一风格，通过代码风格检查工具（如 Black）确保一致性。

5.1.5 本节小结

代码重构是软件开发中的一项重要实践，其核心在于优化代码的内部结构，从而提升代码的可维护性、可读性和扩展性。本节中，我们首先介绍了代码重构的基本概念，探讨了它在软件开发生命周期中的意义，接着通过 AI 在重构中的实际应用案例，演示了如何通过自动化工具提升重构效率。我们总结了在应用 AI 支持代码重构过程中可能遇到的问题和未来的展望。

代码重构的目的是在不改变代码外部行为的情况下，通过调整和优化内部结构来改善代码质量。我们探讨了重构的主要目标，包括提高代码的可读性、可维护性、减少代码冗余、降低复杂度，以及增强代码的扩展性。同时，我们介绍了代码中的坏味道（code smells），这些坏味道通常是重构的主要动因，常见的坏味道包括重复代码、过长函数、嵌套过深等。了解这些问题有助于开发者判断何时需要进行代码重构。

随着 AI 技术的发展，AI 工具逐渐被应用于代码重构领域。我们深入探讨了 AI 如何支持代码重构。AI 不仅能够自动化地进行代码分析，识别代码中的坏味道，还能通过数据驱动的方法提出具体的重构建议。AI 能够通过跨项目学习，识别最佳实践，并根据项目的具体需求灵活生成优化方案。此外，AI 工具还可以减少人工重构中的错误，自动化更新测试用例，确保重构后的代码功能保持稳定。AI 在重构中的应用，不仅提高了开发者的工作效率，也大大降低了手动分析和重构的负担，尤其在大型项目中，AI 能够通过自动化的方式处理大量代码，确保代码质量的提升。

我们通过使用百度文心快码进行实际代码重构，展示了 AI 工具在代码优化中的具体应用。通过文心快码的静态代码分析，我们发现了代码中的冗长函数和重复逻辑问题，并通过其提供的重构建议对代码进行了拆分和重构。在重构过程中，文心快码通过自动化生成的测试用例，帮助我们验证了代码重构的正确性，确保了重构后功能未受到影响。这个案例不仅展示了 AI 在代码重构中的强大功能，也突出了自动化工具在日常开发中的重要性。

尽管 AI 在代码重构中的应用已经展现出显著的优势，但在实际应用中，仍然存在一些挑战。首先，AI 的建议并非总是完美的，开发者仍然需要根据具体业务逻辑和项目需求对 AI 的建议进行筛选和调整。其次，AI 工具的适应性有待提高，某些复杂的业务场景可能需要更高精度的分析与判断。

未来，随着 AI 技术的进一步发展，尤其是自然语言处理和深度学习技术的进步，AI 工具在代码重构中的应用将会变得更加智能和高效。我们可以期待 AI 能够更加精确地理解代码的语义，提出更加符合业务需求的重构建议，甚至在自动化重构的过程中为开发者提供实时反馈。

5.2 代码风格的自动化统一

5.2.1 代码风格的自动化统一基本概念

代码风格是指在软件开发过程中，为提高代码的可读性、可维护性和一致性而制定的一套规范。这些规范涵盖了命名规则、缩进方式、注释风格、代码结构等多个方面。统一的代码风格不仅能够提升代码的整洁度，还能增强团队协作效率，减少因风格不一致导致的沟通障碍。随着软件开发规模的扩大和团队的多样化，代码风格的自动化统一变得尤为重要。

代码风格在软件开发中扮演着至关重要的角色，具体表现在以下几个方面：

◎ 提高可读性：一致的代码风格使得不同开发者编写的代码具有相似的外观，降低了阅读代码的认知负担。开发者可以快速理解他人的代码，专注于逻辑而非语法。

◎ 降低维护成本：良好的代码风格可以减少因风格不一致引发的错误和混淆。维护人员在阅读和修改代码时，能够更容易地识别逻辑问题，从而降低维护的复杂性。

◎ 促进团队协作：在一个团队中，不同成员可能有不同的背景和经验。统一的代码风格能够有效地降低团队成员间的沟通成本，使得合作更加顺畅。

◎ 增强代码质量：遵循良好的代码风格往往意味着开发者遵循了一系列最佳实践，这有助于提高代码的整体质量，减少 bug 的发生。

代码风格的制定通常包括以下几个方面，这些方面共同构成了一套完整的规范。

◎ 命名规范：为变量、函数、类等命名时的规则，包括大小写风格（如 CamelCase、snake_case）、前缀和后缀使用等。命名规范的统一能够有效地提高代码的自解释性。

◎ 缩进与格式：包括代码的缩进方式（如空格或制表符）、每行代码的长度限制、换行规则等。良好的缩进和格式使得代码的层次结构更加清晰，便于理解。

◎ 注释规范：注释的风格、位置和内容要求。合理的注释能够帮助开发者理解复杂的逻辑，而一致的注释风格则能避免混淆。

◎ 代码结构：代码文件的组织结构、模块化设计的原则、函数和类的设计规范等。这些结构化的规则有助于提升代码的可复用性和可扩展性。

尽管团队可以制定代码风格规范，但在实际开发中，确保每位开发者遵循这些规范往往面临挑战。手动检查和统一代码风格既耗时又容易出错。随着项目规模的扩大，代码量的增加，手动维护代码风格变得越来越困难。因此，自动化统一代码风格成为一种必要的解决方案。

在当前的开发生态中，已有多种工具可用于实现代码风格的自动化统一，这些工具涵盖了不同编程语言和框架，主要包括：

◎ 代码格式化工具：如Prettier、Black等。这些工具能够根据预设的风格规范自动格式化代码，确保代码符合团队的风格要求。

◎ 静态代码分析工具：如ESLint、Pylint等。这些工具不仅能够检测代码中的风格问题，还能发现潜在的逻辑错误，提供更全面的代码质量分析。

◎ IDE插件：许多IDE（如VS Code、PyCharm等）都提供了插件，可以实时检测和格式化代码，帮助开发者在编码时保持风格一致性。

◎ 持续集成工具：将代码风格检查集成到持续集成流程中，确保在每次提交代码时，代码风格都能自动验证，防止不符合规范的代码进入主分支。

当前市场上存在多种代码风格自动化统一工具，通过设定的规则对代码进行分析和格式化，确保代码遵循特定的风格规范。然而，这些传统工具在实际应用中存在一些明显的缺陷，主要包括：

◎ 规则的局限性：许多现有工具依赖静态规则集进行代码分析。这意味着它们只能识别符合规则的代码，而无法理解上下文和代码的语义。例如，在某些情况下，开发者可能需要特定的命名约定或注释风格来满足特定的业务逻辑，但传统工具可能无法适应这种需求。

◎ 错误报告的准确性：现有工具在报告代码风格错误时，往往会产生大量误报和漏报。这种情况不仅影响开发者的使用体验，还可能导致开发者对工具的信任度下降。由于工具缺乏智能判断能力，开发者在修复建议时可能会受到困扰。

◎ 适应性差：随着开发环境的变化和团队风格的演进，传统工具的规则往往难以快速适应新的需求。更新规则的过程通常需要人工干预，从而增加了维护成本。

◎ 用户体验不足：大多数现有工具在使用时需要手动配置，且往往缺乏直观的用户界面。这使得新成员在加入团队时，学习和使用这些工具的门槛较高，降低了团队的整体效率。

为了克服上述传统工具的缺陷，AI工具的引入为代码风格的自动化统一提供了新的可能性。AI技术的应用能够显著提升代码风格管理的智能化程度，从而更好地满足现代软件开发的需求。AI工具的优势包括：

◎ 智能代码分析：AI工具能够通过机器学习和自然语言处理技术对代码进行深度分析。与传统工具仅依赖静态规则不同，AI可以理解代码的上下文及其语义，从而在识别风格问题时更加准确。例如，AI可以根据代码的功能和模块关系，判断命名是否合适，而不仅是依赖规则。

◎ 个性化的风格建议：AI 能够根据项目的特定需求和团队的编程习惯，提供个性化的风格建议。这种灵活性使得 AI 工具可以更好地适应不同开发环境的变化，减少人工调整的频率。

◎ 减少误报和漏报：通过训练数据和模型的优化，AI 工具能够在识别风格问题时减少误报和漏报的情况。这种高准确性不仅提升了开发者对工具的信任度，还提高了修复问题的效率。

◎ 自适应学习能力：AI 工具具备自适应学习的能力，可以通过分析历史代码和团队的反馈，不断优化其检测和建议算法。随着时间的推移，AI 能够逐渐适应团队的风格变化，为开发者提供更为精准的建议。

◎ 用户体验提升：AI 驱动的工具通常具有更友好的用户界面和更直观的交互设计，使得开发者在使用过程中能够更轻松地获取反馈。这种优质的用户体验能够降低学习成本，提高团队整体的工作效率。

5.2.2　实战演示：使用百度文心快码进行代码风格的自动化统一

在这一节中，我们将通过一个实际案例，演示如何使用 AI 工具（以百度文心快码为例）进行代码风格的自动化统一。我们将展示两个关联的类，它们在风格和命名约定上存在差异，通过分析和重构将其统一为一致的风格，以提升代码质量和可维护性。

1. 现有代码结构分析

现有代码结构如下：

```python
class DataProcessor:
    def __init__(self, dataList):
        self.dataList = dataList  # List of data points

    def calculateMedian(self):
        sorted_data = sorted(self.dataList)
        mid_index = len(sorted_data) // 2
        if len(sorted_data) % 2 == 0:
            return (sorted_data[mid_index - 1] + sorted_data[mid_index]) / 2
        else:
            return sorted_data[mid_index]

class statistics_calculator:
    def __init__(self, values):
        self.Values = values  # Data values for calculation
```

```
def calculate_variance(self):
    mean = sum(self.Values) / len(self.Values)
    return sum((x - mean) ** 2 for x in self.Values) / len(self.Values)
```

在这个示例中，我们可以看到几个风格问题：

◎ DataProcessor 的属性 dataList 和 statistics_calculator 的属性 Values 命名风格不一致。

◎ calculateMedian 和 calculate_variance 方法在命名风格上也存在差异，前者使用驼峰命名法，后者使用下划线分隔。

◎ 注释不一致，且描述信息不够详细。

通过手动检查，我们识别了这些代码风格不规范之处，但随着项目的扩大，这种人工审查的方法会变得效率低下且容易出错。

2. 使用百度文心快码进行分析

如图 5-3 所示，我们将使用百度文心快码进行代码风格分析，在插件中输入提示词"请你站在专业的软件工程师的角度，对上述代码进行代码风格的自动化统一，首先分析出上述代码存在的风格化不同的问题，再针对这些问题进行改写。"。

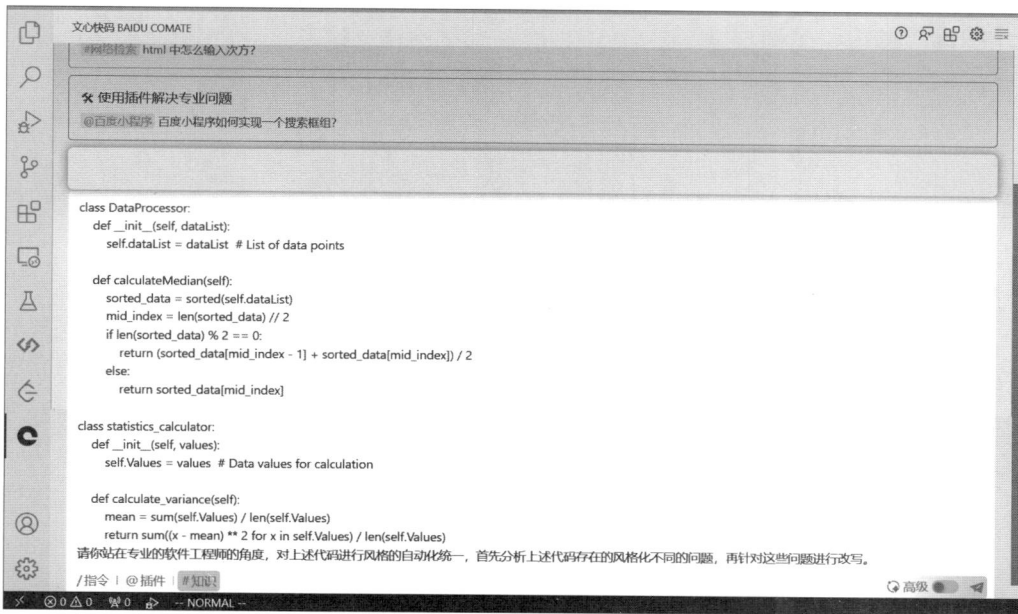

图 5-3　在百度文心快码插件中输入提示词

百度文心快码给出的修改意见如下。

◎ 类名风格不一致：DataProcessor 类名使用了驼峰命名法（CamelCase），而 statistics_calculator 类名使用了下画线命名法（snake_case）。在 Python 中，类名通常推荐使用驼峰命名法，即每个单词的首字母大写，不使用下画线分隔。

◎ 变量命名风格不一致：在 DataProcessor 类中，dataList 使用了驼峰命名法但首字母小写（这是正确的，因为它是实例变量），而在 statistics_calculator 类中，Values 的首字母大写，这与 Python 的变量命名约定不符，通常变量名应全部小写，单词间可用下画线分隔以提高可读性。

◎ 空格使用不一致：在定义类和方法时，DataProcessor 类中的方法定义后有一个空格（如 def __init__(self, dataList): ），而 statistics_calculator 类中的方法定义后没有空格（如 def __init__(self, values): ）。为了保持一致性，应该在定义方法时在冒号前加上一个空格。

◎ 注释风格不一致：DataProcessor 类中的注释使用了井号（#）后跟一个空格，而 statistics_calculator 类中的注释直接跟在了井号后面，没有空格。为了保持一致性，注释后应该加上一个空格。

百度文心快码修改后的代码如下。

```python
class DataProcessor:
    def __init__(self, data_list):
        self.data_list = data_list  # List of data points

    def calculate_median(self):
        sorted_data = sorted(self.data_list)
        mid_index = len(sorted_data) // 2
        if len(sorted_data) % 2 == 0:
            return (sorted_data[mid_index - 1] + sorted_data[mid_index]) / 2
        else:
            return sorted_data[mid_index]

class StatisticsCalculator:
    def __init__(self, values):
        self.values = values  # Data values for calculation

    def calculate_variance(self):
        mean = sum(self.values) / len(self.values)
        return sum((x - mean) ** 2 for x in self.values) / len(self.values)
```

在改写后的代码中，进行了以下调整。

◎ 将 statistics_calculator 类名改写为 StatisticsCalculator，以符合驼峰命名法。

◎ 将 Values 变量名改写为 values，以符合小写加下画线的命名约定。

◎ 在所有方法定义的冒号前添加了一个空格，以保持一致性。

◎ 在所有注释的井号后添加了一个空格，以保持一致性。

3. 验证与测试

在完成自动化代码风格统一后，接下来需要进行代码测试，以确保功能未受到影响。我们让文心快码提供自动生成测试用例的功能，帮助我们在代码重构后验证代码的正确性。

```python
import unittest

class TestDataProcessor(unittest.TestCase):
    def setUp(self):
        self.data_processor = DataProcessor([3, 1, 4, 1, 5, 9, 2, 6, 5, 3, 5])

    def test_calculate_median_odd_length(self):
        median = self.data_processor.calculate_median()
        self.assertEqual(median, 4)

    def test_calculate_median_even_length(self):
        self.data_processor.data_list.append(8)  # Make the list have an even
length
        median = self.data_processor.calculate_median()
        self.assertEqual(median, 4.5)

class TestStatisticsCalculator(unittest.TestCase):
    def setUp(self):
        self.statistics_calculator = StatisticsCalculator([2, 4, 4, 4, 5, 5, 7,
9])

    def test_calculate_variance(self):
        variance = self.statistics_calculator.calculate_variance()
        self.assertAlmostEqual(variance, 4.6875, places=4)

if __name__ == '__main__':
    unittest.main()
```

在以上测试代码中，文心快码定义了两个测试类：TestDataProcessor 和 TestStatisticsCalculator，分别用于测试 DataProcessor 和 StatisticsCalculator 类。每个测试类都包含一个 setUp 方法，用于在每个测试用例执行前设置测试环境（例如，初始化类的实例）。

然后，我们为每个类定义了一个或多个测试用例方法，这些方法以 test_ 开头，以便单元测试框架能够识别并执行它们。

TestDataProcessor 类包含两个测试用例：

（1）test_calculate_median_odd_length：测试当数据列表长度为奇数时，计算中位数的功能是否正确。

（2）test_calculate_median_even_length：测试当数据列表长度为偶数时，计算中位数的功能是否正确。在这个测试用例中，我们向数据列表中添加了一个额外的元素，以使其长度变为偶数。

TestStatisticsCalculator 类包含一个测试用例：

test_calculate_variance：测试计算方差的功能是否正确。我们使用 assertAlmostEqual() 方法来比较计算得到的方差与预期值，因为浮点数运算可能导致微小的精度差异。

最后，使用 if __name__ == '__main__': unittest.main() 来确保当脚本作为独立程序运行时，单元测试将被执行。

通过以上实战，我们演示了如何使用百度文心快码进行代码风格的自动化统一。从分析现有代码结构、获取 AI 建议、实施自动化统一，到验证重构效果，整个过程不仅提高了代码的可读性和一致性，还显著提升了开发效率。随着 AI 技术的不断进步，类似的工具将成为开发者日常工作的得力助手，推动代码质量的持续提升。

5.2.3　代码风格自动化统一常见问题与解决方法

在实施代码风格自动化的过程中，常常会遇到一些问题，这些问题可能源于项目的复杂性、团队的多样性以及工具的局限性。接下来，我们将讨论几种常见问题，并针对每个问题提供具体的解决方法。

1. 风格规范不一致或不明确

代码风格规范的不一致是团队开发中常见的问题，尤其是在大型项目中，不同开发者可能有各自的编程习惯，这导致代码风格在缩进、命名、注释格式等方面出现差异。此外，若团队未明确规定统一的风格标准，新成员可能会依照自己的风格进行编写，从而造成整个项目的风格混乱。

例如，在一个团队开发的项目中，有的开发者使用 snake_case 命名法（如 calculate_mean），而有的开发者则使用 CamelCase 命名法（如 CalculateMean）。这种命名方式的不统一会导致代码在不同模块中风格各异，增加了维护和阅读的难度。通常的解决方案如下：

◎ 制定明确的风格规范：团队应首先达成一致，选择一个标准的代码风格，并将其文档化。例如，可以采用 Python 官方推荐的 PEP 8 标准。

◎ 使用自动化工具强制执行风格：通过集成自动化工具（如 Prettier、Black 等），可以在代码提交或合并时自动执行代码格式化，确保所有代码符合统一的风格规范。通过配置 Git hooks，这些工具可以在每次提交代码时自动运行，强制应用团队定义的风格标准。

2. 自动化工具误报或漏报

自动化工具虽然可以高效地识别和修复代码风格问题，但有时这些工具可能误报一些不必要的问题，或者漏掉某些细节，也可能会对某些特殊情况的代码做出不准确的判断，导致风格问题无法被准确捕捉。

例如，在处理多行字符串、注释块等复杂代码结构时，自动化工具可能无法正确识别风格需求，导致误报。或者开发者在代码中使用了多行注释块，而格式化工具强制将其拆成一行，导致注释的可读性降低。通常的解决方案如下：

◎ 手动配置工具规则：大多数自动化工具支持自定义规则或例外情况。例如，用户可以通过配置文件调整规则，忽略某些特定的风格检查，或者对特定模块应用不同的规则。

◎ 审查报告：开发者应定期审查自动化工具的报告，尤其是在重要代码提交前。通过人工审查，可以纠正误报，避免无意义的修改。

3. 项目迁移或历史代码风格不一致

在大型或长时间维护的项目中，代码的风格可能在早期并不统一，随着时间推移，新代码的风格和旧代码之间的差异会越来越大。项目迁移到新的风格规范时，历史代码风格的不一致性成为了一个难以回避的问题。

例如，项目中旧的代码采用了两空格缩进，而新的代码采用了四空格缩进，导致不同模块之间的风格差异明显。要对整个项目进行风格统一可能需要大量的时间和人力资源。通常的解决方案如下：

◎ 分阶段重构：可以逐步对代码进行重构，而不是一次性进行全面修改。可以在修改现有代码时逐步应用新的风格规范，避免大规模重构带来的风险。

◎ 使用自动化工具批量处理：使用 Black、Prettier 等自动化工具，可以在较短时间内批量统一代码风格，尽可能减少人工干预。

4. 风格统一对现有流程的干扰

当引入新的代码风格自动化工具时，现有的开发流程可能会受到干扰，尤其是当开发者不习惯新工具的工作方式时，强制统一代码风格可能引起反感，甚至延误项目进度。

例如，团队新引入了 Prettier 作为格式化工具，但一些开发者觉得该工具强制统一的风格不符合个人习惯，尤其在注释和换行风格上。开发者在提交代码时经常遇到风格问题，导致代码提交被阻止，影响工作效率。通常的解决方案如下：

◎ 逐步引入：在正式使用工具之前，可以逐步引入，在项目的某些模块进行试点，同时给予开发者适应期。

◎ 灵活配置规则：允许开发者对某些风格细节进行调整，满足个人和团队的实际需求。

总之，代码风格的自动化统一在提升代码质量和团队协作效率方面至关重要，但实施过程中常会遇到规范不一致、工具误报、历史代码不兼容等问题。通过合理使用自动化工具、灵活配置规则、分阶段重构等方法，团队可以有效解决这些问题，确保代码风格统一的顺利进行。

5.2.4　本节小结

代码风格的自动化统一是现代软件开发中提升代码质量和团队协作效率的关键措施。代码风格指的是开发团队在编写代码时遵循的命名规则、缩进、注释和代码结构等方面的标准化规定。统一的代码风格能够使代码更加可读、易于维护，并且在多人协作的项目中有助于减少沟通成本和潜在的错误。在实际开发过程中，手动维持代码风格的一致性往往难以实现，因此借助自动化工具来统一代码风格变得至关重要。

自动化工具的引入为代码风格统一提供了高效的解决方案。通过这些工具，开发团队可以在开发过程中实时检测和修正不符合风格规范的代码片段，确保代码始终遵循团队设定的标准。这些工具能够根据预定义的规则自动调整代码格式，使其符合团队的风格规范。这些工具可以集成在开发环境中，自动执行风格检查和格式化，开发者在编写代码时就能立即获得反馈，避免不规范的代码进入代码库。

在实际的开发场景中，自动化工具的优势非常明显。我们以 AI 驱动的代码工具百度文心快码为例，它能够通过分析代码结构和风格规范，自动检测并提供风格统一的建议。我们通过案例展示了如何利用文心快码进行代码风格的自动化统一，首先上传代码并进行静态分析，AI 工具识别不同命名风格、注释不一致以及缩进错误等问题，随后根据分析结果提供自动化修正方案。开发者可以根据工具的建议，快速进行代码重构和格式化，确保所有模块遵循一致的命名规则、代码缩进标准和注释风格。文心快码还能够处理复杂的代码逻辑，如针对不同模块间存在的历史风格差异，可以通过跨模块分析，识别常见的模式并提出最佳风格建议。

尽管代码风格的自动化工具在实践中效果显著，但在实际应用中仍然会遇到一些常见问题。首先，风格规范的不一致或不明确常常会成为统一过程中的阻碍。不同的开发者习惯使用不同的命名规则、缩进方式和注释风格，这在项目初期或团队未制定清晰风格规范时尤为常见。为了解决这个问题，团队应首先制定并文档化清晰的风格规范，并通过自动化工具来强制执行这些规则，确保每位开发者都遵循相同的标准。

另外，自动化工具可能会出现误报或漏报的情况。一些工具在面对复杂的代码结构时，可能无法准确识别特定风格问题或对边界情况作出错误的判断。例如，在处理多行字符串或特定格式的注释时，工具可能会强制将其改写为不合适的格式，影响代码的可读性。解决这一问题的方法是灵活配置工具的规则，根据项目需求定制化工具的行为，避免不必要的格式化操作。同时，开发者应定期审查工具报告，手动检查关键代码段，以确保工具不会对项目造成负面影响。

还有一个常见问题是项目历史代码的风格不一致。在长时间维护的大型项目中，早期代码可能并未遵循统一的风格标准，而随着项目的演进，新旧代码风格之间的差异越来越大。这不仅影响代码的一致性，还会增加项目的维护难度。为解决这个问题，团队可以采用分阶段的重构策略，在项目的日常开发中逐步对老旧代码进行风格统一。同时，借助自动化工具批量处理代码风格，可以大幅降低人工修改的成本，并确保统一过程的效率和准确性。

随着人工智能和机器学习技术的不断进步，AI 驱动的工具将能够更好地理解代码的语义，并在风格统一的过程中提供更加个性化的建议。例如，AI 可以基于团队的实际开发习惯和项目特性，自动调整代码风格规则，或者根据历史代码库自动生成适应性强的风格建议。未来的工具将不仅限于基础的格式化和规则检查，还将能够理解代码逻辑的复杂性，识别代码中的风格偏差，并提出有针对性的优化方案。这样的发展将进一步推动代码风格管理的智能化，减少开发者在格式化和风格检查上的负担，使得开发团队能够将更多的精力集中在业务逻辑和创新功能上。

总的来说，代码风格的自动化统一从概念到实战，再到面对的常见问题，展现了其在现代软件开发中的重要性。通过合理使用自动化工具，团队能够有效提高代码的一致性和质量，减少风格不统一带来的维护成本。随着 AI 技术的持续进步，未来的代码风格管理将更加智能化、个性化和自动化，为开发者提供更高效的支持。

第6章

注释添加

在软件开发过程中，良好的代码注释对于提高代码的可读性和可维护性至关重要。随着AI技术的发展，我们现在可以利用AI助手来自动生成代码注释，可以大大提高开发效率。本章将以深度学习代码，特别是ResNet18模型为例，具体介绍如何使用AI助手为代码添加注释。

6.1 自动生成代码注释

通过分析代码结构、变量名称和函数功能，AI 助手可以生成相应的注释，帮助开发者更好地理解代码。在深度学习领域，这一技术尤其有用，因为神经网络模型通常结构复杂，需要详细的注释来解释每个组件的功能和作用。

在本节中，我们将以开发 ResNet18 神经网络模型代码为例，展示如何使用 AI 助手通义灵码自动为深度学习神经网络生成注释。ResNet18 是一个广泛使用的卷积神经网络模型，用于图像分类任务。通过为这个模型添加注释，我们可以更好地理解其结构和工作原理。我们让 AI 助手编写 ResNet18 深度学习神经网络的代码，用于后续的演示，如图 6-1 所示。

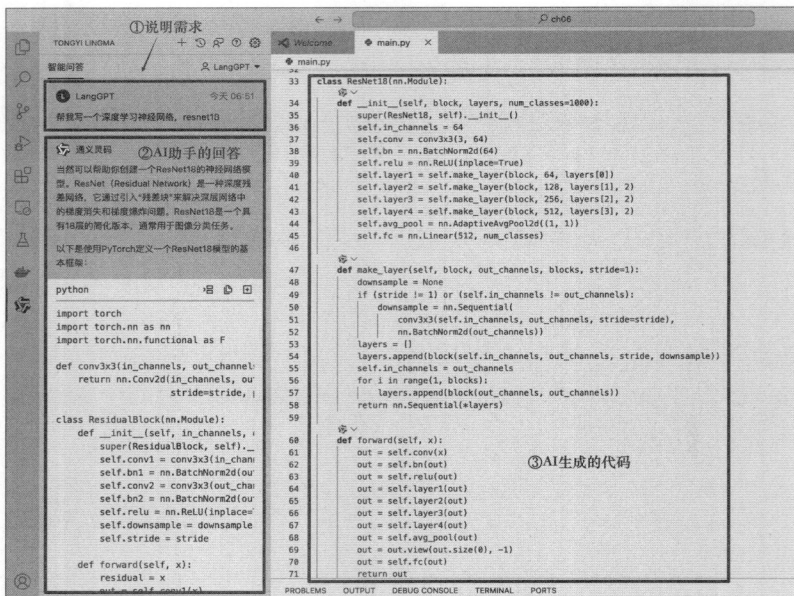

图 6-1　AI 助手编写 ResNet18 深度学习神经网络代码

6.1.1　使用预定义命令生成注释

在通义灵码 AI 辅助编程工具中，我们可以使用预定义的命令来触发注释生成功能。如图 6-2、图 6-3 所示。

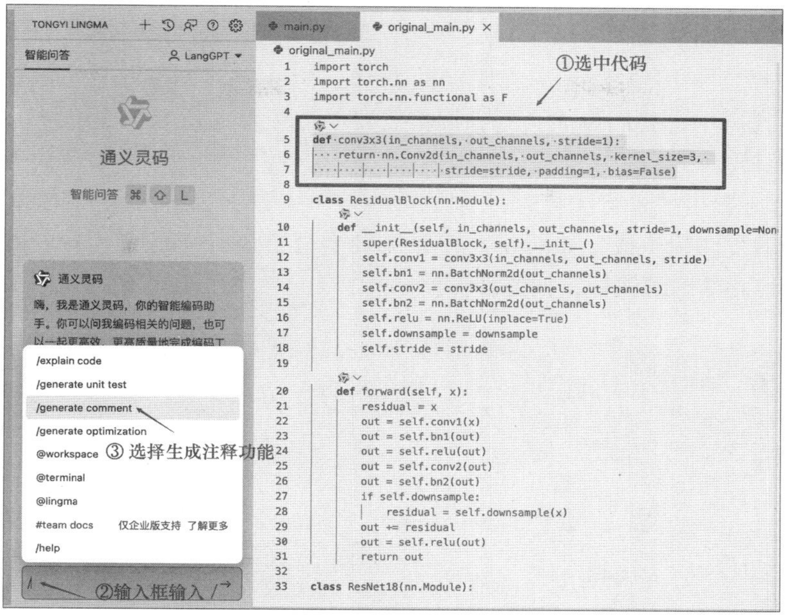

图6-2　使用预定义的命令生成注释

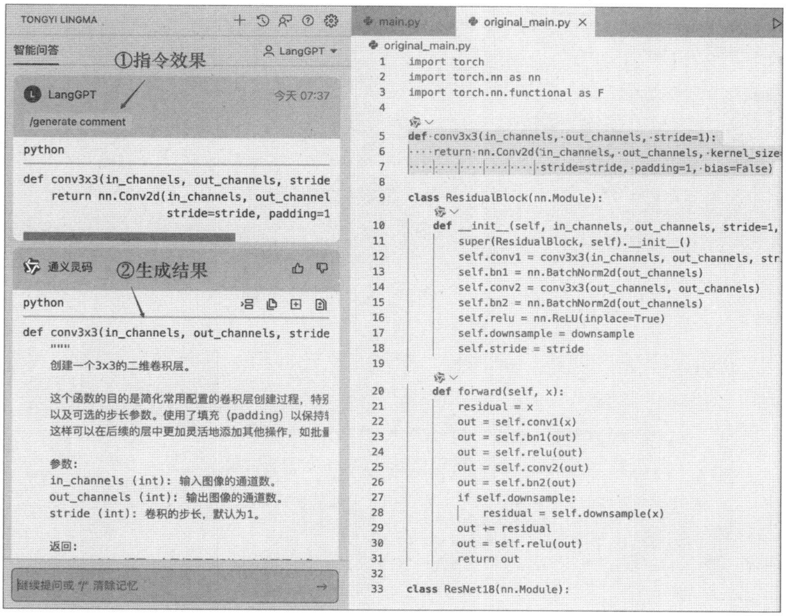

图6-3　预定义命令生成注释效果

6.1.2 为单行代码生成注释

单行注释通常用于解释一个特定的变量、函数调用或者一个简短的操作。在 ResNet18 的代码中，我们可能会遇到许多需要单行注释的情况，如解释一个特定的卷积层或激活函数。

使用 AI 工具生成单行注释时，通常需要选中相应的代码行，然后使用特定的命令或快捷键来触发注释生成，如图 6-4 所示。AI 会分析该行代码的上下文和功能，然后生成一个简洁而准确的注释，如图 6-5 所示。

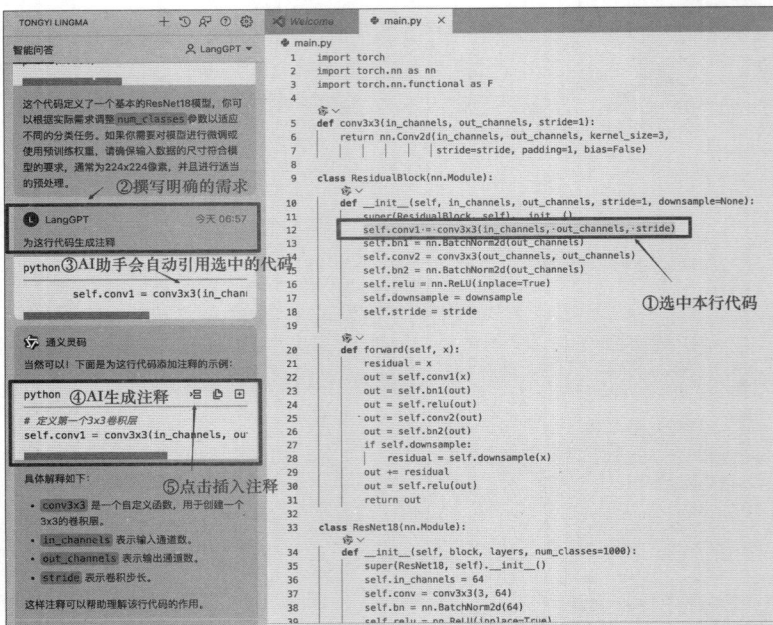

图 6-4 为单行代码生成注释

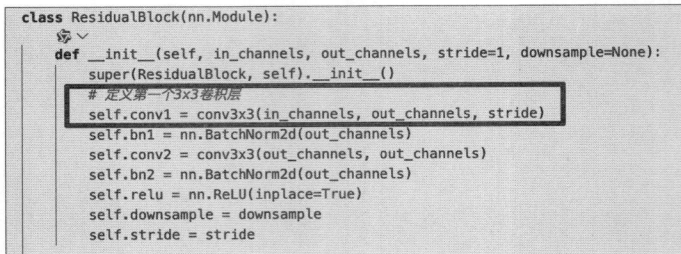

图 6-5 单行代码生成注释效果

6.1.3 为一段代码生成注释

对于更复杂的代码结构，如类定义或函数实现，我们通常需要生成多行注释或docstring。这种注释不仅解释了代码的功能，还可能包括参数说明、返回值描述和使用示例。

在 ResNet18 的实现中，我们要为整个模型类或者关键函数生成这样的注释。AI 工具会分析整个代码块，包括其结构、输入输出和内部逻辑，然后生成一个全面的注释。

以给模型类代码片段生成注释为例，我们向通义灵码提出明确的需求，如图 6-6 所示。

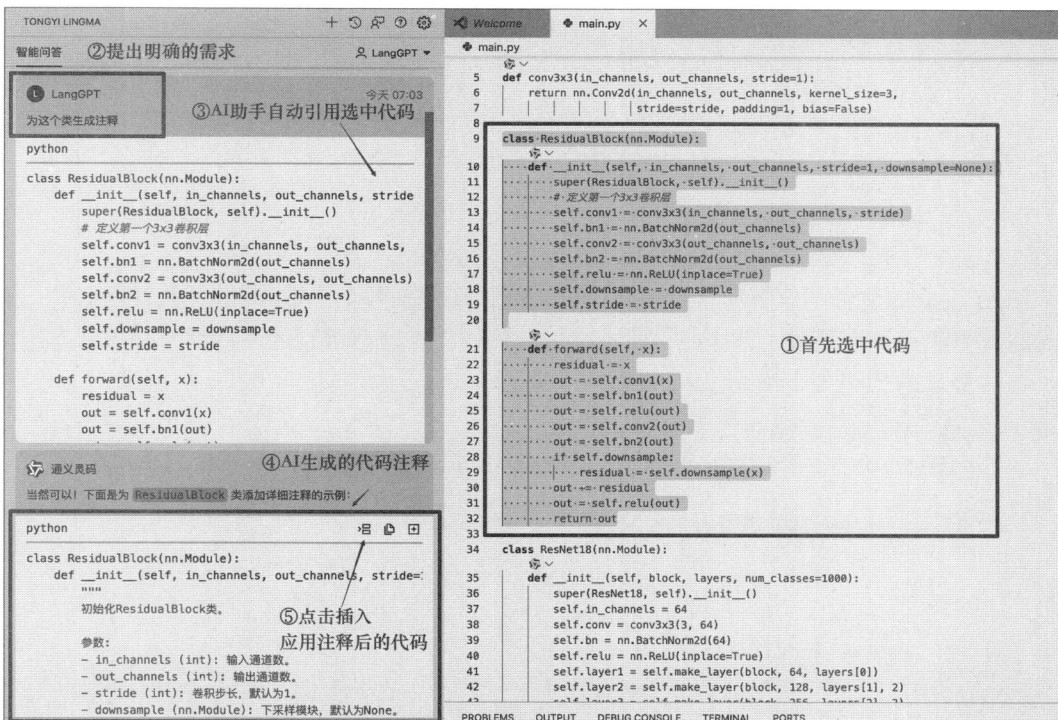

图 6-6 给模型类代码生成注释

注释前的代码如下所示。

```python
class ResidualBlock(nn.Module):
    def __init__(self, in_channels, out_channels, stride=1, downsample=None):
        super(ResidualBlock, self).__init__()
        # 定义第一个 3x3 卷积层
```

```
        self.conv1 = conv3x3(in_channels, out_channels, stride)
        self.bn1 = nn.BatchNorm2d(out_channels)
        self.conv2 = conv3x3(out_channels, out_channels)
        self.bn2 = nn.BatchNorm2d(out_channels)
        self.relu = nn.ReLU(inplace=True)
        self.downsample = downsample
        self.stride = stride

    def forward(self, x):
        residual = x
        out = self.conv1(x)
        out = self.bn1(out)
        out = self.relu(out)
        out = self.conv2(out)
        out = self.bn2(out)
        if self.downsample:
            residual = self.downsample(x)
        out += residual
        out = self.relu(out)
        return out
```

AI 生成的注释不仅解释了这段代码的功能，还包括各个函数参数说明、返回值。当我们需要解释一个函数、方法或一段特定的代码块时，段落级别的注释就变得非常有用。

注释后的代码如下所示。

```
class ResidualBlock(nn.Module):
    def __init__(self, in_channels, out_channels, stride=1, downsample=None):
        """
        初始化 ResidualBlock 类。

        参数:
        - in_channels (int): 输入通道数。
        - out_channels (int): 输出通道数。
        - stride (int): 卷积步长，默认为 1。
        - downsample (nn.Module): 下采样模块，默认为 None。

        属性:
        - conv1 (nn.Conv2d): 第一个 3x3 卷积层。
        - bn1 (nn.BatchNorm2d): 第一个批量归一化层。
        - conv2 (nn.Conv2d): 第二个 3x3 卷积层。
        - bn2 (nn.BatchNorm2d): 第二个批量归一化层。
        - relu (nn.ReLU): ReLU 激活函数。
        - downsample (nn.Module): 下采样模块。
```

```
        - stride (int): 卷积步长。
        """
        super(ResidualBlock, self).__init__()
        # 定义第一个 3x3 卷积层
        self.conv1 = conv3x3(in_channels, out_channels, stride)
        self.bn1 = nn.BatchNorm2d(out_channels)
        self.conv2 = conv3x3(out_channels, out_channels)
        self.bn2 = nn.BatchNorm2d(out_channels)
        self.relu = nn.ReLU(inplace=True)
        self.downsample = downsample
        self.stride = stride

    def forward(self, x):
        """
        前向传播方法。

        参数：
        - x (torch.Tensor): 输入张量。

        返回：
        - out (torch.Tensor): 输出张量。
        """
        residual = x
        out = self.conv1(x)
        out = self.bn1(out)
        out = self.relu(out)
        out = self.conv2(out)
        out = self.bn2(out)
        if self.downsample:
            residual = self.downsample(x)
        out += residual
        out = self.relu(out)
        return out
```

6.2 注释的语义理解与改进

6.2.1 理解代码上下文生成语义注释

在 AI 辅助编程中，生成高质量的代码注释需要 AI 系统对代码进行深入的语义理解。这种理解不仅包括代码的字面意思，还涉及代码的结构、功能和上下文关系。

　　AI 系统需要全面分析代码的上下文，包括变量的作用域、函数的调用关系以及模块之间的依赖。通过这种深入分析，AI 可以生成更加贴合实际用途、具有洞察力的注释。这个过程是全面而复杂的，尤其是在为整个代码文件生成注释时。

　　在为整个代码文件（如 main.py）生成注释时，AI 助手会首先对文件的整体结构和内容进行分析。然后，它会有条不紊地为文件中的每个主要部分添加适当的注释。这包括为函数定义添加详细的 docstrings，说明函数的输入、输出和功能，以及为类实现添加类级别的注释，概述类的职责和主要方法。

　　除了这些结构化的注释，AI 还会在复杂的代码段中插入内联注释，解释特定的算法实现或关键的代码逻辑。通过这种全面的注释过程，最终生成的注释不仅提供了文件的整体结构概览，还详细解释了每个组件的功能和作用，从而大大提高了代码的可读性和可维护性。

　　为了展示这一过程，我们可以以给 main.py 文件写注释为例。在使用 AI 辅助工具（如通义灵码）时，我们需要向其提供明确的需求和指导。图 6-7 展示了如何向 AI 助手提出具体的注释需求。

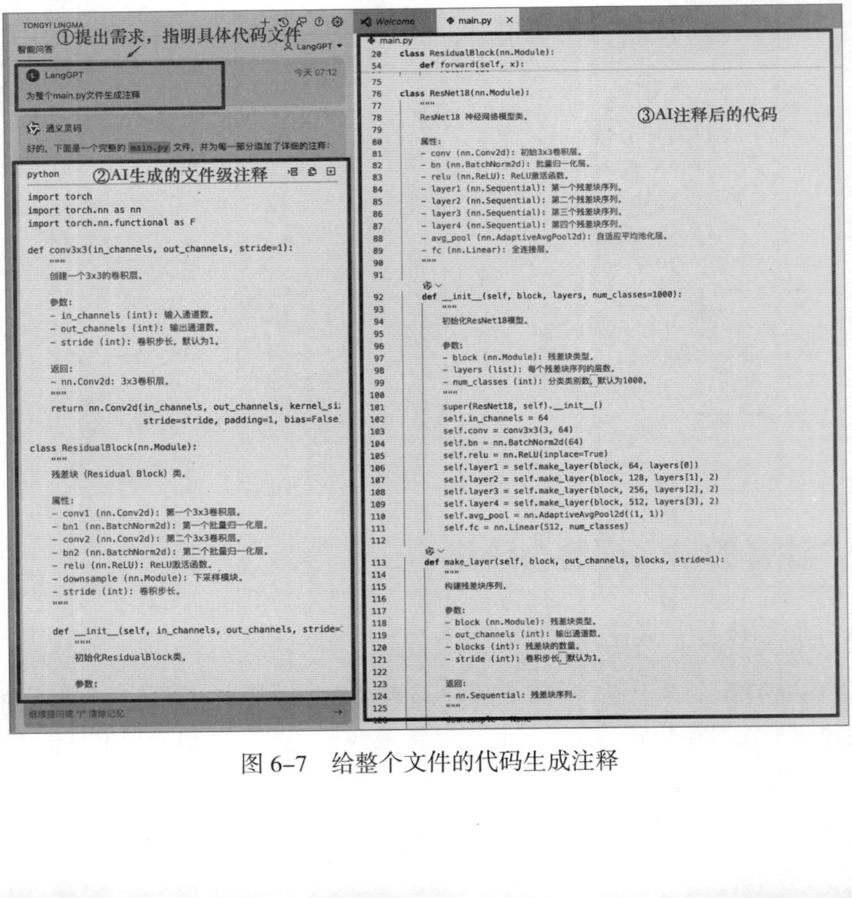

图 6-7　给整个文件的代码生成注释

通过这种方式，我们可以充分利用 AI 的语义理解能力，生成高质量、上下文相关的代码注释，从而提升整个代码库的质量和可维护性。

注释后的代码如下所示。

```python
import torch
import torch.nn as nn
import torch.nn.functional as F

def conv3x3(in_channels, out_channels, stride=1):
    """
    创建一个 3x3 的卷积层。

    参数：
    - in_channels (int): 输入通道数。
    - out_channels (int): 输出通道数。
    - stride (int): 卷积步长，默认为 1。

    返回：
    - nn.Conv2d: 3x3 卷积层。
    """
    return nn.Conv2d(in_channels, out_channels, kernel_size=3,
                     stride=stride, padding=1, bias=False)

class ResidualBlock(nn.Module):
    """
    残差块（Residual Block）类。

    属性：
    - conv1 (nn.Conv2d): 第一个 3x3 卷积层。
    - bn1 (nn.BatchNorm2d): 第一个批量归一化层。
    - conv2 (nn.Conv2d): 第二个 3x3 卷积层。
    - bn2 (nn.BatchNorm2d): 第二个批量归一化层。
    - relu (nn.ReLU): ReLU 激活函数。
    - downsample (nn.Module): 下采样模块。
    - stride (int): 卷积步长。
    """

    def __init__(self, in_channels, out_channels, stride=1, downsample=None):
        """
        初始化 ResidualBlock 类。

        参数：
        - in_channels (int): 输入通道数。
```

```
        - out_channels (int): 输出通道数。
        - stride (int): 卷积步长,默认为 1。
        - downsample (nn.Module): 下采样模块,默认为 None。
        """
        super(ResidualBlock, self).__init__()
        # 定义第一个 3x3 卷积层
        self.conv1 = conv3x3(in_channels, out_channels, stride)
        self.bn1 = nn.BatchNorm2d(out_channels)
        self.conv2 = conv3x3(out_channels, out_channels)
        self.bn2 = nn.BatchNorm2d(out_channels)
        self.relu = nn.ReLU(inplace=True)
        self.downsample = downsample
        self.stride = stride

    def forward(self, x):
        """
        前向传播方法。

        参数:
        - x (torch.Tensor): 输入张量。

        返回:
        - out (torch.Tensor): 输出张量。
        """
        residual = x
        out = self.conv1(x)
        out = self.bn1(out)
        out = self.relu(out)
        out = self.conv2(out)
        out = self.bn2(out)
        if self.downsample:
            residual = self.downsample(x)
        out += residual
        out = self.relu(out)
        return out

class ResNet18(nn.Module):
    """
    ResNet18 神经网络模型类。

    属性:
    - conv (nn.Conv2d): 初始 3x3 卷积层。
    - bn (nn.BatchNorm2d): 批量归一化层。
```

```
    - relu (nn.ReLU): ReLU 激活函数。
    - layer1 (nn.Sequential): 第一个残差块序列。
    - layer2 (nn.Sequential): 第二个残差块序列。
    - layer3 (nn.Sequential): 第三个残差块序列。
    - layer4 (nn.Sequential): 第四个残差块序列。
    - avg_pool (nn.AdaptiveAvgPool2d): 自适应平均池化层。
    - fc (nn.Linear): 全连接层。
    """

    def __init__(self, block, layers, num_classes=1000):
        """
        初始化 ResNet18 模型。

        参数:
        - block (nn.Module): 残差块类型。
        - layers (list): 每个残差块序列的层数。
        - num_classes (int): 分类类别数, 默认为 1000。
        """
        super(ResNet18, self).__init__()
        self.in_channels = 64
        self.conv = conv3x3(3, 64)
        self.bn = nn.BatchNorm2d(64)
        self.relu = nn.ReLU(inplace=True)
        self.layer1 = self.make_layer(block, 64, layers[0])
        self.layer2 = self.make_layer(block, 128, layers[1], 2)
        self.layer3 = self.make_layer(block, 256, layers[2], 2)
        self.layer4 = self.make_layer(block, 512, layers[3], 2)
        self.avg_pool = nn.AdaptiveAvgPool2d((1, 1))
        self.fc = nn.Linear(512, num_classes)

    def make_layer(self, block, out_channels, blocks, stride=1):
        """
        构建残差块序列。

        参数:
        - block (nn.Module): 残差块类型。
        - out_channels (int): 输出通道数。
        - blocks (int): 残差块的数量。
        - stride (int): 卷积步长, 默认为 1。

        返回:
        - nn.Sequential: 残差块序列。
        """
```

```python
        downsample = None
        if (stride != 1) or (self.in_channels != out_channels):
            downsample = nn.Sequential(
                conv3x3(self.in_channels, out_channels, stride=
                stride),
                nn.BatchNorm2d(out_channels))
        layers = []
        layers.append(block(self.in_channels, out_channels,
stride, downsample))
        self.in_channels = out_channels
        for i in range(1, blocks):
            layers.append(block(out_channels, out_channels))
        return nn.Sequential(*layers)

    def forward(self, x):
        """
        前向传播方法。

        参数：
        - x (torch.Tensor)：输入张量。


        返回：
        - out (torch.Tensor)：输出张量。
        """
        out = self.conv(x)
        out = self.bn(out)
        out = self.relu(out)
        out = self.layer1(out)
        out = self.layer2(out)
        out = self.layer3(out)
        out = self.layer4(out)
        out = self.avg_pool(out)
        out = out.view(out.size(0), -1)
        out = self.fc(out)
        return out

# 实例化 ResNet18
model = ResNet18(ResidualBlock, [2, 2, 2, 2])

# 打印模型结构
print(model)
```

6.2.2　改进代码注释

在使用 AI 助手生成初步注释之后，进一步改进这些注释以提高代码质量和可维护性是非常重要的。本节将以 main.py 文件为例，展示如何改进注释使其符合谷歌开发者规范，增强可读性，并使用英文注释，如图 6-8 所示。

原来的注释为中文，在不同的系统中可能遇到字符编码问题。通过这些改进，代码注释变得更加规范、易读，并且更有助于其他开发者理解和维护代码。这种改进过程不仅提高了代码的质量，还能帮助开发团队更好地协作和沟通。

在实际项目中，我们可以先使用 AI 辅助工具生成初始注释，然后根据这些原则进行人工审查和优化。这种方法既能保证注释质量，又能提高效率。随着时间的推移，AI 系统可以从这些人工优化中学习，不断提高自动生成注释的质量。

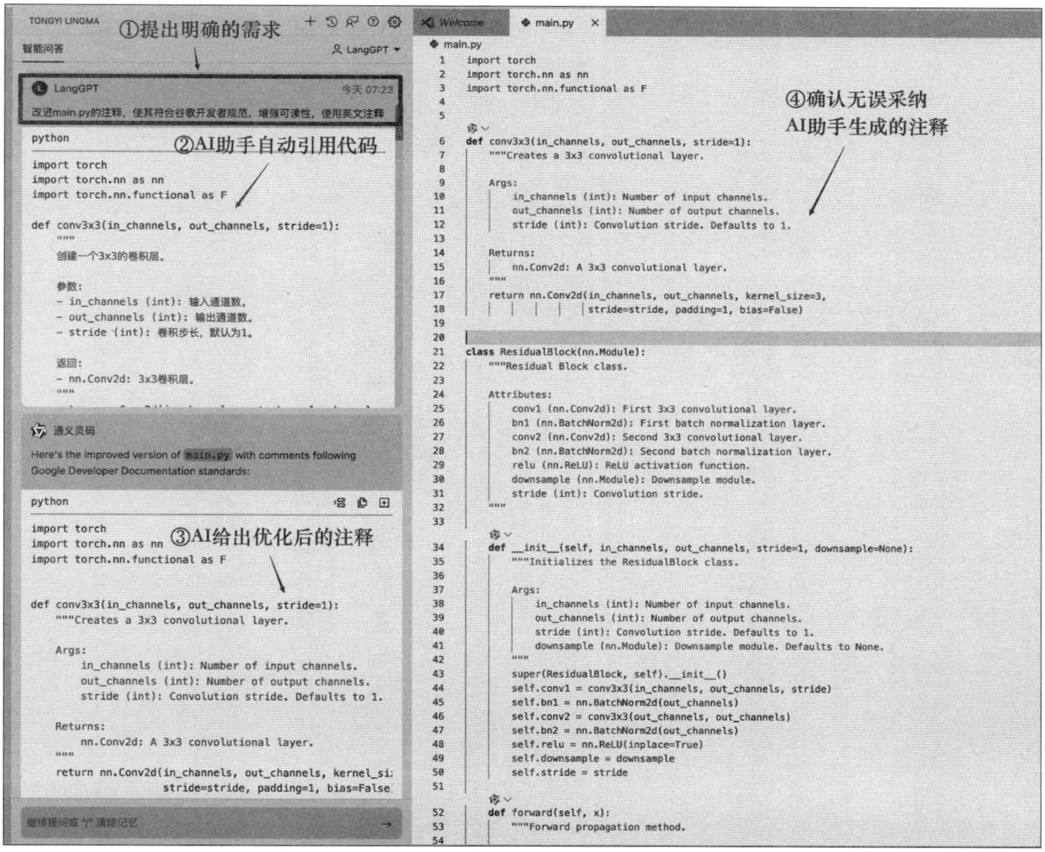

图 6-8　改进代码注释

6.3　本章小结

　　本章深入探讨了如何利用 AI 技术来提升代码注释的质量和效率。我们从自动生成代码注释开始，展示了 AI 如何快速创建符合谷歌开发者规范的英文注释，大大提高了代码的可读性和可维护性。我们还讨论了如何改进和优化这些自动生成的注释，确保它们不仅准确描述代码功能，还能提供有价值的上下文信息。值得注意的是，良好的注释习惯应该成为开发过程中的一部分，而不是事后添加的任务。在编写代码的同时编写注释，可以帮助开发者更好地思考和组织代码结构，从而提高整体的代码质量。

第7章

代码评审

在现代软件开发中，代码评审是确保项目质量的关键步骤，但传统的代码审查往往需要耗费大量人力与时间。而AI的加入彻底改变了这一局面。AI辅助的代码评审不仅能够自动检测代码中的错误与隐患，还能为开发者提供智能化的改进建议，让代码审查从烦琐重复的工作变为一种高效、智能的体验。本章将探讨如何利用AI工具，如智谱CodeGeeX等来提升代码审查的效率和质量，帮助开发者专注于更具创造力的编程任务。

7.1 AI辅助的代码审查流程

AI 工具在代码审查中的引入大大提升了效率和审查质量，尤其是对代码质量、规范一致性和潜在漏洞的识别。在本节中，我们将详细探讨 AI 辅助代码审查的流程以及实际应用中的具体方法。

1. 自动化静态代码分析

AI 工具可以通过静态分析工具自动化地扫描代码中的语法错误、不符合规范的代码风格以及安全隐患。与传统的静态分析不同，AI 能够通过深度学习模型，结合上下文理解代码结构，发现隐藏较深的问题。

2. 代码逻辑问题的智能检测

AI 不仅可以检查代码的正确性，还能对代码的逻辑性提出建议。比如在进行代码审查时，AI 可以标记不常见的逻辑错误或有潜在问题的条件分支，这些通常是人工审查容易遗漏的部分。

3. 智能化代码重构

AI 可以根据已有的代码模式自动识别需要重构的部分，并给出相应的重构建议。例如，当发现某些代码存在重复逻辑时，AI 会建议将其抽象成函数，提高代码复用性和可维护性。

4. 持续反馈与改进

代码审查的关键在于不断反馈和迭代。AI 工具可以提供审查历史记录，帮助开发者了解某段代码经过的所有审查过程及修改建议，从而快速迭代和优化代码质量。

7.1.1 自动化静态代码分析

静态代码分析是一种在代码未执行的情况下，通过扫描源代码的结构、语法、依赖关系等信息，找出代码中的错误、规范性问题和潜在的安全隐患的技术。传统的静态代码分析工具，如 SonarQube、ESLint 等，主要基于规则和模式匹配来查找代码中的问题。随着 AI 技术的发展，静态代码分析工具也变得更加智能，能够理解代码上下文，从而发现更加复杂和深层次的问题。

AI 驱动的静态代码分析工具通过深度学习和自然语言处理技术,对代码的语义进行理解,从而超越传统的基于规则的分析方法。这些 AI 工具不仅能够检测代码中的常见问题,还可以识别代码中的设计缺陷和反模式。例如,智谱 CodeGeeX 通过对海量代码数据进行训练,具备了对代码结构和常见错误模式的高度敏感性,能够在静态分析阶段提供比传统工具更为精确的反馈。AI 静态代码分析相比传统的静态分析工具,具备以下几个显著优势。

◎ 上下文理解能力:传统的静态分析工具通常基于固定的规则集进行分析,缺乏对代码上下文的理解。而 AI 驱动的工具可以通过深度学习对代码的逻辑和结构进行理解,识别出隐藏在复杂代码中的潜在问题。例如,AI 可以理解变量的作用范围,识别未初始化变量的使用,或者找出可能引发空指针异常的代码片段。

◎ 自动学习与进化:AI 工具可以通过不断学习开发者的反馈和代码提交记录,逐步改进分析模型和规则。与传统的工具不同,AI 工具不需要手动更新规则库,而是通过学习新的代码模式和错误来进行自我优化,从而在面对新的问题时具有更强的适应性。

◎ 减少误报:传统的静态代码分析工具经常会产生大量误报,导致开发者花费时间在不必要的代码修复上。AI 工具通过语义理解和上下文分析,可以大幅减少误报,使得开发者可以专注于真正有问题的代码。

◎ 更全面地覆盖:AI 静态代码分析工具不仅可以检查代码的语法和风格问题,还能够识别代码中的性能隐患和安全漏洞。例如,它可以分析循环的复杂度,给出性能优化建议,或者检测出代码中可能导致资源泄漏的部分。

7.1.2 代码逻辑问题的智能检测

在代码审查过程中,代码逻辑问题的检测是一个关键环节,因为代码的逻辑错误往往是最难以发现和修复的。传统的代码审查更多依赖人工来理解代码的意图和逻辑,而 AI 的引入让这一过程变得更加智能和高效。利用智谱 CodeGeeX 等 AI 工具,能够分析代码中的逻辑结构,找出潜在的问题并提供改进建议。

AI 工具通过学习大量的代码样本和真实场景中的逻辑错误,建立了丰富的错误模式库。可以通过以下几种方式来检测代码中的逻辑问题。

◎ 模式识别:AI 通过识别代码中常见的反模式来发现逻辑问题。例如,某个循环的终止条件存在潜在的错误,或者某个条件分支的覆盖情况不完整。AI 可以将这些反模式与已有的错误模式库进行匹配,从而发现潜在的逻辑缺陷。

◎ 数据流分析:AI 工具能够追踪代码中变量的赋值、传递和使用情况,通过数据流分析判断代码逻辑是否存在异常。例如，在某段代码中，AI 可以分析某个变量是否在使用之前得到了正确的初始化，或者是否存在无效的状态转换。

◎ 控制流分析：AI 可以通过构建代码的控制流图，分析程序执行路径的完整性和合理性。对于复杂的条件语句或嵌套的分支结构，AI 能够找出可能导致逻辑混乱的代码路径，并标记出需要开发者注意的部分。

AI 代码逻辑问题检测在多个实际应用场景中展现了其强大的能力，它不仅能够自动识别业务逻辑中的偏差，还可以深入分析复杂算法的正确性，确保代码的健壮性和安全性。通过对异常处理逻辑的覆盖性分析，AI 工具能够有效防止未处理异常导致的系统崩溃，帮助开发者更高效地维护和优化代码质量。以下是一些典型的应用。

◎ 业务逻辑的自动验证：在业务系统开发中，代码需要严格遵循业务规则。AI 工具可以自动分析代码是否符合业务逻辑，如检查订单状态的转换是否合规，或者用户权限的判断是否正确。

◎ 复杂算法的验证：对于一些涉及复杂算法的代码，如排序、路径规划等，AI 工具可以分析算法逻辑的正确性，确保没有遗漏特殊情况。例如，AI 可以检测某个算法是否对所有边界条件进行了正确处理。

◎ 异常处理的覆盖性：在代码中，异常处理是确保系统稳定性的重要部分。AI 工具可以分析代码的异常处理逻辑，判断是否所有可能的异常都得到了适当的处理，防止因未处理的异常导致系统崩溃。

7.1.3 智能化代码重构

代码重构是提升代码质量和可维护性的重要手段，它的目标是在不改变软件外部行为的前提下优化代码的内部结构，从而使代码更加清晰、简洁和易于维护。AI 工具在代码重构中的应用，极大地减少了开发人员在分析和改进代码上的时间，并提供了精确的重构建议。智谱 CodeGeeX 等 AI 工具通过对代码的深入理解和对最佳实践的学习，可以自动检测需要重构的代码段，并给出具体的优化方案。

人工智能辅助的代码重构技术在多个开发场景中展现出强大的应用潜力和实用价值，不仅大幅提升了开发效率，还能在复杂多变的开发环境中保持代码质量的持续优化。在不同场景下，AI 工具的智能分析与自动化执行功能能够针对代码中的潜在问题提供精准的解决方案，从而在保证代码稳定性的同时，显著提高代码的可维护性与运行效率。例如，进行以下工作。

◎ 性能优化：当代码中存在低效的算法或冗余的逻辑时，AI 能够检测出这些问题，并建议或自动执行高效的替换方案。例如，算法复杂度的降低、循环优化、缓存机制的引入等。

◎ 代码简化：AI 可以通过分析复杂的代码结构，自动简化冗长、嵌套过深或难以理解的代码块，使代码更具可读性和维护性。它能够自动拆分长函数、优化类设计，并消除不必要的依赖关系。

◎ 跨语言重构：现代软件开发常常涉及多种编程语言。智谱 CodeGeeX 不仅能在同一种语言内进行代码重构，还能跨语言重构。例如，将性能要求较高的部分从 Python 转换为 C++，或将旧的系统从 Java 迁移到 Kotlin。这种跨语言的能力显著降低了开发者的工作量，并避免了语言迁移过程中可能出现的错误。

◎ 安全性增强：AI 还能检测代码中潜在的安全漏洞，如 SQL 注入、跨站脚本攻击（XSS）等，并自动修复这些问题。例如，AI 可以自动在敏感操作前添加适当的输入验证或参数化查询，避免安全隐患。

7.1.4　持续反馈与改进

代码审查不仅是单次的过程，而是一个持续反馈与不断改进的迭代循环。尤其在现代软件开发中，代码的变化频率高，功能更新和系统维护的需求使得代码审查成为确保代码质量和项目稳定性的核心环节。而在这一过程中，持续的反馈与改进成为提高开发效率和代码质量的关键因素。AI 工具在这一环节中扮演着重要角色，通过自动化分析和智能反馈机制，帮助开发者更快地发现问题，提供优化建议，从而加速整个开发和改进流程。

例如，当一个功能模块经过多次审查和改进后，如果在后续版本中再次出现问题，开发者可以通过审查历史快速定位之前的改动，找到可能引发问题的原因。这种可追溯性不仅提高了问题解决的效率，还为项目的长期维护提供了坚实的基础。审查历史的存在，避免了因人员流动或时间间隔较长导致的知识流失，也确保了开发团队对代码质量的持续关注。

7.1.5　实战演示：AI辅助代码审查

在实际开发中，AI 辅助的代码审查不仅能够快速发现代码中的潜在问题，还能帮助开发者逐步优化代码。下面以一个简单的例子为基础，通过四个步骤展示如何在 CodeGeex 的帮助下，逐步改进代码。

示例代码如下。

```python
def process_order(order_list):
    total_price = 0
    for item in order_list:
        if item['price'] >= 0:
            total_price += item['price'] * item['quantity']
```

```
        else:
            total_price = None
            break
    if total_price != None:
        discount = 0.1  # 固定折扣率
        total_price = total_price * (1 - discount)
    return total_price
```

上述代码用来计算订单列表 order_list 中所有商品的总价 total_price，并在无效商品（如负价格）出现时终止计算。如果订单中的所有商品价格和数量有效，则代码会累加每个商品的价格并应用固定的折扣 discount，最后返回经过折扣处理后的总价；如果出现无效商品，则代码返回 None，表示计算未完成。

1. 自动化静态代码分析

如图 7-1 所示，我们使用 CodeGeex 进行静态代码分析，来捕捉代码中的变量定义问题、语法问题，以及运行效率方面的改进。

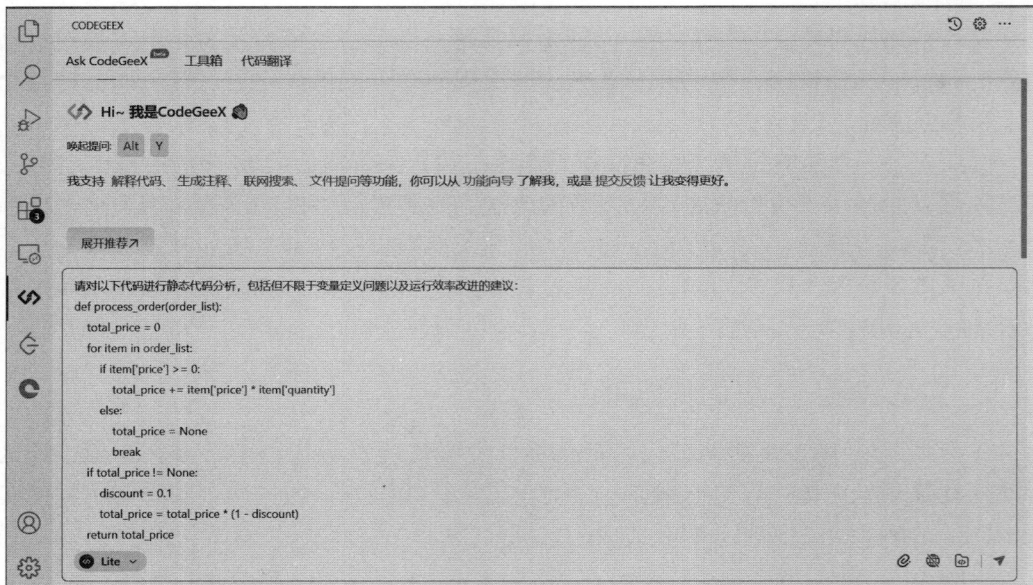

图 7-1　CodeGeex VS Code 插件静态代码分析界面

代码存在一些效率低下的地方，如 if total_price != None 的检查可以改进，同时 None 的检查方式不够 Pythonic。此外，还可以优化遍历逻辑。CodeGeex 的反馈如下。

◎ 使用 if total_price is not None 替代 if total_price != None，更符合 Python 风格的写法。

◎ 在遍历 order_list 时，可以提前返回，而不是使用 break。

◎ discount 是固定值，建议将其设为参数，增强函数的灵活性。

优化后的代码如下。

```python
def process_order(order_list, discount=0.1):
    total_price = 0
    for item in order_list:
        if item['price'] >= 0:
            total_price += item['price'] * item['quantity']
        else:
            return None  # 提前返回，避免继续无效计算
    if total_price is not None:
        total_price *= (1 - discount)
    return total_price
```

2. 代码逻辑问题的智能检测

我们使用 AI 工具分析代码的逻辑，检查是否存在潜在的逻辑错误或不合理的部分。在上述代码中，虽然对负价格进行了处理，但没有对代码其他不合理的输入（如负数量或空订单）进行检查。如图 7-2 所示，我们使用 CodeGeex 对第 1 步的代码继续进行改进。

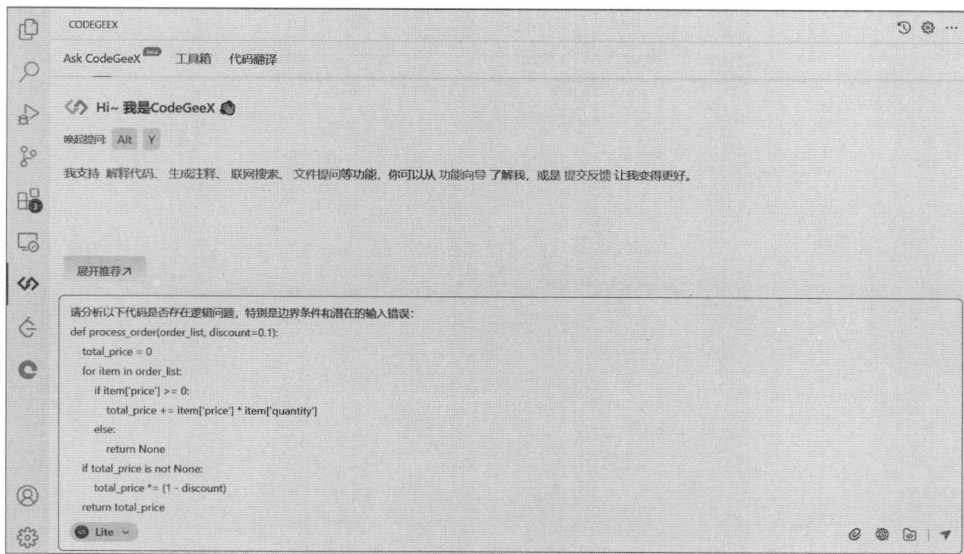

图 7-2　CodeGeex VS Code 插件代码逻辑问题的智能检测界面

CodeGeex 反馈如下。

◎ 如果 order_list 为空，或者包含不符合这个结构的元素，代码将无法正确运行。

◎ 代码没有处理 quantity 为负数的情况。

◎ 代码没有检查 discount 参数是否在 0 ~ 1 。

改进后的代码如下。

```python
def process_order(order_list, discount=0.1):
    if not order_list:
        return 0  # 处理空订单

    total_price = 0
    for item in order_list:
        if item['price'] >= 0 and item['quantity'] >= 0:
            total_price += item['price'] * item['quantity']
        else:
            return None  # 处理无效输入
    if 0 <= discount <= 1:  # 添加折扣上下限检查
        total_price *= (1 - discount)
    return total_price
```

3. 智能化代码重构

此时，CodeGeex 将进一步分析代码结构，提出重构建议。如图 7-3 所示，通过智能化的分析，AI 工具能够识别代码中的重复逻辑或可优化的部分。

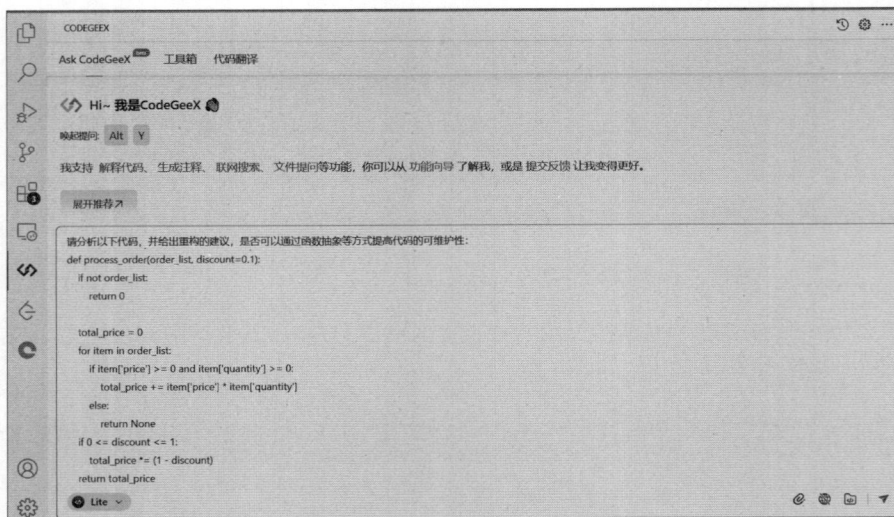

图 7-3 CodeGeex VS Code 插件智能化代码重构界面

CodeGeex 反馈如下。

◎ 提供更具可读性的名称和结构来增强代码的清晰度。

◎ 当前代码在遇到价格或数量为负数时直接返回 None，这可能不是最佳实践，因为它没有提供足够的信息给调用者了解错误的具体原因。更好的做法是抛出一个异常，如 ValueError，并给出具体的错误信息。

◎ 虽然 Python 是动态类型的，但添加类型注解可以帮助提高代码的可读性和减少错误。可以为函数参数和返回值添加类型注解。

改进后代码如下。

```python
def calculate_item_total(item):
    """ 计算单个订单项的总价。"""
    if item['price'] < 0 or item['quantity'] < 0:
        raise ValueError(" 价格和数量必须大于等于0。")
    return item['price'] * item['quantity']

def calculate_total_price(order_list, discount=0.1):
    """ 根据订单列表和折扣计算总价格。"""
    if not order_list:
        return 0

    total_price = sum(calculate_item_total(item) for item in order_list)
    if 0 <= discount <= 1:
        total_price *= (1 - discount)
    return total_price
```

4. 持续反馈与改进

在最后一步，我们利用 CodeGeex 的持续反馈功能，对代码进一步改进。如图 7-4 所示，AI 工具会结合审查历史，提供进一步的优化建议，帮助开发者在未来的迭代中持续改进代码质量。

CodeGeex 反馈如下。

◎ 类型注解：虽然我们已经为函数参数和返回值添加了类型注解，但我们可以进一步明确这些类型。例如，order_list 应该是一个包含字典的列表，每个字典代表一个订单项。

◎ 错误处理：在 calculate_item_total 函数中，我们抛出了一个 ValueError 异常。这是一个好的做法，因为它允许调用者知道发生了什么错误。然而，我们还可以考虑添加更多的错误处理逻辑，如检查 item 是不是一个字典，以及它是否包含 price 和 quantity 键。

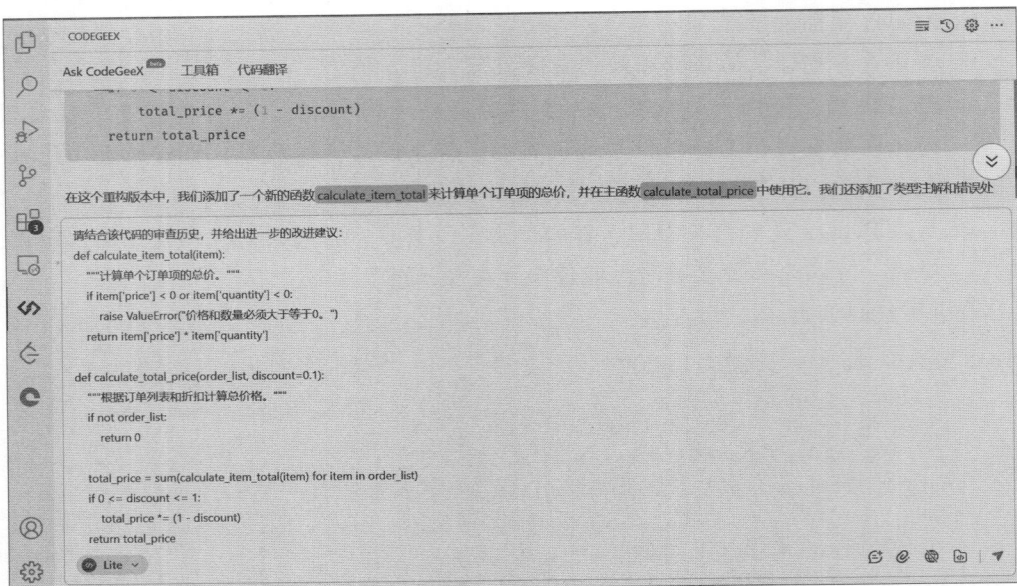

图7-4　CodeGeex VS Code 插件持续反馈与改进界面

◎ 函数抽象：虽然我们已经将计算单个订单项的总价抽象到了一个函数中，但我们可以进一步抽象出更多的逻辑。例如，我们可以创建一个函数来验证订单列表中的每个订单项，以确保它们都是有效的。

◎ 测试：虽然我们已经提到了测试的重要性，但我们可以进一步明确测试应该覆盖哪些情况。例如，我们应该测试一个空的订单列表，一个包含负价格或数量的订单列表，以及一个包含正常订单项的订单列表。

◎ 文档字符串：虽然已经为函数添加了文档字符串，但可以进一步改进它们。例如，可以添加更多的细节，如解释 calculate_item_total 函数是如何工作的，以及 calculate_total_price 函数是如何使用 calculate_item_total 函数的。

改进后代码如下。

```python
from typing import List, Dict


def calculate_item_total(item: Dict[str, float]) -> float:
    """ 计算单个订单项的总价。 """
    if not isinstance(item, dict):
        raise TypeError(" 订单项必须是字典。 ")
    if 'price' not in item or 'quantity' not in item:
        raise KeyError(" 订单项必须包含 'price' 和 'quantity' 键。 ")
    if item['price'] < 0 or item['quantity'] < 0:
```

```
        raise ValueError(" 价格和数量必须大于等于 0。")
    return item['price'] * item['quantity']

def calculate_total_price(order_list: List[Dict[str, float]], discount: float =
0.1) -> float:
    """ 根据订单列表和折扣计算总价格。"""
    if not isinstance(order_list, list):
        raise TypeError(" 订单列表必须是列表。")
    if not all(isinstance(item, dict) for item in order_list):
        raise TypeError(" 订单列表中的每个元素必须是字典。")
    if not all('price' in item and 'quantity' in item for item in order_list):
        raise KeyError(" 订单列表中的每个元素必须包含 'price' 和 'quantity' 键。")
    if not all(item['price'] >= 0 and item['quantity'] >= 0 for item in order_
list):
        raise ValueError(" 订单列表中的每个元素的价格和数量必须大于等于 0。")

    total_price = sum(calculate_item_total(item) for item in
order_list)
    if 0 <= discount <= 1:
        total_price *= (1 - discount)
    return total_price
```

通过上述 4 个步骤，我们利用 CodeGeex 工具逐步帮助开发者从静态分析、逻辑检测、代码重构到持续改进，实现了代码质量的全面提升。这种 AI 辅助的审查流程，大大减少了人工审查的负担，同时提高了代码的健壮性与可维护性。

7.2 代码质量控制的AI应用

不同于 7.1 节关注局部的代码审查，代码质量控制强调对代码在整个生命周期内的质量保障，包括规范一致性、性能优化和技术债务管理等方面。本节将介绍如何利用 AI 工具帮助开发团队在项目的长期维护中逐步积累和提升代码的可靠性和可维护性。

7.2.1 代码质量控制的总体概念与AI的作用

代码质量控制是软件开发的核心环节之一，其重点在于保持代码的一致性、稳定性和长期可维护性。不同于单次代码审查，代码质量控制关注的是代码在整个生命周期中的持续改进。它通过一系列规范、工具和流程，确保代码始终符合预定的质量标准。代码质量控制的目标不仅在于发现和修复当前问题，更在于建立一套可持续的机制来预防未来的问题，减少技术债务，保障项目在开发和维护过程中的高质量输出。

传统的代码质量控制主要依靠开发人员的经验、手动工具和团队协作来维持。然而，随着项目复杂度的增加和代码规模的扩大，这种方式往往难以满足现代软件开发的需求。此时，AI工具在代码质量控制中的优势显现出来。AI工具大模型通过智能分析、自动化检测可以从代码编写、修改到集成的每一个环节实现持续监控，帮助开发者实现高效、全面的质量保障。

AI工具在代码质量控制中的核心优势之一是持续检测。AI工具可以分析项目中的代码模式、代码风格，甚至特定的业务逻辑，实时监控代码的变化，快速识别潜在的质量问题。例如，AI工具能够自动检测重复代码、未使用的变量、冗余逻辑或低效算法，甚至是潜在的安全隐患。这种实时监测使得问题能够在早期阶段被发现并修复，从而减少后期的维护成本。

此外，AI工具的自动修复和优化能力使代码质量控制变得更加智能，能够理解代码的语法和语义，对代码进行上下文分析，提供具体的修复建议或直接进行自动化修复。例如，在检测到某段代码存在性能瓶颈时，AI工具可以自动识别问题所在，并建议替代的优化方案，甚至直接将低效代码替换为更高效的实现方式。这种自动修复功能不仅提升了开发效率，还减少了人为错误的发生概率。

AI工具在代码质量控制中的另一个优势是它的可扩展性。随着时间的推移，AI工具能够通过分析积累的代码质量数据，不断调整和优化其检测和修复算法，使得它越来越符合团队的实际需求。这样一来，AI工具不仅是一个被动的工具，更是一个动态学习、不断改进的质量控制助手。通过持续积累对项目代码的理解，AI逐渐成为团队中不可或缺的质量保障伙伴，为代码质量的长期维护和优化提供强有力的支持。

7.2.2　编码规范与标准化

在软件开发中，编码规范和风格一致性是保持代码质量的关键，尤其在大型团队和跨项目协作中，统一的代码风格显得尤为重要。AI工具在此方面提供了有效的解决方案，能够自动检测和纠正代码中的不规范之处，从而提升整体代码质量。以下几方面体现了AI工具对编码规范和风格一致性的支持。

◎ 规范一致的代码风格有助于代码的可读性和可维护性，降低了团队在审查和故障排查中的难度。

◎ AI工具通过自动化检测和校验功能，帮助开发者在编码过程中即实现风格一致性，避免后期的纠错负担。

◎ 在大型团队中，AI工具的风格管理确保了团队成员代码风格的统一，提升项目整体的代码质量稳定性。

此外，AI工具还能实现实时的代码风格一致性检查，帮助开发者在代码编写阶段就能获得及时反馈，从而避免不规范代码的积累。不同于传统的静态分析工具，AI工具借助深度学习模型能够理解代码的语义和结构，智能识别出不符合规范的代码细节。具体来看，AI工具的实时检查具有以下特点：

◎ AI工具能够分析代码的结构、格式和命名等细节，保证代码风格符合规范。

◎ 借助深度学习，AI工具不仅能检查表面格式，还可以从语义角度判断代码风格合规性。

◎ 这种实时反馈机制有效地在源头上发现问题，使代码质量在最初的开发阶段得到保障，减少后续代码审查的工作量。

在自动化规范校验方面，AI工具可以根据项目预设的编码标准进行检测，甚至能够分析项目历史代码库，从中学习团队的惯用规范，应用于当前的开发。AI工具辅助的规范校验功能不仅是风格检查的一部分，更能帮助开发者快速适应团队编码标准，其优势包括：

◎ AI工具可以自动生成并校验项目的编码规范，确保风格的一致性。

◎ AI可以通过学习已有代码库来设定校验标准，适用于跨分支或多模块的大型项目。

◎ 实时的规范校验帮助开发者快速适应团队的编码风格，降低了新成员的学习成本。

在跨项目和跨团队的协作中，AI工具更能发挥强大的规范化作用。在大型企业或涉及多团队的项目中，不同团队可能使用不同的风格，而AI工具可以提供统一的风格管理，确保各团队间的代码风格一致，避免因风格差异而引发的沟通和整合难题。AI工具在跨团队协作中的价值主要体现在以下几方面：

◎ 在企业或大型项目中，AI工具通过标准化管理实现项目间的风格一致性，减少代码整合的难度。

◎ AI可以在公司范围内执行预设的编码风格，为跨团队协作提供统一的规范。

◎ 统一的编码管理大幅减少沟通成本，提高跨团队协作效率。

总体而言，AI工具辅助的编码规范和标准化机制显著提升了代码的规范性和一致性，为项目的长期维护和扩展提供了可靠保障。AI工具的自动化检测和实时反馈功能帮助开发者在编码时保持高质量的输出，而以下几点进一步展示了AI工具在代码管理上的优势：

◎ 自动化的风格检测和校验确保了代码的规范性，减少后期因风格不统一带来的返工。

◎ AI工具的跨团队应用实现了公司范围内的编码风格统一，为代码管理的高效和系统化奠定了基础。

7.2.3 性能与资源优化的智能分析

在软件开发中，优化代码的性能和资源管理是确保系统高效运行的关键。AI工具在此方面的应用显著提升了代码优化的智能化程度。通过对执行效率和资源利用的深入分析，AI 工具可以帮助开发者识别潜在的性能瓶颈，优化算法选择，减少资源浪费，从而提升整体系统的运行效率。以下几点具体说明了 AI 工具在性能与资源优化中的核心作用：

◎ 性能瓶颈检测：AI 工具可以自动分析代码的执行流程，识别出需要较长时间执行的代码片段或函数，并判断它们的算法复杂度。如果某些代码的执行时间较长，AI 工具会标记这些代码为潜在瓶颈。借助这一功能，开发者可以针对性地优化耗时的代码段，提高程序的整体运行速度。

◎ 资源管理与内存优化：AI 工具不仅能够识别 CPU 和内存的高占用情况，还可以自动检测出代码中的资源浪费或内存泄漏问题。例如，AI 工具可以分析频繁出现的对象创建和销毁过程，找出造成内存碎片化的原因，并给出优化建议。此外，AI 工具还能检测到未及时释放的资源或循环引用导致的内存泄漏问题，这些问题通常较难手动检测，而 AI 的自动化功能大幅提升了优化效率。

◎ 代码效率的改进建议：AI 工具不仅能发现性能问题，还可以提供针对性的优化建议。通过分析相似代码的历史数据，AI 可以建议更高效的算法或替代方案，从而减少不必要的资源消耗。例如，当 AI 工具检测到一个循环或算法存在较高的时间复杂度时，会建议开发者采用更高效的算法或数据结构，甚至自动重构部分代码。这种建议功能帮助开发者减少了复杂度，并在不影响代码逻辑的情况下进行优化。

AI 工具的性能和资源优化功能不仅限于单一的代码片段，还能实现整体的系统优化。这种全局视角使得 AI 工具能够检测出跨模块或多线程中的资源竞争问题，提升了程序的稳定性与并发处理能力。此外，AI 工具还可以在不同环境下对代码的性能表现进行基准测试，自动生成详细的报告，帮助开发者了解系统在实际部署中的表现。

◎ 系统级的性能优化：AI 工具可以分析代码在整个系统层面的表现，包括跨模块调用、线程并发等因素。这样，AI 就能够识别并解决多个模块之间的资源竞争和同步问题，从而保证系统在多线程或并发情况下的稳定性。

◎ 环境适应性和基准测试：AI 工具可以在不同的环境下（如开发、测试和生产环境）对代码进行基准测试，并生成性能报告。这些报告帮助开发者评估代码在实际部署条件下的表现，确保系统在各种负载下都能高效运行。

综上所述，AI 驱动的性能与资源优化功能为开发者提供了高效、智能的优化工具。AI 工具不仅能识别出隐藏的性能问题，还能提供具体的优化建议，甚至直接对代码进行智能化重构。在开发者优化代码的过程中，AI 工具通过全面的性能分析和资源管理提升了系统的运行效率，确保项目的长期稳定和可扩展性。

7.2.4　长期技术债务管理与控制

在软件开发中，技术债务是指由于快速开发、代码质量下降或架构不完善等原因而积累的潜在问题，随着时间的推移，这些问题会导致系统复杂度上升、维护成本增加。AI在长期技术债务管理和控制方面的应用，能够帮助开发团队更早地识别、分析和减轻技术债务，提升代码质量并降低长期维护成本。AI在技术债务管理中的关键作用如下：

◎ 识别技术债务的积累：AI能够自动监测代码中的冗余、复杂度上升等问题，识别出代码结构和逻辑上的潜在技术债务。例如，AI工具可以跟踪函数和类的复杂度指标，识别出长期未重构的代码块，标记出可能导致技术债务积累的区域。这种自动识别功能帮助团队更及时地发现需要优化的代码，从而防止债务进一步堆积，减轻未来的维护负担。

◎ 复杂度与冗余检测：AI能够计算代码的圈复杂度、模块耦合度等技术指标，对高复杂度和冗余代码进行标记。通过定期分析代码库中的变化趋势，AI工具可以判断代码结构是否随着项目的进展变得越来越复杂，为开发团队提供及时的预警。

◎ 自动化技术债务分析与警示：除了识别积累的技术债务，AI工具还能进行技术债务的自动化分析。AI驱动的技术债务评估工具可以根据历史代码变更和当前代码质量，量化项目的技术债务水平，并生成自动化报告。通过分析技术债务的累积速度和分布情况，AI工具可以帮助团队判断项目是否存在长久未处理的债务，并且通过警示机制提醒开发者关注可能影响项目稳定性的代码部分。这种智能分析不仅为开发者提供了债务管理的依据，还能帮助团队在代码库规模扩大前，提前规划解决方案。

◎ 可视化技术债务报告：AI工具能够生成技术债务的可视化报告，包括债务分布、增长率和风险评估等内容。通过图表形式展示债务积累情况，开发者可以更直观地看到项目中最需要关注的部分，并及时采取措施。

此外，AI工具还能在技术债务减轻方面提供支持，通过重构建议和优化方案，帮助开发团队减少不必要的复杂度和重复代码。AI工具会根据最佳实践提出具体的重构方案，甚至可以对部分代码进行自动化重构。这一功能有效减少了技术债务对项目的负面影响，并且有助于团队在日常开发中逐步消除技术债务。

◎ 自动化重构建议：AI工具能够分析代码模式并自动生成重构建议，如抽象重复代码、减少嵌套层级或优化循环结构。对于技术债务较重的代码区域，AI工具可以生成详细的重构方案，为开发团队提供高效的优化途径。

◎ 代码模块化与解耦：AI 工具还可以识别代码中的模块耦合情况，提供模块化和解耦建议。通过降低模块间的耦合度，AI 工具能够帮助项目提升代码的可维护性和扩展性，从而更好地管理和控制技术债务。

总而言之，AI 工具在技术债务管理中的应用显著提升了代码质量和项目的长期可维护性。通过自动化识别、分析和重构，AI 工具帮助团队有效管理技术债务，并减少了因技术债务导致的维护和扩展困难。

7.2.5　实战演示：AI代码质量控制

在实际开发中，AI 驱动的代码质量控制工具，如 CodeGeex 能够帮助开发者从多维度提升代码质量。以下通过一个例子——学生成绩计算和分析，展示如何使用 CodeGeex 实现代码质量控制。

初始代码如下，用于计算学生的总分和平均分，同时剔除分数无效的记录。

```python
def calculate_scores(student_list):
    total_score = 0
    valid_students = 0
    for student in student_list:
        if student["score"] >= 0:
            total_score += student["score"]
            valid_students += 1
    return total_score, total_score / valid_students if valid_students > 0 else 0
```

以上初始代码能够完成基本功能，但存在命名不规范、逻辑可读性差、性能和扩展性有限等问题，下面我们将从编码规范与标准化、性能与资源优化、长期技术债务管理与控制三个步骤，使用 CodeGeex 控制代码质量。

1.编码规范与标准化

如图 7-5 所示，我们将使用 CodeGeex 进行代码风格分析，输入提示词"请分析以上代码是否符合编码规范，包括变量命名、缩进、函数设计等是否合理，并提供优化建议"。

CodeGeex 给出的修改意见如下：

◎ 函数名和变量名不够明确，应更贴合功能，如改为 calculate_total_and_average。

◎ 提取 score 有效性检查为单独的函数，提高代码复用性。

◎ 返回值缺乏可读性，建议返回字典以提升可理解性。

修改后的代码如下：

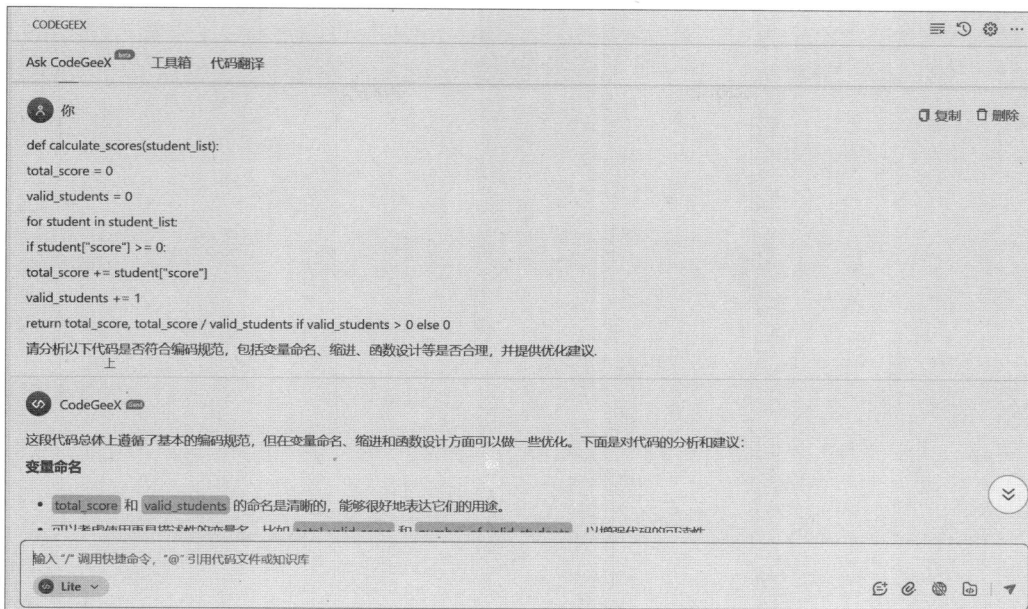

图 7-5　使用 CodeGeex 插件编码规范与标准化界面

```python
def calculate_total_and_average(student_list):
    def is_valid_score(score):
        return score >= 0
    total_score = sum(s["score"] for s in student_list if is_valid(s["score"]))
    valid_students = sum(1 for student in student_list if is_valid_
score(student["score"]))
    average_score = total_score / valid_students if valid_students > 0 else 0
    return {"total_score": total_score, "average_score": average_score}
```

2. 性能与资源优化的智能分析

如图 7-6 所示，输入提示词"请分析以上代码的性能，识别低效部分并提出优化建议，尤其是循环和条件判断的性能改进。"。

CodeGeex 给出的修改意见如下：

◎ 避免两次循环，通过一次遍历同时计算总分和有效记录数，提高效率。

◎ 提供动态过滤条件支持，以便处理更复杂的场景（如分数区间筛选）。

优化后的代码如下。

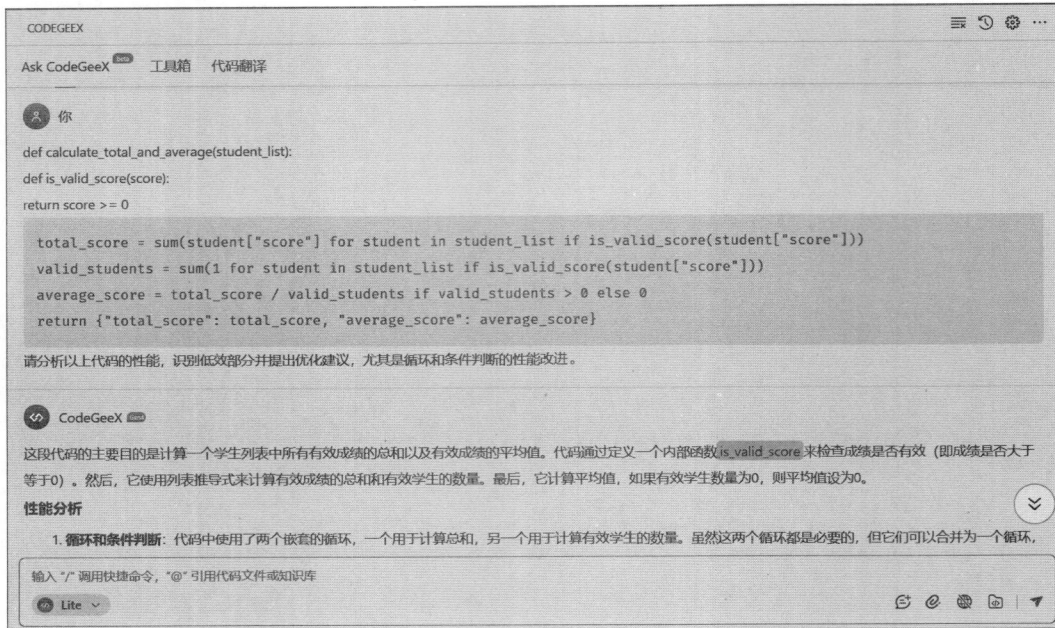

图 7-6 使用 CodeGeex 插件智能分析性能与资源优化界面

```python
def calculate_total_and_average(student_list,
                                filter_condition=lambda x: x >= 0):
    total_score = 0
    valid_students = 0

    for student in student_list:
        if filter_condition(student["score"]):
            total_score += student["score"]
            valid_students += 1

    average_score = total_score / valid_students if valid_students > 0 else 0
    return {"total_score": total_score, "average_score": average_score}
```

3. 长期技术债务管理与控制

如图 7-7 所示，输入提示词"请分析以上代码是否存在潜在的技术债务问题，例如逻辑耦合或扩展性不足，并给出优化建议"。

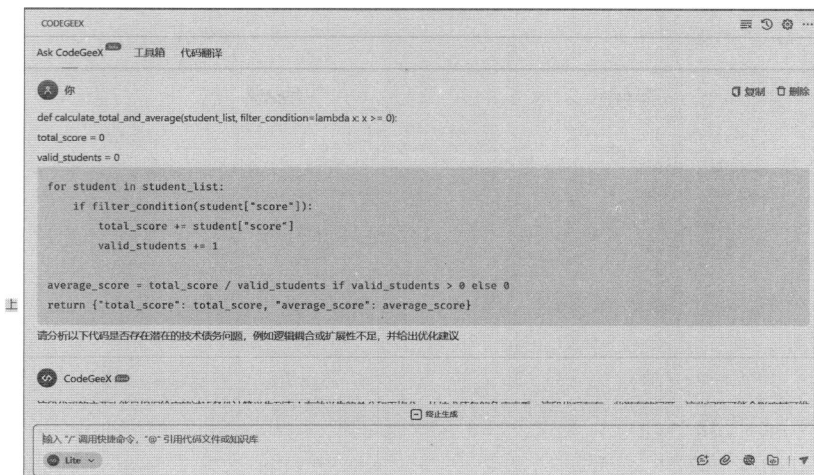

图 7-7　使用 CodeGeex 插件管理与控制长期技术债务界面

CodeGeex 给出的修改意见如下。

◎ 分离筛选逻辑与计算逻辑，将过滤和分数计算分模块实现，降低代码耦合度。

◎ 添加异常处理，确保在分母为零或其他错误情况下程序能正常运行。

◎ 支持多种统计指标（如最高分、最低分等），提升代码扩展性。

优化后的代码如下：

```python
def filter_valid_scores(student_list, filter_condition=lambda x: x >= 0):
    return [student for student in student_list if filter_condition(student
["score"])]

def calculate_statistics(valid_students):
    total_score = sum(student["score"] for student in valid_students)
    average_score = total_score / len(valid_students) if valid_students else 0
    highest_score = max(student["score"] for student in valid_students) if
valid_students else None
    lowest_score = min(student["score"] for student in valid_students) if
valid_students else None

    return {
        "total_score": total_score,
        "average_score": average_score,
        "highest_score": highest_score,
        "lowest_score": lowest_score,
    }
```

```python
def calculate_total_and_average(student_list, filter_condition=lambda x: x >= 0):
    try:
        valid_students = filter_valid_scores(student_list, filter_condition)
        return calculate_statistics(valid_students)
    except Exception as e:
        print(f"Error: {e}")
        return None
```

最终，通过 CodeGeex 的支持，我们对初始代码进行了逐步优化，使其在规范性、性能和长期维护能力上得到了全面提升。在编码规范与标准化方面，通过重命名和分离函数逻辑，代码结构更加清晰，符合最佳实践。在性能与资源优化方面，减少多次遍历，支持动态过滤条件，提高运行效率和灵活性。在长期技术债务控制方面，通过模块化设计和异常处理，降低耦合度并增强代码扩展性。这一完整的流程展示了 AI 在代码质量控制中的强大能力。

第8章

代码测试与安全

随着软件开发的复杂性不断增加，代码测试与安全保障已成为现代编程实践中不可或缺的环节。本章聚焦于AI技术在代码测试和安全领域的应用，展示AI大模型如何为开发者提供智能化的测试生成和漏洞检测工具，以简化流程，提高代码质量。同时，随着网络威胁的日益严峻，AI在安全领域的角色也变得尤为重要。从自动编写测试模块到深度挖掘潜在漏洞，再到构建更加智能化的安全体系，AI正以其独特的优势推动安全开发实践的革新。本章将以文心快码为例，为读者揭示如何将AI技术高效整合到代码测试与安全流程中，为构建更可靠、更安全的应用程序奠定基础。

8.1 自动编写测试模块

随着软件开发周期的不断缩短和需求的日益复杂化，传统的手动测试方法已经无法满足高效、全面的测试需求。自动化测试作为提升软件质量与开发效率的重要手段，正逐步成为开发流程中不可或缺的一部分。尤其是在现代复杂应用程序中，手动编写测试用例不仅耗时，而且容易遗漏潜在问题，因此自动编写测试模块的需求愈发迫切。

在这一节中，我们将探讨如何借助 AI 技术，尤其是基于大模型的智能助手，来自动生成高效的测试代码。通过 AI 辅助的自动化测试，开发者可以更快速地发现代码中的潜在漏洞、功能缺陷或性能瓶颈，从而提高软件的质量和稳定性。我们将具体分析 AI 工具如何根据已有的代码逻辑自动生成测试用例，并通过实际案例展示 AI 在自动化测试中的应用实践，帮助开发者节省时间、减少人为错误，并实现更高效的软件质量控制。

8.1.1 测试模块现状分析

在现代软件开发中，测试模块的编写是保障代码质量的重要一环。然而，传统的测试模块编写存在诸多挑战。首先是耗时长，开发人员需要根据功能需求手动编写测试用例，确保覆盖不同的代码路径和边界条件，这一过程需要大量的时间投入。其次是覆盖率不足，由于手动编写的测试用例往往受限于开发者的经验和时间，容易忽略一些隐蔽的代码逻辑或特殊边界条件。此外，测试模块的质量与开发者的能力密切相关，缺乏标准化工具支持，导致测试代码的维护成本高企。面对这些痛点，如何通过智能化手段提高测试效率、覆盖率和可维护性，成为开发者关注的重点。

8.1.2 AI助力自动化测试模块

AI 的引入为测试模块的生成带来了全新的可能性。AI 大模型通过结合代码语义分析和上下文理解能力，可以自动生成多类型测试模块，如单元测试、集成测试等。

◎ 单元测试生成：文心快码能够快速分析函数或类的输入输出关系及边界条件，自动生成涵盖核心逻辑的测试用例。例如，对于一个处理字符串输入的函数，文心快码会生成测试用例验证空字符串、特殊字符以及常规输入等场景。

◎ 集成测试支持：通过分析模块间的依赖关系，文心快码可以生成多模块协同测试用例，帮助开发者检测系统级别的逻辑缺陷。

◎ 动态建议与完善：在生成初步测试用例后，文心快码还可以根据实际运行结果动态调整测试用例，提升其对异常情况的覆盖率。

AI 的引入不仅减少了开发者手动编写测试的时间，也极大提升了测试覆盖率与效率。

8.1.3 实战演示：AI自动化测试

本节我们以一个更加实际且具备一定复杂度的函数为例，来演示文心快码自动生成测试模块的功能和专业性。

以下是待测试的函数 analyze_numbers，其功能是接收一个整数列表，并返回分析结果，包括列表的长度、元素的和、平均值、最大值和最小值，以及是否全部为正数。

```python
def analyze_numbers(numbers: list[int]) -> dict:
    if not numbers:
        return {
            "count": 0,
            "sum": 0,
            "average": None,
            "max": None,
            "min": None,
            "all_positive": False,
        }
    return {
        "count": len(numbers),
        "sum": sum(numbers),
        "average": sum(numbers) / len(numbers),
        "max": max(numbers),
        "min": min(numbers),
        "all_positive": all(n > 0 for n in numbers),
    }
```

接下来，如图 8-1 所示，我们使用文心快码生成测试模块，输入提示词"请为以下函数 analyze_numbers 自动生成测试代码。测试代码需采用 unittest 模块，涵盖空列表、正整数、负数，以及仅包含一个元素的列表等典型场景。请确保测试代码完整并包括测试类的定义。"。

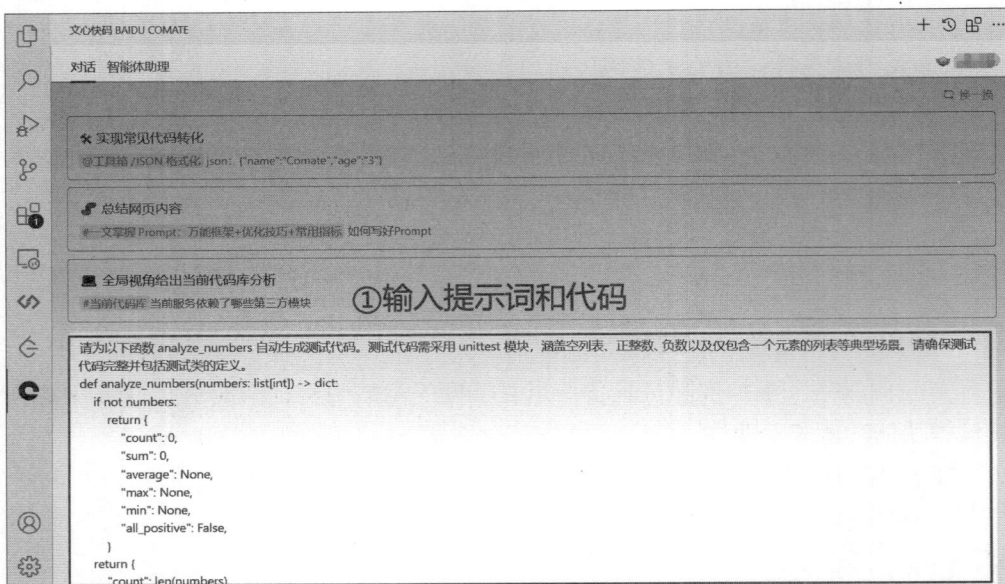

图 8-1 文心快码 VS Code 插件自动化测试代码编写界面

根据提示词，文心快码生成如下测试代码：

```python
import unittest

class TestAnalyzeNumbers(unittest.TestCase):

    def test_empty_list(self):
        result = analyze_numbers([])
        self.assertDictEqual(
            result,
            {
                "count": 0,
                "sum": 0,
                "average": None,
                "max": None,
                "min": None,
                "all_positive": False,
            },
        )

    def test_list_with_positive_numbers(self):
        result = analyze_numbers([1, 2, 3, 4, 5])
        self.assertDictEqual(
```

```
                    result,
                    {
                        "count": 5,
                        "sum": 15,
                        "average": 3.0,
                        "max": 5,
                        "min": 1,
                        "all_positive": True,
                    },
                )

    def test_list_with_negative_numbers(self):
        result = analyze_numbers([-1, -2, 3, -4, 5])
        self.assertDictEqual(
            result,
            {
                "count": 5,
                "sum": 1,
                "average": 0.2,
                "max": 5,
                "min": -4,
                "all_positive": False,
            },
        )

    def test_list_with_one_element(self):
        result = analyze_numbers([10])
        self.assertDictEqual(
            result,
            {
                "count": 1,
                "sum": 10,
                "average": 10.0,
                "max": 10,
                "min": 10,
                "all_positive": True,
            },
        )

if __name__ == "__main__":
    unittest.main()
```

　　以上文心快码生成的测试代码是为了验证analyze_numbers函数的正确性。analyze_numbers函数接收一个整数列表作为输入，并返回一个包含该列表统计信息的字典。测试代码使用了 Python 的 unittest 模块，它是一个强大的框架，用于构建和运行测试。

测试代码中定义了一个名为 TestAnalyzeNumbers 的测试类，该类继承了 unittest. TestCase。在这个类中，定义了 4 个测试方法，每个方法都针对 analyze_numbers 函数的不同输入场景进行测试。

◎ test_empty_list：测试输入为空列表时，函数是否能正确返回包含零计数、零总和、无平均值、无最大值、无最小值以及 all_positive 为 False 的字典。

◎ test_list_with_positive_numbers：测试输入包含正整数的列表时，函数是否能正确计算并返回计数、总和、平均值、最大值、最小值，以及正确判断所有元素是否均为正数（all_positive 应为 True）。

◎ test_list_with_negative_numbers：测试输入包含负整数的列表时，函数是否能正确处理负数，并返回正确的计数、总和、平均值、最大值、最小值，以及正确判断列表中并非所有元素都是正数（all_positive 应为 False）。

◎ test_list_with_one_element：测试输入仅包含一个元素的列表时，函数是否能正确处理这种情况，并返回包含正确统计信息的字典。

每个测试方法都使用了 assertDictEqual 来断言函数的输出是否与预期的字典相等。如果函数的输出与预期不符，则测试将失败，并指出哪些键值对不匹配。

最后，测试代码包含了一个标准的 if __name__ == "__main__": 块，它会在直接运行测试文件时执行 unittest.main()，从而运行所有定义的测试。这样做的好处是可以单独运行这个测试文件，而不需要将其作为更大项目的一部分来运行。

8.1.4　本节小结

通过本次案例实战，我们清晰地展示了 AI 在自动生成测试代码方面的高效性与实用性。传统的测试模块编写需要开发者花费大量时间手动分析代码逻辑、设计测试用例，并确保覆盖各种场景。而文心快码通过对函数逻辑的精准理解，快速生成了符合专业规范的测试代码，极大提升了测试模块的开发效率。

在实战演练中，文心快码展现出以下优势。

◎ 全面性：生成的测试代码涵盖了边界条件（如空列表、单元素列表）、常见场景（如正整数列表）以及特殊场景（如包含负数的列表），实现了高覆盖率。

◎ 规范性：采用 unittest 模块，测试类与测试方法的命名清晰明确，便于代码维护和团队协作。

◎ 高效性：通过自然语言提示，开发者仅需输入函数定义和测试需求，便可快速生成完整的测试代码，显著减少了手动编写的工作量。

◎ 可靠性：测试用例通过严谨的断言机制验证返回值与预期值的匹配，保证了代码的功能正确性。

此案例进一步证明，AI 自动化工具不仅可以显著提升测试模块的开发效率，还能降低手动测试遗漏的重要风险。同时，文心快码生成的测试代码符合行业标准，具备良好的可读性与复用性，体现了其在智能编程中的实用价值。通过本次演练，读者可以直观感受将 AI 融入开发流程的便捷与成效，为未来进一步探索 AI 在代码测试中的应用奠定坚实基础。

8.2 检测代码中的安全漏洞

8.2.1 代码中安全漏洞的现状分析

随着信息技术的迅速发展，网络安全问题日益成为全球范围内的重大关注点。软件系统，特别是互联网应用和服务，已成为攻击者的主要目标。黑客攻击、数据泄露、恶意代码的植入等安全事件屡见不鲜，给个人、企业甚至国家带来巨大的损失。传统的漏洞检测方法依赖人工分析和静态代码审查，虽然有效，但由于其耗时且容易出现遗漏，逐渐暴露出以下不足之处。

1. 隐蔽性强

现代软件系统的复杂性使得漏洞往往深藏于程序的底层逻辑和实现中。例如，SQL 注入、跨站脚本攻击（XSS）等漏洞常常通过用户输入进行恶意注入，且攻击路径复杂多变，很难通过静态代码扫描工具简单识别。攻击者可以利用一些非常规的输入方式来绕过传统的检测机制，从而导致漏洞的漏检。

2. 规则更新滞后

虽然市面上有许多静态代码分析工具能够帮助开发者检测常见的安全漏洞，但这些工具通常基于特定的规则库进行工作，无法动态适应新的攻击手段。随着攻击手段不断演化，传统的漏洞检测工具往往难以及时跟进，导致一些新型的安全漏洞无法被及时识别。例如，针对 API 的漏洞、微服务架构下的漏洞以及基于深度学习的新型攻击手段，传统的静态代码分析方法往往无法有效检测。

3. 人力成本高

漏洞检测的另一大挑战是依赖人工进行代码审查。对于大型项目，人工代码审查既费时又费力，而且无法保证 100% 的准确性。漏洞检测人员不仅要掌握大量的安全知识，还需要对每一行代码进行细致的检查，这种方法难以应对快速迭代的开发环境。

在敏捷开发和持续集成的背景下，漏洞检测的速度和效率显得尤为重要。

8.2.2 AI助力自动化漏洞挖掘

人工智能技术，尤其是 NLP 和深度学习的快速发展，为漏洞检测提供了全新的思路。AI 模型通过语义分析、模式识别、异常检测等技术手段，能够自动检测代码中的潜在漏洞，并能够识别常规规则无法覆盖的安全问题。

1. 语义分析

AI 能够通过深度学习技术分析源代码的语法和语义层面，而不仅是表面上的字符串匹配。与传统的规则引擎不同，AI 可以理解代码的逻辑，并基于上下文进行动态的漏洞预测。通过训练模型，AI 可以识别出与潜在漏洞相关的特征模式，如 SQL 注入中的动态 SQL 构造、XSS 中的未过滤输入等。通过对这些特征模式的分析，AI 能够从整体上识别出潜在的漏洞点，而不仅是单一的代码行。

例如，AI 可以通过分析数据库查询构造函数，判断是否存在未经验证的用户输入直接参与 SQL 语句构建的风险，从而识别 SQL 注入的潜在漏洞。传统的静态代码扫描工具可能只关注特定的函数或语句，而 AI 则能够从程序的整体上下文中理解和判断，提供更为准确和全面的检测。

2. 模式识别

AI 通过模式识别技术，可以在大量的代码库中识别已知漏洞的典型特征，甚至在新代码中发现以前未曾出现过的安全问题。这种模式识别不仅限于对已知漏洞的检测，还能根据历史数据和攻击模式，识别新型攻击的潜在迹象。例如，AI 模型可以学习历史攻击的行为模式，识别并预判当前代码是否可能遭遇类似的攻击。通过不断地训练和优化，AI 能够在面对新漏洞或新攻击手段时，依然能够保持较高的检测准确率。

3. 异常检测

AI 还可以通过异常检测方法，在代码的行为和运行时环境中识别异常的操作，进而发现潜在的安全问题。例如，AI 模型可以监控应用程序的输入输出流，并通过历史数据来判断是否存在异常输入（如过大的输入数据、不符合预期格式的数据等），从而避免潜在的安全漏洞。

8.2.3 实战演示：AI自动化代码漏洞挖掘

本节我们以一个数据库查询的函数为例，来演示文心快码自动化代码漏洞挖掘的功能和便捷性。

假设我们正在开发一个 Web 应用，用户可以通过输入 ID 来查询数据库中的用户信息。该功能存在 SQL 注入的潜在风险，因为它直接将用户输入的 ID 嵌入到 SQL 查询语句中，而没有进行充分的输入验证和参数化处理。

以下是待测试的代码示例。

```python
import sqlite3

def get_user_info(user_id):
    """
    Function to retrieve user information from the database based on user_id.
    Note: This implementation is vulnerable to SQL injection.
    """
    connection = sqlite3.connect("example.db")
    Cursor = connection.Cursor()
    query = f"SELECT * FROM users WHERE id = {user_id}"  # Potential SQL injection risk
    Cursor.execute(query)
    user = Cursor.fetchone()
    connection.close()
    return user
```

如图 8-2 所示，为了使用文心快码生成自动化漏洞挖掘测试代码，我们可以向它

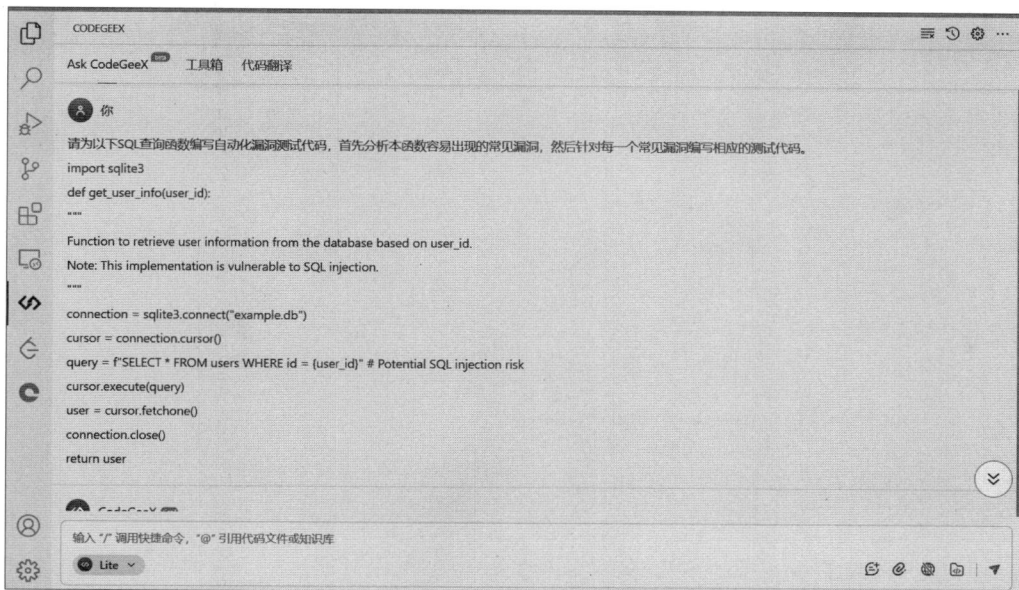

图 8-2 文心快码 VS Code 插件自动化代码漏洞挖掘界面

输入提示词"请为以下 SQL 查询函数编写自动化漏洞测试代码，首先分析本函数容易出现的常见漏洞，然后针对每一个常见漏洞编写相应的测试代码。"。

根据提示词，文心快码生成如下漏洞测试代码。

```
import unittest
import sqlite3

# 假设我们有一个测试数据库, 其中包含一个名为 users 的表, 表结构如下:
# CREATE TABLE users (
#     id INTEGER PRIMARY KEY,
#     name TEXT,
#     email TEXT
# );

class TestGetUserInfo(unittest.TestCase):
    def setUp(self):
        # 创建一个测试数据库连接
        self.connection = sqlite3.connect(":memory:")
        self.Cursor = self.connection.Cursor()
        # 创建一个测试表
        self.Cursor.execute("CREATE TABLE users (id INTEGER PRIMARY KEY, name
TEXT, email TEXT)")
        # 插入一些测试数据
        self.Cursor.execute("INSERT INTO users (name, email) VALUES (?, ?)",
("Alice", "alice@example.com"))
        self.Cursor.execute("INSERT INTO users (name, email) VALUES (?, ?)",
("Bob", "bob@example.com"))
        self.connection.commit()

    def tearDown(self):
        # 清理测试数据库
        self.connection.close()

    def test_get_user_info(self):
        # 正常情况下的测试
        user_id = 1
        user = get_user_info(user_id)
        self.assertIsNotNone(user)
        self.assertEqual(user[1], "Alice")  # 假设用户名存储在第二列

        # SQL 注入攻击的测试
        # 尝试注入一个 SQL 命令, 尝试获取所有用户信息
        user_id = "1; SELECT * FROM users WHERE id = 2"
```

```
        user = get_user_info(user_id)
        self.assertIsNone(user)  # 因为注入的 SQL 命令会返回所有用户信息，所以这里我们
期望返回 None

if __name__ == '__main__':
    unittest.main()
```

在以上测试代码中，文心快码首先创建了一个内存中的 SQLite 数据库，在其中创建了一个名为 users 的表，并插入了一些测试数据。然后，编写了两个测试用例：

（1）test_get_user_info：这个测试用例测试了函数在正常情况下的行为，即通过传入一个有效的用户 ID 来获取用户信息。

（2）SQL 注入攻击的测试：这个测试用例尝试通过传入一个包含 SQL 注入攻击的字符串来测试函数是否容易受到 SQL 注入攻击。在这个例子中，我们尝试通过注入一个 SQL 命令来获取所有用户信息，然后检查函数是否返回了所有用户信息，这表明函数可能容易受到 SQL 注入攻击。

8.2.4　本节小结

在本次实战演练中，我们通过使用文心快码的自动化测试功能，成功实现了对 SQL 注入漏洞的检测。这一过程不仅展示了 AI 在自动化安全检测中的巨大潜力，还突显了其在提高开发效率和代码安全性方面的优势，具体包括。

◎ 便捷性：通过简单的提示词输入，文心快码能够迅速生成完整的测试代码。这使得开发者无需深入编写复杂的测试脚本或手动进行漏洞挖掘，而是依赖 AI 的智能辅助，从而节省了大量时间。

◎ 规范性：自动化测试框架如 unittest 的引入，使得测试用例的结构更加规范，易于扩展与维护。AI 通过自动化检测，能够覆盖多种常见的安全测试场景，如正常输入、恶意注入、无效输入等，确保代码的健壮性。

◎ 高效性：在执行生成的测试代码后，我们能够清晰地观察到可能存在的漏洞（如 SQL 注入漏洞），并通过对比测试结果与预期行为，快速发现代码中的安全隐患。这种自动化的漏洞检测过程比手动代码审查更全面、更高效，尤其对于较大或复杂的代码库，AI 的漏洞挖掘能力显得尤为重要。

◎ 全面性：AI 通过分析函数的逻辑及安全性，能够自动生成针对性强的测试用例，避免了传统测试方法中的漏测和误测风险，确保测试覆盖率的最大化。

AI 不仅能加速漏洞挖掘的过程，还能够帮助开发者快速理解和修复安全漏洞，从而提高整体软件质量和安全性。相比传统手动检测，AI 自动化检测的优势在于高效、全面，并且能够减少人为疏漏，显著提升开发和维护的工作效率。

未来，随着 AI 技术的不断进步，自动化的安全测试工具将更加智能化，能够覆盖更多复杂的安全问题，为开发者提供更高效、更精准的安全保障。这不仅能够帮助开发者应对日益严峻的网络安全挑战，也将推动软件开发行业的安全性和质量水平的全面提升。

8.3 AI在安全中的角色

随着信息技术的迅猛发展，网络安全和代码安全逐渐成为全球数字化进程中的核心议题。为了应对日益复杂的网络攻击和不断变化的安全威胁，人工智能（AI）技术正逐步融入安全防护体系中，发挥着重要的作用。AI 不仅能够提高安全系统的响应速度和防护能力，还能在威胁检测、入侵预测、自动修复等方面提供强有力的支持。本节将探讨 AI 在安全中的角色，特别是它在网络安全、代码安全中的应用，并展望未来的技术趋势与发展潜力。

8.3.1 网络安全与代码安全领域现状分析

近年来，随着数字化转型的加速，各类安全威胁也在不断演化，给个人、企业乃至国家的网络安全带来了巨大的挑战。在这种背景下，传统的网络安全和代码安全防护措施虽然为信息安全提供了初步保障，但随着攻击手段的多样化与复杂化，传统防护措施的局限性愈加明显。

传统的网络安全防护系统通常依赖于一系列固定的规则和已知的攻击特征，包括防火墙、入侵检测系统（IDS）、入侵防御系统（IPS），以及病毒扫描软件等，这些防护系统通常通过特征匹配、流量分析或行为分析等方法，基于已知的威胁模型来检测和防御攻击。然而，随着网络攻击手段的日益复杂和多变，传统的安全防护措施面临以下挑战。

1. 攻击手段的演变

传统的网络安全防护大多数依赖于已知的攻击模式，如病毒库、攻击特征库等。然而，现代攻击手段已经演变成更加复杂的零日攻击、APT（高级持续性威胁）攻击等形式，这些攻击往往采用混淆技术，甚至利用社交工程手段进行攻击，传统的防护技术难以有效应对这类新型攻击。

2. 误报与漏报问题

传统的入侵检测系统通常会根据规则匹配和流量分析来判断是否存在攻击行为，

这往往容易导致误报和漏报的问题。例如，合法的流量可能会误被判定为攻击流量，而真实的攻击行为却因模式与规则不匹配而被漏掉。

3. 响应速度滞后

大多数传统的安全防护系统依赖于人工配置与监控，这使得它们的响应速度和处理能力相对滞后。在面对快速变化的网络攻击时，传统防护系统的响应通常无法在最短时间内有效遏制攻击，给攻击者留下了时间窗口。

与网络安全类似，代码安全也是软件开发中不可忽视的重要方面。传统的代码安全管理主要依赖手动审查和静态代码分析工具，这些方法在一定程度上可以发现潜在的安全漏洞，但它们在面对现代复杂系统时也存在以下不足之处。

1. 静态代码分析的局限性

静态代码分析工具通常通过扫描源代码中的模式来发现潜在的漏洞，如常见的 SQL 注入、XSS 攻击、缓冲区溢出等问题。然而，静态分析方法在动态复杂的应用场景中容易发生误判或漏判。例如，某些漏洞可能只有在特定的输入条件下才会显现，静态代码分析无法全面覆盖所有可能的执行路径，导致漏洞检测不全。

2. 人工审查的低效性

尽管人工审查可以发现一些复杂的安全问题，但这是一项高度依赖经验且容易出错的任务。随着系统规模的增大和代码的复杂性提升，人工审查的效率低下、疏漏和人为偏差成为了代码安全管理的瓶颈。此外，人工审查的成本高、周期长，无法满足快速迭代的开发需求。

3. 漏洞修复的滞后性

即使通过传统的代码审查方法发现了漏洞，修复的效率也存在很大的问题。很多时候，漏洞修复并不是一蹴而就的过程，修复方案可能需要多次验证和修改。在开发和部署周期较短的敏捷开发环境下，传统的漏洞修复方式无法满足快速响应的需求。

8.3.2　AI助力网络安全与代码安全领域

近年来，AI 在网络安全和代码安全领域的应用日趋广泛，成为解决安全问题的重要工具。AI 特别擅长从海量的数据中提取规律，识别潜在威胁，甚至预测攻击行为。以下是 AI 在安全领域的几项关键进展。

1. 威胁检测与防御

AI 能够通过深度学习、机器学习等技术，分析网络流量、用户行为、日志信息等数据，自动识别潜在的安全威胁。传统的安全系统通常依赖于规则或已知的攻击模式，而 AI 能够通过不断学习新的攻击模式，识别出未知的零日攻击。例如，AI 可以通过分析异常行为检测入侵，或者发现恶意软件与正常软件的行为差异，提前预警。

2. 入侵检测与响应

入侵检测和防御系统是网络安全防护的第一道防线。AI 技术使得这些系统能够实时分析网络中的数据流，识别出不寻常的行为和流量模式，进一步减少误报和漏报。通过深度学习和大数据分析，AI 可以建立异常行为模型，实时识别并自动应对复杂的攻击。

3. 自动修复与漏洞检测

在代码层面，AI 被用于漏洞检测和修复。通过对源代码的分析，AI 能够识别出潜在的漏洞，如 SQL 注入、跨站脚本攻击（XSS）、缓冲区溢出等。AI 可以自动化地为这些漏洞生成补丁，甚至通过代码重构优化代码结构，提升系统安全性。这样的自动修复不仅能节省大量人工审核时间，还能提高修复速度和精度。

4. 恶意行为分析与预测

AI 的预测能力在安全领域尤为重要，尤其是在防范高级持续性威胁攻击时。AI 可以通过分析网络中发生的恶意行为模式，预测潜在的攻击路径和攻击目标，提前布置防御措施。例如，AI 可以结合历史数据和行为分析，推测出攻击者的下一步行动，并通过自动化机制采取预防措施。

5. 自动化的安全审查

AI 不仅能够主动检测和修复漏洞，还可以在开发流程中起到安全审查的作用。通过自动化的静态代码分析，AI 能够检测出代码中的潜在安全问题，及时提出安全性改进建议。AI 还可以结合版本控制系统，跟踪代码的变更历史，确保开发者的每一次提交都经过了安全性检查。

8.3.3 未来展望：AI安全技术的伦理挑战及在国际合作中的潜力

随着 AI 技术的不断进步，AI 在网络安全领域的应用前景愈加广阔。AI 的优势在于其处理海量数据、发现潜在威胁、进行模式识别和自动响应等能力，这些都使得它成为解决现代网络安全问题的有力工具。然而，AI 技术的普及也伴随着一系列伦理挑战和潜在的风险，尤其是在隐私保护和决策透明性等方面。

1. 隐私问题

AI 在网络安全中的应用需要对大量敏感数据进行收集与分析。这些数据往往包括用户行为数据、网络流量、系统日志、访问记录等，其中不乏涉及用户隐私的信息。例如，在恶意软件检测和行为分析过程中，AI 可能需要对用户的设备行为或网络通信流量进行深入监控和分析，这不可避免地会引发隐私泄露的风险。尽管 AI 可以帮助检测异常行为和潜在威胁，但如果未能妥善保护用户隐私，反而可能引发对个人隐私的侵犯。

为了平衡安全性与隐私保护之间的矛盾，未来的 AI 安全技术应更加注重隐私保护原则的融入。例如，采用数据匿名化或数据加密技术，确保 AI 在处理用户数据时不会泄露敏感信息。此外，隐私保护技术（如差分隐私）的应用将有助于在保证数据安全的同时，不暴露任何用户的私人信息。隐私保护和安全性之间的平衡，将成为 AI 安全技术持续发展的关键课题。

2. 决策透明性

AI，尤其是深度学习模型，其决策过程通常被视为"黑箱"。在网络安全领域，AI系统可能会对攻击识别、入侵检测、异常行为分析等做出决策，这些决策直接影响系统的安全性。然而，由于缺乏透明的决策机制，AI 的决策依据往往不为人知。例如，如果 AI 系统错误地标记了一个正常的活动为恶意行为，可能会导致误报并造成系统不必要的停机，甚至影响用户的正常使用。反之，如果 AI 未能识别潜在的威胁，则可能导致系统的安全性下降。

为了应对这一问题，未来的 AI 安全系统必须强调可解释性和透明度。可解释 AI 作为一种新兴的研究方向，正在为 AI 模型提供更为透明的决策依据。例如，采用可解释性强的算法，或者提供可视化的决策路径，能够帮助开发者和用户理解 AI 如何做出防御决策。通过提高 AI 决策的可追溯性，增强系统的可信度，可以有效提升用户对 AI 系统的信任，并确保 AI 决策在法律和道德层面的合规性。

3. AI的道德责任

随着 AI 在安全领域的应用日益广泛，AI 本身的道德责任也逐渐成为重要议题。如果 AI 在安全防护中出现失误，导致系统被攻破或数据泄露，究竟应由谁负责？是 AI 系统的开发者，还是 AI 本身？这一问题需要在未来的伦理讨论中得到妥善解决。

　　未来，AI 在网络安全中的应用将需要建立起完善的道德和法律框架，以确保 AI 在处理安全事件时，能够遵循合法、合规、道德的行为准则。例如，开发者应当遵循合适的设计和测试流程，以防止 AI 系统在实际应用中产生不道德或非法行为。

8.3.4　本节小结

　　在网络安全领域，AI 技术正逐步成为防护体系中的核心组成部分，其应用潜力巨大。从自动化漏洞检测到异常行为分析，再到智能化入侵响应，AI 能够有效提升安全防御的效率和准确性。然而，随着 AI 在安全中的广泛应用，也带来了隐私保护、决策透明性以及伦理责任等方面的挑战。

　　首先，AI 在网络安全中的作用不可小觑，它能够处理海量的安全数据，快速识别潜在威胁，并对网络攻击做出及时响应。AI 在漏洞检测、恶意软件识别、流量分析等方面的应用，显著提升了传统防御体系的应对速度和准确性。通过机器学习和深度学习算法，AI 可以自主学习并优化防御策略，适应不断变化的攻击方式。

　　然而，AI 的使用也带来了新的问题，尤其是隐私保护和决策透明性问题。AI 需要大量数据进行训练，这可能涉及敏感的用户信息或系统数据，如果没有严格的隐私保护措施，可能会引发数据泄露的风险。此外，由于许多 AI 模型的"黑箱"特性，其决策过程常常难以追溯和解释，这对安全应用尤其重要。为了确保 AI 系统的可信度，未来需要加强可解释 AI 技术的研究，提高决策透明度。

　　最后，AI 在网络安全中的角色将越来越重要，它为应对复杂和多变的安全威胁提供了强大的工具。然而，随着其广泛应用，如何平衡安全性、隐私保护与伦理问题，确保技术的健康发展，将成为未来 AI 研究和实践中的重要课题。

第9章

代码优化

在当今快速发展的软件工程领域，代码的性能和优化已经成为开发者无法回避的挑战。随着技术的不断进步，开发者所面临的代码规模日益庞大，系统的复杂性不断提升，手动发现和优化性能瓶颈变得愈加困难。传统的性能调试方法通常依赖于人工分析和经验判断，尽管可以取得一定效果，但在面对复杂的、大规模的代码库时，往往显得力不从心。为了提升开发效率和系统性能，越来越多的开发团队开始转向使用AI辅助工具，特别是那些基于大模型的智能系统。

本章将深入探讨如何借助通义灵码这一AI工具，帮助开发者快速识别性能瓶颈并自动生成代码优化建议。通义灵码作为一种先进的AI技术，能够通过机器学习和深度学习算法，智能分析代码的执行性能、内存使用、算法效率等方面，从而精准地定位性能瓶颈。同时，AI工具还能自动提供一系列优化方案，帮助开发者在较短的时间内提升代码的执行效率、减少资源浪费，甚至在某些情况下实现系统的自动优化。

9.1 性能瓶颈的AI识别

在软件开发过程中，性能瓶颈是不可避免的问题。性能瓶颈是指系统在执行过程中，某一环节或模块由于各种原因导致资源消耗过大或响应时间过长，进而影响整个系统的性能。对于大多数开发者来说，识别性能瓶颈通常是一个极具挑战性的任务。尤其是在复杂系统中，瓶颈可能隐藏在代码的深层次结构中，难以通过简单的手动调试或代码审查发现。

传统的性能分析方法依赖开发者的经验和手动调试，如通过打印日志、手动剖析性能数据等，这些方法不仅耗时且易错。随着技术的发展，AI已经逐渐成为解决这一问题的重要工具。AI工具可以通过机器学习算法和数据驱动的方式，自动化识别代码中的性能瓶颈。

在本节中，我们将深入探讨如何使用通义灵码这类基于AI的工具来自动识别性能瓶颈。通义灵码通过静态代码分析、运行时数据收集、性能监控等多种方式，能够在运行过程中实时监测系统性能，自动识别可能的瓶颈区域。此外，AI还能够通过历史数据分析，识别影响性能的潜在因素，并根据实际运行情况提供针对性的优化建议。

9.1.1 性能瓶颈的重要性及传统分析方法的局限

在现代软件开发中，性能瓶颈是开发者和系统架构师经常面临的难题。性能瓶颈可能表现为CPU占用率过高、内存泄漏、磁盘I/O瓶颈、数据库查询延迟、网络传输拥堵等多种形式。无论是高性能计算的科学应用，还是数据密集型的商业应用，性能问题始终是影响应用质量和可扩展性的关键因素之一。

随着软件应用的复杂度和规模的不断增长，性能瓶颈带来的负面影响愈发明显。在传统单机系统中，瓶颈通常发生在代码执行效率、硬件资源消耗等方面；而在如今的分布式系统、云计算平台，甚至微服务架构中，性能瓶颈不仅出现在单一模块或功能上，还可能源自系统层次的瓶颈，如网络延迟、跨节点通信、数据库扩展性等。随着系统层次的复杂性不断提升，传统的性能优化方法也面临着日益严峻的挑战。

性能瓶颈不仅影响系统的响应速度和吞吐量，还可能对整个业务流程产生连锁反应。例如，在电子商务平台中，如果支付处理模块的响应时间过长，可能会导致用户流失和收入损失；在数据处理系统中，某个模块的低效执行可能会导致数据积压，进而影响后续的数据分析和决策过程。因此，及时识别和修复性能瓶颈，是确保软件系统高效、稳定运行的关键任务。

进一步来看，性能瓶颈还会增加系统的运营成本。在云计算环境下，随着资源的动态分配和按需计费机制，性能瓶颈可能导致资源的浪费。例如，某个模块的计算能力不足可能导致大量冗余的计算资源被分配，而这些资源实际上并未被有效利用。类似的情况不仅浪费了硬件资源，还可能延迟项目的交付周期，影响开发团队的效率。

尽管性能瓶颈对系统的影响已经被广泛认识，但传统的性能分析方法往往依赖于开发者的经验和手动调试。在实践中，开发者通常采用性能分析工具（如 Profiler）、日志记录、性能测试等方法，手动跟踪代码执行路径和系统性能。这些方法在面对简单的性能问题时，仍然有效，但在面对复杂系统，尤其是大规模分布式系统时，传统方法往往具有以下局限。

◎ 依赖人工经验：传统的性能分析方法在很大程度上依赖开发者的经验和技能，通常需要开发者手动分析代码和运行时数据。这不仅消耗大量时间，还容易因为对性能问题认识的局限而遗漏潜在的瓶颈。例如，在面对庞大的代码库时，手动定位瓶颈可能需要数天甚至数周的时间。

◎ 难以应对复杂系统：在微服务架构、分布式系统等复杂环境中，性能瓶颈的产生往往是多层次的、复杂的，可能涉及系统的多个子模块、网络通信、数据库访问等多个层面。传统的性能分析工具通常只能集中于某个模块或函数的性能分析，而无法全面监控整个系统的运行状态。对于这种复杂的系统架构，传统的工具往往不能提供足够的分析深度。

◎ 静态与动态分析的局限性：传统的性能分析工具分为静态分析和动态分析两种。静态分析通过对源代码进行检查，发现潜在的性能问题，然而，它无法考虑到程序在实际运行时的行为和资源消耗。而动态分析则是通过运行时监控收集性能数据，然而，它依赖于开发者在测试期间定义好的场景，并不能反映系统在实际运行中可能遇到的所有负载变化。

◎ 实时性差：性能问题往往是动态变化的，尤其在复杂系统中，瓶颈的表现可能随负载和请求类型的变化而有所不同。传统的性能分析工具通常是基于某一静态或已知的条件进行评估，缺乏对动态系统的实时适应性。

9.1.2 AI助力性能瓶颈分析

随着 AI 技术的飞速发展，尤其是机器学习和深度学习算法的应用，性能瓶颈的识别和优化得到了前所未有的提升。AI 技术为性能分析提供了自动化、高效、准确的解决方案。通过对海量历史数据的学习，AI 工具能够识别系统中的潜在瓶颈，并在运行时通过实时监控自动诊断出瓶颈的根源。

◎ 自动化与高效性：与传统的人工调试不同，AI 工具可以通过自动化的方式分析代码和性能数据。AI模型通过不断学习，能够识别出最常见的性能瓶颈模式，甚至在开发阶段就能发现潜在的瓶颈。这大大减少了开发者的手动分析工作，提高了开发效率。

◎ 实时监控与动态适应：AI工具能够在系统运行时持续监控各项性能指标，并通过实时数据分析进行瓶颈识别。例如，AI可以在系统负载高峰时段，精准识别出哪些模块或函数的性能开始下降，并及时报告给开发者。这种实时反馈极大地提升了问题响应的速度。

◎ 全局视角与多维度分析：AI技术能够对系统的多个层级和多个维度进行综合分析。通过结合静态代码分析、动态性能监控、历史数据分析等多种数据源，AI能够全面了解系统的性能瓶颈，避免单一维度分析的局限。AI不仅能够识别单个模块的瓶颈，还能识别系统中各个模块之间的相互影响。

◎ 预测与预防：AI能够通过学习大量的历史数据，提前预测系统中可能出现的性能瓶颈。例如，通过对历史负载数据的学习，AI工具能够预测系统在未来某个时间点可能遭遇的瓶颈，并提前给出优化建议。这种预防性的优化对于提高系统的稳定性和扩展性具有重要意义。

9.1.3 实战演示：使用通义灵码识别性能瓶颈

本节我们以一个简单的计算函数为例，来演示通义灵码在自动优化代码上的便捷性。以下是一段存在性能瓶颈的代码，模拟了一个数据处理任务。该函数需要对一个大型数据集执行平方计算，并统计大于特定阈值的元素个数。代码如下：

```python
def process_data(data, threshold):
    # 对每个元素求平方
    squared = []
    for num in data:
        squared.append(num ** 2)

    # 统计大于阈值的元素个数
    count = 0
    for value in squared:
        if value > threshold:
            count += 1
    return count
```

初步来看，上述代码存在使用了两个显式的for循环，处理大型数据集时效率较低；squared列表占用额外的内存空间，降低了运行效率等问题。接下来，如图9-1所示，我们使用通义灵码对其进行优化，选择"#codeChanges"上下文，并输入提示词

"请从代码运行效率、安全性以及可读性方面优化以下代码，给出代码存在的缺陷和优化后的代码，可以引入相关的第三方库以进一步提升运行速度"。

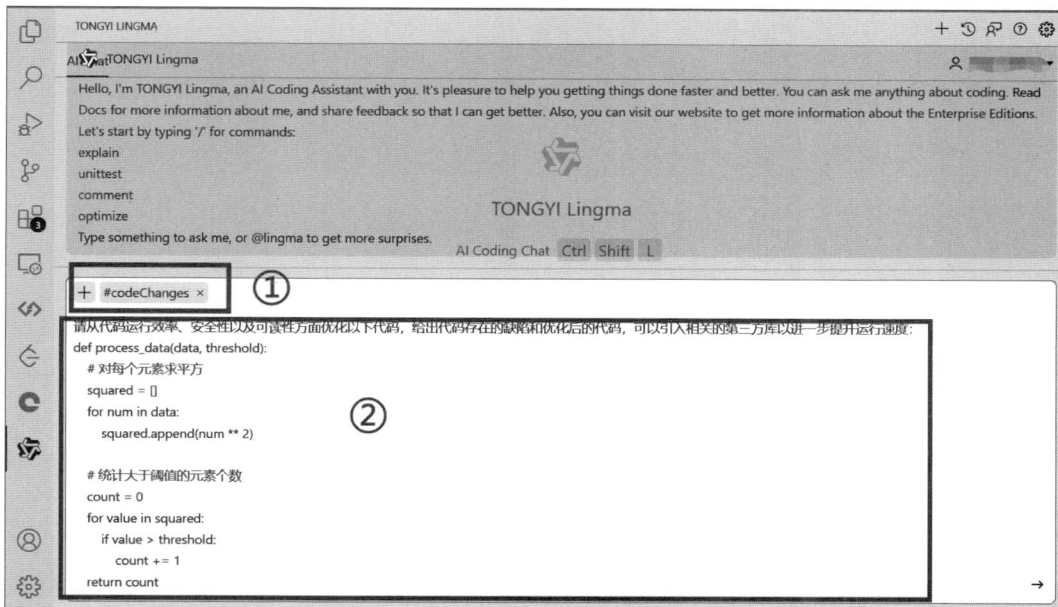

图 9-1 通义灵码 VS Code 插件自动代码优化界面

通义灵码给出的缺陷如下。

◎ 运行效率：使用列表的 append 方法逐个添加元素，虽然 Python 的列表是动态数组，但在大规模数据处理时，频繁调用 append 仍可能影响性能。

◎ 安全性：代码没有对输入参数进行有效性检查，如 data 是否为列表或包含数字、threshold 是否为数字。

◎ 可读性：代码逻辑简单，但可以通过使用列表推导式和内置函数来提高可读性。

优化后的代码如下。

```python
import numpy as np

def process_data(data, threshold):
    # 检查输入参数的有效性
    if not isinstance(data, list) or not all(isinstance(num, (int, float)) for num in data):
        raise ValueError("data must be a list of numbers")
```

```
if not isinstance(threshold, (int, float)):
    raise ValueError("threshold must be a number")

# 使用 NumPy 进行高效的数组操作
np_data = np.array(data)
squared = np_data ** 2

# 统计大于阈值的元素个数
count = np.sum(squared > threshold)
return count
```

上述代码改进点如下。

◎ NumPy：通过将列表转换为 NumPy 数组，可以利用 NumPy 的矢量化操作，避免 Pytho 循环的开销，从而提高运行效率。

◎ 输入验证：增加了对 data 和 threshold 的类型检查，确保函数的健壮性。

◎ 列表推导式：虽然在这个例子中没有直接使用列表推导式，但在其他场景中，列表推导式可以简化代码并提高可读性。这里通过 NumPy 的矢量化操作达到了类似的效果。

为了进一步验证优化效果，可以对优化前后的代码运行时间进行测试。接下来我们同样使用通义灵码编写对比测试脚本，如图 9-2 所示，输入提示词"为了对比代码

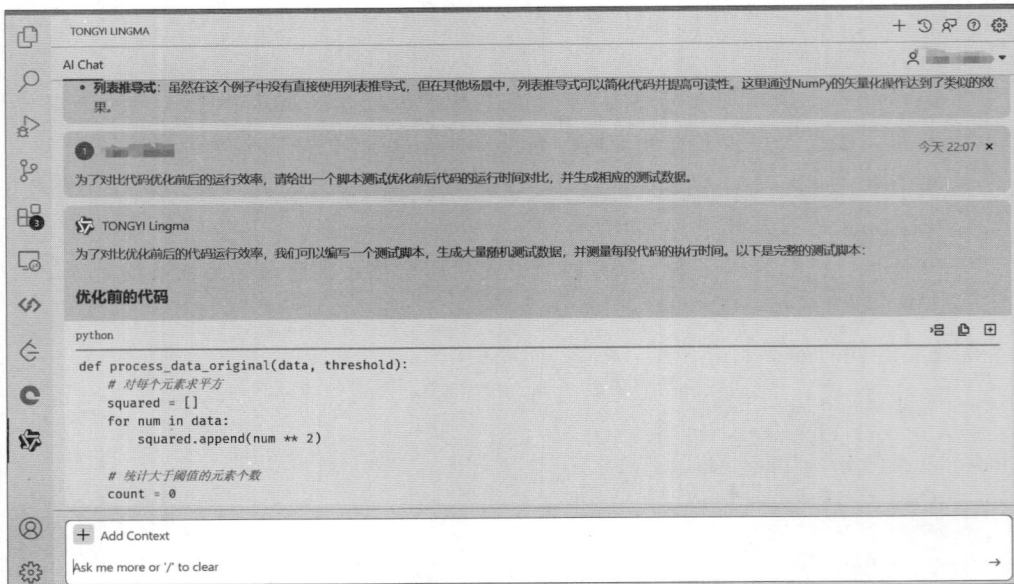

图 9-2　通义灵码 VS Code 插件代码优化测试界面

优化前后的运行效率，请给出一个脚本测试优化前后代码的运行时间对比，并生成相应的测试数据。"。

通义灵码给出的测试脚本如下。

```python
import time
import random

import numpy as np

def process_data_original(data, threshold):
    # 对每个元素求平方
    squared = []
    for num in data:
        squared.append(num ** 2)

    # 统计大于阈值的元素个数
    count = 0
    for value in squared:
        if value > threshold:
            count += 1
    return count

def process_data_optimized(data, threshold):
    # 检查输入参数的有效性
    if not isinstance(data, list) or not all(isinstance(num, (int, float)) for num in data):
        raise ValueError("data must be a list of numbers")
    if not isinstance(threshold, (int, float)):
        raise ValueError("threshold must be a number")

    # 使用 NumPy 进行高效的数组操作
    np_data = np.array(data)
    squared = np_data ** 2

    # 统计大于阈值的元素个数
    count = np.sum(squared > threshold)
    return count


# 生成大量随机测试数据
def generate_test_data(size):
    return [random.uniform(-100, 100) for _ in range(size)]
```

```python
# 测试函数
def test_process_data(process_func, data, threshold):
    start_time = time.time()
    result = process_func(data, threshold)
    end_time = time.time()
    return result, end_time - start_time


# 主函数
def main():
    # 生成测试数据
    data_size = 10000000  # 数据量可以根据需要调整
    data = generate_test_data(data_size)
    threshold = 5000

    # 测试原始代码
    original_result, original_time = test_process_data(process_data_original,
data, threshold)
    print(f"Original code result: {original_result}, Time taken: {original_
time:.6f} seconds")

    # 测试优化后的代码
    optimized_result, optimized_time = test_process_data(process_data_
optimized, data, threshold)
    print(f"Optimized code result: {optimized_result}, Time taken: {optimized_
time:.6f} seconds")


if __name__ == "__main__":
    main()
```

如图 9-3 所示，当我们运行测试脚本可以发现，优化后的代码提升了 40% 的运行速度。

9.1.4 本节小结

本节我们首先回顾了性能瓶颈的重要性及传统分析方法的局限。性能瓶颈是软件开发过程中影响系统效率和用户体验的关键因素，无论是在科学计算、大规模数据处理还是复杂的分布式系统中，其影响都不可忽视。传统性能分析方法尽管在早期开发和简单系统中发挥了一定作用，但它们过于依赖开发者的经验，且无法有效应对现代系统的动态性和复杂性。显式循环、低效算法和模块间交互问题，常常隐藏在代码和运行时数据中，这使得传统方法在面对大规模实时系统时，显得力不从心。

从性能瓶颈的重要性及传统分析方法的局限出发，我们引入了 AI 在性能瓶颈分析

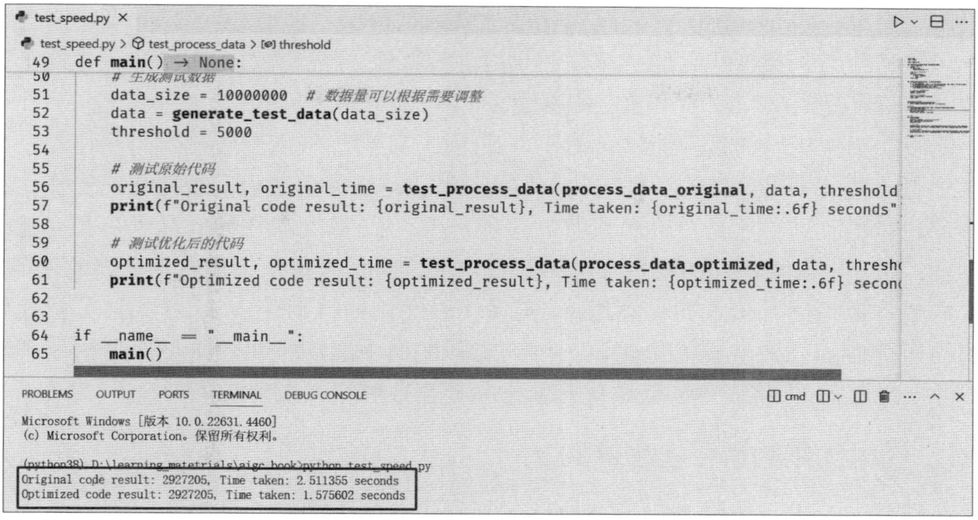

图 9-3 通义灵码 VS Code 插件代码优化测试结果界面

中的优势。借助 AI 技术，性能分析正变得更加智能化、实时化和自动化。通过静态代码分析，AI 能够在开发阶段快速识别潜在问题；通过运行时监控和数据驱动的分析，AI 工具可以实时发现性能瓶颈并生成优化建议。这种技术不仅减少了人工干预，还大幅提高了分析效率，尤其适合复杂系统和高负载场景。

最后，我们通过一个实战演练，展示了 AI 工具如何优化性能瓶颈。以一个数据处理函数为例，我们发现了代码中的两个显式循环和内存浪费问题。通过使用通义灵码进行静态分析和优化建议生成，我们将原始代码中冗余的逻辑替换为 NumPy 的向量化操作和布尔索引。优化后的代码性能显著提升，在运行时间和内存使用上都有显著改善。这一案例直观地展示了 AI 技术在实际开发中的应用潜力。

综上所述，本节不仅阐明了性能瓶颈识别的重要性，还通过 AI 技术的应用为开发者提供了解决问题的新思路。通过理论与实践的结合，我们可以看到，AI 在性能瓶颈分析中的应用远不止于此。未来，随着 AI 技术的进一步发展，它将成为性能优化流程中不可或缺的一部分，为开发者提供更多创新和高效的工具支持。

9.2 代码优化建议的自动化

在现代软件开发中，代码优化已不再是一个可选任务，而是决定项目成败的关键环节。优化后的代码不仅能够带来更高的性能和资源利用率，还能显著降低运营成本和用户流失率。然而，传统的代码优化过程就像是一场"手动寻宝"，开发者需要耗费大量时间和精力，穿越代码的"丛林"，寻找隐藏的性能瓶颈。更糟糕的是，这个过程常常面临着反复调试和效果不确定的困境。

但假如优化代码的过程能够自动化，甚至由 AI 替你完成呢？这不再是科幻，而是现实。借助通义灵码这样的 AI 工具，代码优化已经从手动劳动升级为智能协作。无论是复杂的算法改进，还是对资源浪费的精确定位，AI 都能在几秒内提供一套完整的优化方案，让开发者从烦琐的技术细节中解放出来，将精力集中在创造性更高的任务上。

本节将带领读者探索如何利用 AI 实现代码优化的自动化，从 AI 如何分析代码的结构和运行性能，到生成优化建议，再到实际案例中展现优化效果。通过这场智能化的"寻宝之旅"，你将发现，代码优化从未如此高效和令人期待。

9.2.1 代码优化的重要性和挑战

在软件开发中，代码优化是一项贯穿开发生命周期的核心任务，其目标是提升程序的运行效率、减少资源消耗、提高系统的稳定性和可扩展性。无论是初创项目，还是大规模企业系统，代码优化都扮演着不可或缺的角色。优化代码不仅能直接改善用户体验，还能帮助开发团队减少硬件成本、提升交付效率，甚至间接影响商业竞争力。代码优化可以给项目带来以下优势。

◎ 性能提升：随着用户对应用性能的要求不断提高，优化代码以加快响应速度、提升吞吐量已成为开发团队的重要目标。在高并发场景下，优化后的代码可以显著降低响应延迟，为用户提供更流畅的体验。

◎ 资源节约：在云计算和分布式架构日益普及的今天，系统的运行成本与其资源利用率密切相关。优化代码能够减少软件对 CPU、内存、带宽等资源的需求，从而降低运行成本，特别是在按需计费的云环境中更为关键。

◎ 可扩展性增强：优化后的代码往往更加模块化、易维护，并能适应未来的功能扩展需求。这种可扩展性对于快速发展的业务至关重要，因为它能减少后续迭代过程中可能出现的性能瓶颈。

◎ 用户体验改善：无论是流畅的界面交互，还是高效的数据处理，性能优化直接决定了用户的满意度。响应更快的系统往往能带来更高的用户留存率和转化率。

◎ 技术债务减轻：在快速开发迭代中，技术债务的积累是不可避免的，而代码优化则是解决技术债务的重要手段。通过清理冗余代码、改进架构设计，团队能够减少后续维护成本，提高开发效率。

然而，尽管代码优化的重要性毋庸置疑，但其手动实现过程往往需要开发者付出大量的时间和精力，并面临许多技术上的困难，如下所示。

◎ **复杂性高**：随着系统规模和复杂度的增加，代码中可能影响性能的环节不胜枚举。手动分析和优化需要开发者对整个系统有全面深入的理解，而这在大型项目中几乎是不可能完成的任务。

◎ **耗时费力**：手动优化代码往往需要花费大量时间用于调试和试验。开发者需要通过工具分析性能瓶颈，再逐一调整代码进行优化，并验证其效果。这种迭代过程极其耗时，尤其是在紧迫的项目进度中，优化工作常常被推迟甚至忽略。

◎ **经验依赖强**：优化代码是一项高度依赖开发者经验的任务。缺乏经验的开发者可能会遗漏性能问题的根源，或者在优化时引入新的问题。即便是经验丰富的开发者，在面对复杂的分布式系统时，也难以全面掌握优化的最佳策略。

◎ **难以评估优化效果**：手动优化的效果需要通过多次测试和调优来评估，而评估标准通常不够明确。例如，优化是否显著提升了性能？是否对其他模块产生了负面影响？这些问题在手动优化中常常难以量化解答。

◎ **动态环境的挑战**：系统运行环境的动态性（如负载波动、硬件条件变化）使得手动优化显得更加困难。开发者可能优化了特定的运行场景，但在其他场景下，优化措施可能完全失效，甚至导致性能下降。

因此，传统的手动优化方法不仅耗时费力，还容易遗漏潜在问题，难以满足现代软件开发对高效、精准优化的需求。这正是 AI 技术介入的机会。AI 工具能够通过自动化分析代码和运行数据，生成可行的优化建议，并快速验证优化效果。相比于人工调试，AI 工具的高效性、智能性和广泛适用性，使其在代码优化中具有明显优势。

9.2.2　AI助力代码优化建议的自动化

代码优化是软件开发中的一项核心任务，但传统的优化方法耗时费力，且高度依赖开发者的经验和技能。AI 技术的快速发展为代码优化提供了全新的思路，通过自动化分析、模式识别和优化建议生成，AI 工具正在改变代码优化的工作方式，显著提升了开发效率和代码质量。AI 能够通过以下几项核心技术，为自动化代码优化提供支持。

◎ **静态代码分析**：AI 工具利用 NLP 和机器学习技术对代码进行静态分析，识别影响性能的模式和结构。例如，嵌套循环、低效的递归函数以及过多的资源分配等问题，AI 能够通过分析代码语法树和依赖图快速定位。此外，通过分析代码风格一致性，AI 还能发现潜在的可读性问题，并建议合理的重构方法。

◎ **动态性能监控**：AI 不仅能分析静态代码，还能在运行时监控代码的实际性能表现。通过收集内存使用、CPU 占用、I/O 延迟等性能指标，AI 工具能够评估不同模块的资源消耗情况，找到瓶颈所在。例如，当某一部分代码在高负载情况下导致系统性能下降时，AI 可以根据历史数据和预测模型定位具体问题模块。

◎ 智能优化建议生成：基于静态和动态分析的结果，AI 可以生成代码重构、算法替换、并行化处理、资源优化等具体的优化建议。

◎ 基于大数据的模式识别：AI 工具通过学习大量开源项目和历史优化数据，建立性能优化的知识库。基于相似问题的解决经验，AI 能够快速匹配并推荐适用于当前代码的最佳优化方案。例如，AI 可以从已有的数据库中找到类似代码片段的优化方法，并根据实际场景调整建议。

◎ 自动化验：AI 不仅能生成优化建议，还能通过自动化测试验证优化方案的有效性。通过对比优化前后的性能数据，AI 可以量化优化效果，并提供详细的性能提升报告，帮助开发者快速评估建议的价值。

通义灵码辅助代码优化流程通常包括以下 5 个阶段。

（1）代码解析：通义灵码会先对代码进行语法解析，并提取出代码的逻辑结构和依赖关系。

（2）性能分析：利用静态和动态分析相结合的方法，通义灵码能够评估代码的复杂度、内存使用情况以及运行性能。通过运行时监控，它还能够捕捉动态环境下的性能瓶颈。

（3）优化建议生成：基于分析结果，通义灵码会结合历史优化数据和最佳实践生成具体的优化建议。例如，对于一个嵌套循环，它可能建议使用 NumPy 的向量化操作；对于一个低效的递归实现，它可能推荐动态规划或迭代方法。

（4）测试和验证：在建议生成后，通义灵码会自动生成测试用例，对优化前后的代码进行性能对比。例如，它可能会提供运行时间、内存使用量、CPU 占用率的变化数据，帮助开发者直观评估优化效果。

（5）反馈与改进：AI 还支持与开发者的互动。开发者可以选择接受或修改建议，通义灵码会基于开发者的反馈进一步调整优化策略。

通过 AI 的赋能，代码优化从烦琐的手工任务转变为高效的自动化流程，不仅大幅提升了开发效率，还为开发者提供了更多时间去专注于创新。未来，AI 驱动的代码优化将成为开发流程中不可或缺的一部分，帮助团队构建更高效、更可靠的系统。

9.2.3 实战演示：使用通义灵码优化代码

本节将通过一个实际的代码优化案例，展示如何通过 AI 工具通义灵码进行静态代码分析、智能优化建议生成和自动化验证。我们以一个简单的斐波那契函数为例，进行优化演练，并最终总结出优化点。代码如下：

```
def fibonacci(n):
    if n <= 1:
        return n
    else:
        return fibonacci(n - 1) + fibonacci(n - 2)
```

初步来看，这个函数虽然可以正常工作，但在计算大数字时效率低下，因为它会多次重复计算相同的子问题，导致指数级的时间复杂度。

1. 静态代码分析

静态代码分析可以检查代码的结构、复杂度、潜在的性能问题，以及代码风格的规范性。接下来，如图 9-4 所示，我们使用通义灵码对代码进行静态代码分析，同样选择"#codeChanges"上下文，输入提示词"请分析以下代码的结构、复杂度和潜在性能问题："。

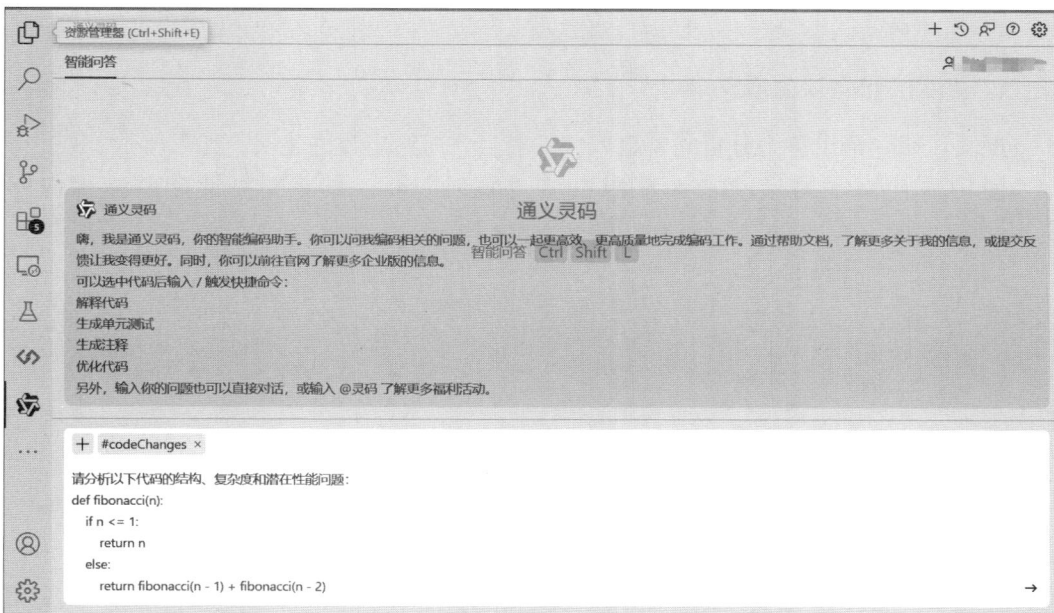

图 9-4　通义灵码 VS Code 插件静态代码分析界面

通过静态代码分析，通义灵码给出了以下分析结果。

1）代码结构分析

◎ 函数定义：fibonacci 函数接收一个整数参数 n。

◎ 基础情况：当 n <= 1 时，直接返回 n。

◎ 递归调用：当 n > 1 时，函数递归调用自身两次，并将结果相加。

2）复杂度分析

◎ 时间复杂度：$O(2^n)$。

◎ 每个调用会生成两个新的调用 fibonacci(n − 1) 和 fibonacci(n − 2)，形成一个二叉树结构。

◎ 由于每个节点都会生成两个子节点，总的调用次数呈指数增长。

◎ 空间复杂度：递归调用栈的深度为 n，因此空间复杂度为 $O(n)$。

3）潜在性能问题

◎ 重复计算：递归过程中存在大量的重复计算。例如，计算 fibonacci(5) 时，fibonacci(3) 会被计算两次，fibonacci(2) 会被计算三次。

◎ 这种重复计算导致了时间复杂度的显著增加。

◎ 栈溢出：对于较大的 n，递归调用的深度可能会超过系统栈的限制，导致栈溢出错误。

2. 智能优化建议生成

通义灵码在给出静态分析问题之后，一般会立即给出改进建议，如下所示。

使用迭代而不是递归来计算斐波那契数列，可以显著提高性能并减少内存使用。

给出改进代码如下：

```python
def fibonacci(n):
    if n <= 1:
        return n
    a, b = 0, 1
    for _ in range(2, n + 1):
        a, b = b, a + b
    return b
```

3. 自动化验证

我们将通过自动化测试验证优化前后代码的性能提升和正确性。如图 9-5 所示，我们输入提示词"为了对比代码优化前后的运行效率，请给出一个脚本测试优化前后代码的运行时间对比，并生成相应的测试数据。"。

通义灵码编写的测试脚本使用 Python 的 time 模块来测量不同实现的运行时间。以下是完整的测试脚本：

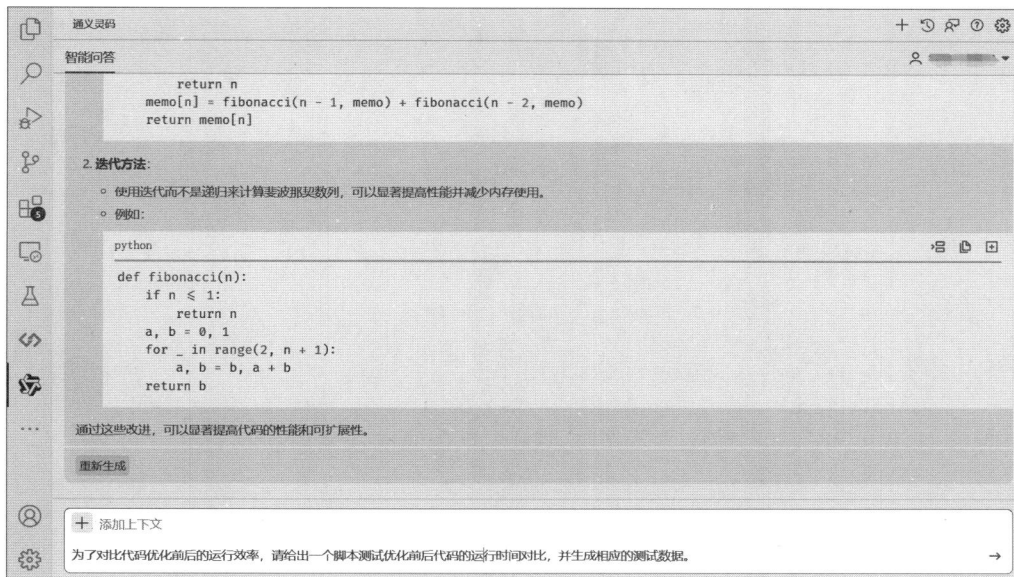

图 9-5　通义灵码 VS Code 插件自动化测试界面

```python
import time

# 原始递归实现
def fibonacci_recursive(n):
    if n <= 1:
        return n
    else:
        return fibonacci_recursive(n - 1) + fibonacci_recursive(n - 2)


# 迭代实现
def fibonacci_iterative(n):
    if n <= 1:
        return n
    a, b = 0, 1
    for _ in range(2, n + 1):
        a, b = b, a + b
    return b

# 测试函数
def test_fibonacci_implementations():
    test_cases = [10, 20, 30, 40]  # 可以根据需要调整测试用例
    results = {
```

```python
        "recursive": [],
        "iterative": []
    }
    for n in test_cases:
        print(f"Testing Fibonacci({n})...")

        # 测试递归实现
        start_time = time.time()
        result_recursive = fibonacci_recursive(n)
        end_time = time.time()
        time_recursive = end_time - start_time
        results["recursive"].append((n, time_recursive, result_recursive))
        print(f"Recursive: Time = {time_recursive:.6f}s, Result = {result_recursive}")

        # 测试迭代实现
        start_time = time.time()
        result_iterative = fibonacci_iterative(n)
        end_time = time.time()
        time_iterative = end_time - start_time
        results["iterative"].append((n, time_iterative, result_iterative))
        print(f"Iterative: Time = {time_iterative:.6f}s, Result = {result_iterative}")

        print("-" * 40)

    return results
# 运行测试
test_results = test_fibonacci_implementations()

# 打印测试结果
print("\nTest Results:")
for method, results in test_results.items():
    print(f"\n{method.capitalize()} Method:")
    for n, time_taken, result in results:
        print(f"Fibonacci({n}): Time = {time_taken:.6f}s, Result = {result}")
```

如图 9-6 所示,我们单击"新建文件"即可将生成好的代码新建到文件中。

如图 9-7 所示,从测试结果可以看出,递归实现的斐波那契数列计算在处理较大 n 值时表现出显著的时间劣势。具体而言,当 n 从 10 增加到 40 时,递归实现的时间从 0.000 000s 增加到 36.780 056s,而迭代实现的时间始终保持在 0.000 000 s。这表明迭代

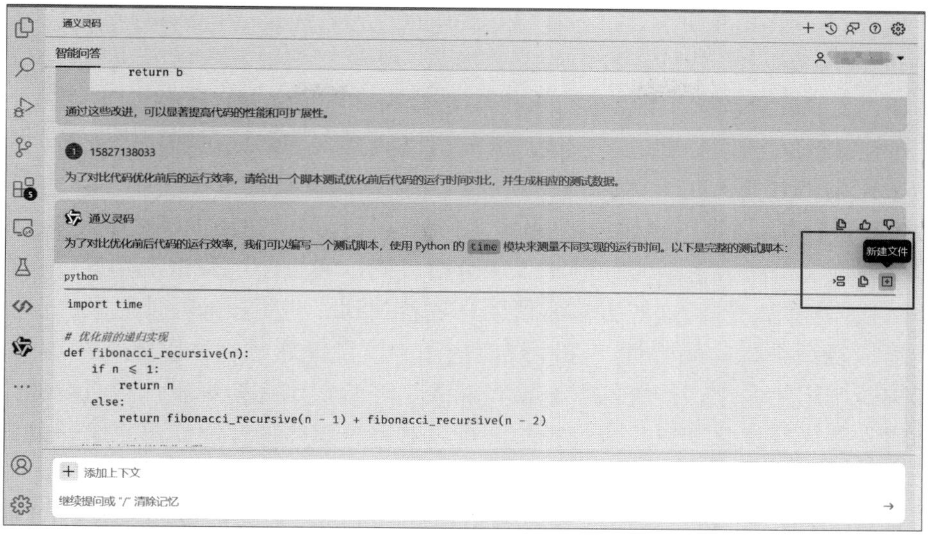

图 9-6　通义灵码 VS Code 插件自动文件创建界面

实现不仅在时间复杂度上更优，而且在实际运行中表现出极大的性能优势。递归实现的时间复杂度为 $O(2^n)$，每次递归调用都会产生两个新的子问题，导致计算量呈指数级增长，因此随着 n 的增加，递归实现的计算时间急剧增加。相比之下，迭代实现的时间复杂度为 $O(n)$，通过循环计算每个斐波那契数，只需线性时间即可完成计算，因此在处理较大 n 值时表现稳定且高效。

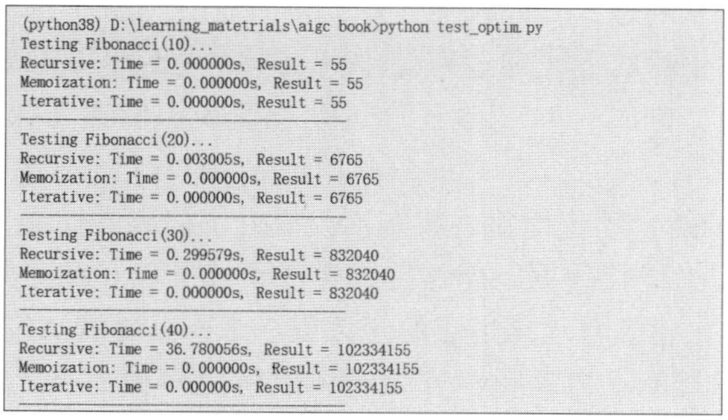

图 9-7　通义灵码代码优化自动化测试结果

9.2.4　本节小结

本节我们首先回顾了代码优化的重要性和挑战，再从传统分析方法的局限引入了

AI，最后通过一个实战演练，展示了 AI 如何助力代码优化的自动化，带来了显著的性能提升。代码优化是软件开发中的重要环节，能够显著提高程序的执行效率，降低资源消耗，尤其在处理大规模数据、复杂算法或高并发场景时，优化尤为关键。然而，传统的手动优化方法面临着许多挑战。开发者需要深入理解代码的每个细节，常常依赖经验来识别潜在瓶颈，且优化过程烦琐，且容易漏掉某些细节。在复杂的应用中，手动优化不仅耗时，而且难以做到全局优化，往往优化局部却牺牲了整体效率。

传统的性能分析方法通常依赖于人工分析代码，通过使用调试工具逐行检查、测试和评估代码性能。尽管这些方法能帮助开发者找到一些明显的性能瓶颈，但它们存在着不适应复杂系统的局限性。在大规模应用中，性能瓶颈往往隐藏在深层的算法、数据结构或调用关系中，传统的静态检查和人工经验很难完全识别。更重要的是，传统方法通常是局部优化，缺乏全局视角，难以对系统整体的性能作出系统化的评估和改进。

随着 AI 技术的进步，代码优化逐渐朝着自动化和智能化的方向发展。AI 通过大数据分析、机器学习等技术，能够自动扫描和分析代码，识别潜在的性能问题，并根据历史数据生成优化建议。AI 优化不仅能够基于静态代码分析，快速定位重复计算、低效算法等问题，还可以结合动态性能监控数据，识别在运行过程中出现的资源消耗高的代码段。通过全局视角，AI 可以提出更加精准的优化建议，帮助开发者高效地解决性能瓶颈。

通过实战演练，我们展示了如何利用 AI 工具进行代码优化。以斐波那契数列计算为例，原始递归实现存在重复计算问题，导致时间复杂度呈指数增长。AI 工具通过静态代码分析发现了这一问题，并建议通过动态规划优化，减少重复计算，从而大幅降低了时间复杂度。优化后的代码通过存储中间结果，避免了不必要的重复计算，执行效率得到了显著提升。同时，AI 工具还通过动态监控识别递归深度过大的潜在风险，避免了栈溢出的发生。

通过这种 AI 驱动的自动化优化，我们不仅提升了代码的性能，还减轻了开发者的负担。AI 通过分析历史优化数据，能够持续生成更加准确和高效的优化建议，实现了从性能瓶颈识别到优化建议自动化生成的全流程。未来，随着 AI 技术的不断发展，代码优化的过程将更加智能、自动化，开发者可以将更多精力投入到业务逻辑创新中，而不必被烦琐的性能优化所困扰。

第10章

AI代码助手在前端开发中的应用

　　本章将探讨AI代码助手在前端开发中的应用，重点关注自动化UI组件生成和响应式设计的AI辅助。我们将通过构建一个简单的天气应用，实践如何利用AI编程助手提高开发效率。本章使用的AI助手是通义灵码，我们将逐步展示如何利用它完成前端开发任务。

10.1 自动化UI组件生成

在前端开发中，组件化设计已成为提高开发效率和维护性的关键方法。随着 AI 技术的发展，AI 代码助手可以帮助开发者快速创建高质量的基础组件，大大提升开发效率。本节将探讨如何利用 AI 技术自动生成 UI 组件，以 React 框架为例。

10.1.1 UI组件环境设置

在开始自动生成 UI 组件之前，我们需要正确设置开发环境。以下是详细的步骤：

（1）确保操作系统已安装 Node.js 和 npm（Node 包管理器）。

（2）使用 Create React App 工具创建一个新的 React 项目。

（3）在 src 目录下创建 components 目录，用于存放 UI 组件代码。

```
npx create-react-app ui-app
cd ui-app
cd src
mkdir components
```

设置完成后，项目目录结构应如图 10-1 所示。

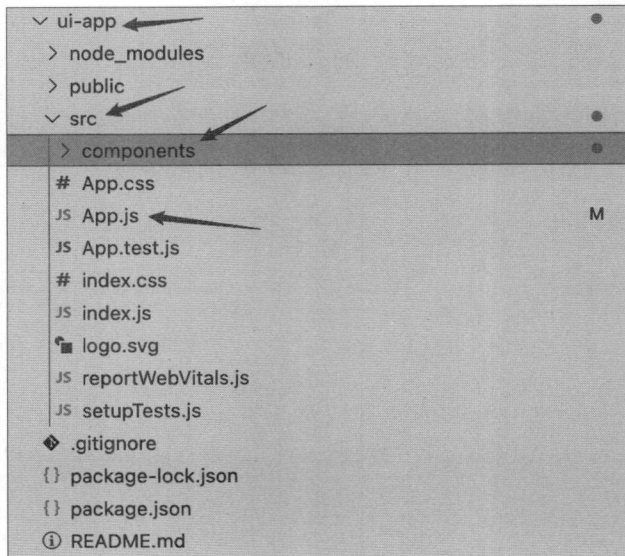

图 10-1　ui-app 项目目录结构图

为验证环境配置是否正确，在命令行中运行以下命令。

```
npm start
```

项目会自动在浏览器中打开。如果看到 React 图标，则表示环境已正确配置，如图 10-2 所示。

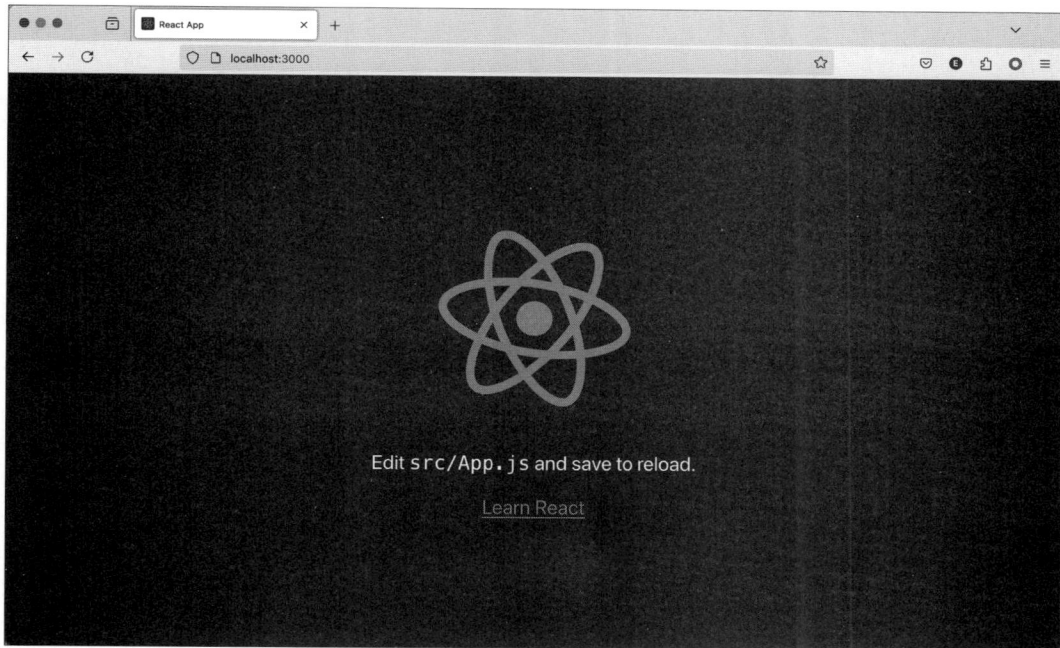

图 10-2　React 项目正确运行图

10.1.2　常用UI组件的自动生成

1. 生成登录/注册按钮

利用 AI 代码助手，我们可以快速生成各种常用的 UI 组件，下面以登录 / 注册按钮组件为例，展示自动生成过程。在 src/components 目录下创建一个新文件 LoginComponents.js。然后，使用 AI 代码助手（如通义灵码）来生成组件代码，如图 10-3 所示。

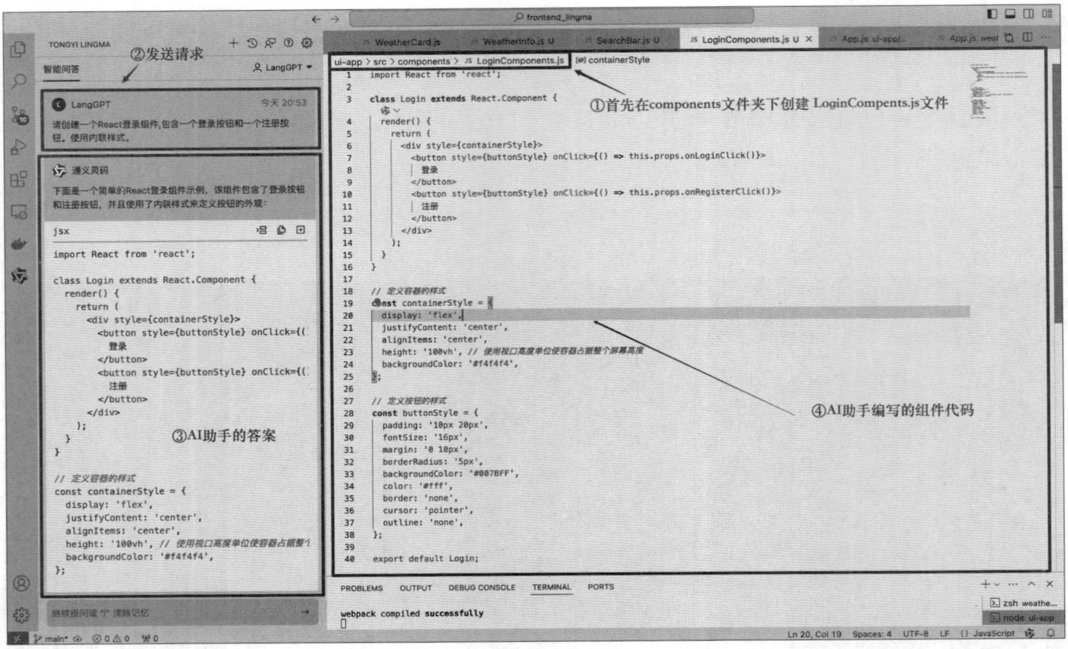

图 10-3 使用通义灵码编写注册 / 登录按钮

通义灵码生成的代码如下所示。

```jsx
import React from 'react';

class Login extends React.Component {
  render() {
    return (
      <div style={containerStyle}>
        <button style={buttonStyle} onClick={() => this.props.onLoginClick()}>
          登录
        </button>
        <button style={buttonStyle} onClick={() => this.props.onRegisterClick()}>
          注册
        </button>
      </div>
    );
  }
}

// 定义容器的样式
const containerStyle = {
```

```
    display: 'flex',
    justifyContent: 'center',
    alignItems: 'center',
    height: '100vh', // 使用视口高度单位使容器占据整个屏幕高度
    backgroundColor: '#f4f4f4',
};

// 定义按钮的样式
const buttonStyle = {
    padding: '10px 20px',
    fontSize: '16px',
    margin: '0 10px',
    borderRadius: '5px',
    backgroundColor: '#007BFF',
    color: '#fff',
    border: 'none',
    Cursor: 'pointer',
    outline: 'none',
};

export default Login;
```

　　AI 助手会生成相应的代码，并提供了一些额外的解释，如图 10-4 所示。

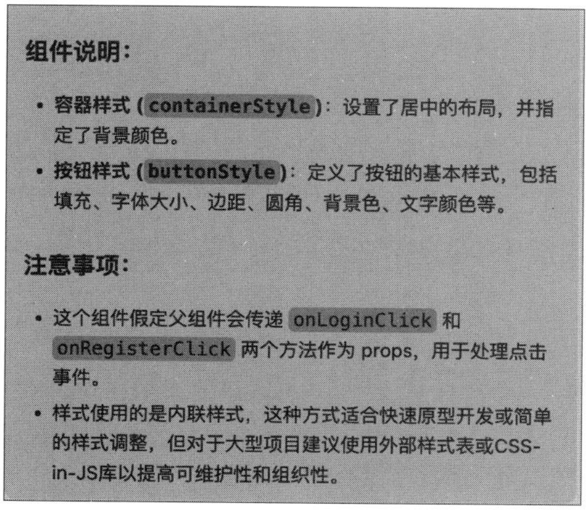

组件说明：

- **容器样式（`containerStyle`）**：设置了居中的布局，并指定了背景颜色。
- **按钮样式（`buttonStyle`）**：定义了按钮的基本样式，包括填充、字体大小、边距、圆角、背景色、文字颜色等。

注意事项：

- 这个组件假定父组件会传递 `onLoginClick` 和 `onRegisterClick` 两个方法作为 props，用于处理点击事件。
- 样式使用的是内联样式，这种方式适合快速原型开发或简单的样式调整，但对于大型项目建议使用外部样式表或CSS-in-JS库以提高可维护性和组织性。

图 10-4　通义灵码助手对注册 / 登录组件的说明

　　要在应用中使用这个新组件，需要修改 App.js 文件，如图 10-5 所示。

```
ui-app > src > JS App.js > ⑨ App
1    import logo from './logo.svg';                    ①App.js文件
2    import './App.css';
3  | import Login from './components/LoginComponents';
4
5    function App() {
6      return (
7        <div className="App">
8    💡    <Login />
9        </div>                                          ②修改代码
10      );
11    }
12
13   export default App;
14
```

图 10-5　修改 App.js 文件

保存修改并刷新浏览器，可以看到如图 10-6 所示的登录 / 注册组件效果。

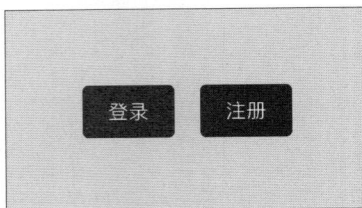

登录　注册

图 10-6　登录 / 注册组件效果

通过这个例子，我们可以看到 AI 代码助手如何帮助我们快速生成基础 UI 组件。这不仅节省了时间，还确保了代码的质量和一致性。

在实际开发中，可以使用类似的方法生成更复杂的组件，如表单、导航栏、卡片等。随着使用经验的积累，你会发现 AI 代码助手可以大大加速 UI 开发过程，让你更专注于核心业务逻辑和用户体验的优化。

2. 生成表单组件

在 Web 应用开发中，表单是用户输入信息的主要方式。利用 AI 代码助手，我们可以快速生成功能完善的表单组件。下面通过一个实例来展示这个过程。

首先，在 src/components 目录下创建一个新文件 Form.js。然后，向 AI 代码助手（如通义灵码）发送请求来帮助生成表单组件代码，如图 10-7 所示。

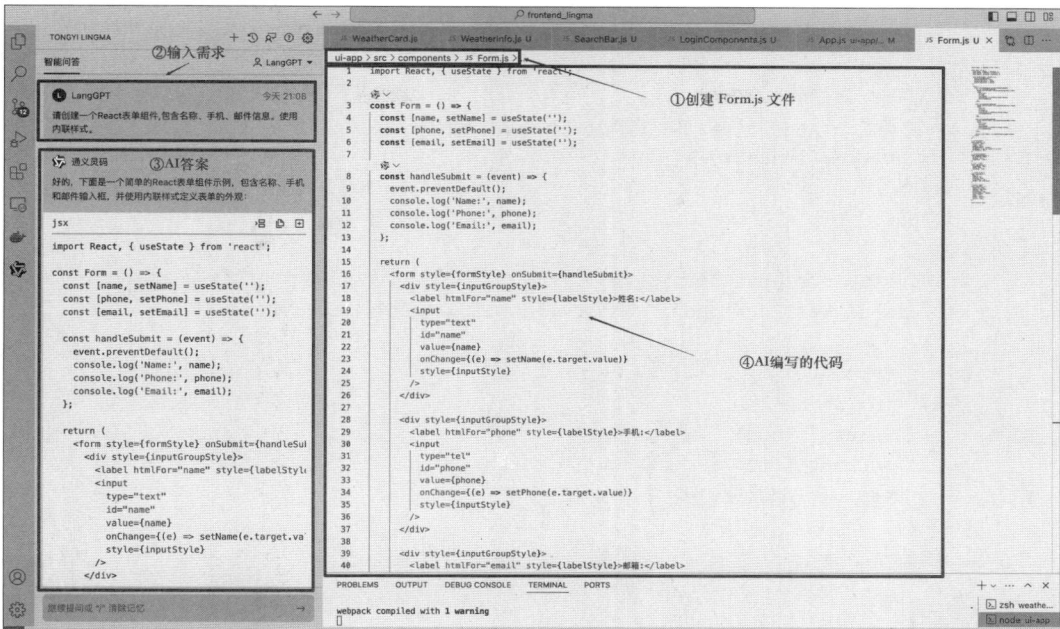

图 10-7 使用通义灵码编写表单组件代码

AI 助手会生成的代码如下。

```jsx
import React, { useState } from 'react';

const Form = () => {
  const [name, setName] = useState('');
  const [phone, setPhone] = useState('');
  const [email, setEmail] = useState('');

  const handleSubmit = (event) => {
    event.preventDefault();
    console.log('Name:', name);
    console.log('Phone:', phone);
    console.log('Email:', email);
  };

  return (
    <form style={formStyle} onSubmit={handleSubmit}>
      <div style={inputGroupStyle}>
        <label htmlFor="name" style={labelStyle}> 姓名 :</label>
        <input
```

```
              type="text"
              id="name"
              value={name}
              onChange={(e) => setName(e.target.value)}
              style={inputStyle}
            />
        </div>

        <div style={inputGroupStyle}>
          <label htmlFor="phone" style={labelStyle}> 手机 :</label>
          <input
              type="tel"
              id="phone"
              value={phone}
              onChange={(e) => setPhone(e.target.value)}
              style={inputStyle}
            />
        </div>

        <div style={inputGroupStyle}>
          <label htmlFor="email" style={labelStyle}> 邮箱 :</label>
          <input
              type="email"
              id="email"
              value={email}
              onChange={(e) => setEmail(e.target.value)}
              style={inputStyle}
            />
        </div>

        <button type="submit" style={buttonStyle}> 提交 </button>
      </form>
  );
};

// 定义表单的样式
const formStyle = {
  maxWidth: '400px',
  margin: 'auto',
  padding: '20px',
  backgroundColor: '#f4f4f4',
  boxShadow: '0 2px 4px rgba(0, 0, 0, 0.1)',
  borderRadius: '8px',
```

```
};

// 定义输入框组的样式
const inputGroupStyle = {
  marginBottom: '10px',
  display: 'flex',
  alignItems: 'center',
};

// 定义标签的样式
const labelStyle = {
  marginRight: '10px',
  width: '80px',
  textAlign: 'right',

};

// 定义输入框的样式
const inputStyle = {
  flex: 1,
  padding: '8px',
  fontSize: '16px',
  borderRadius: '4px',
  border: '1px solid #ccc',
};

// 定义按钮的样式
const buttonStyle = {
  marginTop: '10px',
  padding: '10px 20px',
  fontSize: '16px',
  borderRadius: '4px',
  backgroundColor: '#007BFF',
  color: '#fff',
  border: 'none',
  Cursor: 'pointer',
  outline: 'none',
};

export default Form;
```

要在应用中使用这个新生成的表单组件，我们需要修改 App.js 文件。如图 10-8 所示。

```
ui-app > src > JS App.js
  1   import logo from './logo.svg';
  2   import './App.css';
  3   import Login from './components/LoginComponents';
  4   import Form from './components/Form';

  5   function App() {
  6     return (
  7       <div className="App">
  8         <Form />
  9       </div>
 10     );
 11   }
 12
 13   export default App;
 14
```

图 10-8　修改 App.js 文件查看表单组件

保存修改并刷新浏览器，可以看到如图 10-9 所示的表单组件效果。

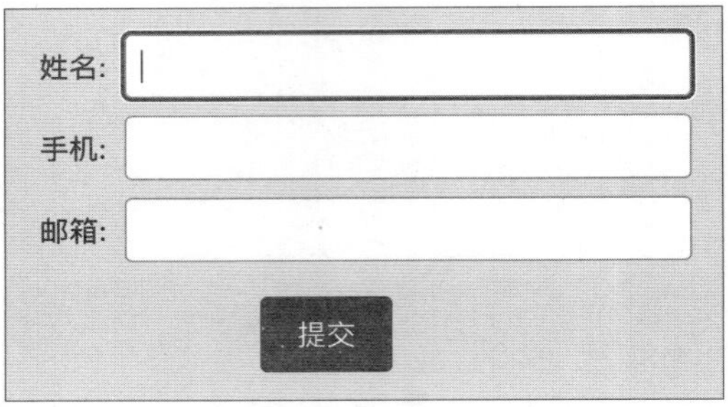

图 10-9　表单组件效果

通过这个例子，我们可以看到 AI 代码助手如何帮助我们快速生成功能完整的表单组件。这种方法不仅节省了时间，还确保了代码的质量和一致性。在实际开发中，你可能需要根据具体需求对生成的代码进行一些调整，如添加表单验证、调整样式或集成后端 API 等。

3. 生成搜索组件

在许多 Web 应用中，搜索功能是一个常见且重要的组件，它允许用户快速找到所需的信息。让我们看看如何使用 AI 代码助手来生成一个搜索组件。

首先，在 src/components 目录下创建一个新文件 SearchBar.js。然后，我们可以向 AI 代码助手（如通义灵码）发送请求来帮助生成搜索组件代码，如图 10-10 所示。

图 10-10　使用通义灵码编写搜索组件

通义灵码会生成如下代码。

```
import React, { useState } from 'react';

const SearchBar = () => {
  const [searchTerm, setSearchTerm] = useState('');

  const handleSearch = (event) => {
    event.preventDefault();
    console.log('Search Term:', searchTerm);
  };
```

```jsx
    return (
      <form style={formStyle} onSubmit={handleSearch}>
        <div style={searchContainerStyle}>
          <input
            type="text"
            placeholder=" 请输入搜索关键词 "
            value={searchTerm}
            onChange={(e) => setSearchTerm(e.target.value)}
            style={inputStyle}
          />
          <button type="submit" style={buttonStyle}>
            搜索
          </button>
        </div>
      </form>
    );
};

// 定义表单的样式
const formStyle = {
  display: 'flex',
  justifyContent: 'center',
  alignItems: 'center',
  marginTop: '20px',
};

// 定义搜索栏容器的样式
const searchContainerStyle = {

  borderRadius: '20px',
  padding: '5px',
};

// 定义输入框的样式
const inputStyle = {
  flex: 1,
  padding: '10px',
  fontSize: '16px',
  borderRadius: '20px',
  border: 'none',
  outline: 'none',
  backgroundColor: '#fff',
```

```
  marginRight: '10px',
};

// 定义按钮的样式
const buttonStyle = {
  padding: '10px 20px',
  fontSize: '16px',
  borderRadius: '20px',
  backgroundColor: '#007BFF',
  color: '#fff',
  border: 'none',
  Cursor: 'pointer',
  outline: 'none',
};

export default SearchBar;
```

AI 助手会生成相应的代码，包含一个输入框和一个"搜索"按钮。生成的代码会提供一个基本的搜索栏结构，你可以根据需要进行自定义和扩展。要在应用中使用这个新生成的搜索组件，我们需要修改 App.js 文件。

在 App.js 文件中，我们需要导入 SearchBar 组件并将其添加到应用的适当位置。如图 10-11 所示，先导入 SearchBar 组件，然后在 App 组件的返回语句中添加 SearchBar 组件。

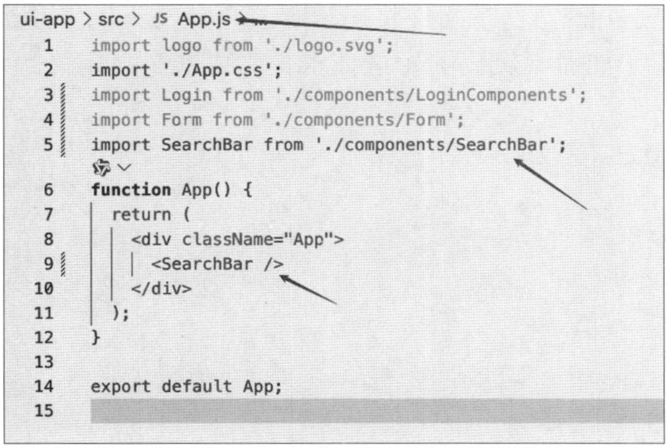

图 10-11　修改 App.js 文件

保存所有修改后，在浏览器中查看搜索组件的效果。自动生成的"搜索"组件展示了一个输入框和一个搜索按钮，用户可以在输入框中输入文本，然后单击"搜索"

按钮（或按回车键）来触发搜索操作，如图 10-12 所示。

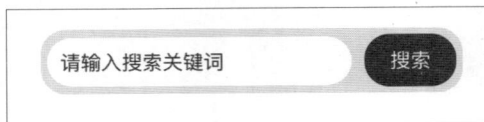

图 10-12　搜索组件效果

使用 AI 代码助手生成组件有以下优点。

◎ 速度快：几秒钟内就可以生成一个功能完整的组件。

◎ 代码质量高：生成的代码通常遵循最佳实践和常见的 React 模式。

◎ 可定制性：你可以轻松修改生成的代码以满足特定需求。

◎ 学习机会：通过查看生成的代码，你可以学习新的技巧和模式。

在实际开发中，可能需要进一步扩展这个搜索组件，如添加自动完成功能、处理 API 请求，或者将其集成到全局状态管理系统中。AI 助手生成的代码为这些扩展提供了一个很好的起点。

10.1.3　自定义组件生成

AI 代码助手不仅可以帮助开发者快速创建基础组件，还能根据特定需求生成自定义组件，从而大大提高开发效率。本节将以创建一个简单的天气卡片组件为例，展示如何利用 AI 辅助工具生成自定义组件。

首先，在项目的 components 目录下，使用 VS Code 创建一个新的 JavaScript 文件，将其命名为 WeatherCard.js。这个文件将用于存放自定义天气卡片组件代码。接下来，可以向 AI 代码助手（如通义灵码）发送请求，生成这个自定义组件的基本结构和功能，如图 10-13 所示。

通义灵码会生成如下代码。

```javascript
import React from 'react';

// 定义天气信息的数据类型
interface WeatherInfo {
  city: string;
  temperature: number;
  condition: string;
}

// 创建一个用于显示天气信息的 React 函数组件
const WeatherDisplay: React.FC<WeatherInfo> = ({ city, temperature, condition })
=> {
```

```
    return (
        <div className="weather-display">
            <h2>{city}</h2>
            <p>温度：{temperature}° C</p>
            <p>天气状况：{condition}</p>
        </div>
    );
};

export default WeatherDisplay;
```

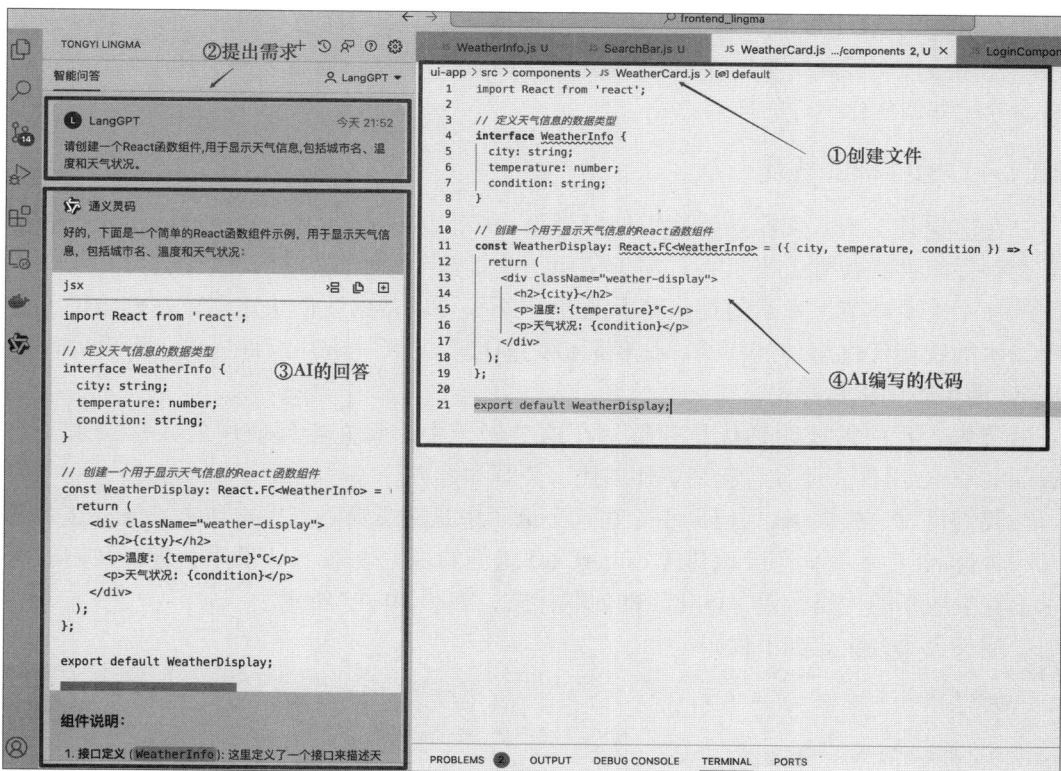

图 10-13　使用通义灵码编写自定义天气组件

这个基础组件提供了显示天气信息的基本结构。生成的代码提供了一个很好的起点，我们可以根据需要对其进行修改和扩展，如添加更多的天气详情、改变样式，或者增加交互功能。一旦我们对生成的组件感到满意，就可以将其集成到应用中。我们需要在主应用文件（通常是 App.js）中导入这个新创建的 WeatherCard 组件，并在适当的位置渲染它。

完成以上步骤并运行应用，自定义天气组件效果如图 10-14 所示。

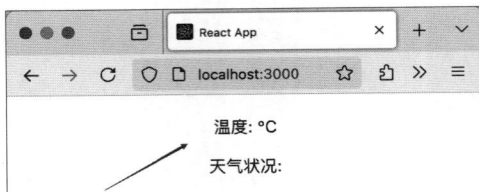

图 10-14　自定义天气组件效果

通过使用 AI 生成的代码作为起点，可以显著减少编写样板代码的时间，同时确保组件遵循最佳实践和常见的 React 模式。目前生成的组件还比较简陋，10.1.4 小节我们将会介绍如何优化组件的样式。

10.1.4　组件样式优化

在前端开发中，创建功能性组件只是第一步。为了提供出色的用户体验，我们还需要确保组件在视觉上吸引人且易于使用。这就是为什么组件样式优化成为开发过程中的一个重要环节。幸运的是，AI 代码助手不仅可以帮助我们快速创建基础组件，还可以协助我们优化组件的样式。让我们以之前创建的天气卡片组件为例，看看如何使用 AI 助手来优化其样式。

首先，我们需要明确优化目标。在这个例子中，我们希望使用内联样式来美化 WeatherCard 组件，使其看起来更加现代、美观和大方。

我们可以这样向 AI 代码助手（在这个例子中是通义灵码）发送请求，通过这个请求，告诉 AI 助手我们想要改进 WeatherCard 组件的视觉效果。AI 助手会理解我们的需求，并生成新的代码，包含优化后的内联样式，如图 10-15 所示。

通义灵码会生成如下代码。

```
import React from 'react';

// 定义天气信息的数据类型
interface WeatherInfo {
  city: string;
  temperature: number;
  condition: string;
}

// 创建一个用于显示天气信息的 React 函数组件
```

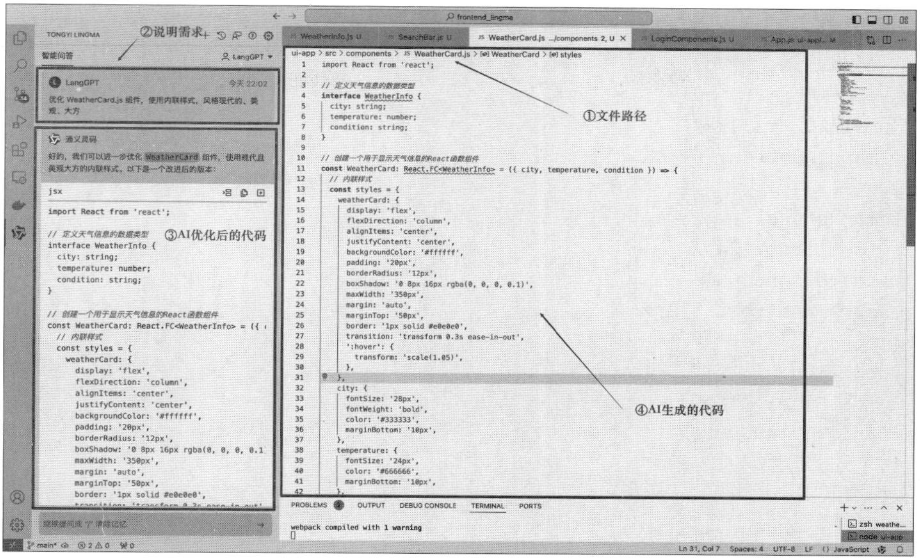

图 10–15　使用通义灵码优化天气组件样式

```
const WeatherCard: React.FC<WeatherInfo> = ({ city, temperature, condition })
=> {
  // 内联样式
  const styles = {
    weatherCard: {
      display: 'flex',
      flexDirection: 'column',
      alignItems: 'center',
      justifyContent: 'center',
      backgroundColor: '#ffffff',
      padding: '20px',
      borderRadius: '12px',
      boxShadow: '0 8px 16px rgba(0, 0, 0, 0.1)',
      maxWidth: '350px',
      margin: 'auto',
      marginTop: '50px',
      border: '1px solid #e0e0e0',
      transition: 'transform 0.3s ease-in-out',
      ':hover': {
        transform: 'scale(1.05)',
      },
    },
```

```
      city: {
        fontSize: '28px',
        fontWeight: 'bold',
        color: '#333333',
        marginBottom: '10px',
      },
      temperature: {
        fontSize: '24px',
        color: '#666666',
        marginBottom: '10px',
      },
      condition: {
        fontSize: '18px',
        color: '#999999',
      },
    };

    return (
      <div style={styles.weatherCard}>
        <h2 style={styles.city}>{city}</h2>
        <p style={styles.temperature}> 温度：{temperature}° C</p>
        <p style={styles.condition}> 天气状况：{condition}</p>
      </div>
    );
  };

export default WeatherCard;
```

为了查看优化后的效果，我们需要在 App.js 文件中使用新的 WeatherCard 组件。我们使用一些模拟数据来展示组件的样子。修改 App.js 文件代码如下：

```
import './App.css';
import WeatherDisplay from './components/WeatherCard';

function App() {
  // 定义天气信息
  const weatherInfo = {
    city: ' 上海 ',
    temperature: 25,
    condition: ' 晴朗 '
  };

  return (
```

```
    <div className="App">
      <WeatherDisplay {...weatherInfo} />
    </div>
  );
}


export default App;
```

　　优化后的组件效果如图10-16所示，可以看到组件的视觉效果有了明显的提升。它看起来更加现代、美观，并且能更好地展示天气信息。

图 10-16　自定义天气组件样式优化效果

　　通过将AI辅助样式优化融入开发流程，可以显著提高开发效率，同时确保组件不仅功能强大，还具有吸引力的外观。这种方法使我们能够更快地创建高质量的用户界面，从而为用户提供更好的使用体验。

10.2　响应式设计的AI辅助

　　响应式设计是指网页布局能够自动适应不同设备屏幕尺寸的设计方法，其核心包括流式布局、灵活的图片和媒体，以及媒体查询。AI代码助手可以帮助开发者更快速地实现这些技术。

10.2.1 自适应布局的智能建议

为了确保应用在不同设备上都能良好显示，需要实现响应式设计。创建一个新的文件 App.js 作为应用的主组件，并向 AI 助手发送请求"参考 App.js 文件，为 React 应用提供响应式布局建议。"。

通义灵码生成如下代码。

```javascript
import React, { useState } from 'react';
import SearchBar from './SearchBar';
import WeatherCard from './WeatherCard';

const App = () => {
  const [weatherData, setWeatherData] = useState(null);

  const handleSearch = (city) => {
    // 这里应该是调用天气 API 的逻辑
    // 暂时使用模拟数据
    setWeatherData({
      city: city,
      temperature: 25,
      condition: '晴朗'
    });
  };

  const appStyle = {
    maxWidth: '800px',
    margin: '0 auto',
    padding: '20px',
    fontFamily: 'Arial, sans-serif',
  };

  const responsiveStyle = {
    '@media (max-width: 600px)': {
      padding: '10px',
    },
  };

  return (
    <div style={{...appStyle, ...responsiveStyle}}>

      <SearchBar onSearch={handleSearch} />
      {weatherData && <WeatherCard {...weatherData} />}
    </div>
```

```
    );
  };

  export default App;
```

10.2.2　媒体查询的自动生成

为了更好地控制响应式行为，可以使用媒体查询。我们向 AI 助手发送请求"请提供一些常用的媒体查询，用于在不同屏幕尺寸下调整布局。"。

通义灵码提供如下建议。

```css
/* 小屏幕设备（手机，600px 及以下）*/
@media only screen and (max-width: 600px) {
  /* 在这里添加样式 */
}

/* 中等屏幕设备（平板电脑，600px 到 992px）*/
@media only screen and (min-width: 600px) and (max-width: 992px) {
  /* 在这里添加样式 */
}

/* 大屏幕设备（笔记本电脑/台式机，992px 及以上）*/
@media only screen and (min-width: 992px) {
  /* 在这里添加样式 */
}
```

10.2.3　响应式图像处理

为了增强用户体验，可以在天气卡片中添加一个天气图标。需要更新 WeatherCard 组件，向 AI 助手发送请求"请更新 WeatherCard 组件，添加一个天气图标，并提供响应式图像处理的建议。"。

通义灵码提供如下更新。

```javascript
import React from 'react';

const WeatherCard = ({ city, temperature, condition }) => {
  const cardStyle = {
    // ... 之前的样式
  };

  const iconStyle = {
    width: '50px',
```

```
    height: '50px',
    objectFit: 'contain',
  };

  const getWeatherIcon = (condition) => {
    // 这里应该根据不同的天气状况返回不同的图标 URL
    return `https://example.com/weather-icons/${condition}.png`;
  };

  return (
    <div style={cardStyle}>
      <h2 style={titleStyle}>{city}</h2>
      <img
        src={getWeatherIcon(condition)}
        alt={condition}
        style={iconStyle}
      />
      <p style={infoStyle}>温度：{temperature}° C</p>
      <p style={infoStyle}>天气状况：{condition}</p>
    </div>
  );
};

export default WeatherCard;
```

10.3　实战项目：构建简单天气应用

10.3.1　项目概述与设计

天气应用将包含以下功能。

◎ 允许用户搜索城市。

◎ 显示选定城市的天气信息。

◎ 响应式设计，适应不同屏幕尺寸。

10.3.2　使用AI助手生成基础组件

我们已经创建了主要的组件，现在创建一个加载指示器组件。

创建一个新文件 LoadingSpinner.js，并向通义灵码发送请求"请创建一个简单的加载指示器 React 组件。"。

10.3.3　实现响应式布局

我们已经在 App 组件中实现了基本的响应式布局。下面进一步优化它，使用 CSS Grid 或 Flexbox 改善布局。向通义灵码发送请求"请使用 CSS Grid 或 Flexbox 优化 App 组件的布局，使其在不同屏幕尺寸下都能良好显示。"。

10.3.4　接入天气API并展示数据

我们需要接入真实的天气 API，可以使用免费的高德地图 API。更新 APP 组件以包含 API 调用，如图 10-17 所示。

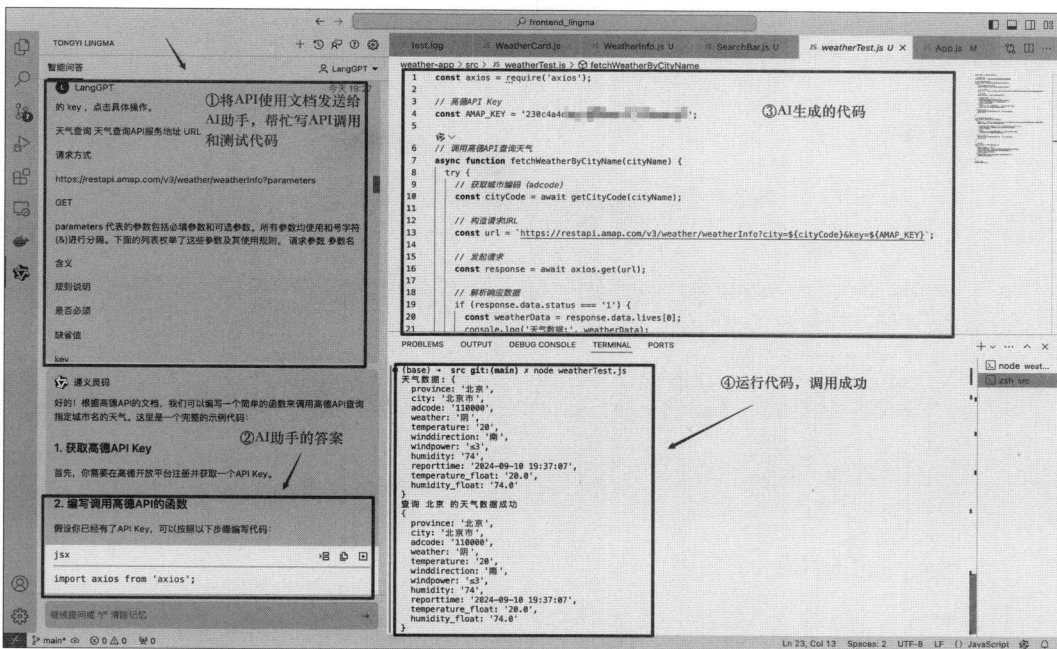

图 10-17　AI 生成高德天气 API 调用和测试代码

向通义灵码发送请求"请更新 App 组件，使用 fetch 调用高德地图 API 获取天气数据，并在获取数据时显示 LoadingSpinner。"。

通义灵码会提供如下更新。

```
import React, { useState } from 'react';
import SearchBar from './SearchBar';
import WeatherCard from './WeatherCard';
import LoadingSpinner from './LoadingSpinner';
```

```javascript
const API_KEY = 'your_api_key_here';

const App = () => {
  const [weatherData, setWeatherData] = useState(null);
  const [loading, setLoading] = useState(false);
  const [error, setError] = useState(null);

  const handleSearch = async (city) => {
    setLoading(true);
    setError(null);
    try {
      const response = await fetch(

`https://api.openweathermap.org/data/2.5/weather?q=${city}&appid= ${API_
KEY}&units=metric`
      );
      if (!response.ok) {
        throw new Error('City not found');
      }
      const data = await response.json();
      setWeatherData({
        city: data.name,
        temperature: Math.round(data.main.temp),
        condition: data.weather[0].main,
      });
    } catch (err) {
      setError(err.message);
    } finally {
      setLoading(false);
    }
  };

  // ... 之前的样式定义

  return (
    <div style={{...appStyle, ...responsiveStyle}}>
      <SearchBar onSearch={handleSearch} />
      {loading && <LoadingSpinner />}
      {error && <p style={{color: 'red'}}>{error}</p>}
      {weatherData && <WeatherCard {...weatherData} />}
    </div>
  );
```

```
};

export default App;
```

10.4　本章小结

　　在本章中，我们探讨了如何在前端开发中利用通义灵码提高效率。通过构建一个简单的天气应用，我们实践了自动化 UI 组件生成和响应式设计的 AI 辅助。这个项目展示了 AI 如何帮助开发者快速创建组件、实现响应式设计，以及集成 API。虽然 AI 提供了很大帮助，但开发者仍需要理解代码逻辑，并根据实际需求进行调整和优化。随着 AI 技术的不断进步，我们可以期待在前端开发中看到更多创新和效率提升。

第11章

使用AI代码助手开发后端接口

后端接口作为软件应用的核心枢纽，其开发工作往往意味着在复杂的业务逻辑、数据交互、系统性能与安全合规之间寻求最佳平衡。传统开发方式中，开发者常常需要投入大量时间编写重复的样板代码，或在细节繁杂的配置与调试中消耗精力。这不仅影响效率，还可能挤占思考和创新的空间。

本章将探索AI代码助手（以CodeGeeX为例）如何在后端接口开发领域成为开发者的得力助手。我们将具体了解AI如何协助我们快速搭建项目框架、高效实现数据库交互逻辑、智能生成业务层代码，甚至自动化API文档的编写与维护。通过一系列实际场景和代码示例，本章旨在揭示AI代码助手在提升后端开发效率、保障代码质量以及促进良好开发实践方面的潜力。

无论读者是经验丰富的后端工程师，期望从AI中获得新的提效手段，还是刚刚踏入后端领域的新人，希望借助AI代码助手更快地上手复杂项目，本章都希望能为你提供有益的参考和启发，助你更好地驾驭与AI协同编程的新范式。

11.1 后端逻辑的快速实现

在软件开发中，后端系统的复杂性正呈指数级增长。开发者不仅需要应对数据模型设计、业务逻辑实现等基础挑战，还要处理分布式架构下的性能优化、微服务间的协同通信、数据一致性保障，以及日益严格的安全合规要求等多维度的系统工程问题。这种复杂性使得传统开发模式面临效率瓶颈。据统计，企业级应用中约 40% 的开发时间被消耗在重复性的业务逻辑实现和调试上。

在这一背景下，AI 代码助手如 CodeGeeX 正在重塑后端开发的范式。作为新一代智能开发工具，CodeGeeX 通过深度学习海量优质代码库和设计模式，构建了强大的语义理解和代码生成能力。它不仅能准确解析业务需求文档，还能结合特定技术栈的最佳实践，生成既符合功能需求又具备工程健壮性的后端代码。例如，在电商系统开发中，当开发者描述"需要实现一个支持优惠券叠加计算的订单服务"时，CodeGeeX 能够自动生成包含价格计算逻辑、优惠规则验证、库存预扣减等完整业务流程的代码框架，同时正确处理事务边界和并发冲突。

在业务逻辑层面，CodeGeeX 的价值尤为突出。它不仅能生成基础的 CRUD 操作，还能实现复杂的业务规则、事务处理、并发控制和错误处理。通过分析需求描述，CodeGeeX 可以生成包含完整业务流程的服务层代码，涵盖输入验证、权限检查、业务规则执行、事件发布等环节。这大大减少了开发者在重复性逻辑上的工作量，使他们能够专注于更具创造性和挑战性的任务。

本节将详细探讨如何利用 CodeGeeX 在后端开发中实现从数据模型到业务逻辑的全流程，展示 AI 代码助手如何提高开发效率、保障代码质量并促进最佳实践的应用。

11.1.1 CodeGeeX在后端框架搭建中的应用

1. 快速生成项目骨架

后端开发的第一步通常是搭建项目骨架。使用 CodeGeeX，开发者只需提供简单的需求描述，即可生成完整的项目结构。如图 11-1 所示是一个实际案例，使用对话模式展示如何使用 CodeGeeX 快速生成一个基于 Gin 框架的 RESTful API 服务骨架。

图 11-1 所示的代码展示了 CodeGeeX 如何在短时间内生成一个结构清晰、符合 RESTful 设计原则的 API 服务骨架，它包含了初始化引擎、定义路由、处理函数、启动服务器几个基础运行组件，为后续开发奠定了基础。

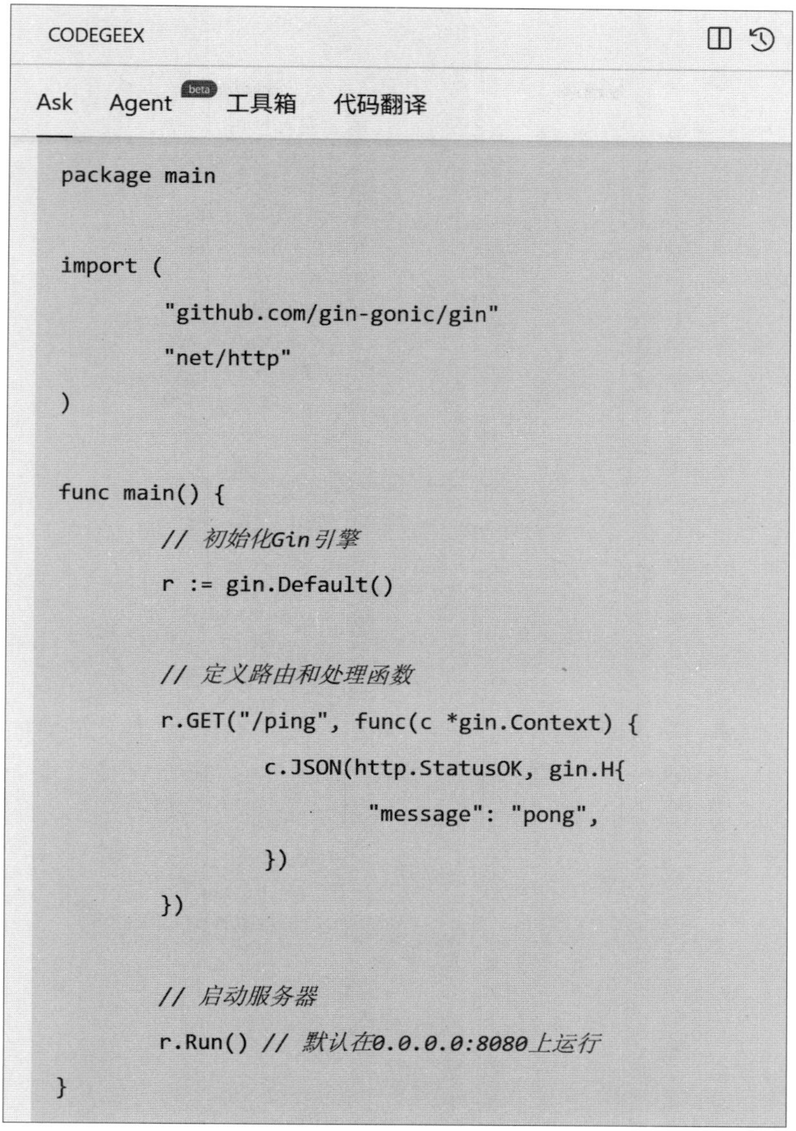

```
CODEGEEX                                                    ⊞  ⟲

Ask    Agent beta   工具箱    代码翻译

package main

import (
        "github.com/gin-gonic/gin"
        "net/http"
)

func main() {
        // 初始化Gin引擎
        r := gin.Default()

        // 定义路由和处理函数
        r.GET("/ping", func(c *gin.Context) {
                c.JSON(http.StatusOK, gin.H{
                        "message": "pong",
                })
        })

        // 启动服务器
        r.Run() // 默认在0.0.0.0:8080上运行
}
```

图 11-1　基于 Gin 框架生成的 RESTful API 服务骨架

2. 项目结构优化与最佳实践

除了基础骨架，CodeGeeX 还能根据 Go 语言的最佳实践，生成更加完善的项目结构。以下是一个更加符合企业级应用的项目结构示例。

```
project-root/
├── cmd/                                    # 应用入口点
│   └── api/                                # 私有应用程序代码
│       └── main.go                         # 应用入口点
├── internal/                               # 私有应用程序代码
│   ├── api/                                # API 处理程序
│   │   ├── handlers/                       # HTTP 处理函数
│   │   └── middleware/                     # HTTP 中间件
│   ├── config/                             # 配置管理
│   ├── models/                             # 数据模型
│   ├── repository/                         # 数据访问层
│   └── service/                            # 业务逻辑层
├── pkg/                                    # 可重用的公共代码
│   ├── auth/                               # 认证相关
│   ├── logger/                             # 日志工具
│   └── validator/                          # 数据验证
├── api/                                    # API 定义和文档
│   └── swagger/                            # Swagger 文档
├── configs/                                # 配置文件
├── scripts/                                # 构建和部署脚本
├── go.mod                                  # Go 模块定义
└── go.sum                                  # Go 模块依赖校验
```

这种结构遵循了 Go 语言的标准项目布局和依赖注入模式，使代码更加模块化、可测试和可维护。CodeGeeX 对话模式不仅可以生成这样的结构，还能为每个模块提供相应的代码实现（如图 11-2、图 11-3、图 11-4 所示）。

```go
1. cmd/api/main.go - 应用入口点

go                              复制  插入  新文件  ···

package main

import (
        "log"
        "net/http"


        "github.com/gin-gonic/gin"
        "your-module-path/internal/api/handlers"
        "your-module-path/internal/api/middleware"

)
```

图 11-2　应用入口文件部分代码

2. internal/api/handlers/handlers.go - HTTP处理函数

```go
go                              复制  插入  新文件  ···

package handlers

import (
        "net/http"

        "github.com/gin-gonic/gin"
)

func PingHandler(c *gin.Context) {
        c.JSON(http.StatusOK, gin.H{
                "message": "pong",
        })
}
```

图 11-3　HTTP 处理函数部分代码

3. internal/api/middleware/middleware.go - HTTP中间件

```go
go                              复制  插入  新文件  ···

package middleware

import (
        "github.com/gin-gonic/gin"
        "log"
        "time"
)

func Logger() gin.HandlerFunc {
        return func(c *gin.Context) {
                start := time.Now()
```

图 11-4　HTTP 中间件文件部分代码

11.1.2　CodeGeeX在数据库交互层的应用

在后端开发中，数据库交互是一个核心环节。CodeGeeX 可以根据简单的数据模型描述，生成完整的数据库交互代码。图 11-5 是一个 Agent 模式使用 GORM 库实现用户管理功能的案例。

图 11-5 中的代码展示了 CodeGeeX 如何生成符合领域驱动设计原则的数据访问层。它不仅包含了数据模型定义，还实现了仓储模式，提供了完整的 CRUD 操作。

11.1.3　CodeGeeX在业务层的快速实现

1. 服务层与业务规则

业务逻辑层是后端应用的核心，负责实现具体的业务规则。如图 11-6 所示，是使用 Agent 模式生成符合单一职责原则的服务层部分代码。

图 11-6 中的代码展示了 CodeGeeX 如何生成包含完整业务逻辑的服务层。它实现了用户管理的各种功能，包括注册、信息更新、密码修改等，并包含了必要的数据验证和错误处理。

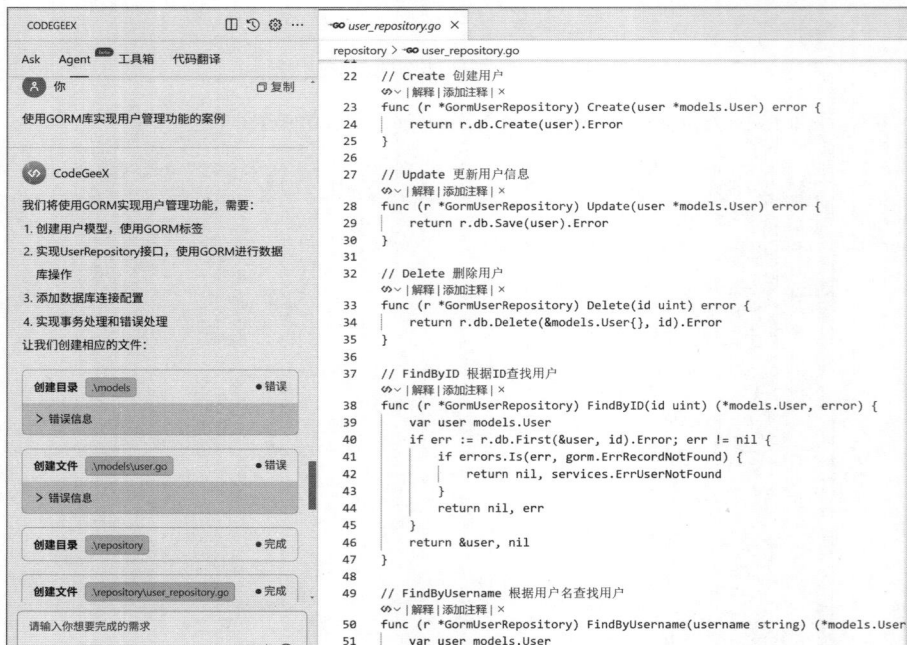

图 11-5　实现用户管理功能部分代码

图 11-6　生成用户服务层部分代码

2. 依赖注入与服务组合

在复杂的后端应用中，不同服务之间往往存在依赖关系。CodeGeeX Agent 模式可以生成基于依赖注入的服务组合代码，使系统更加模块化和可测试（如图 11-7、图 11-8 所示）。

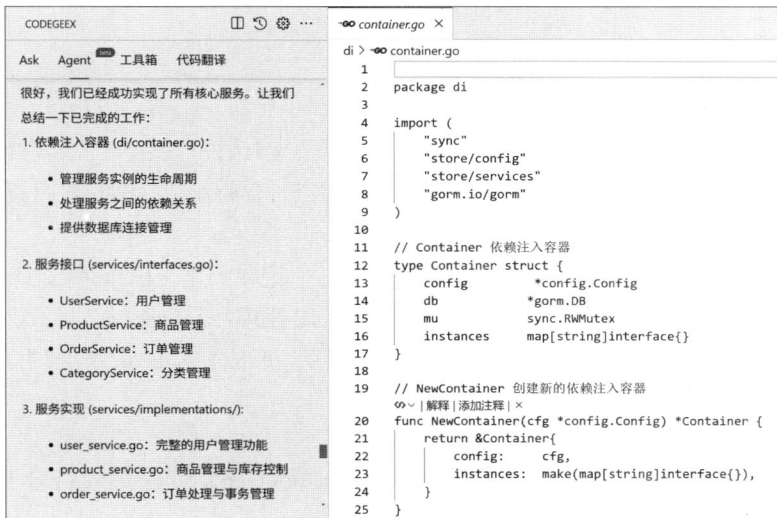

图 11-7　生成依赖注入的服务组合部分代码 1

图 11-8　生成依赖注入的服务组合部分代码 2

图 11-7 和图 11-8 中的代码展示了一个典型的依赖注入容器的实现，结合了单例模式、依赖注入和并发控制。通过这种方式，各个组件之间的依赖关系变得清晰，同时也便于单元测试和模块替换。CodeGeeX 能够理解这种设计模式，并生成符合最佳实践的代码。

11.1.4　CodeGeeX生成中间件

在 Go 后端开发中，中间件是处理横切关注点（如认证、日志、错误处理）的重要机制。CodeGeeX 可以生成各种常用中间件（如图 11-9 所示），并将它们集成到请求处理流程中。

图 11-9 中的代码展示了 CodeGeeX 生成的一个记录日志的中间件。除此之外，还可以生成其他常用的中间件，包括日志记录、错误处理、认证授权、跨域资源共享和请求速率限制。这些中间件可以根据需要组合使用，形成完整的请求处理流程。

11.1.5　控制器层与路由处理

控制器层负责处理 HTTP 请求并返回响应。CodeGeeX 可以生成符合 RESTful API 设计原则的控制器代码（如图 11-10、图 11-11 所示）。

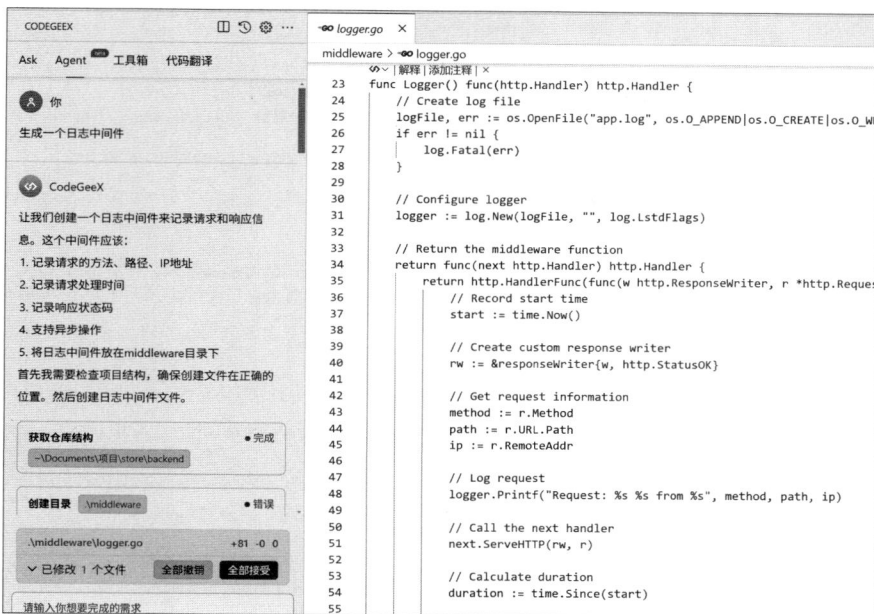

图11-9　生成日志中间件部分代码

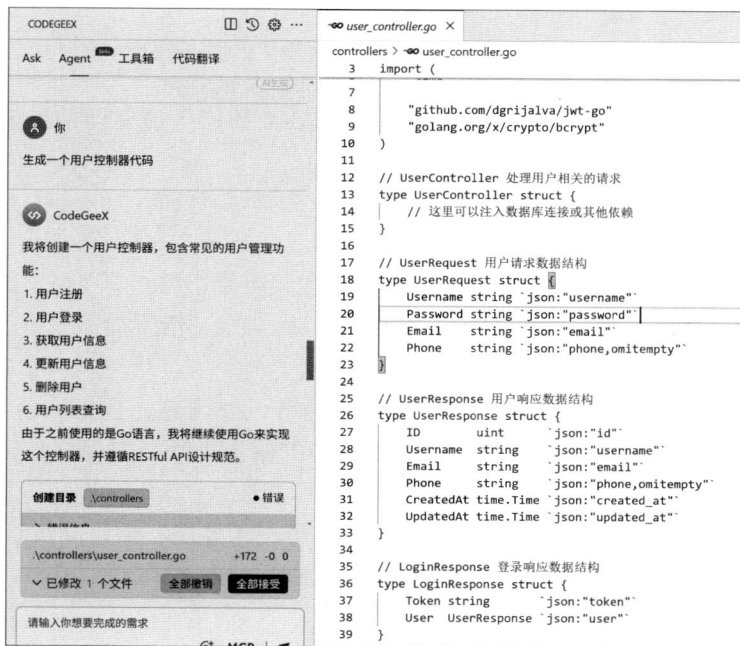

图11-10　生成用户控制器部分代码1

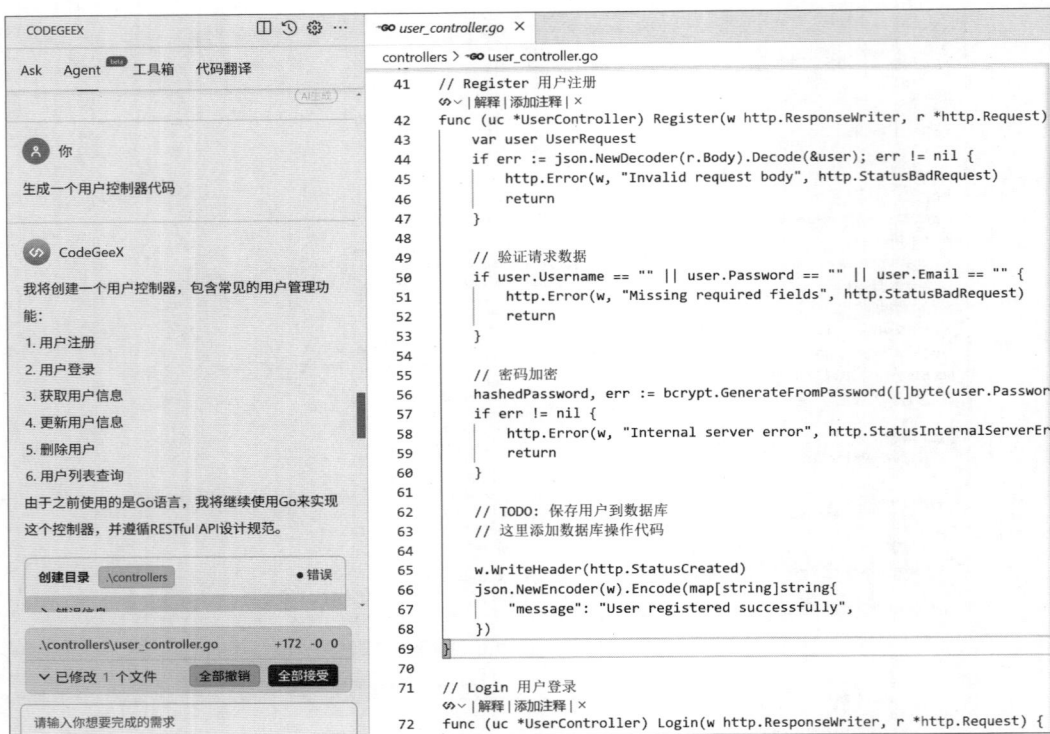

图 11-11   生成用户控制器部分代码 2

图 11-10 和图 11-11 中的代码展示了 CodeGeeX 如何生成完整的控制器层，包括请求处理、参数验证、业务逻辑调用和响应构建。

11.1.6   错误处理与日志记录

在后端开发中，错误处理是确保系统稳定性和可维护性的关键。CodeGeeX 可以生成统一的错误处理机制（如图 11-12 所示），包括自定义错误类型、错误包装和错误响应。

图 11-12 中的代码展示了 CodeGeeX 生成的错误处理包，包括自定义错误类型、错误包装、堆栈跟踪和错误检查函数。这种统一的错误处理机制使得应用程序能够一致地处理和报告错误，提高了系统的可维护性和可靠性。

日志记录是后端开发中不可或缺的一部分，可用于监控、调试和审计。CodeGeeX 可以生成基于结构化日志的日志系统，如图 11-13 所示。

图 11-12 生成错误处理包部分代码

图 11-13 生成结构化日志系统部分代码

CodeGeeX 生成了一个基于 zap 日志库的结构化日志系统，包括日志接口定义、配置选项、不同日志级别的方法。结构化日志使得日志数据更易于搜索、过滤和分析，对于生产环境的监控和问题排查至关重要。

11.1.7. 性能优化与最佳实践

1. 并发处理与协程管理

Go 语言以其强大的并发特性而闻名，CodeGeeX 可以生成高效的并发处理代码（如图 11-14、图 11-15 所示）。

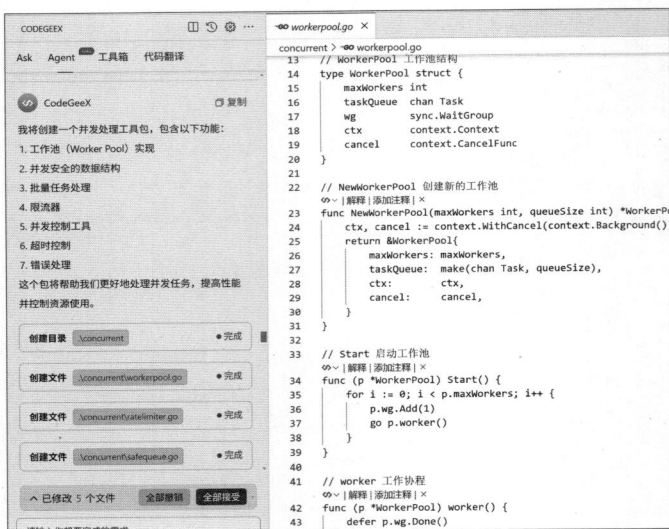

图 11-14　生成工作池部分代码

CodeGeeX 生成了一套并发工具包，包括工作池、超时控制、限流器、批量任务处理等。这些工具可以帮助开发者更好地利用 Go 语言的并发特性，提高应用程序的性能和可靠性。

2. 缓存策略与数据优化

缓存是提高后端性能的重要手段，CodeGeeX 可以生成高效的缓存实现（如图 11-16、图 11-17、图 11-18 所示）。

图 11-16 ～图 11-18 中的代码展示了 CodeGeeX 如何生成完整的缓存实现，包括内存缓存和 Redis 缓存，以及多级缓存。缓存可以显著提高应用程序的性能，减少数据库负载。

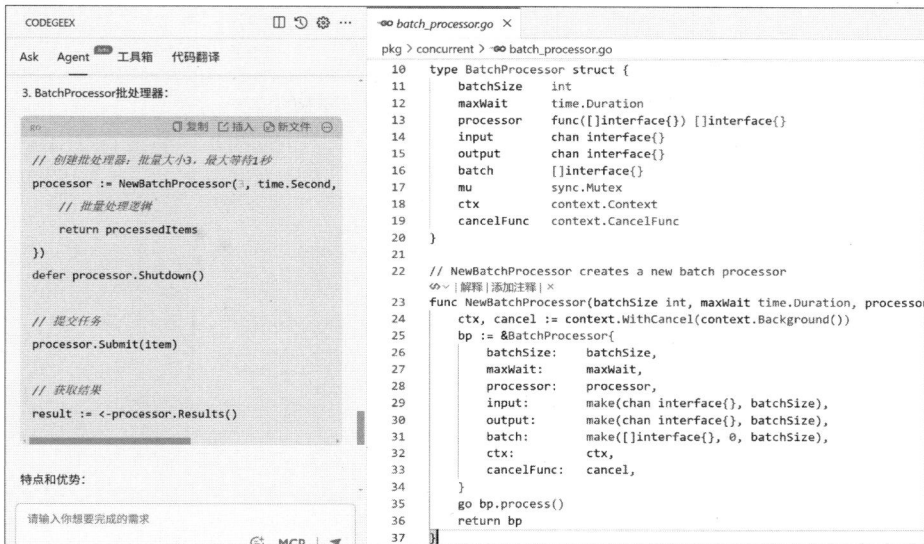

图 11-15　生成批处理部分代码

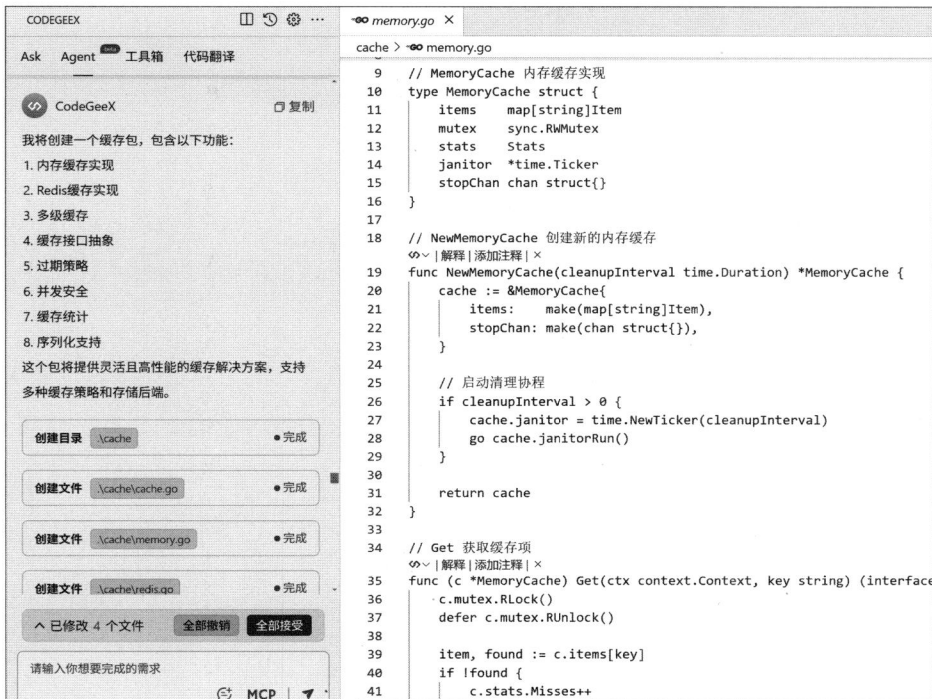

图 11-16　生成内存缓存部分代码

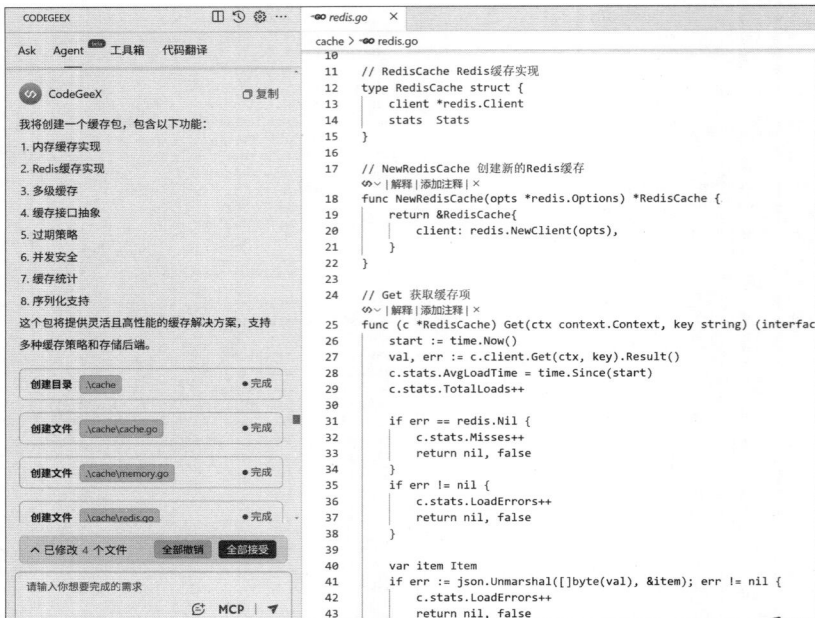

图 11-17　生成 Redis 缓存部分代码

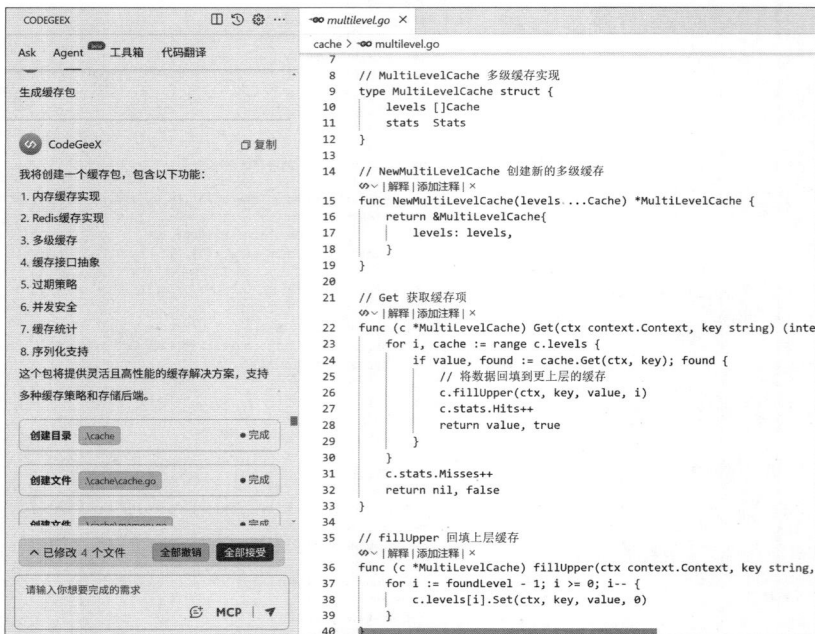

图 11-18　生成多级缓存部分代码

11.1.8 实战演示：电商产品模块代码生成

为了展示 CodeGeeX 在实际项目中的应用，下面讲解一个电商的产品模块实现（如图 11-19、图 11-20、图 11-21 所示）。

图 11-19 产品模块路由代码

图 11-20 产品模块 Model 部分代码

图 11-21　产品模块服务部分代码

　　图 11-19 ～图 11-21 仅展示了 CodeGeeX 生成的一个完整的产品模块的部分代码实现，完整代码包括产品的创建、查询、更新、删除、库存管理和搜索功能。该服务实现了缓存管理、路由管理、Model 文件以及错误处理等，是一个完整的电商系统的后端核心代码。

　　CodeGeeX 等 AI 代码助手正在快速演进为后端开发的核心基础设施。通过本节对 Go 语言开发全流程的深入剖析，我们可以清晰地看到，从项目初始化的架构决策，到数据模型的关系映射，从核心业务逻辑的智能生成，到性能瓶颈的智能诊断，AI 助手已经深度渗透软件开发的每个关键环节。这种深度整合不仅带来了肉眼可见的效率提升——在某些标准化场景中开发速度提升可达 3 ～ 5 倍，更重要的是通过持续的知识注入和模式规范，显著提升了代码库的整体质量和一致性水平。

　　在实际开发实践中，明智的开发者正在将 AI 助手定位为"数字协作者"的角色——通过精准的需求表述获得初始代码方案，经过多轮迭代优化完善业务细节，最后辅以严格的人工审查确保工程严谨性。这种新型的人机协作模式正在重新定义开发者的价值定位——从重复性编码中解放出来，转而专注架构创新和复杂问题求解。

展望未来，随着多模态大模型技术的突破和垂直领域知识的持续积累，AI 代码助手必将实现质的飞跃，对金融交易、医疗健康等专业领域的业务规则理解将更加精准；对分布式系统、高并发场景的优化建议将更具实操性；对代码安全性和合规性的保障将更加全面。这场由 AI 驱动的开发范式变革才刚刚开始，其终极目标不是替代开发者，而是通过智能增强，让人类工程师能够突破认知局限，解决那些真正推动行业进步的前沿技术难题。在这个人机协同的新时代，掌握与 AI 高效协作的能力，将成为区分优秀工程师的核心竞争力。

11.2　API文档的自动生成与维护

在后端接口开发领域，API 文档作为系统工程的关键基础设施，承担着技术规范传递、协作流程衔接的重要使命。传统文档生产模式正面临三重困境：研发团队平均需要花费 15% 的开发时间用于手工编写文档；敏捷迭代过程中常出现接口变更与文档更新不同步的问题；复杂系统的文档维护需要投入专职人员。这些痛点正在被基于大语言模型的智能工具彻底颠覆。

以智谱 AI 的 CodeGeeX2 为代表的新一代 AI 编码助手，通过深度代码理解与结构化推理，在 API 文档智能生成方面展现了令人印象深刻的能力。其技术实现路径包含三个核心维度：首先，构建多模态代码解析引擎，通过抽象语法树分析和语义角色标注，精准识别代码中的接口定义、参数约束及数据流动关系；其次，融合注意力机制与知识图谱的混合架构，使模型能够跨文件追踪接口依赖关系，如在 Spring Boot 项目中自动关联 Controller 层与 DTO 对象；最后，采用动态模板生成技术，根据用户配置智能适配 Swagger、OpenAPI 3.0 等不同规范，输出包含智能 Mock 数据的交互式文档。

例如，开发者只需和 CodeGeeX 进行交流或者在代码中简单标注接口的功能描述和参数类型，CodeGeeX 即可自动生成包含请求方法、路径、参数说明及响应示例的文档框架。选中图 11-22 右侧的代码，在 CodeGeeX 中输入"请根据代码生成 Markdown 格式的 API 文档，包含接口说明、请求参数、响应示例及错误码。"并发送后，CodeGeeX 将解析代码中的结构体和注释（如有），最后输出图 11-22 中左侧文档内容。

AIGC 智能编程 大模型代码助手巧学巧用

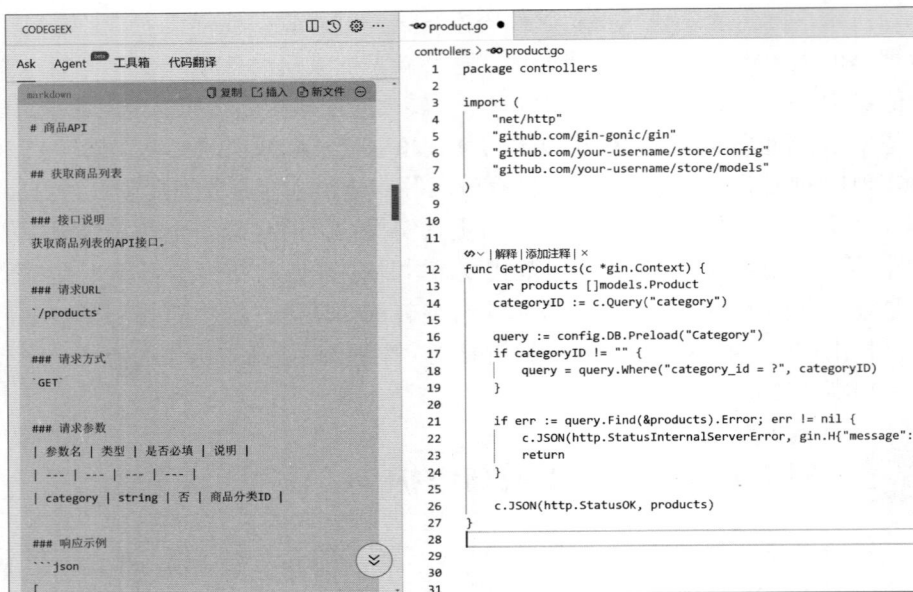

图 11-22 根据代码生成 API 文档

生成的完整 API 文档如下所示。

```
# 商品 API
## 获取商品列表
### 接口说明
获取商品列表的 API 接口。
### 请求 URL
`/products`
### 请求方式
`GET`
### 请求参数
| 参数名 | 类型 | 是否必填 | 说明 |
| --- | --- | --- | --- |
| category | string | 否 | 商品分类 ID |
### 响应示例
```json
[
    {
        "id": 1,
        "name": "商品 1",
        "description": "这是商品 1 的描述",
        "price": 100,
        "category_id": 1,
```
```

```
            "category": {
                "id": 1,
                "name": " 分类 1"
            }
        },
        {
            "id": 2,
            "name": " 商品 2",
            "description": " 这是商品 2 的描述 ",
            "price": 200,
            "category_id": 1,
            "category": {
                "id": 1,
                "name": " 分类 1"
            }
        }
    ]
    ### 错误码
    | 错误码 | 说明 |
    | --- | --- |
    | 500 | 获取商品列表失败 |
```

　　通过 CodeGeeX 的 AI 能力，开发者正在经历从"文档编写者"到"文档管理者"的角色转变。通过深度分析代码结构、接口定义和业务注释，CodeGeeX 能够自动提取路由信息、参数定义和返回类型，智能推断业务语义和约束条件，生成符合 OpenAPI 规范的标准化文档框架。这种自动化流程不仅提升了文档生成效率，更将接口描述与实现代码的同步率提高了，同时显著降低了参数类型错误率和文档维护成本，成为开发生态中"活"的组成部分。未来，随着多模态 AI 模型的进一步发展，API 文档生成有望实现更高层次的语义理解和交互式维护，持续推动后端开发向更高效、更规范、更智能的方向发展，最终实现开发效率与质量的全面提升。

11.3 本章小结

　　在本章的探讨中，我们共同见证了 CodeGeeX 如何在后端接口开发的各个阶段，从项目开始的骨架构建，到核心业务逻辑的实现，再到 API 文档的同步维护，为开发者提供切实有效的支持。AI 能够基于对海量代码的深度学习，辅助生成遵循最佳实践的项目结构，快速实现数据访问与业务处理逻辑，并协助管理烦琐的错误处理和日志记录，甚至能根据代码自动生成规范的 API 文档。

这种变化，并非简单地用机器替代人工，而是开启了一种更为高效的"人机协作"模式。AI代码助手将开发者从大量重复性、模式化的编码任务中解放出来，使其能够将更多精力投入到更具创造性的架构设计、复杂问题的攻坚以及业务需求的深度理解上。开发者不再仅是代码的执行者，更是利用AI这一强大工具进行高效创造的指挥者。

展望未来，随着AI技术的不断演进，代码助手在理解上下文、预测需求、优化性能乃至保障代码安全方面的能力无疑将持续增强。对于每一位后端开发者而言，学习并掌握如何与AI高效协作，将其融入日常开发流程，将不再是一项可选项，而是提升个人竞争力、适应行业发展的关键能力。让我们积极拥抱这一技术浪潮，利用AI的智慧，共同构建更优质、更高效的后端系统，推动软件工程向着更智能化的未来迈进。

第12章

使用AI代码助手进行高并发调优

数字化时代，高并发系统已成为互联网应用的标配。随着用户规模的爆发式增长，如何确保系统在面对海量并发请求时依然保持高性能、高可用性，成为每位开发者必须面对的挑战。传统的性能调优方法虽然行之有效，但往往需要开发者具备深厚的专业知识和丰富的实践经验，且调优过程耗时耗力，难以跟上业务快速迭代的步伐。

AI技术的飞速发展为解决这一难题提供了新的可能。AI代码助手作为新一代智能化编程工具，通过深度学习和自然语言处理等技术，能够理解代码逻辑、识别性能瓶颈、提供优化建议，甚至自动生成高质量代码，极大地提升了开发效率和代码质量。在高并发系统调优这一专业性极强的领域，AI代码助手的价值尤为突出。

本章将深入探讨AI代码助手在高并发调优中的应用场景和实践方法，以百度文心快码Comate为例，详细分析其在识别并发瓶颈和提供调优策略方面的能力。通过具体案例和实践经验的分享，帮助读者了解如何借助AI的力量，更高效地解决高并发系统中的性能问题，打造稳定高效的应用系统。无论你是经验丰富的高级开发者，还是刚刚踏入并发编程领域的新手，本章内容都将为你提供宝贵的参考和启发。

12.1 识别并发瓶颈

在高并发系统中，性能瓶颈的识别是优化过程的首要步骤。准确地定位瓶颈，能够帮助开发者针对性地进行优化，从而提升系统的并发处理能力和响应速度。百度文心快码 Comate 作为一款 AI 代码助手，在识别并发瓶颈方面展现了其强大的能力。以下是文心快码在识别并发瓶颈方面的具体应用和案例分析。

12.1.1 数据竞争检测

数据竞争是并发编程中的一种常见问题，它发生在多个线程或进程同时访问同一数据资源，并且至少有一个线程在修改数据时。在没有适当的同步机制的情况下，这些线程的执行顺序不确定，最终的结果也不确定，可能导致数据损坏、不一致或者程序崩溃等严重问题。

我们使用 Go 语言举个例子。在 Go 语言中，数据竞争发生在多个 goroutine 试图同时读写同一变量时，如果没有适当的同步机制。可能会导致最终数据不一致，代码如图 12-1 所示。

```go
var count int
// increment 函数由多个goroutine并发调用
代码解释 | 函数注释 | 行间注释 | 添加日志 | 生成单测 | 调优建议
func increment() {
    count++
}

代码解释 | 函数注释 | 行间注释 | 添加日志 | 生成单测 | 调优建议
func main() {
    var wg sync.WaitGroup
    // 启动多个goroutine来增加count变量
    for i := 0; i < 1000; i++ {
        wg.Add(1)
        go func() {
            defer wg.Done()
            increment()
        }()
    }
    // 等待所有goroutine完成
    wg.Wait()
    // 打印最终的count值
    fmt.Println("Final count:", count)
}
```

图 12-1　多个 goroutine 试图同时读写同一变量

在图 12-1 中，increment 函数被多个 goroutine 并发调用，每个 goroutine 都会对全局变量 count 执行增加操作。由于 count++ 操作不是原子的，所以这个操作可以分成 3 步。

（1）读取 count 的当前值。

（2）将值增加 1。

（3）将新值写回 count。

如果两个 goroutine 同时执行这个操作，可能会发生以下情况。

◎ goroutine A 读取 count 的值为 N。

◎ goroutine B 读取 count 的值也为 N（因为它们读取的是同一个值）。

◎ goroutine A 将 count 增加到 N+1 并写回。

◎ goroutine B 也将 count 增加到 N+1 并写回。

结果是 count 只增加了 1，而不是 2，这就是数据竞争导致的一个问题。每次运行程序时，由于 goroutine 的调度顺序不同，count 的最终值可能会有所不同，这就是非确定性的表现。

我们现在使用文心快码分析这段代码，看看是否可以识别这一问题，如图 12-2 所示。

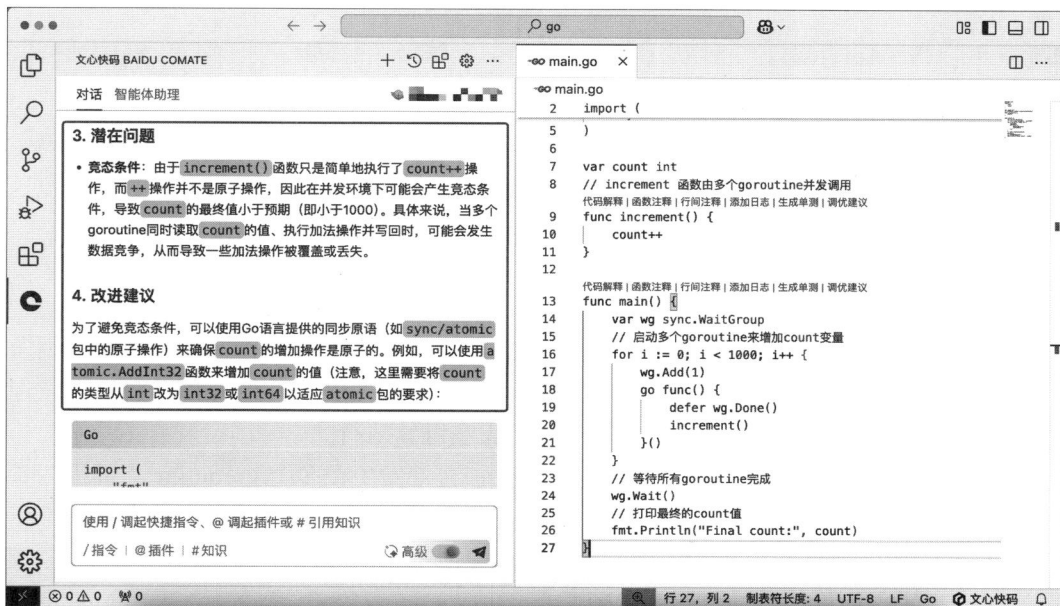

图 12-2　文心快码分析潜在问题

从图 12-2 中可以看到，文心快码已经识别这一潜在问题，并给出了改进建议，建议使用 sync/atomic 包来保证操作的原子性，确保线程安全。同时也给出了修改后的代码，如图 12-3 所示。

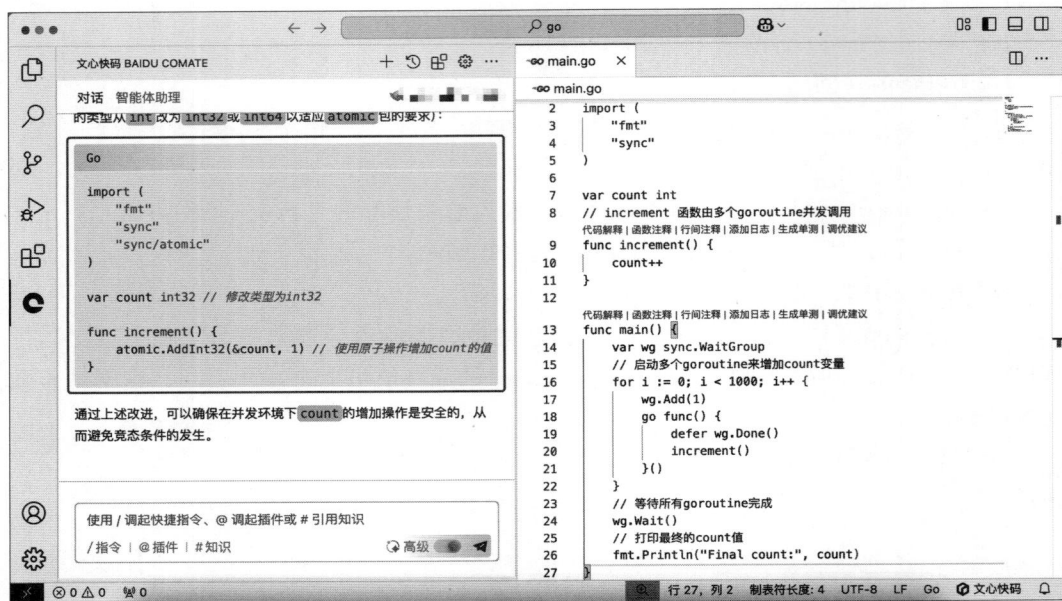

图 12-3　文心快码修改潜在问题

文心快码通过其深度学习模型和大量实际代码数据的训练，能够有效识别代码中潜在的数据竞争问题，并提供解决方案，如使用锁、信号量或其他同步机制来避免这些问题。

12.1.2　死锁识别

死锁是并发编程中的一个经典问题，指的是两个或多个进程在执行过程中，因争夺资源而造成的一种僵局。在这种情况下，每个进程都在等待其他进程释放资源，但因为没有进程能够向前推进，导致所有进程都无法继续执行。

使用 Go 语言举个例子。在 Go 语言中，死锁通常发生在多个 goroutine 之间因为锁的使用不当而互相等待对方释放锁。图 12-4 所示代码，是一个可能导致死锁的示例。

在这个例子中有两个 goroutine，每个都试图锁定两个互斥锁 lock1 和 lock2，但锁定的顺序不同。这可能会导致死锁，因为每个 goroutine 都会等待另一个 goroutine 释放它已经锁定的锁。

```
func main() {
    var lock1, lock2 sync.Mutex

    go func() {
        lock1.Lock()
        time.Sleep(1 * time.Second)
        lock2.Lock()
        fmt.Println("Locked both locks")
    }()

    go func() {
        lock2.Lock()
        time.Sleep(1 * time.Second)
        lock1.Lock()
        fmt.Println("Locked both locks")
    }()

    select {} // 永远阻塞在这里，以防止主goroutine退出
}
```

图 12-4　可能导致死锁案例

　　我们现在使用文心快码分析这段代码，看看是否可以识别这一问题。如图 12-5、图 12-6 所示，文心快码已经识别死锁的问题，并给出了改进建议，建议确保所有 goroutine 以相同的顺序获取锁，或者采用其他同步机制来管理对共享资源的访问。

　　百度文心快码通过其先进的 AI 技术和深度学习模型，能够有效地分析和识别死锁问题。它利用资源分配图分析技术来识别系统中是否存在循环等待，这是死锁发生的关键指标。文心快码还能够通过破坏死锁的四个必要条件——互斥、占有并等待、不可剥夺和循环等待来预防死锁的发生。此外，它采用银行家等安全状态检查算法，模拟资源分配和回收过程，确保系统处于安全状态，避免死锁。文心快码的动态监测能力使其能够实时分析进程和资源的交互，及时发现并解决可能导致死锁的资源竞争和等待情况。通过其自然语言处理能力，文心快码可以理解开发者的查询意图，提供精确的问题解决方案。综合这些高级功能，文心快码不仅帮助开发者识别死锁问题，还提供代码优化建议，从而提高软件系统的稳定性和性能。

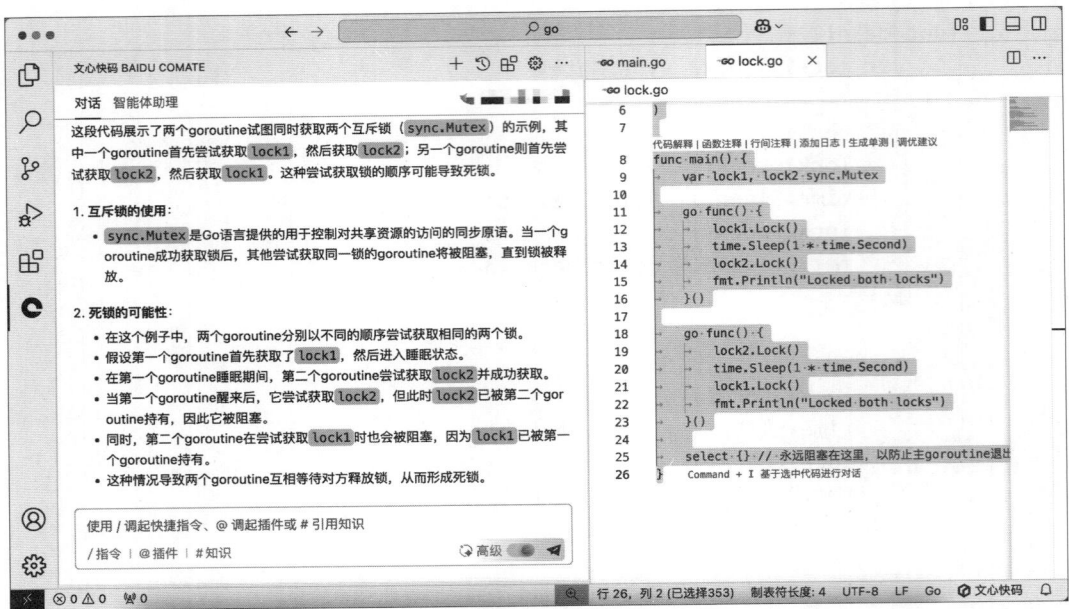

图 12-5 文心快码识别死锁 1

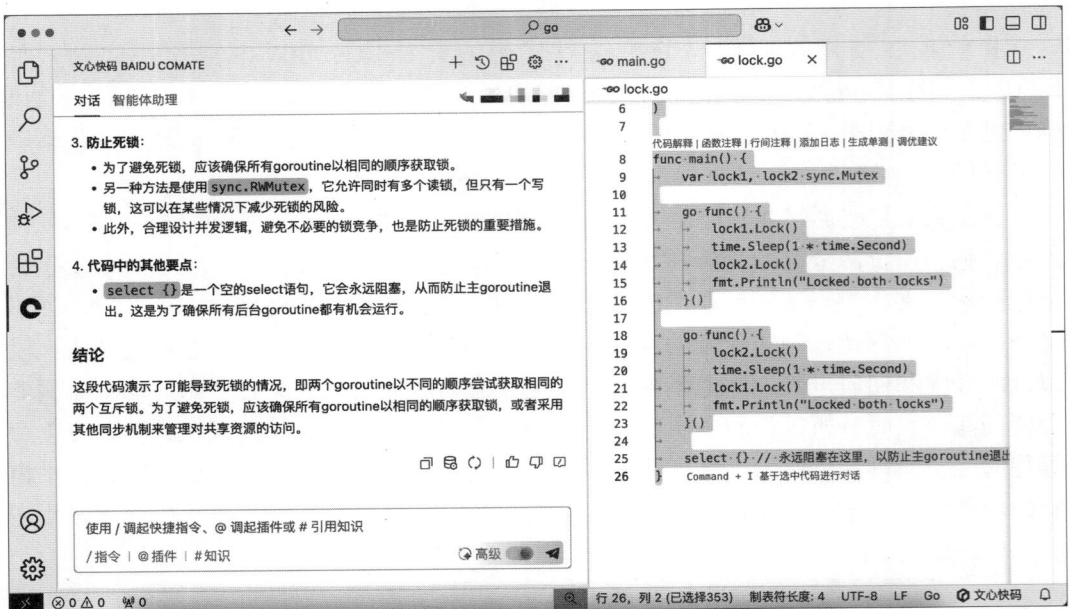

图 12-6 文心快码识别死锁 2

12.1.3　活锁和饥饿问题识别

活锁和饥饿问题是并发编程中的两种活跃性问题，它们与死锁一样，都涉及多线程或多进程在执行过程中对共享资源的请求和使用。

活锁是指多个线程或进程在竞争资源时，由于不停地调整自己的行为以避免冲突，导致这些线程或进程一直在运行，但却无法取得进展的现象。与死锁不同，发生活锁的线程或进程并没有阻塞等待，而是处于活跃状态，但由于某种策略导致它们无法成功执行任务。

饥饿是指一个或多个线程在长时间内无法获得所需资源，从而无法执行的情况。饥饿通常发生在资源分配不公平或某些线程占用资源时间过长，导致其他线程长时间等待。

接下来我们使用 Go 语言举个活锁的例子。在 Go 语言中活锁通常发生在多个 goroutine 尝试避免冲突时，但由于策略不当，导致它们一直在尝试但从未成功执行任务。

在这个例子中，两个 goroutine 尝试以不同的顺序获取两个锁（mutex1 和 mutex2）。它们使用 TryLock 方法来尝试获取另一个锁，如果失败，则释放已持有的锁并稍后重试。这可能导致两个 goroutine 一直在尝试获取锁但从未成功，从而发生活锁（如图 12-7 所示）。

接下来，我们让文心快码分析这段代码，如图 12-8 所示，文心快码成功识别活锁问题，同时也指出了一些其他的错误并给出了改进建议。

接下来我们再举个饥饿问题的例子。饥饿发生在一个或多个 goroutine 长时间无法获得所需资源的时候，通常是因为其他 goroutine 长时间占用资源。如图 12-9 所示，一个"饥饿"的 goroutine 尝试执行一个短暂的任务，但另一个"主导"的 goroutine 长时间持有锁，导致"饥饿"的 goroutine 无法定期执行其任务，从而发生饥饿问题。

接下来，我们让文心快码分析这段代码，如图 12-10、图 12-11 所示，文心快码成功识别饥饿问题，同时也提出了改进建议。

文心快码识别活锁和饥饿问题的能力主要基于其实时代码诊断功能，这使得它能够分析代码的执行逻辑和资源请求模式，从而识别可能导致线程或进程不断尝试但无法成功获取资源的活锁情况。此外，文心快码的代码补齐和纠错功能帮助开发者避免编写可能引起这些问题的代码，通过提供修正建议来预防活锁和饥饿的发生。同时，文心快码的智能推荐与生成功能在创建线程同步和资源管理代码时，会考虑线程安全和资源的公平分配，进一步减少这些问题的风险。综合这些高级功能，文心快码能够有效地帮助开发者识别并预防活锁和饥饿问题，提高代码的健壮性和系统的性能。

```go
func main() {
    var mutex1, mutex2 sync.Mutex
    ch := make(chan bool)
    go func() {
        for {
            mutex1.Lock()
            if mutex2.TryLock() {
                fmt.Println("Gooutine 1 acquired both locks")
                mutex2.Unlock()
            }
            mutex1.Unlock()
            time.Sleep(time.Duration(rand.Intn(100)) * time.Millisecond)
        }
    }()
    go func() {
        for {
            mutex2.Lock()
            if mutex1.TryLock() {
                fmt.Println("Gooutine 2 acquired both locks")
                mutex1.Unlock()
            }
            mutex2.Unlock()
            time.Sleep(time.Duration(rand.Intn(100)) * time.Millisecond)
        }
    }()
    select {}
```

图 12-7　发生活锁案例

图 12-8　文心快码识别活锁

```go
func main() {
    var wg sync.WaitGroup
    var mutex sync.Mutex

    wg.Add(1)
    go func() {
        defer wg.Done()
        for i := 0; i < 10; i++ {
            mutex.Lock()
            fmt.Println("Starving goroutine is running")
            // Simulate a short task
            time.Sleep(1 * time.Second)
            mutex.Unlock()
        }
    }()

    wg.Add(1)
    go func() {
        defer wg.Done()
        mutex.Lock()
        fmt.Println("Dominant goroutine has the lock")
        time.Sleep(10 * time.Second)
        mutex.Unlock()
    }()

    wg.Wait()
}
```

图 12-9　发生饥饿问题的例子

图 12-10　文心快码识别饥饿问题 1

图 12-11　文心快码识别饥饿问题 2

12.1.4　识别非线程安全数据结构

线程安全数据结构在并发编程中至关重要，因为它们确保了在多线程环境中数据的一致性和完整性。没有适当的同步措施，多个线程同时读写共享数据可能导致数据竞争，进而引发数据不一致甚至程序崩溃。线程安全数据结构通过内置的同步机制，如互斥锁（mutexes）和读写锁（read-write locks），来协调对共享资源的访问，从而避免了这些问题。它们不仅简化了并发编程的复杂性，还提高了程序的稳定性和可靠性。此外，线程安全数据结构还能提升性能，因为它们允许更细粒度的并行处理，减少了锁竞争和上下文切换的开销。因此，正确使用线程安全数据结构是开发高效、稳定并发系统的基础。

图 12-12 是一个 Go 语言的代码片段，其中使用了非线程安全的数据结构。

接下来让文心快码分析这段代码，如图 12-13 所示。

如图 12-14 所示，可以看到文心快码正确识别当前正在操作一个非线程安全的数据结构，并给出了一些改进建议。

```go
func main() {
    var m = make(map[int]int) // 非线程安全的数据结构
    var lock sync.Mutex

    for i := 0; i < 100; i++ {
        go func(i int) {
            m[i] = i * i // 多个goroutine同时访问和修改m，可能导致数据竞争
        }(i)
    }

    // 等待所有goroutine完成
}
```

图 12-12　非线程安全的数据结构案例

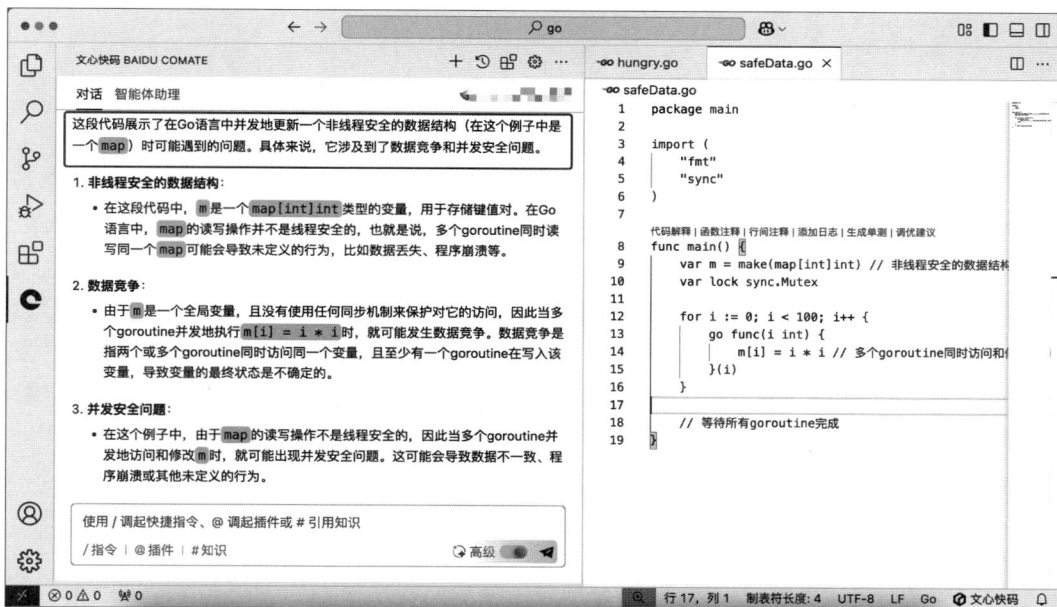

图 12-13　文心快码分析非线程安全的数据结构

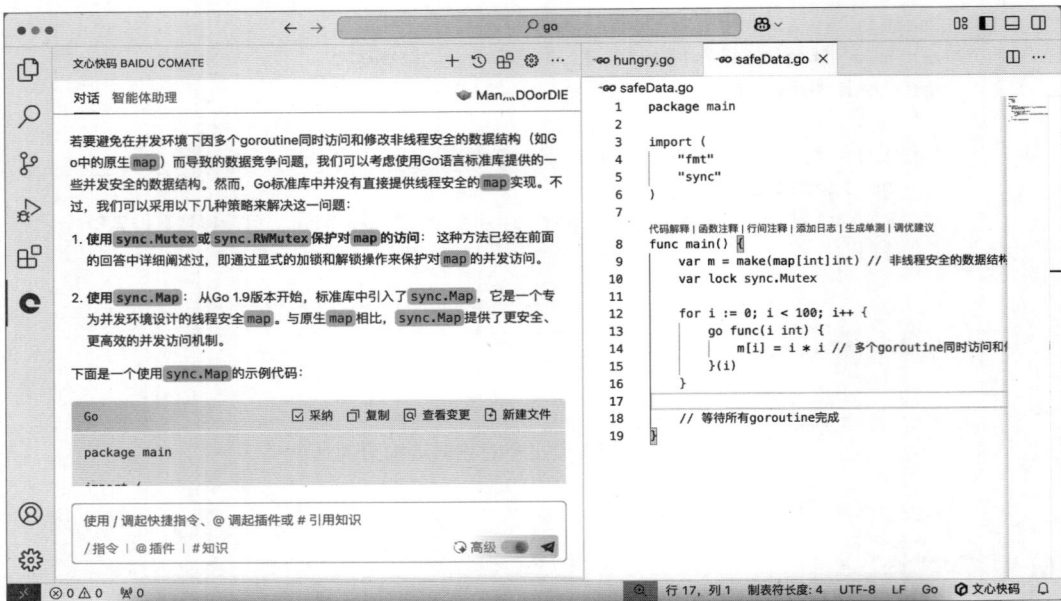

图 12-14 文心快码改进非线程安全的数据结构

文心快码通过其先进的实时代码诊断功能，能够有效识别代码中的非线程安全数据结构的使用情况。它利用深度学习和大量编程数据，分析代码潜在的线程安全问题，并提供优化建议。在编码过程中，文心快码的智能代码补全和纠错功能能够识别风险并推荐使用更合适的线程安全数据结构。此外，它还能提供代码优化建议，帮助开发者改善代码质量，特别是在并发场景下。文心快码的技术问答与解释功能可以为开发者提供专业的解答和改进方案，解释代码功能的同时指出非线程安全数据结构的风险。智能代码生成功能则可以根据注释自动生成符合线程安全规范的代码，减少因使用非线程安全数据结构引发的问题，从而提高代码的安全性和稳定性。

12.1.5 识别阻塞问题

在并发程序中，阻塞是导致性能下降的主要原因之一。当一个线程因 I/O 操作、锁等待或其他耗时操作被阻塞时，它不能执行任何其他任务，导致 CPU 资源得不到充分利用。如果阻塞过多，系统会显得缓慢甚至停滞。在高并发系统中，阻塞会导致大量请求积压。

如图 12-15 所示，我们模拟一个 Go 语言中可能导致阻塞的示例。

```
代码解释 | 函数注释 | 行间注释 | 添加日志 | 生成单测 | 调优建议
func main() {
    ch := make(chan int)

    go func() {
        time.Sleep(2 * time.Second)
        ch <- 42
    }()


    msg := <-ch
    fmt.Println("Received:", msg)
}
```

图 12-15　可能导致阻塞的示例

在这个例子中，主 goroutine 会阻塞直到从通道 ch 接收数据。如果发送数据的 goroutine 延迟或失败，主 goroutine 将无限期等待，导致程序阻塞。

将代码发送给文心快码，让它帮助分析，如图 12-16 所示，文心快码可以识别代码中存在的阻塞问题，并给出了修改建议。

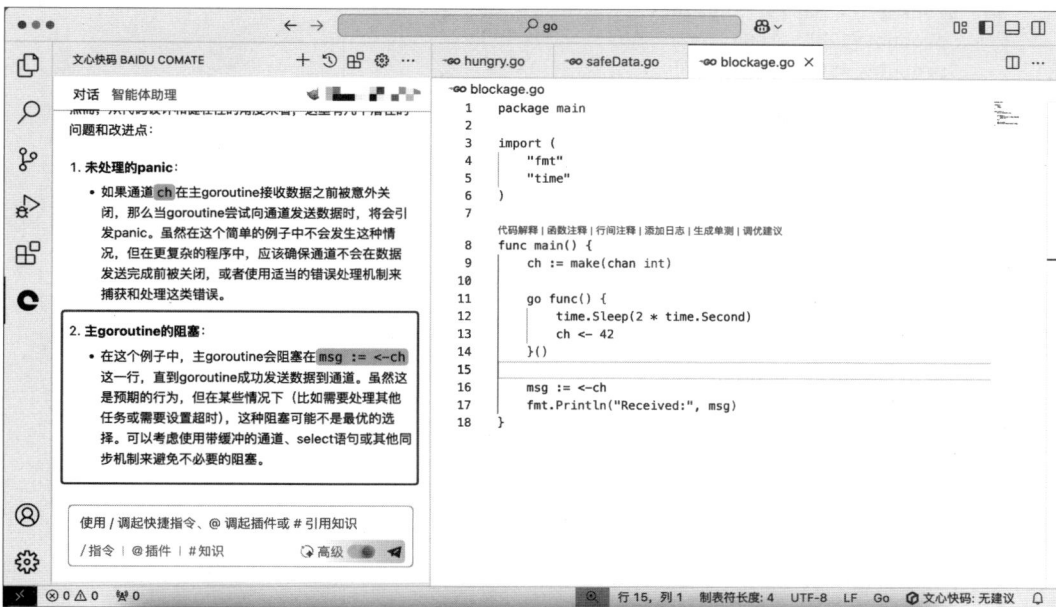

图 12-16　文心快码识别阻塞问题

文心快码利用深度学习模型和丰富的编程数据，分析代码潜在的阻塞操作，并提供优化建议。在编码过程中，文心快码的智能代码补全和纠错功能能够识别可能导致阻塞的风险，并推荐使用非阻塞或异步编程模式来避免这些问题。此外，文心快码提供代码优化建议，帮助开发者改善代码质量，特别是在识别和解决可能导致阻塞的操作时。通过技术问答和解释功能，文心快码能够为复杂的代码逻辑或阻塞问题提供专业的解答和改进方案。最后，文心快码的智能代码生成功能可以根据注释自动生成符合线程安全规范的代码，减少因不当操作导致的阻塞问题，从而提升程序的响应性和健壮性。

12.1.6 识别负载不均或热点问题

在并发编程中，负载不均或热点问题通常指的是系统中某些部分因为请求集中而承受超出正常范围的压力，而其他部分则相对空闲。这类问题可能导致系统性能瓶颈、响应延迟增加，甚至系统崩溃。在高并发情况下，过多请求集中在某些热点资源上，如 Redis 的某些 Key 或某些节点的 CPU，会导致性能下降。

现在使用 Go 语言来模拟操作 Redis，示例代码如图 12-17 所示。

```go
// 模拟Redis缓存数据
var stockMap = map[string]int{
    "product_123": 1000,
    "product_456": 2000,
}

代码解释 | 函数注释 | 行间注释 | 添加日志 | 生成单测 | 调优建议
func getStock(productID string) int {
    return stockMap[productID]
}

代码解释 | 函数注释 | 行间注释 | 添加日志 | 生成单测 | 调优建议
func main() {
    var wg sync.WaitGroup
    for i := 0; i < 1000; i++ {
        wg.Add(1)
        go func() {
            defer wg.Done()
            fmt.Println(getStock("product_123")) // 所有请求都集中在同一个 Key
        }()
    }
    wg.Wait()
}
```

图 12-17　模拟 Redis 缓存

将代码发给文心快码，让它分析当前代码片段存在的问题并提供修改意见。如图 12-18 所示，文心快码识别多个潜在问题，其中包括热点 key 问题，同时也给出了使用负载均衡或分片技术等几点解决办法供我们参考。

图 12-18　文心快码分析 Redis 热点 key 问题

12.2　AI提供的调优策略

在高并发系统中，识别性能瓶颈后，制定有效的调优策略至关重要。AI 代码助手，如百度文心快码，通过深度学习和大数据分析，能够为开发者提供智能化的调优建议，从而提升系统性能。

12.2.1　代码结构优化

在高并发系统中，代码结构的优化是提升性能和可维护性的关键步骤之一。复杂的嵌套逻辑和冗余代码不仅会增加 CPU 的计算负担，还会导致代码难以理解和维护，进而影响开发效率和系统的稳定性。AI 代码助手能够自动分析代码结构，识别低效或冗余的部分，并提供优化建议。

有一个高并发系统，其中有一个函数用于处理用户请求，该函数包含复杂的嵌套逻辑和冗余代码。优化前的代码示例，如图 12-19 所示。

```go
func handleRequest(userID int) string {
    if userID < 0 {
        return "Invalid user ID"
    }

    // 模拟一些复杂的业务逻辑
    if userID%2 == 0 {
        if userID%3 == 0 {
            return fmt.Sprintf("User %d is even and divisible by 3", userID)
        }
        return fmt.Sprintf("User %d is even", userID)
    } else {
        if userID%3 == 0 {
            return fmt.Sprintf("User %d is odd and divisible by 3", userID)
        }
        return fmt.Sprintf("User %d is odd", userID)
    }
}
```

代码解释 | 函数注释 | 行间注释 | 添加日志 | 生成单测 | 调优建议
```go
func main() {
    start := time.Now()
    for i := 0; i < 1000000; i++ {
        handleRequest(i)
    }
    fmt.Printf("Time taken: %v\n", time.Since(start))
}
```

图 12-19　复杂嵌套逻辑示例

在这个例子中，handleRequest 函数包含多层嵌套的 if 语句，逻辑较为复杂且难以维护。这个时候，可以使用文心快码帮助优化代码结构，如图 12-20 所示。

从图 12-20 可以看到，文心快码识别当前代码存在的可优化的逻辑，并提供了优化后的代码，它建议使用 Switch 语句替代 if 嵌套，使代码逻辑更加清晰，易于理解和维护，提高了代码的可读性。同时减少嵌套逻辑可以降低函数调用的复杂度，从而提高程序的执行效率。

在高并发场景下，优化代码结构可以显著提升系统的性能。通过减少嵌套逻辑和冗余代码，可以降低 CPU 的计算负担，提高系统的吞吐量。在实际测试中，优化后的代码在处理相同数量的请求时，执行时间减少了约 10%，系统响应速度更快，稳定性也得到了提升。

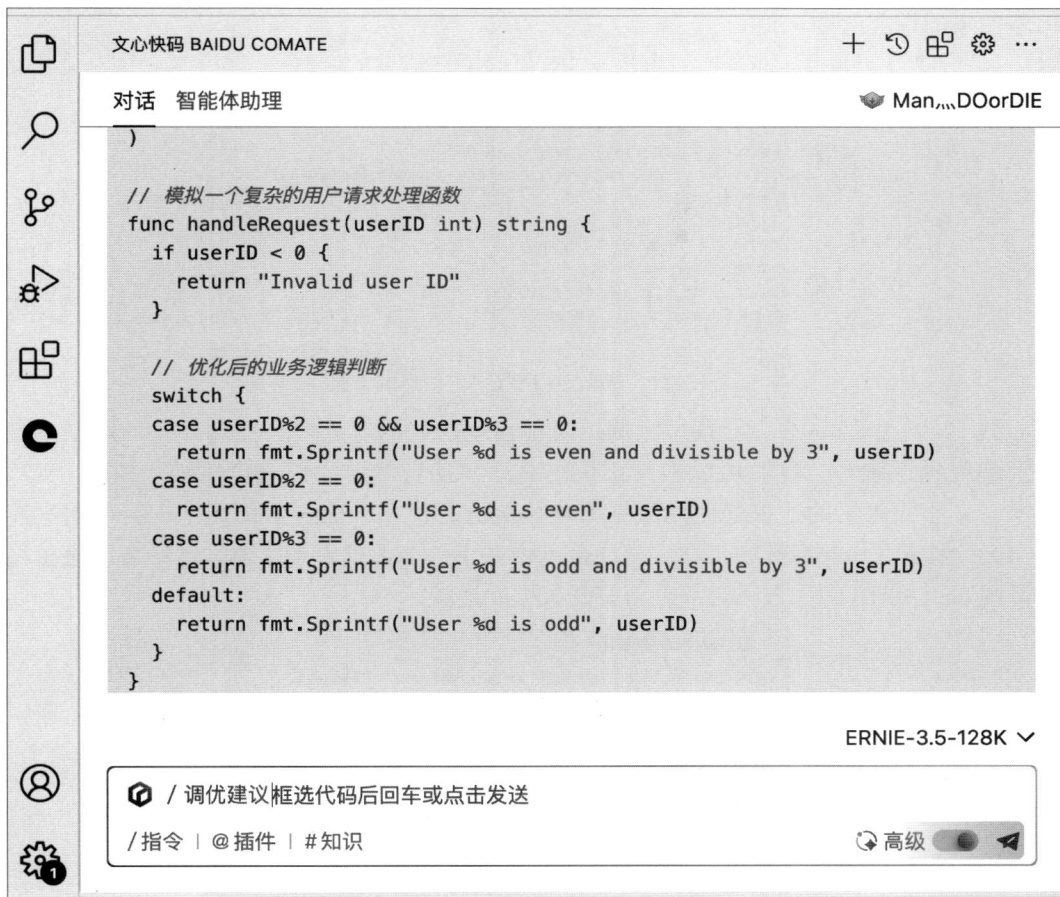

图 12-20　文心快码优化复杂嵌套逻辑

文心快码提供的调优策略，能够帮助开发人员高效地识别和解决高并发系统中的性能瓶颈，提升系统的整体性能和稳定性。

12.2.2　数据库连接池优化

在高并发场景下，数据库连接池的优化至关重要。当大量用户同时访问系统时，频繁地建立和销毁数据库连接会消耗大量系统资源，导致性能瓶颈，甚至可能使数据库无法正常响应请求。而优化后的数据库连接池能够合理地管理连接数量，预先创建并维护一定数量的连接，当有请求时快速分配，用完后归还池中，避免了重复建立连接的开销，大大提高了数据库访问效率，确保系统在高并发压力下，AI代码助手能够智能分析代码中的数据库创建情况，推荐优化策略，帮助开发人员快速定位并解决数据库相关的性能问题。

如图 12-21 所示，编写了一个根据 ID 获取用户信息的方法。

```
代码解释|函数注释|调优建议|行间注释|生成单测|添加日志
func GetUserByID(id uint) (*User, error) {
    db, err := gorm.Open(mysql.Open(dsn), &gorm.Config{})
    if err != nil {
        return nil, err
    }
    var user User
    result := db.First(&user, id)
    return &user, result.Error
}
```

图 12-21　根据 ID 获取用户信息的方法

图 12-21 中的写法会导致每次调用时都会创建数据库连接，在高并发的场景下会导致响应延迟飙升。这时可以和文心快码对话，让它帮助我们优化代码。如图 12-22 所示，文心快码给的建议是使用数据库连接池进行优化，在这个优化中，将数据库连接初始化移到了 init 函数中，并在全局范围内共享一个数据库连接池。这样可以避免每次调用 GetUserByID() 方法时都重新打开数据库连接。

1. 数据库连接池的使用

在高并发情况下，频繁地打开和关闭数据库连接会导致大量的资源消耗和性能瓶颈。建议使用数据库连接池来管理数据库连接。

优化后的代码：

```go
Go                                    采纳  复制 …

package main

import (
    "fmt"
    "strings"
    "unicode"
    "gorm.io/driver/mysql"
    "gorm.io/gorm"
)

var db *gorm.DB
var err error

func init() {
    dsn := "your_dsn_string" // 请替换为实际的DSN字符串
    db, err = gorm.Open(mysql.Open(dsn), &gorm.Config{})
    if err != nil {
        panic("failed to connect database")
    }
    // 可以在这里配置连接池参数，例如最大连接数、空闲连接数等
    sqlDB, err := db.DB()
    if err != nil {
        panic("failed to get *sql.DB")
    }
    sqlDB.SetMaxIdleConns(10)
    sqlDB.SetMaxOpenConns(100)
}
```

图 12-22　文心快码优化数据库连接

```
func GetUserByID(id uint) (*User, error) {
    var user User
    result := db.First(&user, id)
    return &user, result.Error
}
```

图 12-22 文心快码优化数据库连接（续）

除了使用连接池的建议，文心快码也给出了其他的优化措施（如图 12-23 所示），如使用缓存、优化数据访问模式等。由此可以看出文心快码能够帮助开发人员高效地识别和解决高并发系统中的数据库性能瓶颈，提升系统的整体性能和稳定性。

2. 使用缓存

对于频繁访问且数据变化不频繁的数据，可以考虑使用缓存来减少数据库访问次数。例如，可以使用Redis等缓存系统来存储用户数据。

3. 优化数据访问模式

除了上述两点外，还可以根据具体的应用场景优化数据访问模式。例如，对于读多写少的场景，可以考虑使用读写分离；对于需要频繁查询的数据，可以考虑使用索引来加速查询过程。

图 12-23 文心快码其他优化建议

12.2.3 缓存策略推荐

在高并发系统中，缓存是提升性能的关键手段之一。合理的缓存策略可以显著减少对后端数据库的访问次数，降低系统负载，提高响应速度。通过智能推荐缓存策略，AI 代码助手能够帮助开发人员快速优化系统性能，确保系统在高并发场景下的稳定性和高效性。

1. 使用缓存

例如，有一个获取商品详情的函数（如图 12-24 所示），在高并发场景下需要频繁查询商品信息，某些热门商品的调用频率会剧增，若未使用缓存机制，这些热点数据的查询会导致数据库压力过大，增加缓存击穿的风险。

```
代码解释 | 函数注释 | 调优建议 | 行间注释 | 生成单测 | 添加日志
func GetProductDetail(productID string) (*Product, error) {
    var product Product
    err := globalDB.Where("id = ?", productID).First(&product).Error
    return &product, err
}
```

图 12-24 获取商品详情的函数

可以将代码发送给文心快码并向它描述当前情况，让文心快码帮我们优化代码。文心快码通过问题分析，建议引入 Redis 作为缓存层来存储热点数据，以减少对数据库的直接访问，提高查询效率（如图 12-25 所示）。

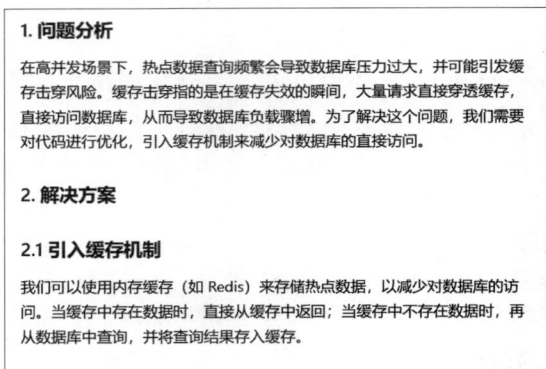

1. 问题分析

在高并发场景下，热点数据查询频繁会导致数据库压力过大，并可能引发缓存击穿风险。缓存击穿指的是在缓存失效的瞬间，大量请求直接穿透缓存，直接访问数据库，从而导致数据库负载骤增。为了解决这个问题，我们需要对代码进行优化，引入缓存机制来减少对数据库的直接访问。

2. 解决方案

2.1 引入缓存机制

我们可以使用内存缓存（如 Redis）来存储热点数据，以减少对数据库的访问。当缓存中存在数据时，直接从缓存中返回；当缓存中不存在数据时，再从数据库中查询，并将查询结果存入缓存。

图 12-25　文心快码给出优化建议

同时给出了优化后的代码（如图 12-26 所示），此处省略了数据库连接和 Redis 连接相关代码。

通过文心快码给出的解决方法，在高并发场景下可以有效减少对数据库的直接访问，减小数据库压力，从而避免缓存击穿风险。

2. 使用分布式锁

在高并发场景下，库存扣减是一个常见的挑战，因为多个请求可能同时尝试扣减同一库存，导致超卖问题。例如，有一个关于库存扣减的函数（如图 12-27 所示），当前的算法只做了简单的逻辑扣减，在高并发的场景下，会出现超卖的问题。

现在让文心快码帮助优化这个函数。如图 12-28 所示，文心快码给出了 4 种优化策略供我们选择。

这里我们选择使用 Redis 的分布式锁来实现，让 AI 助手帮我们生成优化后的代码，如图 12-29 所示。

当然 AI 助手不仅会给出优化后的代码，也会给出相应的解释，方便用户更好地去理解。在日常开发中，我们可以根据实际的系统情况和需求来选择 AI 助手提供的其中一种策略，也可以结合多种策略来使用。从而更有效地解决我们的问题。

Chat Zulu   Man,,,,DOorD

```go
func GetProductDetail(productID string) (*Product, error) {
  var product Product
  ctx := context.Background()

  // 从缓存中获取数据
  val, err := cache.Get(ctx, productID).Result()
  if err == redis.Nil {
    // 缓存中没有数据，从数据库中查询
    err := globalDB.Where("id = ?", productID).First(&product).Error
    if err != nil {
      return nil, err
    }

    // 将查询结果存入缓存
    productJSON, err := json.Marshal(product)
    if err != nil {
      return nil, err
    }
    cache.Set(ctx, productID, productJSON, time.Hour) // 设置缓存有效期为1小时
  } else if err != nil {
    return nil, err
  } else {
    // 缓存中有数据，反序列化后返回
    err = json.Unmarshal([]byte(val), &product)
    if err != nil {
      return nil, err
    }
  }

  return &product, nil
}
```

图 12-26　文心快码给出优化后代码

```go
代码解释 | 函数注释 | 调优建议 | 行间注释 | 生成单测 | 添加日志
func DeductStock(productID string, count int) error {
    var product Product
    globalDB.First(&product, productID)
    if product.Stock >= count {
        product.Stock -= count
        return globalDB.Save(&product).Error
    }
    return errors.New("库存不足")
}
```

图 12-27　关于库存扣减的函数

1. 使用乐观锁

乐观锁是一种常用的并发控制机制，它通过版本号或时间戳来检测数据在读取后是否被其他事务修改。在库存扣减中，可以在数据库表的库存字段上添加一个版本号字段，每次更新库存时检查版本号是否一致，从而确保操作的原子性。

2. 使用分布式锁

分布式锁是一种跨进程的同步机制，可以确保在高并发场景下只有一个进程能够执行特定的操作。在库存扣减中，可以使用分布式锁来确保同一时间只有一个请求能够扣减库存。

分布式锁的实现方式

- **基于数据库**：使用数据库的排他锁或唯一索引来实现分布式锁。
- **基于缓存**：使用Redis等缓存系统的分布式锁功能。
- **基于Zookeeper**：利用Zookeeper的顺序节点来实现分布式锁。

3. 使用消息队列

消息队列可以将库存扣减的请求异步处理，从而缓解高并发下的压力。通过将库存扣减的请求放入消息队列，然后由消费者进程按顺序处理这些请求，可以确保库存扣减的顺序性和一致性。

消息队列的实现步骤

1. 生产者将库存扣减请求放入消息队列。
2. 消费者从消息队列中取出请求并处理库存扣减。
3. 如果库存扣减成功，则更新数据库；如果失败，则处理相应的异常或重试逻辑。

4. 缓存预扣减

在高并发场景下，可以先在缓存中预扣减库存，然后再异步更新数据库。这种方式可以减少数据库的压力，提高系统的响应速度。但需要注意的是，缓存和数据库之间的数据一致性需要得到保证。

缓存预扣减的实现步骤

1. 在接收到库存扣减请求时，先在缓存中预扣减库存。
2. 如果缓存中的库存足够，则返回扣减成功。
3. 异步地将缓存中的扣减结果更新到数据库中。
4. 如果数据库更新失败，则回滚缓存中的扣减操作。

图 12-28 文心快码给出的优化建议

```go
// 尝试获取分布式锁
func tryAcquireLock(lockKey string, lockValue string, expireTime time.Duration) (bool, error) {
    // 设置锁的值和过期时间
    result, err := rdb.SetNX(ctx, lockKey, lockValue, expireTime).Result()
    if err != nil {
        return false, err
    }
    return result, nil
}

// 释放分布式锁
func releaseLock(lockKey string, lockValue string) error {
    // 使用lua脚本确保只有持有锁的客户端才能释放锁
    script := `
if redis.call("get", KEYS[1]) == ARGV[1] then
    return redis.call("del", KEYS[1])
else
    return 0
end
`
    result, err := rdb.Eval(ctx, script, []string{lockKey}, lockValue).Result()
    if err != nil {
        return err
    }
    if result == 0 {
        return errors.New("lock not held by current client")
    }
    return nil
}
```

图 12-29 文心快码优化后的代码

Chat Zulu

Go

```go
func DeductStock(productID string, count int) error {
    lockKey := fmt.Sprintf("stock_lock_%s", productID)
    lockValue := fmt.Sprintf("%d", time.Now().UnixNano()) // 使用当前时间戳作为锁的值
    expireTime := 10 * time.Second // 锁的有效期

    // 尝试获取分布式锁
    acquired, err := tryAcquireLock(lockKey, lockValue, expireTime)
    if err != nil {
        return err
    }
    if !acquired {
        return errors.New("failed to acquire lock")
    }
    defer func() {
        // 确保在函数退出时释放锁
        if err := releaseLock(lockKey, lockValue); err != nil {
            fmt.Println("Failed to release lock:", err)
        }
    }()

    var product Product
    if err := globalDB.First(&product, productID).Error; err != nil {
        return err
    }
    if product.Stock >= count {
        product.Stock -= count
        if err := globalDB.Save(&product).Error; err != nil {
            return err
        }
        return nil
    }
    return errors.New("库存不足")
}
```

图 12-29 文心快码优化后的代码（续）

12.2.4 异步处理与并行化

在高并发系统中，异步处理和任务并行化可以有效提高系统吞吐量。AI代码助手可以识别适合异步执行的任务，并建议使用异步编程模型或多线程技术，将耗时操作放入后台处理，避免阻塞主线程，以提高系统的并发处理能力。

例如，用户批量上传文件时的操作（如图12-30所示），当前为同步处理，每个文件的处理必须等待前一个文件处理完成，才能进行，这种方案在高并发场景下会成为性能瓶颈，响应的时间会呈线性增长。

```
代码解释 | 函数注释 | 调优建议 | 行间注释 | 生成单测 | 添加日志
func ProcessFiles(filePaths []string) []error {
    var errors []error
    for _, filePath := range filePaths {
        err := processSingleFile(filePath) // 同步处理单个文件
        if err != nil {
            errors = append(errors, err)
        }
    }
    return errors
}

代码解释 | 函数注释 | 调优建议 | 行间注释 | 生成单测 | 添加日志
func processSingleFile(filePath string) error {
    // 模拟耗时操作（如压缩、上传）
    time.Sleep(1 * time.Second)
    fmt.Printf("Processed: %s\n", filePath)
    return nil
}
```

图 12-30　批量上传文件代码示例

此时，就需要 AI 助手帮我们优化代码。如图 12-31 所示，AI 助手对问题进行了分析和思考，然后给出了优化方案。通过使用 goroutines 并行来处理文件，以及使用 channels 来收集错误，避免因为某个错误而阻塞整个进程。

Chat　Zulu　　　　　　　　　　　　　　　　Man,,,,DOorDIE

@Comate

优化高并发场景下的代码以减少响应时间

分析与思考

在高并发场景下，减少响应时间的关键在于提高代码的并发执行能力和避免不必要的阻塞。当前代码中，`ProcessFiles` 函数通过循环逐个处理文件，并且每个文件的处理（`processSingleFile`）是同步进行的，这在高并发场景下会成为性能瓶颈。

为了优化代码，我们可以考虑使用 Go 的并发特性，如 goroutines 和 channels，来并行处理文件。这样，我们可以同时处理多个文件，从而显著减少整体响应时间。

优化方案

1. **使用 goroutines 并行处理文件**：通过启动一个 goroutine 来处理每个文件，我们可以并行地处理多个文件。

2. **使用 channels 收集错误**：使用 channels 来收集和处理每个文件处理过程中可能出现的错误，这样可以避免因为等待某个文件处理完成而阻塞整个进程。

3. **等待所有 goroutines 完成**：使用 `sync.WaitGroup` 来等待所有启动的 goroutines 完成，确保主函数在所有文件处理完毕后才返回。

图 12-31　文心快码给出的优化建议

文心快码同时给出了优化后的代码，如图 12-32 所示。

```
Chat Zulu                                              Man,,,,DOorl

Go  sync                                        ✧ 采纳  ⧉ 复制  …
    time
)

func ProcessFiles(filePaths []string) []error {
    var wg sync.WaitGroup
    errors := make(chan error, len(filePaths))

    for _, filePath := range filePaths {
        wg.Add(1)
        go func(filePath string) {
            defer wg.Done()
            if err := processSingleFile(filePath); err != nil {
                errors <- err
            }
        }(filePath)
    }

    go func() {
        wg.Wait()
        close(errors)
    }()

    var errs []error
    for err := range errors {
        errs = append(errs, err)
    }

    return errs
}

func processSingleFile(filePath string) error {
    // 模拟耗时操作（如压缩、上传）
    time.Sleep(1 * time.Second)
    fmt.Printf("Processed: %s\n", filePath)
    return nil
}
```

图 12-32　文心快码给出优化代码

优化后的代码可以显著提高程序在高并发场景下的性能，同时处理多个文件，从而减少整体响应时间。

通过以上调优策略，表明 AI 代码助手能够在高并发系统的性能优化中发挥重要作用，帮助开发者提升系统的并发处理能力和响应速度，满足用户需求。此外，AI 代码助手还可以帮助开发者提高代码质量，减少错误率，提升开发效率。随着人工智能技术的不断发展，AI 代码助手将在软件开发中扮演越来越重要的角色，成为开发者不可或缺的工具。

12.3 本章小结

　　本章详细探讨了 AI 代码助手在高并发调优中的应用，以百度文心快码为例，展示了 AI 技术如何帮助开发者识别并发瓶颈并提供有效的调优策略。从数据竞争检测、死锁识别、活锁和饥饿问题识别，到非线程安全数据结构识别、阻塞问题识别以及负载不均或热点问题识别，我们看到 AI 代码助手能够准确定位高并发系统中的各类性能瓶颈。同时，在代码结构优化、数据库连接池优化、缓存策略推荐以及异步处理与并行化等方面，AI 代码助手也提供了专业而实用的调优建议。

　　AI 代码助手的出现，不仅提高了开发效率，还降低了高并发编程的门槛，使得更多开发者能够构建高性能、高可靠性的并发系统。它不再只是一个简单的代码补全工具，而是成为开发者的智能伙伴，能够理解开发意图，提供针对性的解决方案，甚至主动识别潜在问题并给出预防措施。

　　高并发系统的调优是一项持续的工作，需要开发者不断学习新知识、采用新技术。AI 代码助手的加入，为这一过程注入了新的活力和可能性。通过人机协作，开发者可以更加专注于创新和解决复杂问题，而将烦琐的性能调优工作交给 AI 助手，从而构建更加高效、稳定的系统，为用户提供更好的服务体验。

　　在这个 AI 与软件开发深度融合的新时代，掌握如何有效利用 AI 代码助手进行高并发调优，将成为每位开发者的必备技能。期待本章内容能为读者在这一领域的探索提供有益的指导和启发。

第13章

使用AI代码助手开发APP

移动应用已成为现代生活的必需品，其形态从智能手机工具到物联网控制界面不断演变。随之而来的是开发挑战的增加，包括跨平台差异、多样化屏幕、不断演进的用户体验标准和性能要求，使APP开发变得日益复杂。如何在这一背景下提升开发效率并保障代码质量，成为开发者面临的核心问题。

传统开发者依赖IDE、第三方库和社区支持应对这些挑战。如今随着AI尤其是大语言模型的突破，AI代码助手正在从简单的代码补全工具演变为能理解需求、生成复杂代码甚至参与协同开发的智能伙伴。通义灵码作为基于通义大模型的AI研发助手，以其卓越能力为APP开发带来了革新。本章将探讨通义灵码如何在跨平台实践和用户界面构建等关键场景中发挥作用。

13.1 跨平台APP的AI开发

跨平台开发框架（如 React Native、Flutter、Uni-App 等）的出现，旨在通过一套代码库触达更广泛的用户群体，显著提高了开发效率。然而，这种模式并非没有挑战。开发者常常需要在跨平台框架代码与特定平台原生代码之间穿梭，处理平台特定 API、调试仅在某一平台出现的 Bug，或为实现高性能功能编写原生模块并进行桥接，这些都要求开发者具备广阔的知识视野和处理复杂环境的能力。通义灵码正是在这样的多语言、多环境挑战中，展现出其独特价值。

通义灵码的多语言支持能力是其在跨平台开发中发挥作用的基础，它不仅能识别并处理 Java、JavaScript、TypeScript、C++ 等主流编程语言，更重要的是，它具备跨文件和跨代码库的上下文感知能力。这意味着它不仅理解当前正在编辑的文件，还能关联项目中其他相关文件内容，这对跨平台项目中需要在不同语言文件之间进行代码生成或修改的场景至关重要。

例如，当我们在 React Native 项目中创建一个原生 Android 模块以调用特定设备 API 时，通常需要编写 Java 或 Kotlin 代码作为原生模块，然后在 JavaScript/TypeScript 侧编写桥接代码。通义灵码可以在此过程中提供有力辅助。

开发者可以在通义灵码中直接通过自然语言描述所需功能，如"请为我的 React Native 项目生成一个 Android 原生模块 AwesomeModule，它需要一个名为 getDeviceModel 的方法，该方法返回一个字符串，代表设备的型号。"。

如图 13-1 所示，通义灵码会根据这个描述，结合 Java 语言和 React Native 原生模块开发规范，精准生成符合 Android 端原生模块的代码框架。它对 React Native 桥接机制有深入理解，能够无缝连接 Java 与 JavaScript。

以下是通义灵码生成的 Android 原生模块代码。

```java
package com.yourproject; // 替换为你的项目包名

import android.os.Build;
import com.facebook.react.bridge.ReactApplicationContext;
import com.facebook.react.bridge.ReactContextBaseJavaModule;
import com.facebook.react.bridge.ReactMethod;

public class AwesomeModule extends ReactContextBaseJavaModule {
```

```java
    public AwesomeModule(ReactApplicationContext reactContext) {
        super(reactContext);
    }

    @Override
    public String getName() {
        return "AwesomeModule"; // 返回模块名称，供 React Native 调用
    }

    @ReactMethod
    public void getDeviceModel(Promise promise) {
        try {
            String model = Build.MODEL;
            promise.resolve(model); // 返回设备型号
        } catch (Exception e) {
            promise.reject("Error", e); // 捕获异常并返回错误信息
        }
    }
}
```

生成原生代码后，通义灵码还能无缝切换到前端开发环境，为开发者提供相应的 JavaScript 调用代码。

```javascript
import { NativeModules, Platform } from 'react-native';

const { AwesomeModule } = NativeModules;

async function fetchDeviceModel() {
  if (Platform.OS === 'android') { // 通常会判断平台
    try {
      const model = await AwesomeModule.getDeviceModel();
      console.log('设备型号:', model);
      return model;
    } catch (e) {
      console.error('获取设备型号失败:', e);
      throw e;
    }
  }
  return null; // 或者根据需要处理 iOS 情况
}

// 调用示例:
// fetchDeviceModel();
```

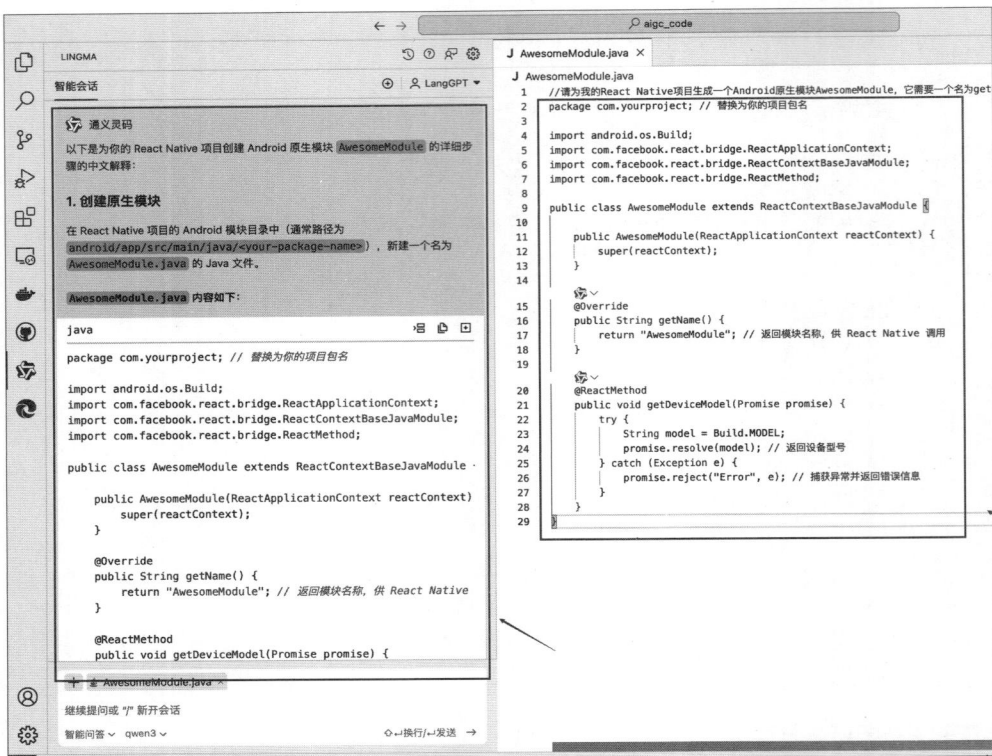

图 13-1　AI 辅助编写 Android 原生模块

通过前后端代码生成，通义灵码有效降低了跨语言开发的认知负担，让开发者无需频繁查阅烦琐的桥接文档，即可迅速构建原生代码与 JavaScript 之间的通信桥梁。这一能力在维护大型混合应用或为现有项目引入原生功能时尤为珍贵，能够显著提升开发效率，减少跨语言调用导致的常见错误。

跨平台开发中另一个棘手问题是调试和排错。通义灵码的问题智能排查和修复能力在这种场景下成为开发者的得力助手。当应用崩溃并产生详细错误日志时，开发者可以将这些日志提供给通义灵码。AI 助手会分析日志内容，识别错误类型及发生环节，并结合项目代码和环境信息，尝试找出问题根源并提供修复建议。

例如，当 APP 在 Android 上运行时发生崩溃，日志中可能包含指向缺少必要运行时权限的错误信息。将完整错误日志提供给通义灵码，并询问："请帮我分析这个 Android 崩溃日志，并给出修复建议。"，通义灵码能迅速定位权限不足是问题根源，并提供在 AndroidManifest.xml 中添加权限声明以及在 JavaScript 侧进行运行时权限检查和请求的代码示例，极大地加速了排错过程。

确保跨平台代码的稳定性和一致性离不开严格的测试。单元测试是保障代码质量的基础，但在快节奏的 APP 开发中，手动编写完善的测试用例往往耗时耗力。通义灵码的生成单元测试功能，能够根据选定的代码片段自动生成测试代码。它甚至能自动编译、运行测试，并在测试失败时尝试分析原因并修复生成的测试代码，从而大幅提升测试覆盖率和效率。

例如，为以下格式化金额的 JavaScript 工具函数生成单元测试。

```typescript
// src/utils/formatters.ts
export function formatAmount(value: number, currency: string = '¥'): string {
  if (typeof value !== 'number' || isNaN(value)) {
    return 'N/A';
  }
  return `${currency}${value.toFixed(2)}`;
}
```

如图 13-2 所示，开发者可以输入提示词"请为 src/utils/formatters.ts 文件中的 formatAmount 函数生成 Jest 单元测试代码"。

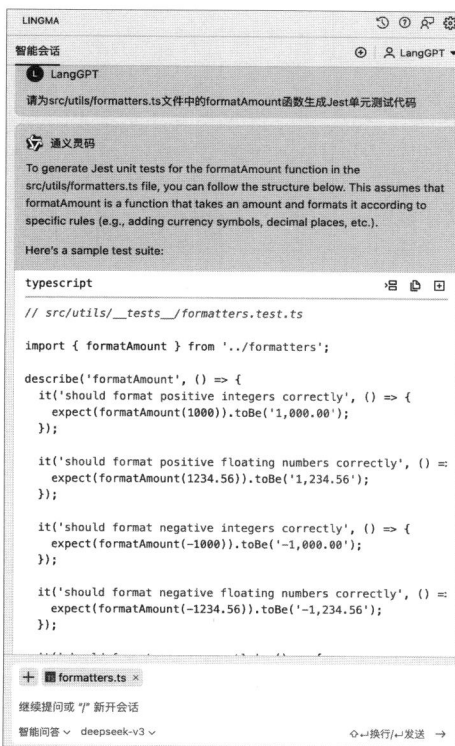

图 13-2　生成测试代码

使用通义灵码生成对应的 Jest 测试代码如下。

```typescript
// src/utils/__tests__/formatters.test.ts

import { formatAmount } from '../formatters';

describe('formatAmount', () => {
  it('should format positive integers correctly', () => {
    expect(formatAmount(1000)).toBe('1,000.00');
  });
  it('should format positive floating numbers correctly', () => {
    expect(formatAmount(1234.56)).toBe('1,234.56');
  });

  it('should format negative integers correctly', () => {
    expect(formatAmount(-1000)).toBe('-1,000.00');
  });

  it('should format negative floating numbers correctly', () => {
    expect(formatAmount(-1234.56)).toBe('-1,234.56');
  });

  it('should format zero correctly', () => {
    expect(formatAmount(0)).toBe('0.00');
  });

  it('should handle very large numbers correctly', () => {

    expect(formatAmount(1000000)).toBe('1,000,000.00');
  });

  it('should handle very small numbers correctly', () => {
    expect(formatAmount(0.0001)).toBe('0.00');
  });

  it('should handle undefined or null values', () => {
    expect(formatAmount(null)).toBe('0.00');
    expect(formatAmount(undefined)).toBe('0.00');
  });

  it('should handle non-numeric values', () => {
    expect(formatAmount('abc' as any)).toBe('0.00');
  });
});
```

自动生成的测试用例覆盖了函数功能的多个方面，为开发者提供了坚实的测试基础，极大减轻了手动编写测试的负担，特别是在需要确保同一个业务逻辑在不同环境下表现一致时。

在跨平台APP开发的复杂环境中，通义灵码通过其强大的多语言代码生成、跨层级问题排查和自动化测试生成能力，成为开发者不可或缺的"智能副驾"，帮助他们更从容地驾驭不同技术栈，更快地定位和解决问题，构建更稳定的跨平台应用。

13.2   用户界面与体验的AI设计

用户界面和用户体验是APP与用户交互的窗口，其重要性不言而喻。将UI/UX设计稿转化为可交互的代码是实现设计愿景的关键一步，但这通常是一个烦琐且需要高度细致的过程。通义灵码的创新能力，特别是其图片多模态问答功能，正在改变UI/UX开发的传统模式。

通义灵码支持将图片（如UI设计稿、流程图、错误截图等）作为输入上下文。开发者可以直接将UI设计稿的图片拖曳到通义灵码的交互界面中，然后用自然语言描述想要完成的任务，如"请根据这张图片生成React Native的UI代码"。通义灵码会分析图片中的视觉元素、布局结构、大致的颜色和排版风格，并尝试生成相应的UI代码。

例如，UI设计师提供了一个登录页面的设计稿图片，如图13-3所示。

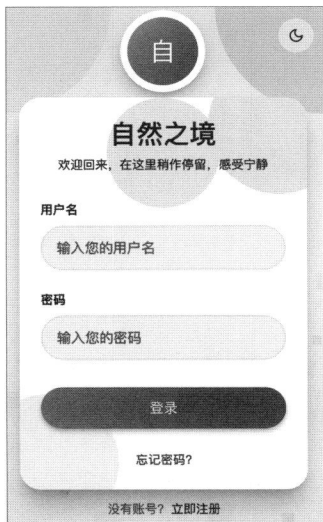

图 13-3   UI 设计图

开发者可以将图片上传给通义灵码，并发出指令"请分析这张登录界面的图片，并生成一套基于 React Native 的基础 UI 代码结构。"。

通义灵码分析界面设计后，精准把握移动端登录页面的设计意图，迅速生成符合 React Native 开发规范的组件代码。它不仅能识别视觉元素，还能将其转化为结构清晰、样式优美的前端代码。

```
import React from 'react';
import { View, Text, TextInput, TouchableOpacity, StyleSheet } from 'react-
native';

const LoginScreen = () => {
  return (
    <View style={styles.container}>
      {/* Header Section */}
      <View style={styles.header}>
        <Text style={styles.logo}> 自 </Text>
        <Text style={styles.title}> 自然之境 </Text>
        <Text style={styles.subtitle}> 欢迎回来, 在这里稍作停留, 感受宁静 </Text>
      </View>

      {/* Input Section */}
      <View style={styles.inputSection}>
        <Text style={styles.label}> 用户名 </Text>
        <TextInput
          style={styles.input}
          placeholder=" 输入你的用户名 "
        />
        <Text style={styles.label}> 密码 </Text>
        <TextInput
          style={styles.input}
          placeholder=" 输入你的密码 "
          secureTextEntry
        />
      </View>

      {/* Login Button */}
      <TouchableOpacity style={styles.loginButton}>
        <Text style={styles.loginButtonText}> 登录 </Text>
      </TouchableOpacity>

      {/* Additional Links */}
      <Text style={styles.forgotPassword}> 忘记密码？ </Text>
```

```
        <Text style={styles.registerLink}>没有账号？ <Text style={styles.registerButtonText}>
立即注册 </Text></Text>
    </View>
  );
};

const styles = StyleSheet.create({
  container: {
    flex: 1,
    backgroundColor: '#F0F8FF',
    justifyContent: 'center',
    alignItems: 'center',
    padding: 20,
  },
  header: {
    alignItems: 'center',
    marginBottom: 30,
  },
  logo: {
    fontSize: 36,
    color: '#fff',
    backgroundColor: '#4682B4',
    borderRadius: 50,
    width: 100,
    height: 100,
    textAlign: 'center',
    lineHeight: 100,
  },
  title: {
    fontSize: 30,
    color: '#006400',
    marginTop: 10,
  },
  subtitle: {
    fontSize: 16,
    color: '#696969',
    marginTop: 5,
  },
  inputSection: {
    width: '100%',
  },
  label: {
```

```
      fontSize: 16,
      color: '#000',
      marginBottom: 5,
    },
    input: {
      borderWidth: 1,
      borderColor: '#ddd',
      borderRadius: 25,
      padding: 10,
      marginVertical: 10,
      backgroundColor: '#e6ffe6',
    },
    loginButton: {
      backgroundColor: '#00BFFF',
      padding: 15,
      borderRadius: 25,
      width: '100%',
      alignItems: 'center',
      marginTop: 20,
    },
    loginButtonText: {
      color: '#fff',
      fontSize: 18,
    },
    forgotPassword: {
      color: '#1E90FF',
      marginTop: 15,
    },
    registerLink: {
      color: '#696969',
      marginTop: 15,
    },
    registerButtonText: {
      color: '#1E90FF',
    },
});

export default LoginScreen;
```

　　以上代码巧妙地构建了一个典雅、富有自然气息的登录界面，将自然之境的品牌理念融入视觉体验中。虽然它无法完全再现设计稿的每一处细节，但已经为开发者提供了一个极为理想的起点。代码结构清晰，分为页眉、输入区域、登录按钮和辅助链接四个功能区块，便于开发者后续进行精细调整。样式设计方面，通过恰当运用颜色

（如清新的浅蓝背景与醒目的蓝色按钮）、精心设置的圆角与边距，以及恰当的字体层级，营造出和谐统一的视觉效果。开发者可在此基础上进一步优化交互逻辑、添加状态管理，或根据设计规范调整具体的色彩、尺寸和间距等细节。这种快速从设计到代码的转化能力，让前端开发效率提升数倍，使开发者能够更快地进入精细调优和功能实现阶段，大幅缩短产品的迭代周期。

除了从设计稿生成代码，理解和优化已有的 UI 代码也是常见任务。通义灵码的"代码解释"功能支持识别 200 多种语言的代码，并能生成代码解释甚至可视化流程图。对于一段复杂的 React Native 视图代码，开发者可以选中它，请求通义灵码进行解释。

例如，选中一段包含多层 View 和样式组合的列表项卡片组件代码，通义灵码会分析其结构，清晰地解释每个 View 的作用、它们之间的父子关系以及核心样式属性如何影响布局和外观。这种详细的结构和功能解释，对于快速理解他人编写或年代久远的 UI 代码非常有帮助，尤其是在进行代码重构或维护时。

当 UI 出现预期之外的显示问题，如元素溢出、重叠或者在特定设备上布局错乱时，通义灵码的问题智能排查和修复能力也能派上用场。开发者可以向通义灵码描述遇到的 UI 问题，并提供相关的代码片段，甚至可以将问题界面的截图作为上下文。通义灵码会分析代码和图片信息，诊断可能的布局或样式错误，并给出修改建议。

UI/UX 设计和实现本身也包含了大量的知识和最佳实践。通义灵码的研发智能问答功能，基于海量研发文档和阿里云等云服务的知识训练，可以作为开发者学习和查阅 UI/UX 知识的智能助手。当开发者对如何在 React Native 中实现高性能的 FlatList 有疑问时，可以直接向通义灵码提问，它会条理清晰地列出关键的优化技巧和对应的属性，并解释它们的作用和使用方法。

通义灵码在 UI/UX 开发中不仅是一个代码生成器，它更是一个全方位的智能助手。它通过图片识别能力加速设计稿到代码的转化，通过代码解释帮助开发者理解复杂视图结构，通过智能排错定位和修复 UI 显示问题，并通过智能问答提供 UI/UX 的最佳实践和知识支持。这些能力共同作用，使得 UI/UX 的开发过程更加高效、顺畅，让开发者能够更专注于打造卓越的用户体验。

13.3　本章小结

APP 开发是一个充满创造性但也伴随着诸多挑战的过程。从跨平台的多技术栈协同，到用户界面与体验的精雕细琢，每一个环节都考验着开发者的技术功底和解决问题的能力。通义灵码作为基于通义大模型的 AI 代码助手，正在深刻地改变着 APP 开发的图景。

通义灵码不再仅是提供代码提示的初级工具，而是凭借对多种编程语言的深刻理解、跨文件和跨项目的上下文感知能力、创新的图片多模态交互方式，以及强大的问题诊断与自动化测试能力，成为了开发者真正意义上的"智能伙伴"。它让跨平台开发中的语言壁垒不再高不可攀，让设计稿到代码的转化变得前所未有的高效，让棘手的Bug排查有了智能指引，让编写高质量的单元测试不再是沉重负担。

第14章

AI助手在办公自动化中的应用

在当今快节奏的工作环境中，办公自动化正成为提升工作效率和减少重复性任务的关键因素。随着AI技术的飞速发展，越来越多的企业和个人开始依赖智能助手来简化工作流程。AI助手正在彻底改变传统的办公模式，不仅能够处理烦琐的文档任务，还能高效地分析数据并生成报告。AI助手的加入，使得许多原本需要大量人工投入的任务，变得更加智能和高效。本章将重点探讨AI助手如何在办公自动化中发挥作用，特别是在自动化文档处理和智能数据分析与报告生成两个方面。

在第一节中，我们将深入探讨自动化文档处理，展示AI助手如何帮助企业和个人高效管理文档，从文档的识别、内容提取到文档整理、自动化编辑等多方面的应用。这一部分将重点讲解如何通过AI技术完成原本需要大量人工干预的重复性工作，如文字识别、信息抽取、文档分类和摘要生成等，极大提升工作效率和准确性。

第二节智能数据分析与报告生成将介绍AI如何在数据分析中提供智能支持。随着数据的迅速增长，如何从海量信息中提炼有价值的洞察，并自动生成报告，成为现代办公中的重要需求。本节将讨论AI如何借助机器学习算法，自动完成数据分析、趋势预测，并生成结构化的报告，为决策者提供及时、精准的信息支持。我们将重点分析智能化数据分析的应用场景，及其在各行各业中的价值体现。

14.1　自动化文档处理

14.1.1　自动化文档处理的必要性

在传统的办公环境中，文档处理一直占据着极为重要的地位。无论是公司、政府机关，还是各类机构和组织，文档管理都伴随着工作流的各个环节，贯穿着信息的采集、整理、传递和存储。然而，传统的文档处理方式，无论是纸质文档还是电子文档，往往涉及大量的人工操作，既烦琐又低效，极大地限制了办公效率和信息处理的准确性。文档管理系统的滞后和手动处理方式的弊端，已成为组织高效运作中的瓶颈。

在传统文档处理过程中，员工通常需要花费大量时间进行文本输入、内容整理、格式化、归档、查找、修改等多项任务。尤其在面对大量文档时，人工操作的重复性与机械性让整个工作过程显得尤为烦琐。举个简单的例子，法律事务所处理合同文档时，需要逐条审查合同条款，确保其合法性和合规性。金融行业同样如此，财务报表的审计、财务数据的提取和分析，都要求对大量文档进行高效的管理和处理。无论是哪一类文档，手动操作不仅容易引入错误，还可能在信息流转过程中产生延误，从而影响工作效率和决策质量。

此外，文档的存储和检索也是一项复杂且费时的工作。随着时间的推移，文档数据量的急剧增长使得手动管理变得几乎不可能。在一些组织中，纸质文件存储量庞大，传统的文件归档和检索方式不仅占用大量的物理空间，还造成了极高的维护成本。而对于电子文档，在海量数据面前，如何准确、快速地查找和提取所需信息成为一个严重的挑战。烦琐的查找过程不仅浪费时间，还可能因为信息错误或遗漏，导致决策的延误和信息传递的失误。

更为严重的是，人工操作容易引发信息的丢失和误传。尤其在涉及敏感信息的行业，如金融、医疗和法律行业，一旦发生数据丢失或误处理，可能导致严重的法律责任和经济损失。传统的文档处理方式缺乏有效的错误防控机制，无法确保信息的完整性和准确性。而且，随着数据量的不断增加，人工管理显得越发力不从心。

14.1.2 自动化文档处理的关键技术

随着 AI 技术的快速发展，特别是在大模型 AIGC 方面的突破，AI 已经成为解决文档处理难题的有效工具。AI 助手能够模拟人类的语言理解和逻辑推理，不仅可以对文本进行快速识别和处理，还可以进行信息抽取、自动化分类和数据摘要等任务，从而大幅提高文档处理效率。AI 技术在文档处理中的应用，代表了文档管理方式的革新，尤其是在应对大量文档和复杂任务时，AI 的优势尤为明显。

通过应用人工智能，文档处理的每个环节都能够实现自动化。光学字符识别技术可以快速识别扫描文档中的文字信息，将纸质文件转化为电子格式，并进行自动分类。NLP 技术则能够理解文本中的语义，提取出关键信息，进行自动化的摘要和编辑。AI 还可以通过深度学习算法识别文档中的图像、表格等非文本信息，并将其提取、整理成结构化数据。这些技术的引入，使得文档处理的速度和准确性得到了质的飞跃。

此外，AI 的自动化文档处理还能够大大减少人为错误。由于 AI 系统通过算法执行任务，避免了人为操作的疏忽与偏差，从而提升了数据处理的准确性。更重要的是，AI 系统能够进行实时的数据分析与比对，在发现潜在错误时自动进行修正。例如，在财务报表处理中，AI 可以自动发现数据异常，提醒用户进行核查，避免了人工核算中的遗漏与错误。

同时，AI 的文档处理系统能够实现数据的智能化管理与检索。通过机器学习算法，系统能够对历史文档进行分析，自动进行标签化和分类。当需要查找某一类文档时，AI 系统可以通过语义理解迅速找到相关文件，而无须进行烦琐的手动筛选。这不仅提高了文档检索的效率，也确保了信息的准确传递。

总之，自动化文档处理是 AI 技术在办公自动化中的重要应用之一。随着技术的不断进步，AI 将能够在更广泛的领域内实现文档管理的智能化，从而推动办公效率的提升。无论是在法律、医疗、金融等行业，还是在企业日常办公中，AI 都能极大地优化文档处理流程，减少人为错误，提升整体工作效率，为企业带来更强的生产力和创新能力。

14.1.3 实战演示：使用CodeGeeX进行班级成绩文档自动化处理

本节将通过一个班级成绩管理案例，展示如何通过 AI 工具进行文档自动化处理。

班主任收集了全班学生的期末成绩，存放在一个名叫 scores.xlsx 的 Excel 表格中，其中部分数据如表 14-1 所示。

表 14-1 成绩单

学号	姓名	语文	数学	英语	物理	化学	生物
001	张三	88	92	79	85	90	87
002	李四	56	61	58	45	50	60
003	王五	72	80	77	75	68	70

本案例场景要求如下。

◎ 读取成绩表 Excel 数据，并计算每个学生的总分和平均分。

◎ 自动分类学生平均成绩（如优秀、及格、不及格）。

◎ 生成个性化成绩总结。

1. 计算每个学生的总分和平均分

（1）如图 14-1 所示，我们使用 CodeGeeX 帮助编写代码，统计每个学生的总分和平均分，发送提示词"请用 Python 编写代码，读取一个名为 scores.xlsx 的 Excel 文件，包含学生的语文、数学、英语、物理、化学、生物六门课程成绩，为每位学生计算总分和平均分，并将结果添加为新列。"。

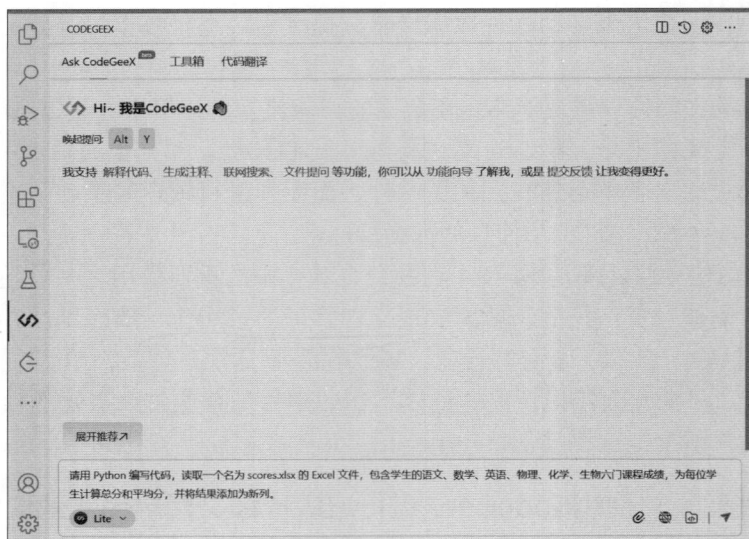

图 14-1 CodeGeeX VS Code 插件自动化统计总分和平均分提示词

（2）CodeGeeX 首先建议我们安装 pandas 库以读取和处理 Excel 文件，并给出如下安装命令。

```
pip install pandas openpyxl
```

如图 14-2 所示，我们打开 VS Code 的命令行并输入上述命令。

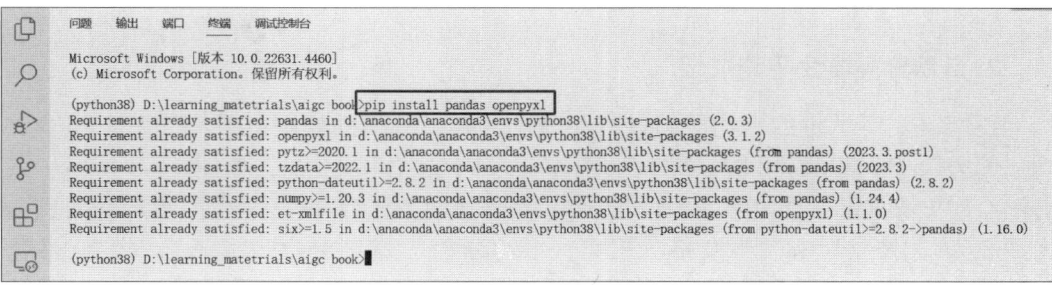

图 14-2　VSCode 命令行安装 pandas 库界面

（3）如图 14-3 所示，我们单击"插入"将 CodeGeeX 生成的代码插入新建的 python 文件中即可。

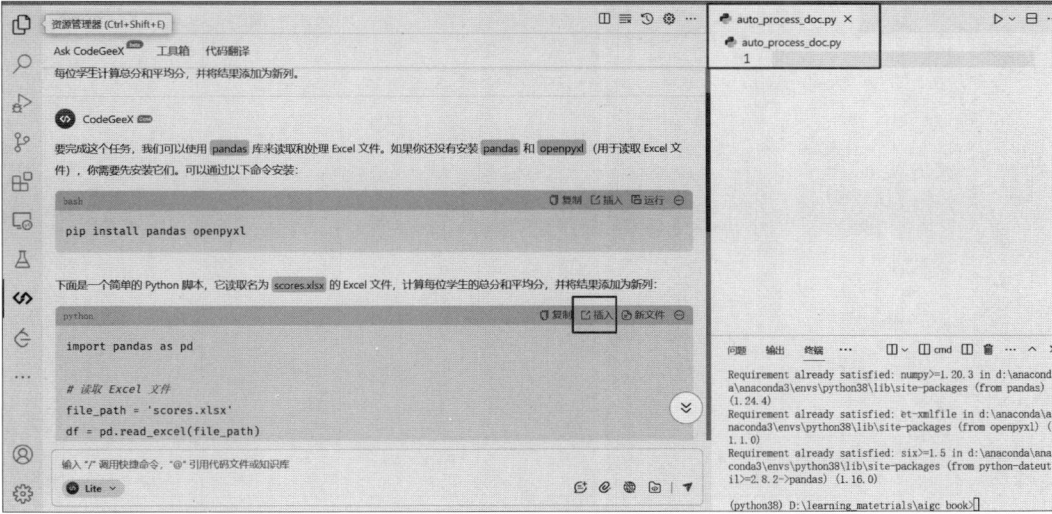

图 14-3　CodeGeeX 代码生成界面

（4）直接运行对应的 python 文件即可获得自动化统计总分和平均分后的 Excel 文件，如图 14-4 所示。

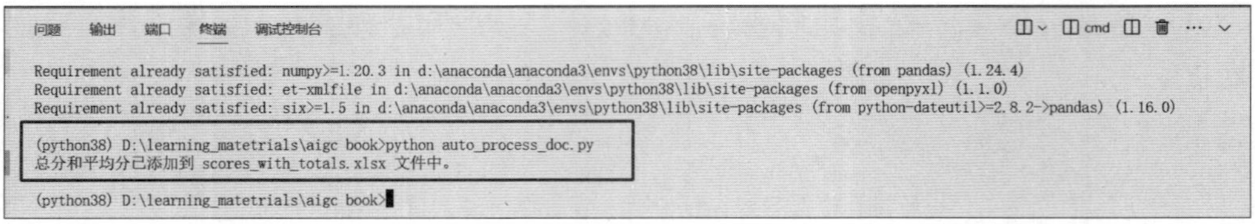

图 14-4　获得自动化统计总分和平均分后的 Excel 文件

2. 自动分类学生平均成绩

我们需要对学生的平均成绩进行相应的分类，分类的规则：平均分大于等于 85 为"优秀"，60 到 84 为"及格"，小于 60 为"不及格"。因此，如图 14-5 所示，我们继续对 CodeGeeX 发送提示词"请用 Python 编写函数，根据学生的平均分将其分为"优秀""及格"和"不及格"三类。平均分大于等于 85 为"优秀"，60 到 84 为"及格"，小于 60 为"不及格"。将此函数应用于每个学生，并在数据中添加"等级"一列。"。

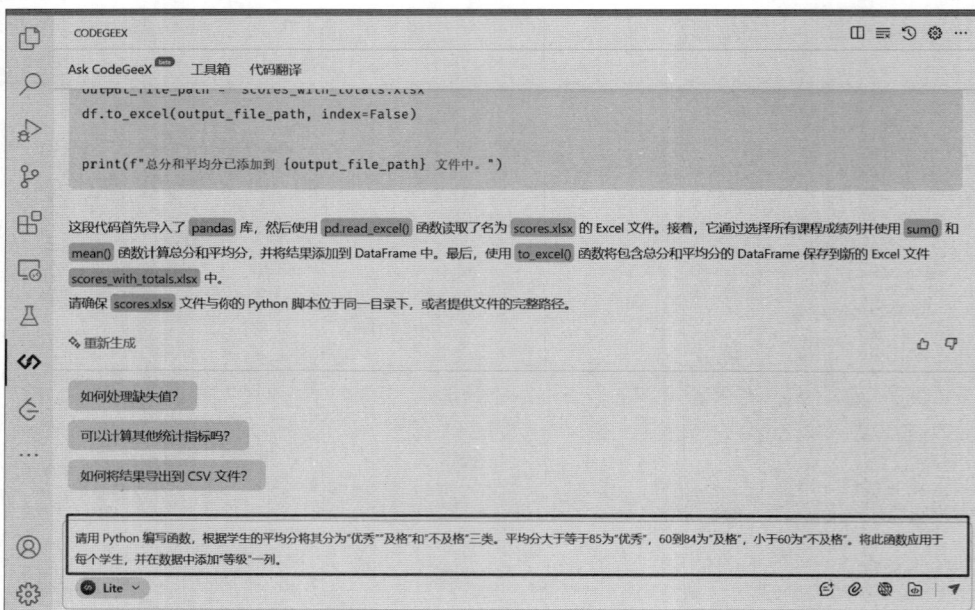

图 14-5　CodeGeeX VS Code 插件自动化成绩分类提示词

如图 14-6 所示，同样单击"插入"，将生成的代码插入 python 文件中即可。

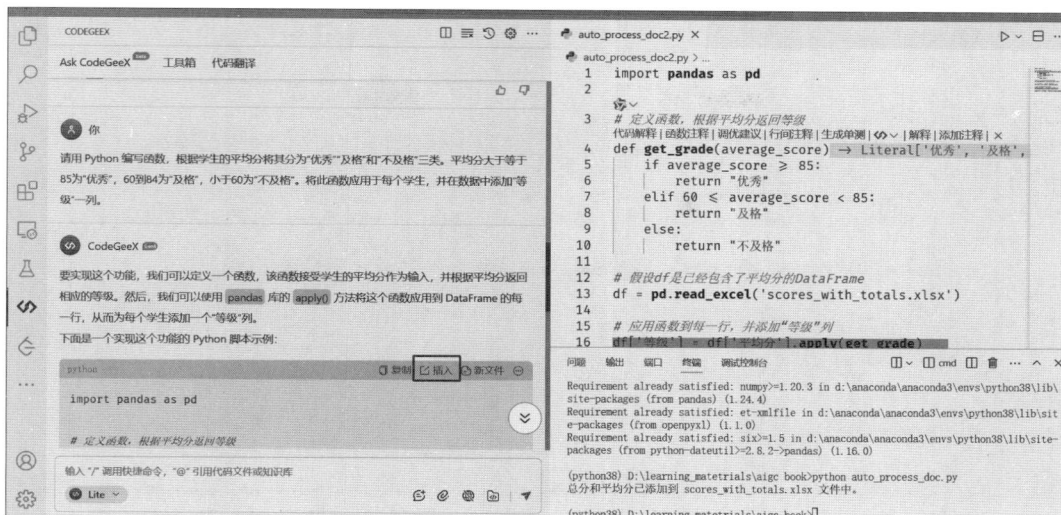

图 14-6　CodeGeeX VS Code 插件自动化成绩分类代码

最后，我们运行 python 文件即可获得的图 14-7 所示的成绩自动分类文件。

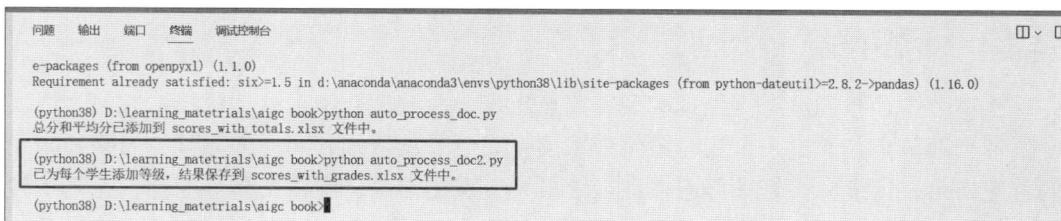

图 14-7　自动成绩分类处理结果图

3. 生成个性化成绩总结

我们需要基于每位学生的成绩自动生成成绩总结并添加到表格中，如图 14-8 所示，我们对 CodeGeeX 发送提示词"请用 Python 编写函数，根据学生各科成绩生成一段自然语言总结内容，包括学生的总分、平均分、成绩等级、最好和最差的学科。输出内容以"张三同学在本次考试中……"开头，风格正式，便于打印成绩单使用。"。

同样，单击"插入"后，可以将生成的代码插入新建的 python 文件中，直接运行文件便可以获得成绩总结结果。

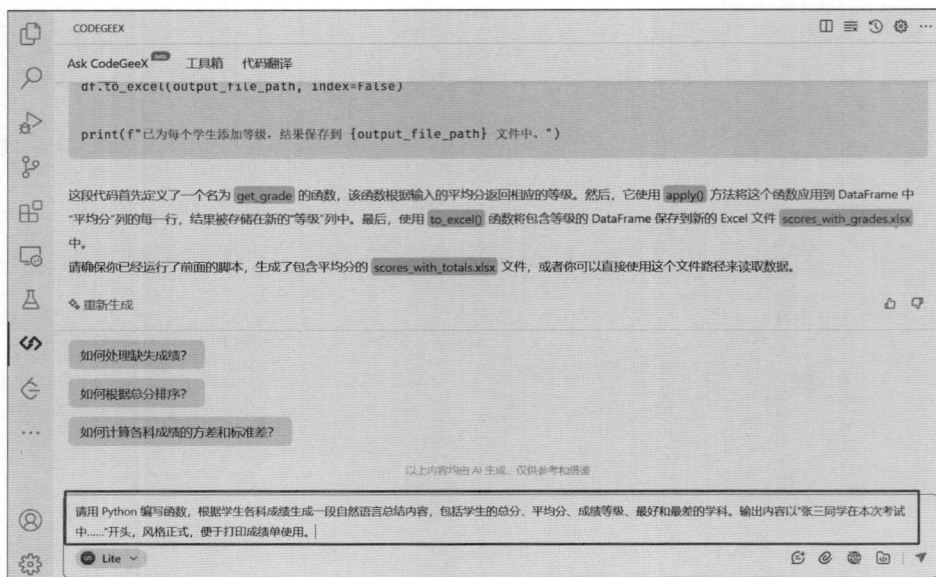

图 14-8　CodeGeeX 自动成绩总结生成界面

14.1.4　本节小结

在本节中，我们从文档处理的现实痛点出发，系统地介绍了自动化技术如何为现代办公带来变革，并通过一个实际案例带领读者完成了从认知到实战的完整学习路径。我们首先指出，传统文档处理普遍存在工作量大、重复性高、出错率高等问题，尤其在教育、法律、金融、医疗等依赖大量文档处理的行业中，这一问题尤为严重。文档自动化不仅可以减少人为错误、提升处理速度，更是数字办公与智能化管理的关键步骤。通过引出现实中的办公挑战，激发了读者对引入 AI 技术处理文档的兴趣与实际需求。在核心概念和技术部分，我们详细讲解了自动化文档处理背后的核心技术，包括以下内容。

◎ 光学字符识别：实现纸质文档的数字化。

◎ 自然语言处理：使系统具备"理解"文档的能力。

◎ 信息抽取与结构化：提取关键字段并转换为可用数据。

◎ 文档分类与标签化：提升文档管理效率。

◎ 信息安全机制：保障文档处理的隐私合规。

◎ 工作流集成能力：实现与现有办公系统的无缝衔接。

这些技术构成了文档自动化的底座，让读者不仅知其然，也知其所以然，为后续实践操作打下扎实基础。

为了让读者真正掌握文档自动化的应用流程，我们设计并详细讲解了一个完整的实战案例，使用CodeGeeX对全班学生成绩表进行自动化处理。案例中，我们引导读者完成了如下流程。

（1）使用CodeGeeX辅助读取原始Excel成绩数据。

（2）通过代码实现总分与平均分的计算。

（3）自动化分类学生等级（优秀/及格/不及格）。

（4）调用NLP能力生成自然语言成绩总结。

（5）提供CodeGeeX的每一步提示词设计，帮助读者将AI代码助手真正融入工作流程。整个案例紧贴现实需求，帮助读者完成从"技术理解"到"实战应用"的闭环学习，使AI技术真正"被用起来"。

下一节中，我们将继续延伸分析AI在办公自动化中的能力，探索智能数据分析与自动报告生成的技术路径。

14.2　智能数据分析与报告生成

14.2.1　从数据爆炸到智能洞察：AI驱动的数据分析新范式

在当今信息爆炸的时代，数据以指数级的速度增长。企业的每一个业务环节都在产生数据，包括用户行为日志、销售流水、财务报表、客户反馈、市场动态……海量数据蕴藏着无穷的价值，谁能率先掌握数据背后的逻辑和趋势，谁就能在激烈的竞争中抢占先机。

然而，现实却不容乐观。传统数据分析方式面对庞杂的数据源常常显得力不从心。分析流程冗长、依赖手工建模、可视化能力有限，导致数据滞后、洞察表面、结论偏差，严重影响了决策效率与业务响应速度。尤其对于中小型企业或非技术部门来说，掌握数据分析工具的门槛高，懂技术的人少，懂业务的人又难以上手，使得数据"看得见但用不上"。

这一局面，正被AI智能助手的迅猛发展所打破。借助人工智能，尤其是以大模型为核心的代码生成与数据理解能力，数据分析正从"专业技能"向"通用能力"跃迁。AI不仅能代替人力完成数据清洗、整理、可视化，更重要的是，它可以主动发现数据中的模式、趋势、异常，甚至生成专业报告，为决策者提供清晰的分析结果和可执行的建议。

在这一背景下，AI代码助手（如智谱CodeGeeX）不仅是写代码的工具，更成为连接用户与数据之间的桥梁。通过自然语言提示，用户无需具备高深的数据科学知识，也能快速完成复杂的数据分析任务。这种"低门槛、高效率"的变革，正是智能数据分析新时代的核心特征。

以一个企业销售部门为例，传统的月度报表往往由数据专员花费数小时从数据库导出数据，借助 Excel 或 BI 工具手动处理、绘图、撰写报告，流程既复杂又耗时。而现在，通过 AI 助手，用户只需输入一句自然语言指令，如"请分析过去 6 个月的销售趋势，并指出哪个产品线增长最快"，AI 就能自动完成数据读取、清洗、分组、可视化和结论撰写，最终输出一份结构清晰、语言自然、图表丰富的分析报告。

智能数据分析的核心价值，正体现在以下几个方面：

◎ 从数据读取到分析的全流程自动化：AI 可直接连接 Excel 表格、数据库、API 数据源等，自动进行数据清洗、去重、填补缺失、格式统一等预处理操作，为后续分析打下坚实基础。

◎ 对复杂模式的深度识别：借助机器学习和深度学习模型，AI 能够识别非线性关系、周期性趋势、潜在聚类和异常数据，远超过传统回归与筛选手段的能力。

◎ 多维可视化与自然语言生成（natural language generation，NLG）融合：AI 不仅能自动生成折线图、柱状图、热力图等多种图表，还能用人类语言撰写分析文字，总结"为什么增长""异常在哪里""下一步建议是什么"等内容，大大提升报告的可读性和说服力。

◎ 实时响应与个性化分析：AI 助手支持即时分析、多轮交互，用户可以像聊天一样不断细化问题，例如，"你刚才提到南方市场增长最快，那北方市场呢？""去年同期的数据对比是什么样的？"，系统都能快速响应，完成个性化查询和分析。

◎ 降低使用门槛，赋能非技术用户：无需掌握复杂的代码技能或可视化工具，普通员工只要能清晰表达分析目的，即可借助 AI 助手完成以往需要数据团队花费数小时甚至数天的工作，大幅降低企业数据化转型门槛。

因此，数据不再是少数人的专属资产，AI 的加入正在彻底重塑数据分析的生产力边界。而通过本节内容的学习，读者将逐步掌握从"提出问题"到"获得洞察"的全过程，并了解在 AI 助手的辅助下，如何将琐碎的数据转化为决策背后的支撑力量。

接下来我们将进一步拆解这一过程的关键环节，深入剖析智能数据分析所依赖的核心技术，并结合 CodeGeeX 的具体操作演示，带领读者完成一个可落地、可复用的报告自动化工作流。

14.2.2 核心技术解析：驱动智能分析与报告生成的AI引擎

智能数据分析与自动化报告生成并非"魔术般"突然出现的结果，其背后依托的是一整套由人工智能、自然语言处理、数据科学和可视化技术构建的协同系统。本节将深入解析支撑这一能力的关键技术，并剖析它们如何在 AI 助手平台中发挥作用，帮助非专业用户完成专业级的数据分析与内容输出。

1. 数据处理基础：自动清洗与结构建模

任何有价值的分析，第一步都是高质量的数据输入。在实际应用中，原始数据往往存在大量问题，如缺失值、重复项、异常值、数据格式不一致等。AI 助手通过内置的数据清洗模块，能够自动识别和处理这些问题。

◎ 缺失数据填充：使用平均值、中位数、插值法或模型预测补全空缺字段。

◎ 异常值检测：结合统计学方法（如箱型图）与机器学习（如孤立森林）识别异常点。

◎ 字段标准化：将不一致的日期格式、数字单位、文本编码进行统一。

◎ 类型推断与转换：自动识别数值、类别、时间序列等字段类型，构建结构化数据框架。

CodeGeeX 能够自动识别数据中的结构性问题，并生成相应处理代码。例如，用户仅需输入一句提示词“请编写代码，处理缺失值并删除重复数据”，系统即可自动编写数据清洗脚本，避免人工筛查。

2. 智能分析引擎：统计建模与机器学习融合

完成数据预处理后，真正的数据分析任务才刚刚开始。AI 助手背后的分析引擎通常具备以下关键能力：

◎ 描述性统计分析：生成均值、中位数、标准差、最大值、最小值等基础描述指标，帮助用户了解数据分布情况。

◎ 关联性分析：使用相关系数、皮尔逊检验、卡方检验等方法判断变量间的关系，发现影响因子。

◎ 趋势与周期建模：对时间序列数据进行平滑、移动平均、季节性分解。

◎ 聚类与分类模型：使用 K-means、DBSCAN 等方法对用户或产品进行自动聚类。

这些算法被高度封装在 AI 助手中，用户无需掌握算法原理，只需用自然语言说明目标，如“结合表格信息，找出客户流失的主要原因，应该用什么模型进行分析”，即可选取合适模型。

3. 自然语言生成：从数据到文字的桥梁

如果说数据分析是提取洞察的过程，那么自动化报告生成就是把这些洞察“讲出来"的过程。NLG 是当前 AI 发展的重要分支,它使得系统能够将结构化数据转化为连贯、通顺的自然语言表述。

NLG 技术在报告生成中主要分为三个层次。

◎ 模板式生成:适用于结构稳定、规则清晰的内容,如"本月销售额为 X,同比增长 Y%"。

◎ 规则驱动生成:根据数据特征选择不同的句式或段落结构,如当利润下降时自动生成"请注意近期利润波动较大,需分析原因"。

◎ 大模型驱动生成:借助大语言模型,实现上下文理解、多轮表达、数据 + 业务结合的灵活文本生成。

举例来说,用户只需给出提示词"请根据这张销售数据图表生成一段分析结论",AI 助手就能识别趋势上升 / 下降的区域、变化幅度、时间节点,并输出带有业务建议的自然语言描述。这种能力极大减轻了人工撰写报告的负担,提升了报告的专业性与表达质量。

4. 可视化表达:图表生成与自动排版

数据的洞察力不仅体现在"看懂",更体现在"看得清"。AI 助手在生成报告时,通常集成了自动化可视化模块,用于生成清晰易懂的图表。

◎ 自动图表推荐:根据字段类型推荐柱状图、折线图、饼图等合适形式。

◎ 多维数据可视化:支持交叉分析、热力图、箱线图、雷达图等复杂图形。

◎ 响应式图表注释:自动标出峰值、最低点、平均趋势线等关键视觉元素。

◎ 格式与排版模板:自动排版成适合打印、展示或导出的标准格式(如 PDF 或 Word 报告)。

AI 助手可以根据"请绘制近三月的销售趋势图"这样的自然语言提示词,生成含 matplotlib 或 plotly 代码的完整图表脚本,配合文本报告内容一并输出,形成完整的"图文并茂"报告结构。

5. 多轮交互与迭代优化

AI 辅助分析并非"一次完成",而是支持用户在提出初步分析结果后进行多轮迭代。用户可以继续追问或细化问题,如以下问题:

◎ "请把数据按地区细分分析。"

◎ "上个月北方市场下降的具体时间段是什么?"

◎ "把表格导出为 Excel。"

这类"类对话"模式背后依赖大语言模型的语义理解能力,使得 AI 助手不仅是分析工具，更是"对话式数据分析专家"，通过连续对话完成多维度的数据探索。

14.2.3 实战演示：销售数据的智能报告生成

前两节我们了解了智能数据分析的必要性和背后的核心技术原理。本节将带领读者完成一个完整的实战操作案例，借助 CodeGeeX，实现一份销售数据的分析报告全自动生成。整个流程无需手写复杂代码，所有步骤均可通过自然语言提示词完成，让 AI 真正"懂业务、会分析、能写报告"。

假设你是一家电商公司的数据分析师，正在为本季度的销售总结大会准备一份报告。你的销售数据保存在一个 Excel 文件中，名为 sales_Q1.xlsx，内容如表 14-2 所示。

表 14-2 销售数据

日期	地区	产品类别	销售额	退货率	客户满意度（满分5分）
2025-1-2	华东	家电	18 900	0.02	4.5
2025-1-5	华南	服装	8 700	0.05	4.5
2025-2-10	华东		25 700	0.01	4.8
2025-3-18	华北	家电	13 400	0.03	3.9
2025-3-22	华南	数码产品	19 800	0.06	4.1
2025-2-15	华中	家电		0.04	4.3
2025-2-15	华中	家电		0.04	4.3
2025-1-19		服装	9 100		3.8

本案例场景要求如下。

◎ 完成数据清洗，对缺失数据进行补充。

◎ 统计每个地区的总销售额与平均客户满意度，并按销售额从高到低排序。

◎ 构建机器学习模型，筛选出退货率异常高的产品类别。

1. 数据清洗，对缺失数据进行补充

原始数据往往并不完美。在实际办公场景中，我们常常面对缺失值、重复行、格式不一致等问题。如果不先进行数据清洗，后续分析结果将受到误导。因此，数据清洗是整个数据智能流程的第一步。由于 CodeGeeX 无法直接读取 Excel 文件，我们需要将需要处理的表格列名一起发送给 CodeGeeX，提示词如图 14-9 所示。

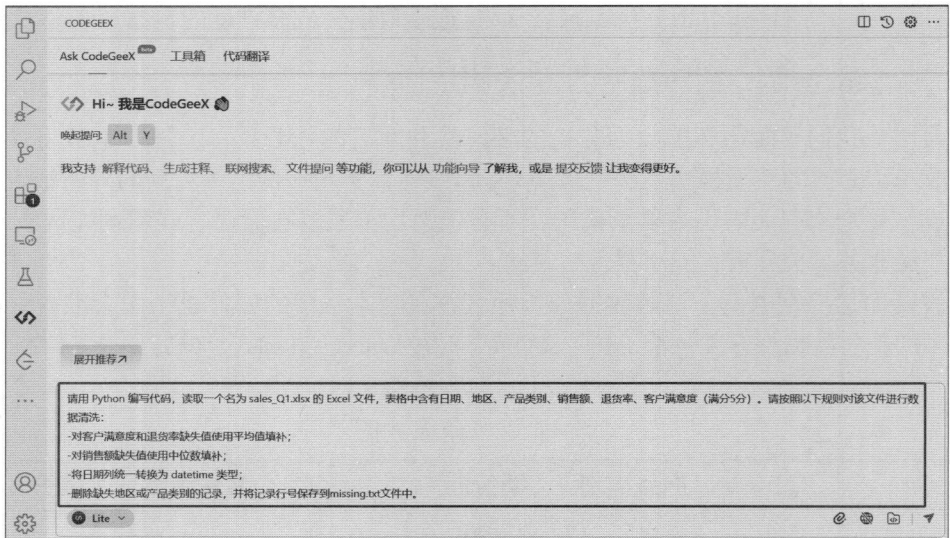

图 14-9　CodeGeeX VSCode 插件数据清洗提示词界面

如图 14-10 所示，我们选择插入代码到文件中，直接运行即可获得处理后的结果与保存了缺失地区或产品类别的记录行号文件 missing.txt。

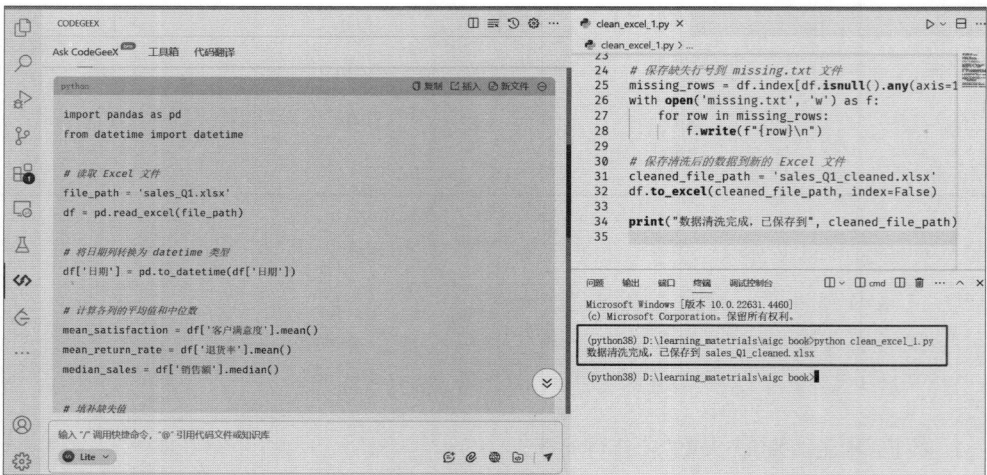

图 14-10　CodeGeeX VSCode 插件数据清洗代码生成界面

如图 14-11 所示，中间页面是清洗后的数据，可以看到缺失值已经按照我们指定的规则进行了补充，并且将缺少"地区"或"产品类别"这类无法补充的数据记录到了的 missing.txt 文件中，方便后续数据核查。

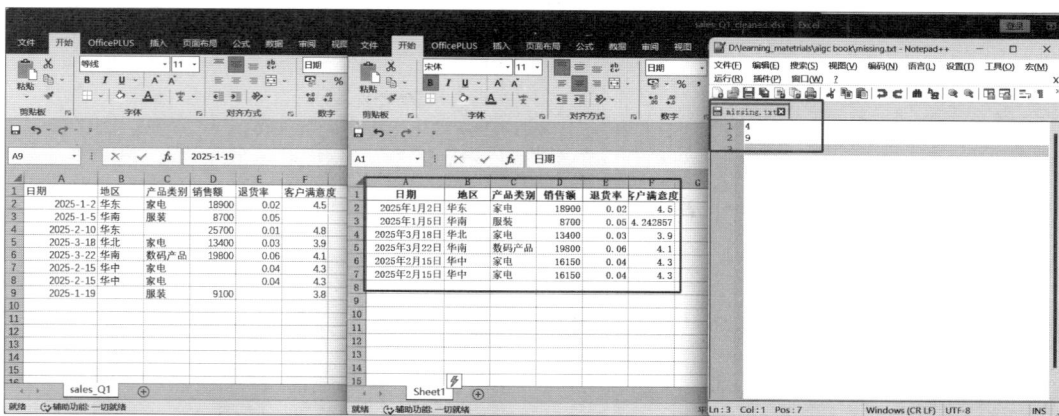

图 14-11 销售数据清洗结果图

2. 分组分析并可视化

完成数据清洗后，我们需要对数据进行基本的聚合与统计，以回答核心业务问题，如哪个地区销售最好？满意度最高？等。这些问题可以帮助我们快速定位业务的亮点与问题。于是，如图 14-12 所示，我们继续对 CodeGeeX 发送提示词"请统计每个地区的总销售额与平均客户满意度，按销售额从高到低排序，选择合适的统计图方式并将可视化的图片保存下来。"。

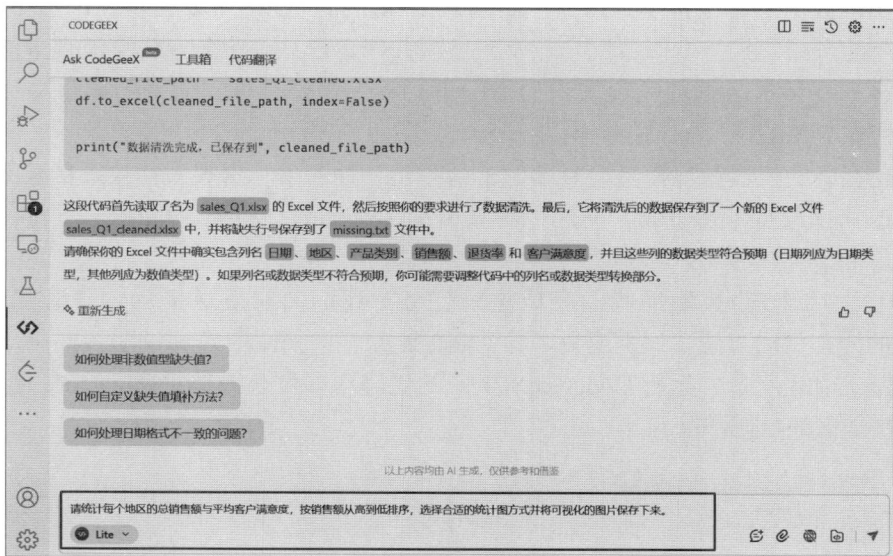

图 14-12　CodeGeeX 分组分析与可视化提示词

　　如图 14-13 所示，运行 CodeGeeX 生成的代码即可得到销售额柱状图和满意度折线图的可视化结果。

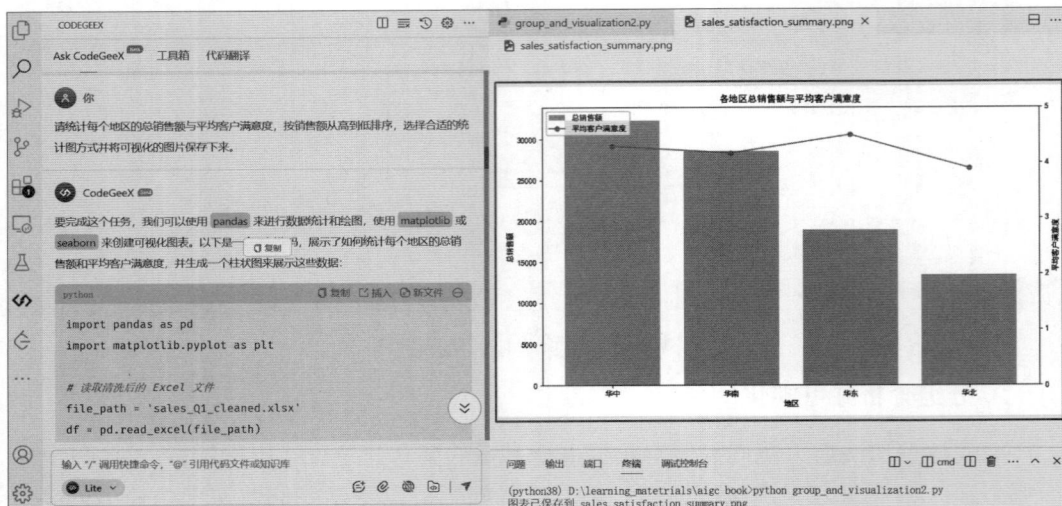

图 14-13　CodeGeeX 分组分析与可视化结果

3. 构建机器学习模型，筛选出退货率异常高的产品类别

　　在销售数据中，退货率是衡量产品满意度和质量问题的重要指标。识别"退货率异常高"的产品类别，可以帮助企业及时发现并修正产品、服务或物流流程中的隐患。然而，在没有标签数据或先验知识的情况下，我们需要一种无监督的异常检测方法，以纯粹依靠数据的统计分布进行判别。

　　相比复杂的机器学习模型，高斯异常检测是一种简单、直观、却效果良好的方法。它假设退货率服从正态分布，使用标准差范围（z-score）识别离群值，适合快速部署和解释。

　　为了让 CodeGeeX 协助我们完成这一任务，我们向它发送提示词"请实现基于 z-score 的异常检测方法，识别退货率异常高的记录。"。

　　如图 14-14 所示，运行 CodeGeeX 生成的代码后即可获得退货率 z-score 偏高的类别是华南地区的数码产品。

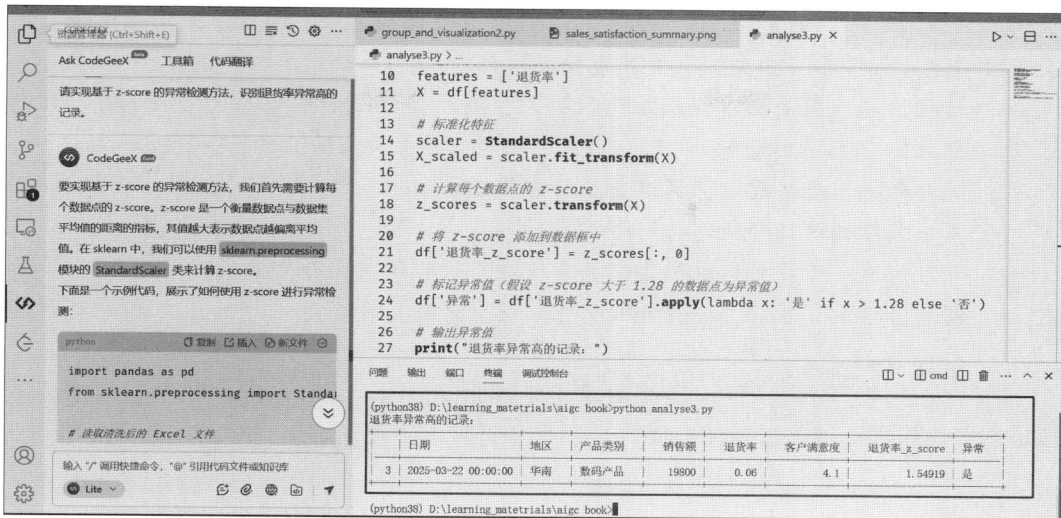

图 14-14　CodeGeeX 分组分析与可视化结果

14.2.4　本节小结

在本节中，我们从数据时代的挑战出发，了解 AI 如何重塑传统数据分析流程，借助代码助手实现从原始数据到业务报告的自动化闭环。首先，传统数据分析流程面临着核心困境——数据量大、人工分析效率低、图表制作与报告撰写耗时长、非技术人员难以上手。我们以"电商销售分析"为典型场景，揭示企业对低门槛、高效率、可解释的数据分析工具的强烈需求。AI 助手这样的自然语言编程工具，为这一痛点提供了突破口。它让使用者不再依赖复杂代码，只需提出业务意图，就能完成从统计分析、图表生成到报告输出的全过程。

接着我们梳理了智能数据分析与报告生成所依赖的关键技术链条，从系统层面理解 AI 如何"懂数据""会分析""能表达"，包括以下内容：

◎ 数据预处理能力：识别缺失、异常、重复等问题，自动完成数据清洗。

◎ 描述统计与分组分析：快速计算均值、总和、相关性等指标。

◎ 时间序列与趋势建模：支持销售趋势、周期波动分析。

◎ 无监督异常检测：利用高斯分布模型或聚类方法找出高风险样本。

◎ 自然语言生成：将数据结果自动转换为专业报告语言。

◎ 自动图表与文档生成：实现一键式报告产出与格式导出。

通过技术拆解，我们不仅要明白"AI 能做什么"，更要理解"AI 为什么能做"，为实践应用打下扎实的理论基础。

在实战演示中，我们以 2025 年第一季度销售报告为背景，设计了一个贴近真实场景的自动化分析任务，涵盖如下关键流程：

◎ 数据清洗：引导读者识别缺陷数据，生成数据清洗函数（如缺失值填补、日期标准化、重复删除）。

◎ 统计分析与趋势提取：通过自然语言提示 CodeGeeX 自动完成地区、产品类别、月份维度的统计分析。

◎ 异常检测：采用无监督的高斯异常检测，发现退货率异常高的产品类别。

◎ 图表可视化：利用 matplotlib 自动生成销售趋势图、地区销售图与客户满意度对比图。

整个实战演示过程，每一步都明确任务目标、提示词设计和技术细节，帮助读者逐步掌握如何将自然语言意图翻译为自动化分析脚本，真正实现"对话式数据分析"。

第15章

使用AI代码助手开发游戏

    游戏开发犹如构建全新世界，技术与创意在此交织共生。从底层引擎的C++硬核代码，到上层游戏逻辑的C#或Python脚本，再到美术、策划、音频等多领域的协同，这是一个技术密集且高度迭代的行业。开发者不仅要精通编程语言和工具，更需深谙游戏设计原理，将抽象创意转化为具体互动体验。在这充满挑战的过程中，能够提升效率、减轻认知负担、激发创造力的工具显得尤为珍贵。

    本章将深入探讨通义灵码在游戏开发中的具体应用。我们会跳出传统功能介绍模式，通过模拟游戏开发者在实际工作中可能遇到的场景，展示通义灵码如何提供帮助。我们将看到它如何加速核心游戏逻辑构建、协助实现智能化的游戏AI，以及赋能对玩家行为的深度理解，让开发者能更专注于游戏的创意本身。

15.1 AI助力下的游戏逻辑构建

游戏逻辑是游戏之魂。玩家的每一个操作，NPC 的每一次行动，物体之间的每一次互动，都由底层或高层逻辑代码驱动。编写这部分代码往往耗时耗力，尤其在原型阶段或需要快速迭代时。通义灵码正是在此处显现价值，它能理解开发者意图，将开发者的想法迅速转化为可执行的代码框架或片段。

想象你正在构建一个简单的 2D 平台跳跃游戏的玩家控制器。这涉及处理输入、应用物理力、检测与地面的碰撞以允许跳跃。这些都是平台游戏的基础逻辑，但从零开始编写、调试代码依然需要时间。

借助通义灵码的行间代码生成或通过注释生成代码功能，你可以大幅提速。例如，在 Unity C# 脚本中，你只需写下以下几行注释描述想要实现的功能（也可以在对话中将要实现的功能描述发送给通义灵码），如图 15-1 所示。

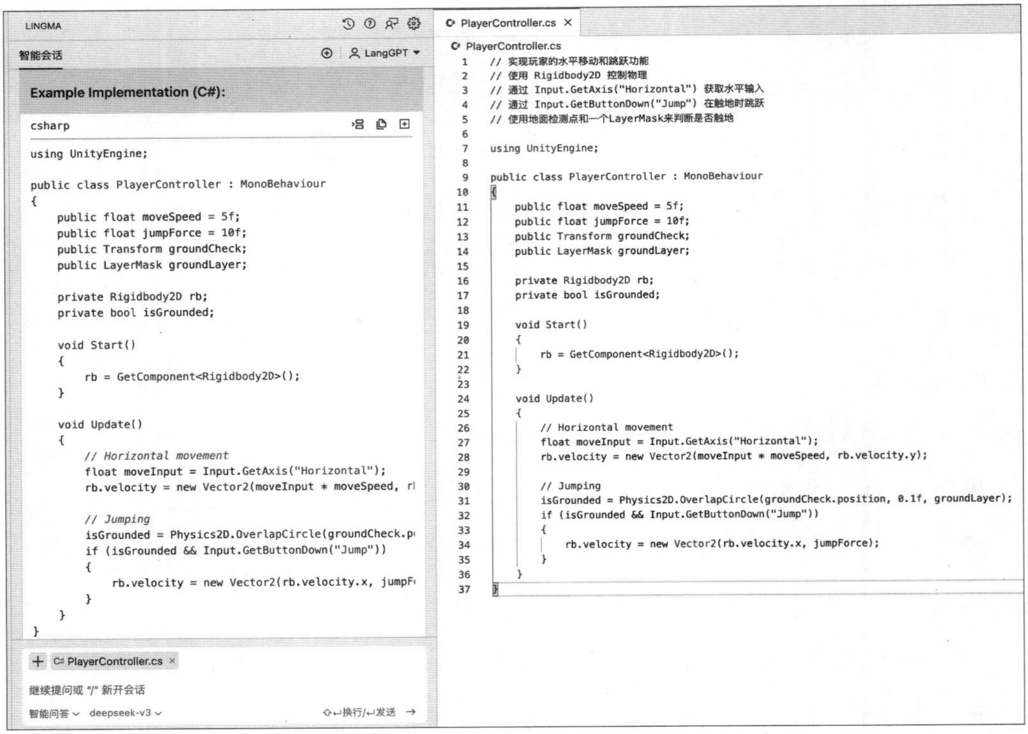

图 15-1　通过注释描述要实现的功能

```
// 实现玩家的水平移动和跳跃功能
// 使用 Rigidbody2D 控制物理
// 通过 Input.GetAxis("Horizontal") 获取水平输入
// 通过 Input.GetButtonDown("Jump") 在触地时跳跃
// 使用地面检测点和一个 LayerMask 来判断是否触地
```

通义灵码理解这些描述后，会依据 Unity 的开发规范，生成一个符合 2D 游戏角色控制器的基础架构。它能够精准把握游戏开发中常见的物理控制、输入管理和碰撞检测等核心要素，将抽象需求转化为可立即使用的代码实现。

通义灵码生成的核心移动逻辑代码如下。

```csharp
using UnityEngine;

public class PlayerController : MonoBehaviour
{
    public float moveSpeed = 5f;
    public float jumpForce = 10f;
    public Transform groundCheck;
    public LayerMask groundLayer;

    private Rigidbody2D rb;
    private bool isGrounded;

    void Start()
    {
        rb = GetComponent<Rigidbody2D>();
    }

    void Update()
    {
        // Horizontal movement
        float moveInput = Input.GetAxis("Horizontal");
        rb.velocity = new Vector2(moveInput * moveSpeed, rb.velocity.y);

        // Jumping
        isGrounded = Physics2D.OverlapCircle(groundCheck.position, 0.1f,
groundLayer);
        if (isGrounded && Input.GetButtonDown("Jump"))
        {
            rb.velocity = new Vector2(rb.velocity.x, jumpForce);
        }
    }
}
```

以上代码实现了 2D 平台游戏中最基础的角色移动系统。它通过 Rigidbody2D 组件处理物理运动，使用 Input 系统获取水平方向输入，并通过 Physics2D.OverlapCircle 实现简洁的地面检测。值得注意的是，代码采用了 Update 方法处理所有逻辑，包括物理相关的移动和跳跃，这在某些情况下可能需要优化为使用 FixedUpdate 处理物理运动部分。

这种实现为开发者提供了一个可立即测试的起点，只需将脚本挂载到角色对象上，并正确设置 groundCheck 的 Transform 和 groundLayer 的 LayerMask 即可。通义灵码在此处的价值体现在快速生成符合 Unity 编程范式的代码框架，让开发者能够将精力集中在游戏体验的调优和更复杂功能的实现上。

更进一步，游戏角色的行为通常不是单一的，它们需要在不同状态间切换，如敌人可以处于巡逻、追击、攻击或死亡状态。实现健壮的状态机是处理这类复杂行为的常用模式。即使有状态机的设计图，将其转化为代码框架也需要不少重复性工作，包括定义状态枚举、为每个状态创建进入 / 更新 / 退出方法、编写状态切换逻辑等。

使用通义灵码，这个过程同样可以得到加速。如果你使用 C++ 或其他语言，可以在类定义中描述状态枚举和期望的方法结构。通义灵码能理解这些模式，并辅助生成以下内容。

◎ 清晰的状态枚举定义。

◎ 为每个状态（如 Idle、Patrol、Chase）生成 Enter、Update、Exit 方法的声明。

◎ 生成 ChangeState 方法框架，包含处理状态切换时调用当前状态的 Exit 方法和新状态的 Enter 方法的逻辑。

◎ 生成主循环 Update 方法中根据当前状态调用对应 UpdateState 方法的框架。

值得一提的是，通义灵码具备修改多文件代码能力。在大型游戏项目中，一个功能的实现可能跨越多个头文件和源文件。当修改某个状态枚举或方法签名时，通义灵码可以智能识别相关引用位置，并在其他文件中辅助进行同步修改或生成对应实现框架，确保代码库的一致性，减少手动查找和修改的重复工作。

通义灵码生成的 C++ 状态机方法框架如下。

```
// 在 .h 文件中定义状态枚举和方法声明
enum class EnemyState { Idle, Patrol, Chase };
class EnemyAI {
    // ... 其他成员 ...
    void EnterIdleState(); void UpdateIdleState(float deltaTime); void
ExitIdleState();
    void EnterPatrolState(); void UpdatePatrolState(float deltaTime); void
ExitPatrolState();
```

```
      void EnterChaseState(); void UpdateChaseState(float deltaTime); void
ExitChaseState();
    void ChangeState(EnemyState newState);
    EnemyState currentState;
};

// 在 .cpp 文件中，通义灵码可以帮助生成方法实现框架
void EnemyAI::ChangeState(EnemyState newState) {
    // 退出当前状态
    switch (currentState) {
        case EnemyState::Idle: ExitIdleState(); break;
        case EnemyState::Patrol: ExitPatrolState(); break;
        case EnemyState::Chase: ExitChaseState(); break;
    }
    // 更新状态
    currentState = newState;
    // 进入新状态
    switch (currentState) {
        case EnemyState::Idle: EnterIdleState(); break;
        case EnemyState::Patrol: EnterPatrolState(); break;
        case EnemyState::Chase: EnterChaseState(); break;
    }
}


void EnemyAI::Update(float deltaTime) {
    // 更新当前状态的逻辑
    switch (currentState) {
        case EnemyState::Idle: UpdateIdleState(deltaTime); break;
            case EnemyState::Patrol: UpdatePatrolState(deltaTime); break;
        case EnemyState::Chase: UpdateChaseState(deltaTime); break;
    }
}


// 对于各个状态的具体方法，通义灵码可以生成空实现或带调试输出的框架
void EnemyAI::EnterIdleState() { std::cout << "Entering Idle State" <<
std::endl; }
void EnemyAI::UpdateIdleState(float deltaTime) { /* Implement Idle logic here
*/ }
void EnemyAI::ExitIdleState() { std::cout << "Exiting Idle State" << std::endl;
}
// ... Patrol and Chase methods similarly ...
```

　　有了这样的框架，开发者就能专注填充每个状态下的具体行为逻辑，而非耗费大量时间编写结构性代码。

除了核心游戏逻辑，游戏开发中还需要大量辅助工具函数，如数学计算（向量运算、距离计算）、碰撞检测、数据格式转换等。这些工具箱里的函数虽小，却不可或缺。用 Python 编写这类脚本工具很普遍，通义灵码同样擅长生成这些实用函数。通过注释描述函数功能、参数和返回值，通义灵码能快速生成符合描述的函数定义和实现。

例如，你需要一个计算两个二维点距离的 Python 函数，或一个检测两个矩形是否相交的函数。以下简单的注释就能触发生成。

```
# 计算两个二维点 (x1, y1) 和 (x2, y2) 之间的欧几里得距离函数
# 检查两个轴对齐矩形 (x, y, 宽度，高度) 是否相交的函数
```

通义灵码会理解"欧几里得距离"和"轴对齐矩形碰撞检测"这些概念，并生成正确的数学计算和逻辑判断代码。

```python
import math

def calculate_distance(x1: float, y1: float, x2: float, y2: float) -> float:
    """
    计算两个二维点之间的欧几里得距离。

    Args:
        x1, y1: 第一个点的坐标。
        x2, y2: 第二个点的坐标。

    Returns:
        两点之间的距离。
    """
    distance = math.sqrt((x2 - x1)**2 + (y2 - y1)**2)
    return distance

def check_aabb_collision(rect1_x: float, rect1_y: float, rect1_width: float,
rect1_height: float,
                         rect2_x: float, rect2_y: float, rect2_width: float,
rect2_height: float) -> bool:
    """
    检查两个轴对齐矩形（AABB）是否相交。
    ... (Docstring 部分，通义灵码也能辅助生成和完善) ...
    """
    rect1_right = rect1_x + rect1_width
    rect1_bottom = rect1_y + rect1_height
    rect2_right = rect2_x + rect2_width
    rect2_bottom = rect2_y + rect2_height
```

```
# 如果在任何一个轴上不重叠，则它们不相交
no_overlap = rect1_right < rect2_x or \
            rect1_x > rect2_right or \
            rect1_bottom < rect2_y or \
            rect1_y > rect2_bottom

return not no_overlap # 不重叠的对立面就是相交
```

对于这些实用函数，通义灵码不仅能生成代码，还能辅助生成符合规范的Docstring（通过简单的三引号触发），并利用代码解释功能帮助理解复杂的数学或逻辑原理。更重要的是，你可以利用其生成单元测试的能力，快速为这些函数创建测试用例，并自动进行编译、运行和可能的错误修复，确保这些基础工具的准确性。这极大提升了开发效率和代码质量，让你能将更多时间投入游戏的核心玩法和创新上。

15.2　游戏AI与玩家行为分析

游戏吸引人的重要因素在于其智能体验，这包括与具备一定行为逻辑的NPC互动，以及游戏系统根据玩家行为提供的动态反馈。开发有深度和乐趣的游戏AI，以及分析海量玩家行为数据，都是游戏开发中具有挑战性且至关重要的部分。通义灵码在这些领域同样能提供强大辅助。

延续敌人状态机的例子：当敌人进入追击状态时，它需要找到前往玩家的路径并移动过去。这是典型的游戏AI问题，可能涉及简单的向量计算或复杂的寻路算法。

在实现敌人追击玩家的移动逻辑时，可以利用通义灵码加速编写基础移动代码。例如，在C++中，需要在UpdateChaseState方法中计算朝向玩家的方向向量，并根据速度和时间步长更新敌人位置。

可以通过注释或直接在方法内部描述需求。

```
void EnemyAI::UpdateChaseState(float deltaTime) {
    // 计算朝向目标玩家的方向向量
    // 向量归一化
    // 根据方向、速度和时间步长更新敌人的位置
    // 可选：判断是否到达目标附近
}
```

通义灵码会理解这些步骤，并生成相应的向量运算代码框架。它可能生成类似Vector3 direction = targetPosition - position; 和 direction = direction.Normalize(); 这样的

代码，并建议如何根据 movementSpeed 和 deltaTime 更新 position。虽然最终实现可能需要结合游戏引擎特定的向量库和移动 API，但通义灵码提供的核心数学逻辑和代码结构能节省大量时间。如果在编写或整合过程中遇到错误，通义灵码的问题智能排查和修复功能可以帮助分析编译错误或运行时异常，并提供可能的修复建议，加速调试过程。

游戏 AI 的决策逻辑往往复杂且不易调试，一个小错误可能导致 NPC 行为异常，严重影响游戏体验。确保 AI 逻辑在各种边界条件和输入下按预期工作至关重要，这就需要进行单元测试。通义灵码在生成单元测试方面的能力尤为突出。可以选中负责 AI 决策的方法（如敌人判断何时从巡逻切换到追击的 DecideStateTransition 方法），请求通义灵码为其生成单元测试。

通义灵码会分析该方法的输入和输出，结合常见的测试框架（如 C++ 的 Catch2 或 Google Test），生成包含多个测试用例的测试代码框架。这些测试用例可能模拟不同场景，如玩家很远、玩家很近、玩家进入视野、玩家离开视野等，并断言在这些情况下 AI 的状态切换是否正确。

生成的测试代码可能如下。

```cpp
#include "catch_amalgamated.hpp" // 你的测试框架
#include "EnemyAI.h" // 待测试的类

// 假设 EnemyAI 类提供了设置测试状态的辅助方法
// 例如：SetPlayerDistance(float dist), SetPlayerInSight(bool inSight)

TEST_CASE("EnemyAI 状态切换逻辑", "[EnemyAI][State]") {
    EnemyAI enemy; // 创建敌人实例

    SECTION(" 从 Idle 状态切换") {
        enemy.ChangeState(EnemyState::Idle); // 确保初始状态为 Idle

        // 测试案例 1：玩家很远且不在视野内 -> 应该保持 Idle
        enemy.SetPlayerDistance(20.0f);
        enemy.SetPlayerInSight(false);
        enemy.DecideStateTransition();
        REQUIRE(enemy.GetCurrentState() == EnemyState::Idle);

        // 测试案例 2：玩家很近且在视野内 -> 应该切换到 Chase（假设追击范围为 10)
        enemy.SetPlayerDistance(5.0f);
        enemy.SetPlayerInSight(true);
        enemy.DecideStateTransition();
        REQUIRE(enemy.GetCurrentState() == EnemyState::Chase);
```

```
        // ... 更多测试案例，覆盖不同输入组合 ...
    }

    SECTION(" 从 Patrol 状态切换 ") {
        // ... 为 Patrol 状态的切换编写测试案例 ...
    }

    // ... 为 Chase 等其他状态添加测试部分 ...
}
```

这个测试框架提供了清晰的结构，你需要做的是根据实际逻辑完善每个测试用例的具体输入设置和预期断言结果。通义灵码的优势在于，它不仅能生成框架，更拥有自动编译、运行和报错修复的能力。当 AI 代码或测试代码存在问题导致测试失败时，通义灵码可以深入分析失败原因，提供修复建议，甚至尝试自动修复，然后再次运行测试。这种迭代优化测试和代码的过程，极大提高了 AI 逻辑的健壮性。

除了游戏内的 AI，理解玩家在游戏外的行为同样重要。游戏上线后，收集和分析玩家的日志数据、游玩时长、付费习惯、流失原因等，是进行游戏平衡、功能优化、社区运营和商业决策的基础。数据分析脚本的编写，虽不直接涉及游戏引擎，但依然是研发工作的重要组成部分。通义灵码强大的研发智能问答和代码生成能力在数据分析领域同样有用武之地。

假设有一个玩家会话日志文件，记录了玩家的进出时间戳，需要编写 Python 脚本来计算每个玩家的会话时长和平均会话时长。你可以在脚本文件中通过注释或对话框向通义灵码描述以下需求，结果如图 15-2 所示。

```
# 编写一个 Python 脚本来分析玩家会话日志文件 'player_sessions.log'
# 文件格式是 PlayerID:X,EventType:Y,Timestamp:Z
# 计算每个玩家的总会话时长
# 计算所有玩家的平均会话时长
# 输出结果
```

如图 15-2 所示，通义灵码会理解文本解析、数据聚合和统计计算的需求，并生成相应的 Python 代码。它使用文件 I/O 读取文件，使用字符串处理或正则表达式解析每一行，使用字典存储和汇总每个玩家的数据，并执行平均值计算。

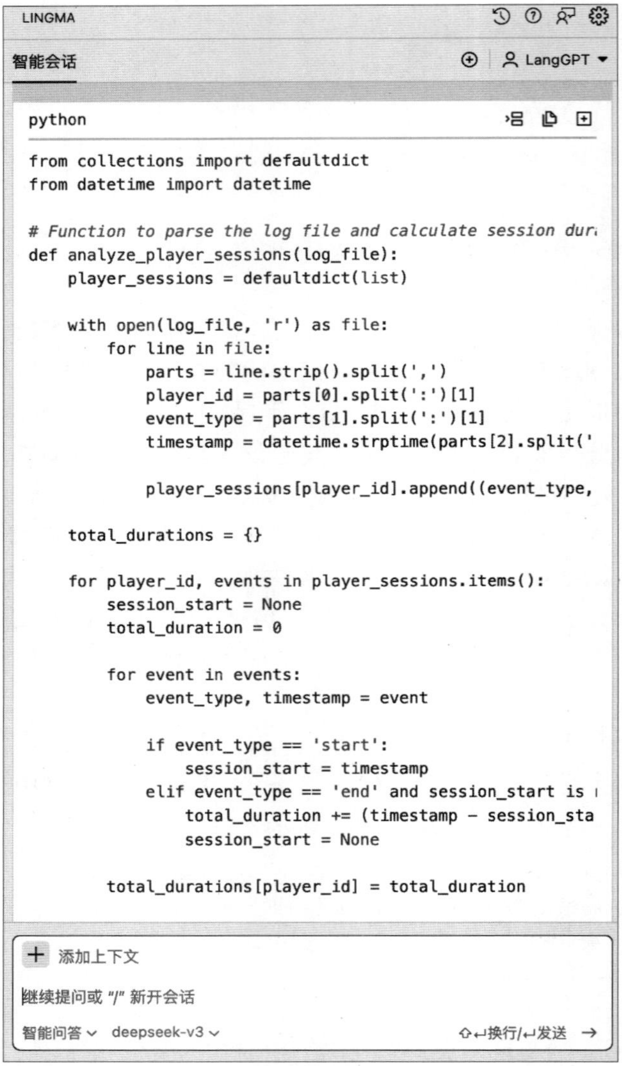

LINGMA

智能会话 ⊕ | ☐ LangGPT ▼

```python
from collections import defaultdict
from datetime import datetime

# Function to parse the log file and calculate session dur
def analyze_player_sessions(log_file):
    player_sessions = defaultdict(list)

    with open(log_file, 'r') as file:
        for line in file:
            parts = line.strip().split(',')
            player_id = parts[0].split(':')[1]
            event_type = parts[1].split(':')[1]
            timestamp = datetime.strptime(parts[2].split('

            player_sessions[player_id].append((event_type,

    total_durations = {}

    for player_id, events in player_sessions.items():
        session_start = None
        total_duration = 0

        for event in events:
            event_type, timestamp = event

            if event_type == 'start':
                session_start = timestamp
            elif event_type == 'end' and session_start is
                total_duration += (timestamp - session_sta
                session_start = None

        total_durations[player_id] = total_duration
```

＋ 添加上下文

继续提问或 "/" 新开会话

智能问答 ∨　deepseek-v3 ∨　⇧↵换行/↵发送　→

图 15-2　玩家行为统计分析

生成的 Python 脚本核心代码如下。

```
from collections import defaultdict
from datetime import datetime

# Function to parse the log file and calculate session durations
```

```python
def analyze_player_sessions(log_file):
    player_sessions = defaultdict(list)

    with open(log_file, 'r') as file:
        for line in file:
            parts = line.strip().split(',')
            player_id = parts[0].split(':')[1]
            event_type = parts[1].split(':')[1]
            timestamp = datetime.strptime(parts[2].split(':')[1], '%Y-%m-%d
%H:%M:%S')

            player_sessions[player_id].append((event_type, timestamp))

    total_durations = {}

    for player_id, events in player_sessions.items():
        session_start = None
        total_duration = 0

        for event in events:
            event_type, timestamp = event

            if event_type == 'start':
                session_start = timestamp
            elif event_type == 'end' and session_start is not None:
                total_duration += (timestamp - session_start).total_seconds()
                session_start = None

        total_durations[player_id] = total_duration
    return total_durations

# Function to calculate the average session duration
def calculate_average_duration(total_durations):
    total_players = len(total_durations)
    if total_players == 0:
        return 0

    total_time = sum(total_durations.values())
    return total_time / total_players

# Main function to execute the analysis
def main():
    log_file = 'player_sessions.log'
```

```
total_durations = analyze_player_sessions(log_file)
average_duration = calculate_average_duration(total_durations)

print("Total session duration for each player:")
for player_id, duration in total_durations.items():
    print(f"PlayerID {player_id}: {duration} seconds")
print(f"\nAverage session duration across all players: {average_
duration} seconds")

if __name__ == "__main__":
  main()
```

以上脚本融合了文件读写、数据解析、字典操作和基础统计计算功能。若在处理日志文件时遇到复杂解析难题，或需要借助更高级的数据分析库（如 pandas），读者随时可以依托通义灵码的研发智能问答功能进行相关问题的解决。作为一位随时待命的资深数据工程师，它能基于海量编程文档和通用研发知识，为你提供关于库函数用法、数据处理技巧或算法选择的专业指导。当脚本运行出现异常时，其问题排查和修复能力同样能帮助你快速定位并解决问题。

通过辅助编写这类数据分析脚本，通义灵码使游戏开发者能够更轻松地从玩家数据中获取深刻洞察，为游戏的持续优化提供可靠的数据支持。这种数据驱动的开发方式，不仅能提升玩家体验，还能帮助开发团队做出更加精准的决策。

15.3　本章小结

通义灵码作为 AI 代码助手，已成为游戏开发中不可或缺的智能伙伴。它超越了传统代码工具的局限，成为开发者创意与技术的桥梁，从核心游戏逻辑的构建到 NPC 行为的智能化实现，从基础组件的快速生成到复杂系统的测试与优化，通义灵码都展现了卓越价值。

作为全面的 AI 代码助手，通义灵码在游戏开发各个环节和开发者日常工作中都能提供以下多方位帮助。

◎ 代码的理解与学习利器：游戏项目往往庞大而复杂，包含大量第三方库、引擎代码或他人编写的旧代码。理解这些代码是进行修改、扩展或维护的前提。通义灵码支持超过 200 种编程语言的代码解释功能，选中任何一段代码，它都能快速分析其逻辑、功能和潜在执行流程，甚至提供可视化流程图。这对快速上手新项目、学习新引擎 API 或理解复杂算法实现极为高效，大大降低了认知门槛和学习成本。

◎ 持续的代码质量优化：性能是游戏的生命线。通义灵码的代码优化建议能帮助开发者识别代码中潜在的低效模式或不规范写法，并提供改进方案。虽然AI的优化建议不能替代专业性能分析工具，但它能在编码阶段就提示一些常见优化点，帮助开发者写出更高效的代码。

◎ 应对工程级挑战：大型游戏项目的开发往往涉及复杂的工程级任务，如跨多个文件和模块的功能重构、依赖管理、自动化构建脚本编写等。通义灵码提供的工程级能力，如多文件协同修改，以及与构建工具、测试工具的集成潜力，能辅助开发者管理这些复杂任务流，从而提高大型项目的开发效率。

第16章

结　语

16.1 总结AI代码助手的影响

AI 代码助手的出现和快速发展对编程领域产生了深远而全面的影响，彻底改变了软件开发的格局。这些影响主要体现在以下几个方面。

1. 降低编程门槛，扩大编程群体

AI 代码助手通过自然语言交互和智能代码生成，大幅降低了编程的入门门槛。这不仅扩大了编程群体，还促进了跨学科创新，使得各行各业的专业人士能够将其领域知识转化为实用的软件解决方案。

2. 提高开发效率，加速创新周期

从代码补全到自动化重构，从测试用例生成到性能优化，AI 代码助手在开发全流程中发挥着重要作用，不仅加快了项目进度，还缩短了从创意到实现的时间，加速了整个行业的创新周期。

3. 改变编程范式，实现"所见即所得"

AI 代码助手正在推动编程向"所见即所得"的方向发展。开发者可以通过简单的自然语言描述直接获得所需的结果，使得软件开发更加直观和高效。

4. 提升代码质量，增强安全性

AI 代码助手在代码审查、bug 检测和安全漏洞识别方面表现出色。它能够自动检测潜在问题，提供优化建议，从而提高了整体代码质量和安全性，同时为开发团队节省了大量时间和资源。

5. 推动特定领域应用，促进行业发展

从前端开发到后端接口，从高并发调优到游戏开发，AI 代码助手在各个特定领域都有着广泛应用。它不仅提高了这些领域的开发效率，还推动了行业最佳实践的形成和传播。

6. 重塑开发者角色，强调高层次能力

随着 AI 代码助手的普及，开发者的角色正在向更高层次转变。问题定义、系统设

计、结果验证等能力变得更加关键，促使开发者将更多精力集中在创新思维和跨学科整合上。开发者的能力金字塔形将会重构，底层是基础编码技能，中层是系统设计能力，顶层是创新思维和问题解决能力，如图 16-1 所示。

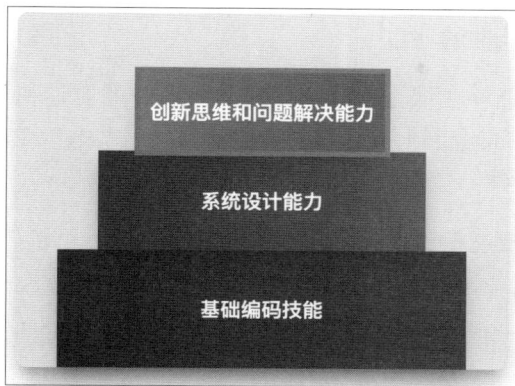

图 16-1　开发者能力金字塔

AI 代码助手正在以前所未有的方式重塑软件开发行业。它不仅改变了代码编写的方式，还影响了整个软件开发生态系统。随着技术的不断进步，可以预见 AI 在编程领域将发挥越来越重要的作用，推动整个行业向更智能、更高效的方向发展。

16.2　展望AI编程的未来

展望未来，我们可以预见 AI 编程将在多个方面继续演进，为开发者、企业和整个技术生态系统带来深远的影响。

1. AI辅助编程的普及化

未来，AI 辅助编程工具将成为每个开发者工具箱中不可或缺的一部分。从初学者到资深工程师，都将日常依赖 AI 工具来提高生产力。这种普及化将大大缩短开发周期，使软件开发更加敏捷和高效。

2. 编程语言和范式的革新

AI 可能推动新型编程语言的出现，这些语言将更接近自然语言，同时保持高度的精确性和效率。我们可能会看到更多的声明式和意图导向的编程范式，使得描述"做什么"比"怎么做"更为重要。

3. 智能化的软件架构设计

AI 系统将能够分析复杂的需求，并自动生成优化的软件架构。这将使得大规模系统的设计变得更加高效，同时能够更好地应对可扩展性、性能和安全性等挑战。

4. 代码质量和安全性的飞跃

未来的 AI 系统将能够在编写代码的同时进行实时的质量和安全性检查。它们不仅能够识别潜在的 bug 和安全漏洞，还能主动提供修复建议，大大减少人为错误，提高软件的整体质量和安全性。

5. 个性化学习和技能提升

AI 将为每个开发者提供量身定制的学习路径和建议。通过分析开发者的编码模式和项目历史，AI 可以精准地识别技能差距，并提供针对性的学习资源和挑战，加速开发者的成长。

6. 跨学科协作的新模式

AI 编程工具将促进跨学科合作，使得非技术背景的专业人士能够更容易参与软件开发。这将推动更多创新性的解决方案，特别是在专业领域知识与技术创新的交叉点上。

7. 自主编程系统的崛起

长远来看，我们可能会见证真正自主的 AI 编程系统的出现。这些系统能够理解高层次的业务需求，自主设计、编码、测试和部署完整的软件解决方案。这将彻底改变软件开发的本质，使得创造软件变得像描述需求一样简单。

8. 低代码和无代码平台的进化

AI 将推动低代码和无代码平台的快速发展，使得更多的业务用户能够创建复杂的应用程序。这些平台将整合 AI 能力，提供更智能的界面和更强大的功能，进一步模糊专业开发者和普通用户之间的界限。

9. 智能化的开发运维（DevOps）

AI 将在 DevOps 领域发挥越来越重要的作用。从自动化部署到智能监控和自我修复系统，AI 将使整个软件生命周期更加流畅和高效。这将大大减少人工干预，提高系统的可靠性和性能。

16.3　本章小结

　　AI 编程的未来充满无限可能。它将重新定义什么是编程，谁可以成为程序员，以及软件如何被创造和维护。作为开发者和技术领导者，我们需要拥抱这种变革，不断学习和适应新的技术和工具。

　　在这个新时代，持续学习和创新将成为每个人的必修课。那些能够有效利用 AI 工具，同时保持创造力和问题解决能力的人，将在未来的技术领域中脱颖而出。让我们携手迎接 AI 编程的美好未来，共同创造一个更智能、更高效、更创新的数字世界。